高等学校"十三五"规划教材

基础化学实验

JICHU HUAXUE SHIYAN

张国平 主编
曹静 孟令国 副主编

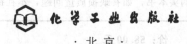
·北京·

《基础化学实验》分为无机化学实验、分析化学实验、仪器分析实验、有机化学实验、物理化学实验、化工原理实验、应化专业实验、材料化学专业实验八部分，突出了安全化学、绿色化学的理念，注重化学实验的基础性和系统性，既能满足二级学科独立开课的需求，又利于"大化学实验"整体设课的实验教学安排。

本书可作为化学、应用化学、化工、材料、环境科学、生命科学、食品、农业等专业的教材，也可供相关人员参考使用。

图书在版编目（CIP）数据

基础化学实验/张国平主编．—北京：化学工业出版社，2019.9（2025.2重印）
高等学校"十三五"规划教材
ISBN 978-7-122-34979-8

Ⅰ.①基⋯ Ⅱ.①张⋯ Ⅲ.①化学实验-高等学校-教材 Ⅳ.①O6-3

中国版本图书馆 CIP 数据核字（2019）第 155813 号

责任编辑：李 琰　　　　　　　　　　装帧设计：刘丽华
责任校对：宋 玮

出版发行：化学工业出版社（北京市东城区青年湖南街13号　邮政编码100011）
印　　装：北京科印技术咨询服务有限公司数码印刷分部
787mm×1092mm　1/16　印张21¾　字数541千字　2025年2月北京第1版第5次印刷

购书咨询：010-64518888　　　　　　　售后服务：010-64518899
网　　址：http://www.cip.com.cn

凡购买本书，如有缺损质量问题，本社销售中心负责调换。

定　价：58.00元　　　　　　　　　　　　　　　　　　　　　版权所有　违者必究

前言

《基础化学实验》是淮北师范大学化学与材料科学学院全体教师为适应教学改革的需要和加强实验教学,为化学及相关专业学生而编写的。在继承《大学化学实验教程》编写思想和结构框架的基础上,增加了材料基础和专业实验,吸取国内同类教材的精华,结合淮北师范大学的实际情况,突出了安全化学、绿色化学的理念,介绍了现阶段学校开设的实验内容和化学实验中常用的仪器。

《基础化学实验》注重化学实验的基础性和系统性,既能满足二级学科独立开课的需求,又利于"大化学实验"整体设课的实验教学安排。参与编写的教师:张国平、刘理华、丁光柱、苗涛、王俊恩、王飞、周永红、张顺吉等。《基础化学实验》的出版倾注了淮北师范大学化学与材料科学学院全体教师十多年的集体智慧与心血。

由于编者水平有限和编写时间的仓促,书中疏漏和不足之处在所难免,敬请各位读者批评指正,以便今后修订完善。

编　者

2019 年 6 月

目录

第1章 无机化学实验 ·· 1

实验1 仪器认领与洗涤 ·· 1
实验2 灯的使用、玻璃加工和塞子钻孔 ·· 5
实验3 溶液的配制 ·· 9
实验4 缓冲溶液的配制 ·· 12
实验5 转化法制备硝酸钾 ·· 16
实验6 物质的分离和提纯——由海盐制备试剂级氯化钠 ······························· 18
实验7 硫酸亚铁铵的制备 ·· 21
实验8 氨碱法制取碳酸钠 ·· 22
实验9 明矾的制备 ·· 24
实验10 由煤矸石制备硫酸铝 ·· 26
实验11 三草酸合铁（Ⅲ）酸钾的合成和组成测定 ······································· 28
实验12 沉淀溶解平衡 ·· 30
实验13 氧化还原反应 ·· 34
实验14 乙酸电离度和电离常数的测定 ··· 37
实验15 碘离子体系平衡常数的测定 ·· 38
实验16 p区非金属元素（卤素、氧、硫） ·· 40
实验17 铁、钴、镍 ··· 43
实验18 离子的鉴定和未知物的鉴定 ·· 45
实验19 碱式碳酸铜的制备 ··· 46
实验20 硫代硫酸钠的制备 ··· 47
实验21 生物体中几种元素的定性鉴定 ··· 49
实验22 含锌药物的制备及含量测定 ·· 51
实验23 单质碘的提取与碘化钾的制备 ··· 53
实验24 硫酸铜的提纯 ·· 55
实验25 五水硫酸铜结晶水含量的测定 ··· 57
实验26 氯化铵的制备 ·· 58
实验27 氧化铁黄的制备 ·· 60

第2章 分析化学实验 ··· 62

实验1 分析化学实验基本仪器使用 ··· 62
实验2 滴定分析基本操作练习 ·· 66

实验 3	硫酸铵中含氮量的测定	72
实验 4	工业碱的测定	74
实验 5	自来水总硬度的测定	76
实验 6	铅铋混合液中 Pb^{2+}、Bi^{3+} 含量的连续测定	78
实验 7	化学需氧量的测定——高锰酸钾法	80
实验 8	葡萄糖含量的测定——间接碘量法	82
实验 9	铁矿石中全铁含量的测定——无汞法	85
实验 10	$BaCl_2 \cdot 2H_2O$ 中钡含量的测定	86
实验 11	邻二氮菲分光光度法测定微量铁	93
实验 12	阳离子交换树脂交换容量的测定	96

第 3 章　仪器分析实验　99

实验 1	原子吸收光谱法测定水中钙和镁	99
实验 2	原子吸收光谱法测定酒中的铜	101
实验 3	铝合金中杂质元素的原子发射光谱分析——摄谱	103
实验 4	铝合金中杂质元素的原子发射光谱分析——译谱	107
实验 5	离子选择电极法测定氟离子	109
实验 6	库仑滴定法标定 $Na_2S_2O_3$ 溶液的浓度	111
实验 7	循环伏安法测定电极反应参数	113
实验 8	气相色谱操作条件影响及柱效能的测定	116
实验 9	气相色谱的定性和定量分析——归一化法	119
实验 10	对羟基苯甲酸酯类混合物的反相高效液相色谱测定	122
实验 11	苯甲酸红外光谱的测定与解析	125
实验 12	修饰电极阳极溶出法测定水中的铅	130
实验 13	紫外吸收光谱法测定蒽醌的摩尔吸光系数及含量	132
实验 14	荧光光度法测定多维葡萄糖粉中维生素 B_2 的含量	135
实验 15	酸度计的主要性能检验和溶液 pH 测定	138

第 4 章　有机化学实验　141

实验 1	蒸馏及沸点的测定	141
实验 2	简单分馏	143
实验 3	重结晶及热过滤	145
实验 4	色谱法——薄层色谱和柱色谱	150
实验 5	从茶叶中提取咖啡因	158
实验 6	溴乙烷的制备	160
实验 7	环己烯的制备	161
实验 8	正丁醚的制备	163
实验 9	绝对无水乙醇的制备	164
实验 10	己二酸的制备	166
实验 11	乙酸乙酯的制备	167
实验 12	Knoevenagel 缩合反应	168

实验 13	苯甲酸乙酯的制备	169
实验 14	三苯甲醇的制备	170
实验 15	乙酰水杨酸（阿司匹林）的制备	172
实验 16	局部麻醉剂的制备（多步合成）	173
实验 17	甲基橙的制备	176
实验 18	安息香缩合反应——绿色非氰工艺	177
实验 19	从红辣椒中提取分离红色素	178
实验 20	苯甲酸和苯甲醇的制备	180
实验 21	肉桂酸的制备	181
实验 22	8-羟基喹啉的制备	182
实验 23	二亚苄基丙酮的合成	183

第5章　物理化学实验 ········ 185

实验 1	燃烧热的测定（用氧弹量热计测定萘的燃烧热）	185
实验 2	液体饱和蒸气压的测定	189
实验 3	异丙醇-环己烷双液系相图	191
实验 4	络合物的组成及其不稳定常数的测定	194
实验 5	Pb-Sn 的二元金属相图	198
实验 6	差热分析	200
实验 7	高聚物分子量的测定（黏度法）	202
实验 8	三氯甲烷-乙酸-水三元相图的绘制——溶解度法	206
实验 9	强电解质极限摩尔电导率的测定（电导法）	209
实验 10	气泡法测定溶液的表面张力	211
实验 11	活性炭固体比表面积的测定	214
实验 12	电极制备及电池电动势的测定	216
实验 13	碳钢极化曲线的测定（恒电位法）	219
实验 14	蔗糖水解反应速率常数的测定	223
实验 15	电导法测定乙酸乙酯皂化反应的速率常数	226
实验 16	磁化率的测定	229
实验 17	偶极矩的测定	231
实验 18	丙酮碘化反应速率常数及活化能的测定	236
实验 19	分光光度法测定蔗糖酶的米氏常数	238

第6章　化工原理实验 ········ 243

实验 1	流体流动形态及临界雷诺数的测定	243
实验 2	管路流体阻力的测定	245
实验 3	离心泵性能实验	248
实验 4	裸管和绝热管传热实验	252
实验 5	板式塔精馏实验	257
实验 6	板式塔流动特性实验	262
实验 7	伯努利实验	267

实验 8　固体流态化的流动特性实验 ………………………………………………… 268
　　实验 9　脂肪酸的分子蒸馏与分离实验 ………………………………………………… 272
　　实验 10　无磷洗衣粉的制备及物性测定 ……………………………………………… 276
　　实验 11　催化剂载体——活性氧化铝的制备 ………………………………………… 277
　　实验 12　化工传热综合实验 …………………………………………………………… 281

第 7 章　应化专业实验 …………………………………………………………………… 285
　　实验 1　聚合硫酸铁的制备 ……………………………………………………………… 285
　　实验 2　固体酒精的配制 ………………………………………………………………… 287
　　实验 3　果胶的提取和应用 ……………………………………………………………… 288
　　实验 4　食品中防腐（保鲜）添加剂的测定 …………………………………………… 292
　　实验 5　扫描电镜实验 …………………………………………………………………… 294
　　实验 6　硅酸盐水泥中 SiO_2、Fe_2O_3、Al_2O_3、CaO、MgO 含量测定 ……………… 297

第 8 章　材料化学基础实验 ……………………………………………………………… 301
　　实验 1　室温固相合成纳米氧化铜 ……………………………………………………… 301
　　实验 2　微波辐射合成防锈涂料磷酸锌 ………………………………………………… 303
　　实验 3　纳米氧化锌的制备与表征 ……………………………………………………… 304
　　实验 4　有机玻璃——甲基丙烯酸甲酯的本体聚合 …………………………………… 306
　　实验 5　水质稳定剂——低分子量聚丙烯酸钠盐的合成 ……………………………… 308
　　实验 6　防锈涂料磷酸锌的红外光谱测定 ……………………………………………… 311
　　实验 7　氧化铜 X 射线粉末衍射法物相定性分析 ……………………………………… 314
　　实验 8　碳化氮（氮化碳）多孔材料的水热法制备 …………………………………… 315

第 9 章　材料化学专业实验 ……………………………………………………………… 318
　　实验 1　聚合物动态流变性能测试 ……………………………………………………… 318
　　实验 2　高分子材料拉伸 ………………………………………………………………… 321
　　实验 3　挤出成型实验 …………………………………………………………………… 323
　　实验 4　热台偏光显微镜观察聚合物结晶形态实验 …………………………………… 325
　　实验 5　交流阻抗法测定固体电解质的电导率 ………………………………………… 327
　　实验 6　二氧化钛去除环境水体中不同类型有机污染物 ……………………………… 330
　　实验 7　二维石墨相氮化碳的制备和催化性能测试 …………………………………… 333
　　实验 8　陶瓷设计与制备实验 …………………………………………………………… 335

参考文献 …………………………………………………………………………………… 338

第1章

无机化学实验

实验 1 仪器认领与洗涤

一、实验目的

1. 认领无机化学实验常用仪器。
2. 学习常见玻璃仪器的洗涤方法。
3. 熟悉化学实验的安全常识、基本要求等。

二、实验室基本安全守则与常用仪器介绍

1. 实验室基本安全守则

（1）进入实验室一定要穿实验服，戴上手套，按要求写好预习报告。遵守纪律，保持肃静，认真操作，如实记录实验现象和数据，做完实验要求把实验台整理干净，拔掉用电器插头，断水断电，关好门窗、风扇，得到实验指导教师许可后，方可离开实验室。

（2）一切有毒气体或有恶臭物质参与反应或产生的实验均应在通风橱中进行，易挥发或易燃物质应远离火源，其取用都应尽可能在通风橱中进行。

（3）使用酒精灯，随用随点，不用时盖上灯罩，不要用已燃的酒精灯去点燃其他酒精灯。

（4）加热试管时，不要将试管口指向自己或他人，不要俯视正在加热的液体。

（5）有毒药品（重铬酸钾、钡盐、铅盐等）不要随便倒入下水道，要回收或加以特殊处理。

（6）在闻气体气味时，应用手把少量气体扇向自己鼻孔，不要直接用鼻子闻。

（7）实验室内严禁饮食、吸烟，切勿以实验用容器代替水杯、餐具使用，每次实验后，应把手洗净。

2. 常用仪器汇总

常用仪器如图 1 所示，仪器的使用方法与注意事项如表 1 所示。

三、实验步骤

1. 玻璃仪器的洗涤

化学实验所用的玻璃仪器必须是十分洁净的，否则会影响实验效果，甚至导致实验失败。洗涤时应根据污物性质和实验要求选择不同方法。洁净的玻璃仪器的内壁应能被水均匀

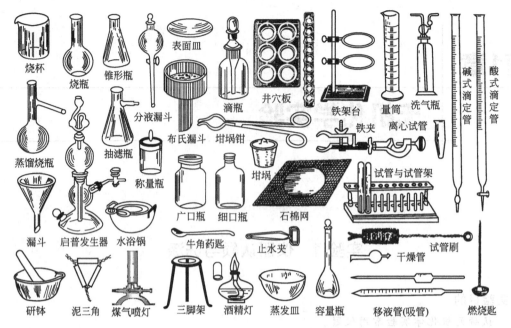

图 1　常用仪器

表 1　仪器的使用方法与注意事项

仪器	规格	主要用途	使用方法和注意事项
烧杯	有硬质、软质,一般按容量(mL)分:25mL,50mL,100mL,150mL,200mL,250mL…	常温或加热时作大量物质反应器,反应物易混合均匀,配制溶液用	反应液不超过烧杯总体积的2/3,防液体溅出。加热时,反应液不超过1/2,外壁擦干,烧杯底要垫石棉网,以防受热不匀
试管、离心试管	分硬质试管、软质试管,有刻度、无刻度,有支管、无支管等。按容量分:5mL,10mL,15mL,20mL,25mL,50mL等。无刻度的按管外径×管长(mm),如 15mm×75mm 等	常温或加热条件下作少量试剂反应容器,便于操作和观察。收集少量气体用。具支试管可检验气体产物。离心试管可用于沉淀分离	反应液不超过总体积的1/2;加热时不超过其体积的1/3,以防溅出。管外水滴擦干,防止有水滴使受热不匀,试管破裂和烫手。加热液体时,倾斜45°,防暴沸,管口不对人。加热固体时管口略下倾,增大受热面,避免管的冷凝水回流。离心试管不可直接加热
锥形瓶	分硬质、软质,有刻度、无刻度,广口、细口,微型等,按容量分为50mL,100mL,150mL,200mL…	反应容器,振荡方便,适用于滴定	盛液不能太多,防止液体溅出。实验时应在下面垫石棉网或置于水槽中,以防受热不匀

续表

仪器	规格	主要用途	使用方法和注意事项
滴瓶	玻璃质,分棕色、无色两种,滴管上带有橡皮胶头。按容量(mL)分:15mL、30mL、60mL、125mL…	盛放少量液体试剂或溶液,便于取用	棕色瓶装见光易分解或不太稳定的物质,防止物质分解或变质。滴管不能吸得太满,也不能倒置,防止试剂侵蚀橡皮胶头。滴管专用,不得弄乱、弄脏,以防沾污试剂
漏斗	有长颈、短颈,规格(按斗径大小分)有60mm,100mm…热漏斗用于热过滤	过滤液体或倾注液体,长颈漏斗常装配气体发生器,加液用	不可直接加热。过滤时漏斗颈尖端必须紧靠承接滤液的容器壁。长颈漏斗加液时漏斗颈应插入液面内
称量瓶	按容量(mL)分有高型(10mL,20mL,…)、矮型(5mL,10mL,15mL,…)	准确称取一定量固体药品时用	不能加热,盖子是磨口、配套的,不得丢失、弄乱。不用时应洗净,磨口处垫纸条,防止粘连
量筒	按容量(mL)分:5mL,10mL,20mL,25mL,50mL,100mL,200mL,…,上部大、下部小的叫量杯	用于量取一定体积的液体	应竖直放在桌面上读数。视线与弯月面相切。不可加热,不可作为实验容器(溶解、稀释等)。不可量热溶液或液体
移液管	分刻度管型和单刻度胖肚型。按最大标度(mL)有1mL,2mL,5mL,10mL,25mL等,微量0.1mL,0.2mL,0.25mL,此外还有自动移液管	精确移取一定体积的液体时用	吸入液体液面超过刻度时用食指按住管口,轻轻放气,使液面降于刻度处,食指按住管口,移往指定容器上,放开食指,使液体注入。用时先用待移液润洗三次。最后一滴残留液不要吹出(有吹字者除外)
容量瓶	按容量(mL)分为:5mL,10mL,25mL,50mL,100mL,150mL,200mL,…,现在也有塑料塞的	配制准确浓度溶液时用	溶液先在烧杯内全部溶解,然后移入容量瓶。不能加热,避免影响容量瓶的精确度,不能代替试剂瓶来存放溶液

仪器	规格	主要用途	使用方法和注意事项
抽滤瓶和布氏漏斗	布氏漏斗为瓷质,以口径大小表示;抽滤瓶为玻璃制,以容量大小表示,如250mL、500mL	两者配套使用,用于无机制备中晶体或沉淀的减压过滤	不能直接加热。滤纸要略小于漏斗内径,又要把小孔全部盖住,以免漏滤。使用时先抽气,再过滤,停止过滤时,要先放气,后关泵
蒸发皿	有平底、圆底等,规格(按上口径 mm)分:30mm、60mm、50mm、60mm、80mm、95mm,…	口大底浅,蒸发速度快,作蒸发、浓缩溶液用,视液体性质不同选不同质的蒸发皿	能耐高温,但不宜骤冷
坩埚	瓷质,也有石墨、石英、铁、Ni、Pt 等材质,规格以容量(mL)分:10mL、15mL、25mL、50mL,…	强热、煅烧固体用,随固体性质不同可选不同质地的坩埚	放在泥三角上直接强热或煅烧;加热或反应完毕用坩埚钳取下时,坩埚应预热,取下后应放置在石棉网上

地湿润而不挂水珠,并且无水的条纹。一般而言,附着在仪器上的污物既有可溶性物质,也有尘土、不溶物及有机物等。常见洗涤方法如下所述。

(1) 刷洗法:用水和毛刷刷洗仪器,可以去掉仪器上附着的尘土、可溶性物质及易脱落的不溶性物质,注意使用毛刷刷洗时,不可用力过猛,以免戳破容器。

(2) 合成洗涤剂法:去污粉是由碳酸钠、白土、细砂等混合而成的。它是利用 Na_2CO_3 的碱性具有强的去污能力、细砂的摩擦作用、白土的吸附作用,增加了对仪器的清洗效果。先将待洗仪器用少量水润湿后,加入少量去污粉,再用毛刷擦洗,最后用自来水洗去去污粉颗粒,并用蒸馏水洗去自来水中带来的钙、镁、铁、氯等离子,每次蒸馏水的用量要少(本着"少量、多次"的原则)。其他合成洗涤剂也有较强的去污能力,使用方法类似于去污粉。

(3) 铬酸洗液法:这种洗液是由浓 H_2SO_4 和 $K_2Cr_2O_7$ 配制而成的(将 25g $K_2Cr_2O_7$ 置于烧杯中,加 50mL 水溶解,然后在不断搅拌下,慢慢加入 450mL 浓 H_2SO_4),呈深褐色,具有强酸性、强氧化性,对有机物、油污等的去污能力特别强。太脏的仪器应用水冲洗并倒尽残留的水后,再加入铬酸洗液润洗,以免洗液被稀释。洗液可反复使用,用后倒回原瓶并密闭,以防吸水。当洗液由棕红色变为绿色时即失效。可再加入适量 $K_2Cr_2O_7$ 加热溶解后继续使用。实验中常用的移液管、容量瓶和滴定管等具有精确刻度的玻璃器皿,可恰当地选择铬酸洗液来洗。

(4) "对症"洗涤法:针对附着在玻璃器皿上不同物质性质,采用特殊的洗涤法,如硫黄用煮沸的石灰水洗;难溶硫化物用 HNO_3/HCl 洗;铜或银用 HNO_3 洗;AgCl 用氨水洗;煤焦油用浓碱洗;黏稠焦油状有机物用回收的溶剂浸泡清洗;MnO_2 用热浓盐酸洗等。

2. 玻璃仪器的干燥

(1) 空气晾干:又叫风干,是最简单易行的干燥方法,只要将仪器在空气中放置一段时间即可。

(2) 烤干：将仪器外壁擦干后用小火烘烤，并不停转动仪器，使其受热均匀。该法适用于试管、烧杯、蒸发皿等仪器的干燥。

(3) 烘干：将仪器放入烘箱中，控制温度在 105℃ 左右烘干。待烘干的仪器在放入烘箱前应尽量将水倒净并放在金属托盘上。此法不能用于精密度高的容量仪器的干燥。

(4) 吹干：用电吹风吹干。

(5) 有机溶剂法：先用少量丙酮或无水乙醇使内壁均匀润湿后倒出，再用乙醚使内壁均匀润湿后倒出。再依次用电吹风冷风和热风吹干，此种方法又称为快干法。

四、仪器与试剂

仪器：无机化学实验常用仪器一套。

试剂：$K_2Cr_2O_7$（s）、H_2SO_4（浓）、去离子水。

五、实验步骤

(1) 按仪器清单认领无机化学实验所需常用仪器，并熟悉其名称、规格、用途、性能及其使用方法和注意事项。

(2) 洗涤已领取的仪器。

(3) 选用适当方法干燥洗涤后的仪器。

六、思考题

1. 烤干试管时为什么管口要略向下倾斜？
2. 按能否用于加热、容量仪器与非容量仪器等将所领取的仪器进行分类。
3. 比较玻璃仪器不同洗涤方法的适用范围和优缺点。

实验 2　灯的使用、玻璃加工和塞子钻孔

一、实验目的

1. 了解实验室常用灯的构造和原理，掌握正确的使用方法。
2. 学会玻璃管的截断、弯曲、拉制、熔烧等基本操作。
3. 掌握塞子钻孔的基本操作。

二、实验原理

1. 灯的使用

(1) 酒精灯（加热温度通常在 400~500℃）

a. 酒精灯的构造如图 1 所示。

b. 酒精灯的使用如图 2 所示。

(2) 煤气灯

煤气灯的具体使用方法如图 3 所示。

① 加热（氧化焰加热）。

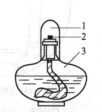

图 1　酒精灯的构造
1—灯帽；2—灯芯；3—灯壶

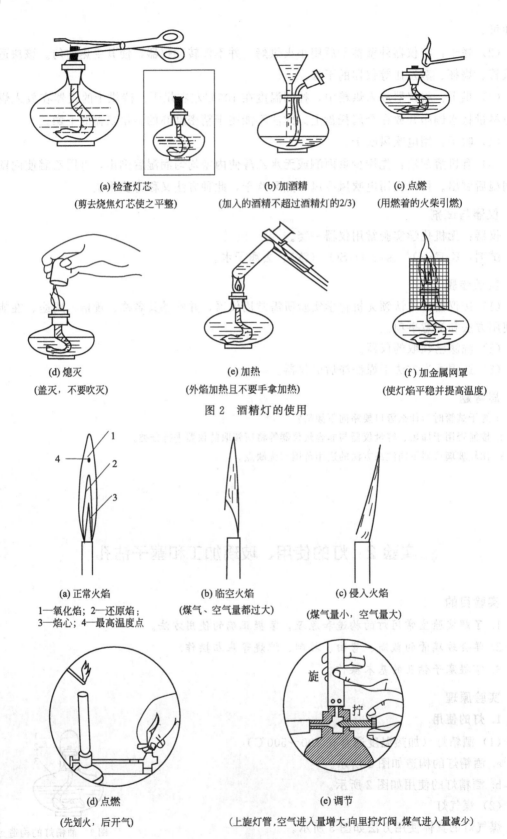

图2　酒精灯的使用

图3　煤气灯具体使用方法

② 关闭（向里拧针阀，并关煤气开关）。
③ 注意不正常火焰应关灯冷却后重新调节。
④ 若要扩大加热面积，加鱼尾灯头。

2. 玻璃管的简单加工

（1）截割和熔烧玻璃管

① 锉痕　向前划痕，不是往复锯。

② 截断　拇指齐放在划痕的背后向前推压，同时食指向外拉。

③ 熔光　前后移动并不停转动，熔光截面。

玻璃管的简单加工见图 4。

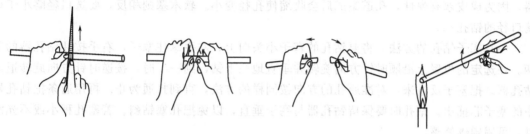

图 4　玻璃管的简单加工

（2）弯曲玻璃管

① 烧管　加热时均匀转动，左右移动要用力匀称，稍向中间渐推。

② 弯管

a. 吹气法　掌握火候，取离火焰，堵管吹气，迅速弯管（图 5）。

b. 不吹气法　掌握火候，取离火焰用"V"字形手法，弯好后冷却变硬才撒手。弯小角度时可多次完成，如先弯成 M 部位形状，再弯成 N 部位形状。

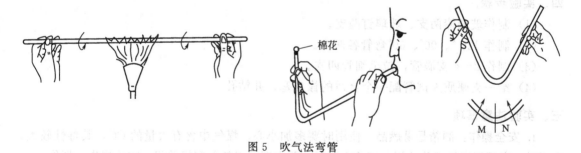

图 5　吹气法弯管

（3）制备毛细管和滴管

① 烧管　与弯曲玻璃管的烧管步骤相同，但烧的时间要长，玻璃软化程度要大些。

② 拉管　把玻璃管从火中取出，迅速拉伸（图 6）。

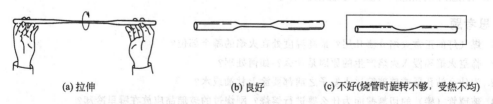

(a) 拉伸　　　　(b) 良好　　　　(c) 不好(烧管时旋转不够，受热不均)

图 6　拉管

③ 扩口　　管口烧至红热后，用金属锉刀柄斜放管口内迅速而均匀旋转，如图7所示。

3. 塞子的钻孔

图 7　扩口

塞子钻孔常用的工具是钻孔器（也称打孔器），它是一组口径不同的铁管，一端配有手柄，另一端是环行锋利的刀刃。一组钻孔器配有一根通条，用来捅出进入钻孔器中的橡皮或软木芯。

钻孔的步骤如下。

（1）塞子大小的选择　　塞子的大小应与仪器的口径相适应，通常以能塞进瓶口的1/2为宜。

（2）钻孔器大小的选择　　钻橡皮塞应选择一个比要插入塞子的玻璃管口径略粗的钻孔器，因为橡皮塞有弹性，孔道钻成后会收缩使孔径变小。软木塞则相反，要选口径略小于玻璃口径的钻孔塞。

（3）塞子钻孔的方法　　将要钻孔的塞子小头向上，左手拿住塞子，右手按住钻孔器的手柄。在选定的位置上沿顺时针方向旋转并垂直地往下钻，到一半时，按逆时针方向旋转退出钻孔器。把塞子反过来，对准原孔的方向按同样的方法，直到打通为止。再用通条把钻孔器中的塞子芯捅出。钻孔时要保持钻孔器与塞子垂直，以免把孔塞钻斜。若塞孔稍小或不光滑时，可用圆锉修整。

（4）玻璃管插入橡皮塞的方法　　用甘油或水把玻璃管的前端湿润后，先用布包住玻璃管，然后手握玻璃管的前半部，把玻璃管慢慢旋入塞孔内合适的位置。

三、仪器与试剂

仪器：酒精灯、煤气灯、煤气喷灯、石棉网、硬质试管、锉刀、捅针、米尺、量角器、打孔器、圆锉。

试剂：工业酒精、火柴、胶头、玻璃管、棉绳、玻璃棒、橡皮塞。

四、实验步骤

（1）制作玻璃棒两支、玻璃钉两支。

（2）制作120°、90°、60°弯管各两支。

（3）制作2~4支滴管，拉毛细管四支。

（4）给一支硬质大试管配一个合适的橡皮塞，并钻孔。

五、实验注意事项

1. 安全操作：酒精是易燃品，使用时要多加小心。煤气中含有大量的CO，其毒性较大，不用时一定要把煤气开关关闭，实验完毕后，要立即把煤气总阀门关闭，防止烧伤、划伤。

2. 注意临空火焰和侵入火焰产生的原因及处理方法。

3. 注意选择塞子的类型和一般选用原则。

4. 注意灯的点燃、熄灭等规范操作。

六、思考题

1. 煤气灯的正常火焰分哪几层？最高温度处在火焰的哪个部位？

2. 临空火焰和侵入火焰产生的原因是什么？如何处理？

3. 为什么钻孔器或玻璃管进入塞子之前都要涂上甘油或水？

4. 玻璃管（棒）的切割截面为什么要进行熔烧？刚烧过的玻璃品应放在哪里冷却？

5. 怎样拉制玻璃管？

实验 3　溶液的配制

一、实验目的

1. 掌握一般溶液的配制方法和基本的操作。
2. 学习相对密度计、吸量管、容量瓶的使用方法。

二、实验原理

在实验里常常因为化学反应的性质和要求的不同而需配制不同的溶液。如果实验对溶液浓度的准确性要求不高，利用台秤、量筒等低准确度的仪器配制就能够满足需要。但在定量测定实验中，往往需要配制准确浓度的溶液，这就必须使用比较准确的仪器如分析天平、吸量管、容量瓶等来配制。

1. 容量瓶的使用

容量瓶是一种细颈梨形的平底玻璃瓶，带有磨口塞子，颈上有标线，一般表示 20℃时，液体充满到标线时的体积。它主要是用来精确配制一定体积和一定浓度的溶液。容量瓶在使用前应先检查是否漏水。检查的方法：瓶中注入自来水至标线附近，盖好塞子，左手按住塞子，右手拿住瓶底，将瓶底倒置片刻，观察瓶底周围有无漏水现象，不漏水，方可使用。按常规操作将容量瓶洗净。容量瓶的塞子是磨口的，为了防止打破和张冠李戴，一般用线绳或橡皮圈将它系在瓶颈上。

在配制溶液前，应先将称好的固体物质放入干净的烧杯中再用少量的蒸馏水溶解。然后将烧杯中的溶液沿玻璃棒小心地转移到容量瓶中。再从洗瓶中挤出少量水淋洗烧杯和玻璃棒 2～3 次，并将每次的淋洗液注入容量瓶中。最后，加蒸馏水到标线处（加水操作要小心，切勿超过标线）。水充满到标线后，再塞好塞子，将容量瓶倒转多次，并在倒转时加以摇动，以保证瓶中溶液浓度上下各部分均匀。如用浓溶液配制稀溶液，为防止稀释放热使溶液溅出，一般应在烧杯中加入少量的蒸馏水，将一定体积的浓溶液沿玻璃棒分数次慢慢地注入水中同时搅动，待溶液冷却后，再转移到容量瓶中，将每次的淋洗液转移到容量瓶中，最后加蒸馏水到标线并摇匀。容量瓶的使用如图 1 所示。

　　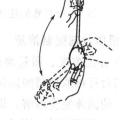

(a) 容量瓶的拿法　　　　(b) 溶液转移入容量瓶　　　　(c) 振荡容量瓶

图 1　容量瓶的使用

2. 吸量管（移液管）的使用

吸量管是准确量取一定体积液体的仪器。管上刻有容积和测定体积的温度。使用前，依次用洗涤剂（或洗液）、自来水、蒸馏水洗至不挂水珠为止，最后用少量被量取的液体淋洗三遍。用吸量管吸取溶液时，右手拇指及中指拿住管颈标线以上部位，使吸量管下端伸入溶液液面下约1cm处，不可伸入太深或太浅。左手持吸耳球，并将其下端尖嘴插入吸量管上端口内，然后捏吸耳球轻轻吸上溶液，眼睛注意液体上升，吸量管应随容器中溶液的液面下降而下降。当溶液上升到标线以上时，迅速用右手食指紧按管口，将吸量管尖嘴从液面以下取出，靠在容器壁上，然后稍微放松食指，液体流出，当吸量管内液面下降到与标线相切时，立即按紧食指，液体不再流出。抬起食指，使溶液沿壁自由流下，待溶液全部流尽后，取出吸量管，但不要将残留在尖嘴内的液体吹出。吸量管的使用见图2。

3. 相对密度计的使用

相对密度计是用来测定溶液相对密度的仪器。它是一支中空的玻璃仪浮柱，上部有标线，下部为一重锤，内装铅粒。根据溶液相对密度的不同而选用相适应的相对密度计。通常将相对密度计分为两种：一种是测量相对密度大于1的液体，称作重表；另一种是测量相对密度小于1的液体，称作轻表。

测定液体相对密度时，将欲测液体注入大量筒中，然后将清洁干燥的相对密度计慢慢放入液体中。为了避免相对密度计在液体中上下沉浮和左右摇动与量筒壁接触以至打破，故在浸入时，应该用手扶住相对密度计的上端，并让它浮在液面上，待相对密度计不再摇动而且不与器壁相碰时，即可读数，读数时视线要与凹液面最低处相切。用完相对密度计要洗干净，擦干，放回盒内。由于液体相对密度的不同，可选用不同量程的相对密度计，测定相对密度的方法如图3所示。

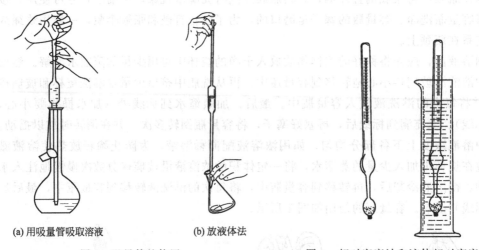

(a) 用吸量管吸取溶液　　(b) 放液体法

图2　吸量管的使用　　　　　　图3　相对密度计和液体相对密度的测定

4. 由固体试剂配制溶液

(1) 百分比浓度、质量摩尔浓度溶液的配制　先算出配制一定质量溶液所需的固体试剂的用量。用台秤称取所需的固体的质量，倒入烧杯中。再用量筒量取所需的蒸馏水也注入烧杯中，搅动，使固体完全溶解，即得所需的水溶液。将溶液倒入试剂瓶里，贴上标签，备用。

(2) 物质的量浓度（体积摩尔浓度）溶液的配制

① 粗略配制：先算出配制一定体积溶液所需的固体试剂的质量。用台秤称取所需的固体试剂，倒入烧杯中，加入少量的蒸馏水搅动使固体完全溶解后，用蒸馏水稀释至刻度，即得所需的溶液。将溶液倒入试剂瓶里，贴上标签，备用。

② 准确配制：先算出配制给定体积的准确浓度溶液所需的固体试剂的用量，并在分析天平上准确称出它的质量，放在干净的烧杯中，加适量蒸馏水使其完全溶解，将溶液定量转

移到容量瓶（与所配溶液体积相应的）中，再加蒸馏水至标线处，盖上塞子，将溶液摇匀即为所配溶液。然后将溶液移入试剂瓶里，贴上标签，备用。

5. 由液体（或浓溶液）试剂配制溶液

（1）体积比溶液的配制　按体积比用量筒量取液体（或浓溶液）试剂和溶剂的用量，在烧杯中将二者混合，搅动，使其均匀，即成所需体积比的溶液，将溶液转移到试剂瓶里，贴上标签，备用。

（2）物质的量浓度溶液的配制

① 粗略配制：先用相对密度计测量液体（或浓溶液）试剂的相对密度，从有关的表中查出相应的百分浓度，算出配制一定体积物质的量浓度溶液所需液体或浓溶液的用量。用量筒量取所需的液体（或浓溶液），注入装有少量水的烧杯中，混合，如果溶液放热，需冷却至室温后，再用水稀释至刻度。搅动，使其均匀，然后移入试剂瓶中，贴上标签，备用。

② 准确配制：由较浓的准确浓度溶液配制较稀的准确浓度溶液的方法是先算出配制准确浓度溶液所需已知浓度溶液的用量，然后用吸量管吸取所需溶液注入给定体积的容量瓶中，再加蒸馏水至标线处，摇匀后，倒入试剂瓶中，贴上标签，备用。

三、仪器与试剂

仪器：烧杯、吸量管、容量瓶、相对密度计、量筒、量杯、试剂瓶、台秤。

试剂：硫酸铜晶体、氢氧化钠、浓硫酸、乙酸（$2.00\ mol \cdot L^{-1}$）。

四、实验步骤

（1）配制 50mL $2mol \cdot L^{-1}$ 氢氧化钠溶液。

（2）用硫酸铜晶体配制 50mL $0.5mol \cdot L^{-1}$ 硫酸铜溶液。

（3）配制 50mL $3mol \cdot L^{-1}$ 硫酸溶液。

（4）用已知浓度为 $2.0mol \cdot L^{-1}$ 的乙酸溶液配制 50mL $0.20mol \cdot L^{-1}$ 的乙酸溶液。

五、实验注意事项

1. 使用相对密度计时，要慢慢放入待测的液体中。
2. 在洗容量瓶时，所用的蒸馏水不能太多，应遵循少量多次的洗涤原则。
3. 在取完氢氧化钠固体后，瓶盖要及时盖上，防止其潮解。
4. 在配制硫酸溶液时，一定将浓硫酸慢慢倒入水中，并不断搅拌，切不可将水倒入浓硫酸中。
5. 容量瓶一定不能用被稀释的溶液洗涤，而吸量管在使用前一定要用所装的溶液洗涤。
6. 所配制的溶液均应回收。

六、思考题

1. 在使用吸量管时，吸量管下端伸入溶液液面下约 1cm 处，不可伸入太深或太浅，为什么？
2. 是否需将残留在移液管尖嘴内的液体吹出，为什么？
3. 在使用相对密度计时，为什么要慢慢放入液体中？
4. 用浓硫酸配制一定浓度的稀硫酸溶液，应注意什么问题？
5. 用容量瓶配制溶液时，要不要先把容量瓶干燥？要不要用被稀释的溶液洗三遍？为什么？
6. 水洗净后的吸量管在使用前还要用待吸取的溶液来洗涤，为什么？

七、附注

生产上常用波美度（°Bé）来表示溶液浓度，它是用波美相对密度计（简称波美计，或称波美表）测定的。波美度测定简易，数值规整，故在工业生产中应用比较方便。通常使用的相对密度计，有的也有两行，一行是相对密度，一行是波美度。

相对密度和波美度的换算公式：

相对密度大于1的液体： $d = \dfrac{144.3}{144.3 - °Bé}$ （在15℃）

相对密度小于1的液体： $d = \dfrac{144.3}{144.3 + °Bé}$ （在15℃）

需要指出的是波美表种类很多，标尺均不同，常见的有美国标尺、合理标尺、荷兰标尺等。我国用得较多的是美国标尺和合理标尺。上述换算公式为合理标尺波美度与相对密度的换算公式。浓硫酸的相对密度与百分浓度对照表见表1。

表1　浓硫酸的相对密度与百分浓度对照表

d_4^{20}	1.8144	1.8195	1.8240	1.8279	1.8312	1.8337	1.8355	1.8364	1.8361
百分浓度/%	90	91	92	93	94	95	96	97	98

若在相对密度表上找不到所测相对密度对应的百分浓度，只提供了相近数值，则百分浓度可由上下两个限值来求得。

例如：测得 H_2SO_4 相对密度为1.126，表上提供了以下信息：

　　　　相对密度　　　　　百分浓度/%
　　　　1.120　　　　　　17.01
　　　　1.130　　　　　　18.31

计算：

(1) 求出对照表数据中相对密度和浓度值的差数：

$$\begin{array}{cc} 1.130 & 18.31\% \\ 1.120 & 17.01\% \\ \hline 0.010 & 1.30\% \end{array}$$

(2) 求出相对密度计所测定数值与表中最低值之间的差数：1.126－1.120＝0.006

(3) 写出比例式：

$$\begin{array}{cc} 0.010 & 1.30\% \\ 0.006 & x \end{array}$$

$$x = \dfrac{1.30 \times 0.006}{0.010} = 0.78\%$$

(4) 将所求数值和表上所给最低的浓度值相加：17.01＋0.78＝17.79%

实验4　缓冲溶液的配制

一、实验目的

1. 掌握缓冲溶液的配制原理和方法。

2. 熟悉有关缓冲溶液配制的计算公式。
3. 了解缓冲溶液的有关性质。

二、实验原理

在一定程度上能抵抗外加少量酸、碱或稀释，而保持溶液 pH 值基本不变的作用称为缓冲作用。具有缓冲作用的溶液称为缓冲溶液。

缓冲溶液一般是由共轭酸碱对组成的，例如弱酸和弱酸盐。如果缓冲溶液由弱酸和弱酸盐（例如 HAc-NaAc）组成，则：

$$c_{H^+} \approx K_a \cdot \frac{c_a}{c_s} \tag{1}$$

$$pH = pK_a - \lg \frac{c_a}{c_s} \tag{2}$$

因为缓冲溶液中具有抗酸成分和抗碱成分，所以加入少量强酸或强碱，其 pH 值基本上是不变的。稀释缓冲溶液时，酸和盐的浓度比值不改变，适当稀释不影响其 pH 值。

缓冲容量是衡量缓冲溶液缓冲能力大小的尺度。缓冲容量的大小与缓冲组分浓度和缓冲组分的比值有关。缓冲组分浓度越大，缓冲容量越大；缓冲组分比值为 1:1 时，缓冲容量最大。

在实际工作中，常常需要配制一定 pH 值的缓冲溶液。

三、仪器与试剂

仪器：pHS-3C 酸度计、试管及试管架、吸量管（10mL）、量筒（100mL，10mL）、烧杯（100mL，50mL）、玻璃棒、滴管、电子天平、pH 试纸等。

试剂：冰醋酸、无水乙酸钠、氢氧化钠、甲基红溶液、去离子水。

四、实验步骤

1. 溶液的配制及 pH 值测定

(1) 50mL 1.0mol·L^{-1} HAc 溶液的配制：

$$\text{所需冰醋酸体积} = \frac{50mL}{1000mL \cdot L^{-1}} \times 1.0mol \cdot L^{-1} \times 60.05g \cdot mol^{-1} \div 1.0492g \cdot mL^{-1}$$
$$= 2.86mL$$

使用 10mL 量筒量取 2.86mL 冰醋酸，倒入 100mL 烧杯中，加去离子水稀释至 50mL，用玻璃棒搅拌均匀即得 50mL 1.0mol·L^{-1} HAc 溶液，备用。

(2) 50mL 1.0mol·L^{-1} NaAc 溶液的配制：

$$\text{所需乙酸钠质量} = \frac{50mL}{1000mL \cdot L^{-1}} \times 1.0mol \cdot L^{-1} \times 82g \cdot mol^{-1} = 4.1g$$

使用托盘天平于 100mL 烧杯中称取 4.1g 无水乙酸钠，加约 25mL 纯化水，玻璃棒搅拌溶解，再加去离子水稀释至 50mL，用玻璃棒搅拌均匀即得 50mL 1.0mol·L^{-1} NaAc 溶液，备用。

(3) 20mL 0.5mol·L^{-1} HAc-NaAc 缓冲溶液的配制　使用 10mL 量筒量取 10mL 1.0mol·L^{-1} HAc 溶液于 50mL 烧杯中，再量取 10mL 1.0mol·L^{-1} NaAc 溶液加入，玻璃棒搅拌均匀即得到 20mL 0.5mol·L^{-1} HAc-NaAc 缓冲溶液，备用。

(4) 50mL 0.1mol·L^{-1} HAc 溶液的配制　使用 10mL 量筒量取 5mL 1.0mol·L^{-1} HAc 溶液于 100mL 烧杯中，加去离子水稀释至 50mL，用玻璃棒搅拌均匀即得 50mL

0.1mol·L⁻¹ HAc 溶液，备用。

（5）50mL 0.1mol·L⁻¹ NaAc 溶液的配制　使用 10mL 量筒量取 5mL 1.0mol·L⁻¹ NaAc 溶液于 100mL 烧杯中，加去离子水稀释至 50mL，用玻璃棒搅拌均匀即得 50mL 0.1mol·L⁻¹ NaAc 溶液，备用。

（6）20mL 0.05mol·L⁻¹ HAc-NaAc 溶液的配制　使用 10mL 量筒量取 10mL 0.1mol·L⁻¹ HAc 溶液于 50mL 烧杯中，再量取 10mL 0.1mol·L⁻¹ NaAc 溶液加入烧杯中，玻璃棒搅拌均匀即得到 20mL 0.05mol·L⁻¹ HAc-NaAc 缓冲溶液，备用。

分别计算所配制的 6 种溶液的 pH 值，再用 pH 试纸分别测定各溶液的 pH 值，比较两者的差异，见表 1。

表 1　溶液的配制与 pH 值的测定

实验号	各组分的浓度	体积/mL	理论 pH 值	pH 试纸测定 pH 值
1	1.0mol·L⁻¹ HAc	50		
2	1.0mol·L⁻¹ NaAc	50		
3	0.5mol·L⁻¹ HAc-NaAc	20		
4	0.1mol·L⁻¹ HAc	50		
5	0.1mol·L⁻¹ NaAc	50		
6	0.05mol·L⁻¹ HAc-NaAc	20		

2. 缓冲溶液的性质

（1）20mL 1.0mol·L⁻¹ NaOH 溶液的配制：

$$\text{所需氢氧化钠质量} = \frac{20\text{mL}}{1000\text{mL}\cdot\text{L}^{-1}} \times 1.0\text{mol}\cdot\text{L}^{-1} \times 40\text{g}\cdot\text{mol}^{-1} = 0.8\text{g}$$

使用托盘天平于 50mL 烧杯中称取 0.8g 无水氢氧化钠，加约 10mL 去离子水，玻璃棒搅拌溶解，再加去离子水稀释至 20mL，用玻璃棒搅拌均匀即得 20mL 1.0mol·L⁻¹ NaOH 溶液，备用。

（2）10mL 0.1mol·L⁻¹ NaOH 溶液的配制：使用 10mL 量筒量取 2mL 1.0mol·L⁻¹ NaOH 溶液于 50mL 烧杯中，加去离子水稀释至 20mL，用玻璃棒搅拌均匀即得 20mL 0.1mol·L⁻¹ NaOH 溶液，备用。

（3）取 4 支试管，依次加入去离子水、0.1mol·L⁻¹ HAc 溶液、0.1mol·L⁻¹ NaAc 溶液、缓冲溶液 6（0.05mol·L⁻¹ HAc-NaAc）各 3mL，用 pH 试纸测其 pH 值。然后向各试管中加入 5 滴 0.1mol·L⁻¹ NaOH，再测其 pH 值。用相同的方法，检验 5 滴 1.0mol·L⁻¹ NaOH 对上述四种溶液 pH 值的影响，将结果记录在表 2 中。

表 2　缓冲溶液的性质

实验号	溶液类别	pH 值	加 5 滴 0.1mol·L⁻¹ NaOH 溶液后 pH 值	加 5 滴 1.0mol·L⁻¹ NaOH 溶液后 pH 值	加 10mL 水后 pH 值	
					理论	实测
1	纯化水				—	—
2	0.1mol·L⁻¹ HAc					
3	0.1mol·L⁻¹ NaAc					
4	缓冲溶液					

(4) 取 3 支试管，依次加入 0.1mol·L⁻¹ HAc 溶液、0.1mol·L⁻¹ NaAc 溶液、缓冲溶液 6（0.05mol·L⁻¹ HAc-NaAc）各 1.0mL，用 pH 试纸测定各试管中溶液的 pH 值。然后向各试管中加 10mL 水，混匀后再用精密 pH 试纸测其 pH 值，检验稀释对上述四种溶液 pH 值的影响。将实验结果记录于表 2 中。通过以上实验结果，说明缓冲溶液的什么性质？

3. 缓冲溶液的缓冲容量

(1) 缓冲容量与缓冲组分浓度的关系　取 3 支试管，在 1 号试管中加入 6mL 缓冲溶液 6（0.05mol·L⁻¹ HAc-NaAc），在 2 号试管中加入 3mL 缓冲溶液 3（0.5mol·L⁻¹ HAc-NaAc）和 3mL 去离子水，在 3 号试管中加入 6mL 缓冲溶液 3（0.5mol·L⁻¹ HAc-NaAc）。在 3 试管中分别滴入 2 滴甲基红指示剂，溶液呈什么颜色（甲基红在 pH＜4.2 时呈红色，pH＞6.3 时呈黄色）？然后在 3 支试管中分别逐滴加入 1mol·L⁻¹ NaOH 溶液（每加 1 滴均需振摇均匀），直至溶液的颜色变成黄色。记录各试管中所滴入 1mol·L⁻¹ NaOH 溶液的滴数，说明哪一管中缓冲溶液的缓冲容量大。缓冲容量与缓冲组分浓度的关系见表 3。

表 3　缓冲容量与缓冲组分浓度的关系

实验号	各组分的浓度	体积/mL	滴入 NaOH 溶液的滴数	缓冲容量与缓冲组分浓度的关系
1	0.05mol·L⁻¹ HAc-NaAc	6		
2	0.25mol·L⁻¹ HAc-NaAc	6		
3	0.5mol·L⁻¹ HAc-NaAc	6		

(2) 缓冲容量与缓冲组分比值的关系　取 3 支试管，在 1 号试管中加入 10mL 缓冲溶液 6，在 2 号试管中加入 2.0mL 0.1mol·L⁻¹ HAc 和 8.0mL 0.1mol·L⁻¹ NaAc 溶液，在 3 号试管中加入 1.0mL 0.1mol·L⁻¹ HAc 和 9.0mL 0.1mol·L⁻¹ NaAc 溶液，混合均匀。用精密 pH 试纸分别测量溶液的 pH 值。然后在每支试管中各加入 0.9mL 0.1mol·L⁻¹ NaOH 溶液，混匀后再用精密 pH 试纸分别测量溶液的 pH 值。说明哪一试管中缓冲溶液的缓冲容量大。缓冲容量与缓冲组分比值的关系见表 4。

表 4　缓冲容量与缓冲组分比值的关系

| 实验号 | 各组分的浓度 | 中和前 pH 值 | | 中和后 pH 值 | | 缓冲容量与缓冲组分比值的关系 |
		理论	实测	理论	实测	
1	0.1mol·L⁻¹ HAc 5mL 0.1mol·L⁻¹ NaAc 5mL					
2	0.1mol·L⁻¹ HAc 1.5mL 0.1mol·L⁻¹ NaAc 8.5mL					
3	0.1mol·L⁻¹ HAc 1.0mL 0.1mol·L⁻¹ NaAc 9.0mL					

五、思考题

1. 为什么缓冲溶液具有缓冲作用？
2. 如何计算理论 pH 值？实际测量 pH 值为什么会与理论值有偏差？

实验 5 转化法制备硝酸钾

一、实验目的
1. 学习用转化法制备硝酸钾晶体。
2. 学习溶解、过滤、间接热浴和重结晶操作。

二、实验原理
工业上常采用转化法制备硝酸钾晶体，其反应如下：

$$NaNO_3 + KCl \rightleftharpoons NaCl + KNO_3$$

反应是可逆的。根据氯化钠的溶解度随温度变化不大，而氯化钾、硝酸钠和硝酸钾在高温时具有较大或很大的溶解度而温度降低时溶解度明显减小（如氯化钾、硝酸钠）或急剧下降（如硝酸钾）的这种差别，将一定浓度的硝酸钠和氯化钾混合液加热浓缩，当温度达118~120℃时，硝酸钾溶解度增加很多，达不到饱和，不析出；而氯化钠的溶解度增加甚少，随浓缩、溶剂的减少，氯化钠析出。通过热过滤滤除氯化钠，将此溶液冷却至室温，即有大量硝酸钾析出，氯化钠仅有少量析出，从而得到硝酸钾粗产品，再经过重结晶提纯，可得到纯品。硝酸钾等四种盐在不同温度下的溶解度见表1。

表 1 硝酸钾等四种盐在不同温度下的溶解度   单位：g/100g H_2O

盐 \ $t/℃$	0	10	20	30	40	60	80	100
KNO_3	13.3	20.9	31.6	45.8	63.9	110.0	169	246
KCl	27.6	31.0	34.0	37.0	40.0	45.5	51.1	56.7
$NaNO_3$	73	80	88	96	104	124	148	180
$NaCl$	35.7	35.8	36.0	36.3	36.6	37.3	38.4	39.8

三、仪器与试剂
仪器：量筒、烧杯、台秤、石棉网、三角架、铁架台、热滤漏斗、布氏漏斗、吸滤瓶、抽滤泵、瓷坩埚、坩埚钳、温度计（200℃）、烧杯。

试剂：硝酸钠（工业级）、氯化钾（工业级）、$AgNO_3$（0.1mol·L^{-1}）、硝酸（5.0mol·L^{-1}）、氯化钠标准溶液。

四、实验步骤
（1）在台秤上称取20g硝酸钠和17g氯化钾（取药量依据反应式给出的剂量比，可根据工业品的实际纯度自行折算），放入100mL小烧杯中，加50.0mL蒸馏水，加热至沸，使固体溶解（记下小烧杯中液面位置）。

（2）继续加热，并不断搅拌溶液，氯化钠逐渐析出，当体积减少到原来的2/3（或热至118℃）时，趁热进行热过滤（漏斗颈应尽可能地短，为什么），动作要快！承接滤液的烧杯预先加1.0mL蒸馏水，以防降温时氯化钠达饱和而析出。

（3）待滤液冷却至室温，用减压过滤法把硝酸钾晶体抽干。得到的晶体为粗产品，称重。

（4）粗产品的重结晶

① 除保留少量（0.1~0.2g）粗产品供纯度检验外，按粗产品：水=2:1（质量比）的

比例，将粗产品溶于蒸馏水中。

② 加热、搅拌，待晶体全部溶解后停止加热。若溶液沸腾时，晶体还未全部溶解，可再加极少量蒸馏水使其溶解。

③ 待溶液冷却至室温后抽滤，水浴烘干，得到纯度较高的硝酸钾晶体，称量。

（5）纯度检验

① 定性检验：分别取 0.10g 粗产品和一次重结晶得到的产品放入两支小试管中，各加入 2.0mL 蒸馏水配成溶液。在溶液中分别滴入 1 滴 5mol·L^{-1} HNO$_3$ 酸化，再各滴入 0.1mol·L^{-1} AgNO$_3$ 溶液 2 滴，观察现象，进行对比，重结晶后的产品溶液应为澄清。

② 根据试剂级的标准检验试样中总氯量称取 1.0g 试样（称准至 0.01g），加热至 400℃ 使其分解，于 700℃ 灼烧 15min，冷却，溶于蒸馏水中（必要时过滤），稀释至 25mL，加 2mL 5mol·L^{-1} HNO$_3$ 和 0.1mol·L^{-1} AgNO$_3$ 溶液，摇匀，放置 10min。所呈浊度不得大于标准。

标准是取下列质量的 Cl$^-$：优级纯 0.015mg；分析纯 0.030mg；化学纯 0.070mg。稀释至 25mL，与同体积样品溶液同时同样处理（氯化钠标准溶液依据 GB 602—2011 配制，见附注）。

本实验要求重结晶后的硝酸钾晶体含氯量达化学纯为合格，否则应再次重结晶，直至合格，最后称量，计算产率，并与前几次的结果进行比较。

五、实验注意事项

检查产品含氯总量时，要求在 700℃ 灼烧。这步操作需在马弗炉中进行。需要注意的是，当灼烧物质达到灼烧要求后，先关掉电源，待温度降至 200℃ 以下时，可打开马弗炉，用长柄坩埚钳取出装试样的坩埚，放在石棉网上，切忌用手拿。

六、思考题

1. 何谓重结晶？本实验都涉及哪些基本操作，应注意什么？
2. 制备硝酸钾晶体时，为什么要把溶液进行加热和热过滤？

七、附注

1. 化学试剂硝酸钾杂质

根据中华人民共和国国家标准（GB 647—2011）化学试剂硝酸钾中杂质最高含量（指标以 x‰ 计）见表 2。

表 2　化学试剂硝酸钾中杂质最高含量

名　称	优级纯	分析纯	化学纯
澄清度试验	合格	合格	合格
水不溶物	0.002	0.004	0.006
干燥失重	0.2	0.2	0.5
总氯量（以 Cl 计）	0.0015	0.005	0.01
亚硝酸盐及碘酸盐（NO$_2$ 计）	0.0005	0.001	0.002
磷酸盐（PO$_4^{3-}$）	0.0005	0.001	0.001
钠（Na）	0.02	0.02	0.05
镁（Mg）	0.001	0.002	0.004
钙（Ca）	0.002	0.004	0.006
铁（Fe）	0.0001	0.0002	0.0005
重金属（以 Pb 计）	0.0003	0.0005	0.001

2. 氯化物标准溶液的配制（1mL 含 0.1mg Cl^-）

称取 0.165g 于 500～600℃灼烧至恒重的氯化钠，溶于水，移入 1000mL 容量瓶中，稀释至刻度。

实验 6　物质的分离和提纯——由海盐制备试剂级氯化钠

一、实验目的

1. 学习由海盐制备试剂级氯化钠的方法。
2. 练习溶解、过滤、蒸发、结晶等基本操作。

二、实验原理

粗食盐中，除含有泥砂等不溶性杂质外，还含有钙、镁、钾的卤化物和硫酸盐等可溶性杂质。不溶性杂质可以通过过滤法除去，可溶性杂质采用化学法，加入某些化学试剂，使之转化为沉淀滤除。

在粗食盐溶液中，加入稍过量的氯化钡溶液，则：

$$Ba^{2+} + SO_4^{2-} == BaSO_4 \downarrow$$

过滤除去硫酸钡沉淀。在滤液中，加入适量的氢氧化钠和碳酸钠溶液，使溶液中的 Ca^{2+}、Mg^{2+}、过量的 Ba^{2+} 转化为沉淀

$$Mg^{2+} + 2OH^- == Mg(OH)_2 \downarrow \ ;\quad Ca^{2+} + CO_3^{2-} == CaCO_3 \downarrow \ ;\quad Ba^{2+} + CO_3^{2-} == BaCO_3 \downarrow$$

产生的沉淀用过滤的方法除去，过量的氢氧化钠和碳酸钠可用盐酸中和而除去。少量氯化钾等可溶性杂质因含量少，溶解度又较大，在蒸发、浓缩和结晶过程中，仍然留在母液中而与氯化钠分离。

三、仪器与试剂

仪器：烧杯、量筒、普通漏斗、漏斗架、吸滤瓶、布氏漏斗、三角架、石棉网、台秤、表面皿、蒸发皿、真空泵、滴液漏斗、圆底烧瓶、广口瓶、铁架台、试管、离心管、滴定管（酸式）、比色管（25mL）。

试剂：粗食盐、氯化钠（分析纯或化学纯）、Na_2CO_3（1mol·L^{-1}）、NaOH（2mol·L^{-1}）、HCl、$BaCl_2$（1mol·L^{-1}）、淀粉（1%）、荧光素（0.5%）、酚酞（1%）、乙醇（95%）、Na_2SO_4 标准溶液、$AgNO_3$ 标准溶液、NaOH 标准溶液。

四、实验步骤

1. 制备

(1) 在台秤上称取 10.0g 粗食盐，放入小烧杯（100mL）中，加入 40.0mL 水，加热搅动，使其溶解。在不断搅动下，往热溶液中滴加 1.0mol·L^{-1} 氯化钡溶液（约 3～4mL），继续加热煮沸数分钟，使硫酸钡颗粒长大易于过滤。为检验沉淀是否完全，将烧杯从石棉网上取下，待溶液沉降后，沿烧杯壁在上层清液中滴加 2～3 滴氯化钡溶液，如果溶液无混浊，表明 SO_4^{2-} 已沉淀完全。如果发生混浊，则应继续往热溶液中滴加氯化钡溶液，直至 SO_4^{2-} 沉淀完全为止。趁热用倾析法过滤，保留滤液。

(2) 将滤液加热至沸，加入 1.0mL 2.0mol·L^{-1} 氢氧化钠溶液。滴加 1.0mol·L^{-1} 碳酸钠溶液（约 4~5mL）至沉淀完全为止（怎样检验？此步除去哪些离子），过滤，弃去沉淀。

(3) 往滤液中滴加 2.0mol·L^{-1} 盐酸，加热，搅动，赶尽二氧化碳，用 pH 试纸检验使溶液呈微酸性（pH 值约为 5~6）。

(4) 将溶液倒入蒸发皿中，用小火加热蒸发、浓缩溶液至稠粥状（切不可将溶液蒸发至干），冷却后，减压过滤将产品抽干。

(5) 产品放入蒸发皿中用小火烘干。产品冷至室温，称量，计算产率。

(6) 检验产品纯度，如不合要求，需将其溶解于极少量蒸馏水中，进行重结晶（如何操作），将提纯后的产品重新烘干，冷却，检验，直至合格。

2. 产品检验

(1) 氯化钠含量测定：称取 0.15g 干燥恒重的样品，称准至 0.0002g，溶于 70mL 水中，加 10mL 1% 淀粉溶液，在摇动下，用 0.10mol·L^{-1} AgNO$_3$ 标准溶液避光滴定，近终点时，加 3 滴 0.5% 荧光素指示液，继续滴定至乳液呈粉红色。

氯化钠含量 X(%) 按下式计算：

$$x = (V \div 1000) \times c \times 58.44 \times 100 \div G$$

式中，V 为硝酸银标准溶液的用量，mL；c 为硝酸银标准溶液的物质的量浓度，mol·L^{-1}；G 为样品的质量，g；58.44 为 NaCl 的摩尔质量，g·mol^{-1}。

(2) 水溶液反应：称取 5g 样品，称准至 0.01g，溶于 50mL 不含二氧化碳的水中，加 2 滴 1% 酚酞指示液，溶液应无色，加 0.05mL 0.1mol·L^{-1} 氢氧化钠标准溶液，溶液应呈粉红色。

(3) 用比浊法检验样品中硫酸盐含量：称取 1.0g（称准至 0.01g）样品溶于 10.0mL 水中，加 5.0mL 95% 乙醇，1.0mL 3.0mol·L^{-1} HCl，在不断振摇下滴加 3mL 25% 氯化钡溶液，稀释至 25mL，摇匀，放置 10min，所呈浊度不得大于标准（参见附注）。标准是取下列数量的 SO$_4^{2-}$：优级纯 0.01mg、分析纯 0.02mg、化学纯 0.05mg，与样品同时同样处理。

五、实验注意事项

1. 在制备过程的步骤 (1) 加热煮沸过程中，加热火焰不宜过大，否则水分蒸发过多，会导致氯化钠析出而影响产量。

2. 溶液倒入蒸发皿中蒸发时，切不可蒸干。

六、思考题

1. 粗食盐提纯过程涉及哪些基本操作？
2. 由粗食盐制取试剂级氯化钠的原理是什么？怎样检验其中的 Ca^{2+}、Mg^{2+}、SO$_4^{2-}$ 是否沉淀完全？
3. 为什么在蒸发时，切不可将溶液蒸发至干？

七、附注

1. 中华人民共和国国家标准（GB 1266—2006）

化学试剂氯化钠的技术条件为：

① 氯化钠含量不少于 99.8%。
② 水溶液反应：合格。
③ 杂质最高含量见表 1，指标以 % 计。

表 1 杂质最高含量　　　　　　　　　　　　　　　　　　　　　单位：%

名　称	优级纯	分析纯	化学纯
澄清度试验	合格	合格	合格
水不溶物	0.003	0.005	0.02
干燥失重	0.2	0.2	0.2
溴化物(Br^-)	0.02	0.02	0.1
碘化物(I^-)	0.002	0.002	0.012
硫酸盐(SO_4^{2-})	0.001	0.002	0.005
硝酸盐(NO_3^-)	0.002	0.002	0.005
氮化合物(N)	0.0005	0.001	0.001
镁(Mg)	0.001	0.002	0.005
钾(K)	0.01	0.02	0.04
钙(Ca)	0.005	0.007	0.01
铁(Fe)	0.0001	0.0003	0.0005
砷(As)	0.00002	0.00005	0.0001
钡(Ba)	合格	合格	合格
重金属(以 Pb 计)	0.0005	0.0005	0.001

2. 取样和验收

产品检验按 GB 619—1988 的规定进行取样和验收。测定中所需标准溶液、杂质标准液、制剂和制品按 GB 601—2016、GB 602—2002、GB 603—2002 的规定制备。

3. 硫酸盐标准溶液配制方法

GB 602—2002 中硫酸盐标准溶液的配制方法：称取 0.148g 于 105～110℃ 干燥至恒重的无水硫酸钠，溶于蒸馏水，移入 1000mL 容量瓶中，稀释至刻度。

4. $0.1mol \cdot L^{-1}$ NaOH 标准溶液的配制与标定

(1) 配制　将氢氧化钠配成饱和溶液，注入塑料筒中密闭放置至溶液清亮，使用前以塑料管虹吸上层清液。量取 5mL 氢氧化钠饱和溶液，注入 1000mL 不含二氧化碳的水中，摇匀。

(2) 标定

① 测定方法　称取 0.6g 于 105～110℃ 烘干恒重的基准苯二甲酸氢钾，称准至 0.0002g，溶于 50mL 不含二氧化碳的水中，加 2 滴 1% 酚酞指示液，用 $0.1mol \cdot L^{-1}$ NaOH 溶液滴定至溶液所呈粉红色与标准色相同，同时做空白试验。

注：标准色溶液配制方法是量取 80mL pH=8.5 的缓冲溶液，加 2 滴 1% 酚酞指示液，摇匀。

② 计算　NaOH 标准溶液浓度按下式计算：

$$c = \frac{G}{\frac{V_1 - V_2}{1000} \times 204.2}$$

式中，G 为苯二甲酸氢钾的质量，g；V_1 为氢氧化钠溶液用量，mL；V_2 为空白试验氢氧化钠溶液用量，mL；204.2 为 $KHC_8H_4O_4$ 的摩尔质量，$g \cdot mol^{-1}$。

注：不含二氧化碳的水的制备是将水注入平底烧瓶中，煮沸半小时，立即用装有钠石灰管的胶塞塞紧，放置冷却。

5. $0.1mol \cdot L^{-1}$ $AgNO_3$ 标准溶液的配制与标定

(1) 配制　称取 17.5g 硝酸银，溶于 1000mL 水中，摇匀，溶液保存于棕色瓶中。

(2) 标定　称取 0.2g 于 500~600℃ 灼烧至恒温的基准氯化钠，称准至 0.0002g，溶于 70mL 水中，加 10mL 1% 淀粉溶液，在摇动下用 0.1mol·L^{-1} AgNO$_3$ 溶液避光滴定，近终点时，加 3 滴 0.5% 荧光素指示剂，继续滴定至乳液呈粉红色。

AgNO$_3$ 标准溶液的浓度按下式计算：

$$c = \frac{G}{\frac{V}{1000} \times 58.44}$$

式中，G 为氯化钠用量，g；V 为硝酸银溶液用量，mL；58.44 为 NaCl 的摩尔质量，g·mol^{-1}。0.5% 荧光素指示液的配制：称取 0.50g 荧光素（荧光黄或荧光红）溶于乙醇，用乙醇稀释至 100mL。

实验 7　硫酸亚铁铵的制备

一、实验目的

1. 了解硫酸亚铁铵复盐的制备原理。
2. 练习水浴加热、过滤（常压、减压）、蒸发、浓缩、结晶和干燥等技术。

二、实验原理

硫酸亚铁铵又称莫尔盐，是透明浅蓝绿色单斜晶体，它比一般的亚铁盐稳定，在空气中不易被氧化，溶于水但不溶于乙醇。在定量分析中常用莫尔盐来配制亚铁离子的标准溶液。像所有的复盐那样，硫酸亚铁铵在水中的溶解度比组成它的每一组分的溶解度都要小，因此只需要将 FeSO$_4$ 与 (NH$_4$)$_2$SO$_4$ 的浓溶液混合，即得硫酸亚铁铵晶体。

本实验将铁屑溶于稀硫酸，先制得硫酸亚铁溶液，往此溶液中加入硫酸铵并使其全部溶解，经浓缩、冷却即得溶解度小的硫酸亚铁铵晶体。

$$Fe + H_2SO_4 \rightleftharpoons FeSO_4 + H_2 \uparrow;$$
$$FeSO_4 + (NH_4)_2SO_4 + 6H_2O \rightleftharpoons (NH_4)_2SO_4 \cdot FeSO_4 \cdot 6H_2O$$

三、仪器与试剂

仪器：台秤、锥形瓶、烧杯（或水浴锅）、量筒、减压抽滤装置、蒸发皿、滤纸。

试剂：铁屑、(NH$_4$)$_2$SO$_4$(s)、Na$_2$CO$_3$(10%)、H$_2$SO$_4$(6mol·L^{-1})、HCl(3mol·L^{-1})、乙醇(95%)。

四、实验步骤

1. 铁屑的净化（除去油污）

称取 4g 较纯的铁屑，放在锥形瓶内，加入 10% Na$_2$CO$_3$ 溶液 10mL，在水浴上加热 10min。用倾析法除去碱液，并用水把铁屑洗净。

2. 硫酸亚铁的制备

往盛有铁屑的锥形瓶内加入 35mL 6mol·L^{-1} H$_2$SO$_4$ 在水浴上加热，使铁屑与 H$_2$SO$_4$ 几乎完全反应（约需 30min）。反应过程中应不时地往瓶中加入少量水，以补充被蒸发掉的水分，最后得到 $FeSO_4$ 溶液。

3. 硫酸亚铁铵的制备

往盛有 $FeSO_4$ 溶液的锥形瓶中加入 15mL 水和 9g $(NH_4)_2SO_4$ 固体。在水浴上加热至 70~80℃，使 $(NH_4)_2SO_4$ 全部溶解。趁热进行减压过滤，把滤液倾入 100mL 烧杯中，然后放在装有热水的 250mL 烧杯中，使溶液慢慢冷却，即有硫酸亚铁铵晶体析出，抽滤除去母液，把晶体放在表面皿上晾干，观察晶体的颜色和形状，最后称重并计算理论产量和产率。

五、数据处理

产品颜色：_____；产品形状：_____；产品质量：_____；理论产量：_____；产品产率：_____。

硫酸亚铁铵水不溶物的分析：取 5g 样品溶于 35mL 纯水中，加入 2 滴浓 H_2SO_4 溶液应澄清透明。

六、实验注意事项

1. 当很多学生同时进行本实验时，会产生大量氢气和少量有毒的砷化氢气体，应注意室内通风以免发生事故。

2. 以倾析法倾去碱液后，用水把铁屑洗干净（起码三次）直至无碱性，即近中性。否则残留的碱要耗去加入的硫酸，致使反应过程中酸度不够。

3. 制备过程中，要保持必要的酸度，如果酸度不够，则会引起 Fe^{2+} 的水解和被空气中的氧气氧化，使产品不纯。

4. 蒸发时用蒸发皿或烧杯都可以。如果溶液量较多，用烧杯则更为方便。蒸发时都要小心搅拌，以防溅出。

5. 蒸发至刚出现晶膜，即可冷却。如果蒸发过头，会造成杂质 $FeSO_4$ 或 $(NH_4)_2SO_4$ 的析出，使产品不纯。此外，晶体所需的水分（即每个化学式中含六个结晶水）也不够，会使成品结成大块，难以取出。

七、思考题

1. 使用水浴时应注意哪几点？
2. 为什么在分离硫酸亚铁铵晶体和溶液时可以用倾析法？
3. 为什么制备硫酸亚铁时要用锥形瓶？

实验 8　氨碱法制取碳酸钠

一、实验目的

1. 掌握氨碱法制取碳酸钠的原理和方法。
2. 学习利用各种盐类溶解度的差异制备某些无机化合物的方法。
3. 掌握启普发生器的使用方法，练习减压过滤的基本操作。

二、实验原理

本实验是向含氨的氯化钠饱和溶液中通入二氧化碳，然后 CO_2 与 H_2O 和氨反应，生成碳酸氢铵：
$$NH_3 + CO_2 + H_2O \rightleftharpoons NH_4HCO_3 \qquad (1)$$

碳酸氢铵与氯化钠反应生成碳酸氢钠：
$$NH_4HCO_3 + NaCl \stackrel{\triangle}{\rightleftharpoons} NaHCO_3\downarrow + NH_4Cl \qquad (2)$$

反应(1)实际上是水溶液中离子的相互反应，在溶液中存在着 NaCl、NH_4HCO_3、$NaHCO_3$ 和 NH_4Cl 四种盐，是一个复杂的四元体系。它们的溶解度是相互影响的。在这四种盐可能的离子产物中，$NaHCO_3$ 的溶解度最小，可先析出晶体。可根据它们的溶解度和碳酸氢钠在不同温度下的分解速度来确定制备碳酸钠的条件，即反应温度控制在 32~35℃ 之间，碳酸氢钠加热分解的温度控制在 300℃。

由于 $NaHCO_3$ 的溶解度随着温度的降低而减小，所以将混合物冷却至 0℃ 左右，$NaHCO_3$ 的产量最大。

在 300℃ 左右，$NaHCO_3$ 热分解成 Na_2CO_3：
$$2NaHCO_3 \stackrel{\triangle}{\rightleftharpoons} Na_2CO_3 + H_2O + CO_2\uparrow$$

在室温下氯化铵的溶解度比氯化钠的大，而在低温下却比氯化钠的小，氯化钠的溶解度随着温度的变化不大，所以在母液中加入氯化钠，降低温度时析出 NH_4Cl。四种盐的溶解度见表1。

表 1　四种盐的溶解度　　　　　　　　单位：g/100g 水

温度	0	10	20	30	40	50	60	70	80	90	100
$NaHCO_3$	6.9	8.15	9.6	11.1	12.7	14.5	16.4				
NaCl	35.7	35.8	36.0	36.3	36.6	37.0	37.3	37.8	38.4	39.0	39.8
NH_4HCO_3	11.9	15.8	21.0	27.0							
NH_4Cl	29.4	33.3	37.2	41.4	45.8	50.4	55.2	60.2	65.6	71.1	77.3

三、仪器与试剂

仪器：量筒、锥形瓶、启普发生器、洗气瓶、温度计、表面皿、蒸发皿、布氏漏斗、天平、水浴装置、红色石蕊试纸等。

试剂：浓氨水、氯化钠、HCl（6mol·L^{-1}）、NaOH（1mol·L^{-1}）、乙醇（95%）、粗食盐、大理石。

四、实验步骤

1. 碳酸氢钠的制备

向 100mL 锥形瓶中加入用量筒量取的浓氨水 25mL，再加入 10mL 蒸馏水。用天平称取 10g 粉状的氯化钠（精确到 0.1g），加入到浓氨水中，塞紧塞子，振荡几分钟，使 NaCl 溶解达到饱和。若氯化钠全部溶解，再加少许。当氯化钠达到饱和后，过滤。依图1安装仪器，仪器要装配严密，移动启普发生器时，必须双手紧握葫芦形容器的球体的下部。

用水浴加热盛 NH_3-NaCl 溶液的锥形瓶，温度保持在 35~40℃。打开启普发生器的活塞，向 NH_3-NaCl 溶液中快速地通入 CO_2 约 60min 后，形成细小的 $NaHCO_3$ 晶体，溶液变浑浊。继续通入 CO_2 20min，生成大量的 $NaHCO_3$ 晶体。再将锥形瓶移入冰水中冷却，并继续通入 CO_2 15min，以降低 $NaHCO_3$ 的溶解度，提高产率。

将锥形瓶中的 $NaHCO_3$ 晶体和溶液倾入布氏漏斗内，抽气。当全部溶液流入吸滤瓶后，

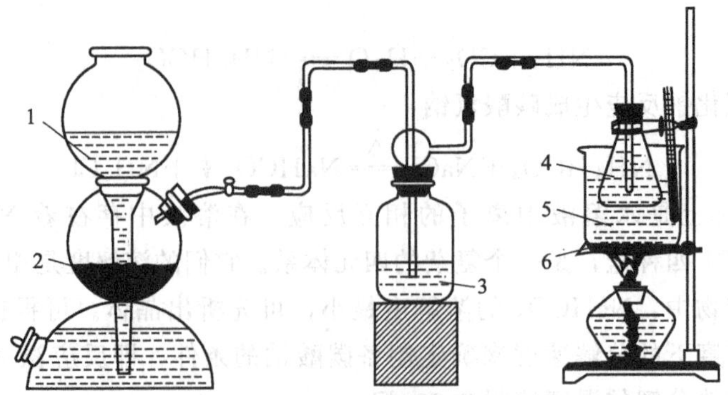

图 1 制取碳酸氢钠的装置

1—盐酸；2—碳酸钙；3—水；4—NH₃-NaCl；5—水；6—石棉网

停止抽气。在 $NaHCO_3$ 晶体上加入 3mL 用冰水冷却的蒸馏水，10s 后抽气，再重复冷却、水淋洗操作一次。停止抽气，在 $NaHCO_3$ 晶体上加 5mL95％的乙醇，10s 后，抽气，再重复乙醇淋洗操作一次。抽干后由布氏漏斗中取出滤纸和晶体。将晶体转移到滤纸上再次吸干，用托盘天平称重。

2. Na_2CO_3 的制备

将制得的 $NaHCO_3$ 转移到已称重的瓷蒸发皿中，加热至红热。10min 后，停止加热，冷却到室温并称重。计算 Na_2CO_3 的产率。

3. NH_4Cl 的回收

在每 10mL 母液中加入 3g 氯化钠粉末，充分搅拌，使其溶解。然后，在冰盐冷却剂中冷却，则析出晶体。取少量晶体，用实验证实晶体是 NH_4Cl 而不是 NaCl。

五、实验注意事项

1. 注意启普发生器的正确使用方法。
2. 各制备条件下温度要控制好。
3. 制得的溶液一定要采取自然冷却的方法冷却。

六、思考题

1. 如果在制得的 $NaHCO_3$ 产品中含有水或杂质 NaCl，那么分解后所得 Na_2CO_3 的质量与其理论值有什么偏差？

2. 在过滤了 $NaHCO_3$ 晶体的母液中加入固体 NaCl。溶解后，将溶液冷却至 −10℃左右，为什么能析出 NH_4Cl 晶体？

3. 为什么要根据氯化钠的用量来计算碳酸钠产率？影响碳酸钠产率的因素有哪些？

4. 从母液中回收氯化铵时，为什么要加氨水？

实验 9 明矾的制备

一、实验目的

1. 了解明矾的制备方法。

2. 认识铝和氢氧化铝的两性性质。

3. 练习和掌握溶解、过滤、结晶以及沉淀的转移和洗涤等无机制备中常用的基本操作。

二、实验原理

铝屑溶于浓氢氧化钠溶液，生成可溶性的四羟基合铝（Ⅲ）酸钠 $Na[Al(OH)_4]$，再用稀 H_2SO_4 调节溶液的 pH 值，将其转化为氢氧化铝，使氢氧化铝溶于硫酸生成硫酸铝。硫酸铝能同碱金属硫酸盐如硫酸钾在水溶液中结合成一类在水中溶解度较小的同晶的复盐，此复盐称为明矾 $[KAl(SO_4)_2 \cdot 12H_2O]$。当冷却溶液时，明矾则以大块晶体结晶出来。

制备明矾的化学反应如下：

$$2Al + 2NaOH + 6H_2O = 2Na[Al(OH)_4] + 3H_2 \uparrow$$
$$2Na[Al(OH)_4] + H_2SO_4 = 2Al(OH)_3 \downarrow + Na_2SO_4 + 2H_2O$$
$$2Al(OH)_3 + 3H_2SO_4 = Al_2(SO_4)_3 + 6H_2O$$
$$Al_2(SO_4)_3 + K_2SO_4 + 24H_2O = 2KAl(SO_4)_2 \cdot 12H_2O$$

三、仪器与试剂

仪器：烧杯、量筒、普通漏斗、布氏漏斗、抽滤瓶、表面皿、蒸发皿、酒精灯、台秤、锥形瓶、水浴锅、pH 试纸。

试剂：H_2SO_4（$3mol \cdot L^{-1}$、1:1）、NaOH（s）、K_2SO_4（s）、铝屑、水-乙醇（1:1）。

四、实验步骤

（1）$Na[Al(OH)_4]$ 的制备 在台秤上用表面皿快速称取固体氢氧化钠 1.0g，迅速将其转移至 250mL 的锥形瓶中，加 40mL 水温热溶解。称量 0.5g 铝屑，切碎，分次放入溶液中。将锥形瓶置于热水浴中加热（反应激烈，防止溅出）。反应完毕后，趁热用普通漏斗过滤。

（2）氢氧化铝的生成和洗涤 在上述四羟基合铝酸钠溶液中加入 4mL 左右的 $3mol \cdot L^{-1}$ H_2SO_4 溶液，使溶液的 pH 值为 8～9 为止（应充分搅拌后再检验溶液的酸碱性）。此时溶液中生成大量的白色氢氧化铝沉淀，用布氏漏斗抽滤，并用热水洗涤沉淀，洗至溶液 pH 值为 7～8 时为止。

（3）明矾的制备 将抽滤后所得的氢氧化铝沉淀转入蒸发皿中，加 5mL 1:1 的 H_2SO_4，再加 8mL 水，小火加热使其溶解，加入 2g 硫酸钾继续加热至溶解，将所得溶液在空气中自然冷却，待结晶完全后，减压过滤，用 10mL 1:1 的水-酒精混合溶液洗涤晶体两次，将晶体放在烘箱中烘干，称重，计算产率。

五、实验注意事项

1. 在实验步骤（1）中，一定要将烧杯置于热水浴中加热，防止溶液溅出。
2. pH 值一定要控制好。
3. 制得的明矾溶液一定要采取自然冷却的方法冷却。

六、思考题

1. 计算用 1.0g 金属铝能生成多少克硫酸铝？若将此硫酸铝全部转变成明矾需与多少克硫酸钾反应？
2. 本实验是在哪一步骤中除掉铝中的铁杂质的？

3. 用热水洗涤氢氧化铝沉淀时，是除去什么离子？

实验10　由煤矸石制备硫酸铝

一、实验目的
1. 掌握通过煤矸石制备相应无机化合物方法和进行产品分析的一些基本操作。
2. 了解除铁纯化的原理和方法。

二、实验原理
硫酸铝有无水物和十八水合物，无水物为无色斜方晶系晶体。$Al_2(SO_4)_3 \cdot 18H_2O$ 为无色单斜晶系针状晶体，在 86.5℃脱水，溶于水，水溶液显酸性，不溶于乙醇。当加热水合物时猛烈膨胀，并变成海绵状物质，加热至 800℃时分解成三氧化硫和氧化铝。硫酸铝用于造纸工业整理剂、鞣革剂、媒染剂、净化剂、泡沫灭火器的内留剂、石油脱色除臭剂以及用于制造明矾、铝白和药物的原料等。

工业生产硫酸铝的方法有多种。本实验以煤生产过程中的废弃物煤矸石为原料经焙烧、硫酸浸取而制得。

煤矸石的组分大致是：C 10%～30%，SiO_2 30%～50%，Al_2O_3 10%～30%，Fe_2O_3 0.5%～5%，碳酸盐约 5%，H_2O 约 5%。在氧化铝的两种变体中，α-Al_2O_3 稳定性高，γ-Al_2O_3 易吸湿且易溶于酸或碱。为使煤矸石中的 Al_2O_3 尽可能多地转化成 γ-Al_2O_3，需控制温度在 700℃左右焙烧，温度太低时转化率小，温度太高时又会转化成 α-Al_2O_3。

主要反应是：$Al_2O_3 + 3H_2SO_4 \longrightarrow Al_2(SO_4)_3 + 3H_2O$

主要副反应是：$Fe_2O_3 + 3H_2SO_4 \Longleftrightarrow Fe_2(SO_4)_3 + 3H_2O$

通常的硫酸铝产物结晶为无色单斜晶系的十八水合物。此外煤矸石中的钙、镁、钛等金属氧化物也不同程度地与 H_2SO_4 反应，生成相应的硫酸盐。产品中含杂质硫酸铁较高时，颜色发黄。反应时煤矸石粉应过量，使硫酸被充分利用，使产品不含游离酸。

三、仪器与试剂
仪器：马弗炉、电动搅拌器、分析天平、调压变压器、三颈烧瓶、回流冷凝管、石棉网、温度计、电炉、烧杯、锥形瓶、坩埚等滴定管、容量瓶（250mL）、移液管（25mL、10mL）、蒸发皿、精密 pH 试纸、滤纸。

试剂：煤矸石粉（＜60 目）、50%工业硫酸、HCl、0.1%聚丙烯酰胺、1∶1 氨水、10%磺基水杨酸、EDTA 标准溶液（0.01mol·L^{-1}）、EDTA 标准溶液（0.025mol·L^{-1}）、HAc-NaAc 缓冲溶液（pH=4～5）、$CuSO_4$ 标准溶液（0.025mol·L^{-1}）、0.1% PAN 指示剂、20% KF 溶液、NaOH、NaCl 等。

四、实验步骤
1. 焙烧

称取煤矸石粉 100g 放入蒸发皿中，在马弗炉中控制温度为 700℃焙烧 2h，自然冷却后备用。

2. 硫酸浸取

按图1安装好仪器，将50%工业硫酸加入三颈烧瓶中（一般为理论量的60%~70%），在搅拌下加入焙烧好的煤矸石粉，用少量水冲洗瓶口，装好温度计。开启冷凝器回流，然后加热至100℃。反应一段时间后，若反应物黏稠，可补加适量的水，以维持反应的正常进行。反应约2h，当pH值为2.5时，停止反应，加入250mL水，趁热倒入烧杯中，加入0.1%的聚丙烯酰胺（中性）溶液5mL，搅拌约1min，静置20min，静置后的上清液倒入铺好滤纸的布氏漏斗中吸滤，再倒入渣吸滤，用热水（约60℃）洗涤3次。

将滤液浓缩至大量起泡沫为止（约110℃），倒入瓷盘中，冷却后即为产品，称重，计算产率。

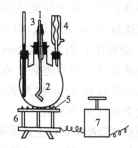

图1 制备硫酸铝的装置
1—电动搅拌器；2—三颈烧瓶；
3—温度计；4—回流冷凝器；
5—石棉网；6—电炉；
7—调压变压器

3. 产品分析

（1）氧化铁的测定（EDTA容量法） 准确称取5.0g产品于50mL烧杯中，加蒸馏水溶解，移入250mL容量瓶中，用少量水洗涤烧杯3次，洗涤液加入容量瓶中并稀释至刻度，摇匀，待测。移取待测液10mL于250mL锥形瓶中，加1:1盐酸2mL，煮沸2min，加入50mL蒸馏水，用1:1氨水调节pH值约为1.5~2.0，加入10%磺基水杨酸溶液3滴，加热至60~70℃，用0.01mol·L^{-1}EDTA标准溶液滴定至试液由紫红色变为亮黄色或无色。试液保留，供测定铝用。

氧化铁含量按下式计算：

$$w_{Fe_2O_3} = \frac{cV_1 M_{Fe_2O_3}}{8GV_2} \times 100\%$$

式中，c为EDTA的浓度；$M_{Fe_2O_3}$为Fe_2O_3的摩尔质量；V_1为滴定时消耗的0.01mol·L^{-1}EDTA标准溶液的体积，mL；V_2为移取待测液的体积，mL；G为试样质量，g。

（2）氧化铝的测定 滴定完铁的试液中，准确加入0.025mol·L^{-1}EDTA标准溶液25mL，用1:1的氨水调节pH值为4.5，加pH值为4~5的HAc-NaAc缓冲溶液15mL，加水稀释到150mL，煮沸3min，加入0.1%PAN指示剂15滴，用硫酸铜标准液趁热滴定至试液由黄色变为稳定的鲜红色或紫色，不计读数，再加入20%氟化钾溶液20mL，煮沸2min，继续用硫酸铜标准溶液滴定至试液由黄色变为稳定的红色或蓝紫色即为终点。

氧化铝含量按下式计算：

$$w_{Al_2O_3} = \frac{V_1 c_1 M_{Al_2O_3}}{8GV_2} \times 100\%$$

式中，c_1为硫酸铜标准液浓度；V_1为第二次滴定时消耗硫酸铜标准溶液的体积，mL；V_2为移取待测液的体积，mL；G为试样质量，g；$M_{Al_2O_3}$为Al_2O_3的摩尔质量。

五、思考题

请设计一种由煤矸石制备结晶氯化铝的实验方案。

六、附注

1. 氧化铝的测定

准确称取0.5000g试样于30mL银坩埚中，加几滴酒精润湿，在上部覆盖4g氢氧化钠，放入马弗炉中，盖上坩埚盖稍留缝隙。加热至 750℃熔融至透明后（中途摇动坩埚两次），再继续熔融 15min 取出。将坩埚旋转，使熔融物以薄层均匀附着在坩埚壁上，冷却后放入 250mL 烧杯中，加 50mL NaCl-NaOH 洗液煮洗浸取，用热洗液洗涤坩埚 3～4 次，将浸出液和洗液合并，放在电炉上煮沸，趁热用定性滤纸过滤，滤前用洗液吹洗滤纸 1 次，滤后用热洗液吹洗烧杯 3～4 次及沉淀 6～8 次，滤液承接于 250mL 的容量瓶中，冷却后稀释至刻度，此为氧化铝待测液。

用移液管准确移取上述待测液 10mL 于 250mL 锥形瓶中，准确加入 EDTA 标准溶液 15mL，加蒸馏水 30mL，用 1:1 盐酸调整 pH 值约为 4.5 左右，加 HAc-NaAc 缓冲溶液（pH 值为 4～5）15mL，加水稀释至 150mL，在电炉上煮沸 3min，取下，加入 0.1% PAN 指示剂 15 滴，用硫酸铜标准溶液趁热滴至试液由黄色变为稳定的鲜红色或紫红色即为终点。氧化铝含量计算：

$$w_{Al_2O_3} = \frac{(V_1c_1 - V_2c_2) \times M_{Al_2O_3}}{80G} \times 100\%$$

式中，c_1 为 EDTA 标准溶液浓度；V_1 为加入 EDTA 标准溶液的体积，mL；V_2 为回滴过量 EDTA 标准溶液所消耗的硫酸铜标准溶液的体积，mL；G 为试样质量，g；c_2 为硫酸铜标准溶液浓度；$M_{Al_2O_3}$ 为 Al_2O_3 的摩尔质量。

2. 氧化铁的测定

将测定氧化铝并分离铝后的滤纸用玻璃棒从漏斗锥底捅穿，用蒸馏水将滤渣冲入承接于下部的 250mL 烧杯中，再用热盐酸（2%）充分洗涤滤纸至无铁离子（用 1%硫氰酸钾溶液检验），在烧杯中加入 1:1 盐酸 20mL，加热溶解完全，冷至室温，移入 250mL 容量瓶中，用水稀释至刻度，混匀。此为氧化铁待测液。

准确移取 50mL 待测液于 250mL 锥形瓶中，用 1:1 氨水调 pH 值为 1.5～2.0，加 10%磺基水杨酸 1.0mL，加热至 50～60℃，用 EDTA 标准溶液滴定至试液由紫红色变为亮黄色或无色即为终点。氧化铁的含量按下式计算：

$$w_{Fe_2O_3} = \frac{VcM_{Fe_2O_3}}{400G} \times 100\%$$

式中，c 为 EDTA 标准溶液浓度；V 为滴定时消耗 EDTA 标准溶液的体积，mL；G 为试样质量，g；$M_{Fe_2O_3}$ 为 Fe_2O_3 的摩尔质量。

实验 11　三草酸合铁（Ⅲ）酸钾的合成和组成测定

一、实验目的

1. 熟悉合成 $K_3Fe(C_2O_4)_3 \cdot 3H_2O$ 的操作技术。
2. 学习确定化合物化学式的基本原理及方法。
3. 学习热重分析法，由热重曲线（TG）了解 $K_3Fe(C_2O_4)_3 \cdot 3H_2O$ 的热分解过程。

二、实验原理

以氯化铁和草酸钾为原料，通过下列反应制取 $K_3Fe(C_2O_4)_3 \cdot 3H_2O$：

$$FeCl_3 + 3K_2C_2O_4 + 3H_2O = K_3Fe(C_2O_4)_3 \cdot 3H_2O + 3KCl$$

配离子的组成可通过化学分析确定,其中 $C_2O_4^{2-}$ 含量可直接由 $KMnO_4$ 标准溶液在酸性介质中滴定测得。Fe^{3+} 含量可先用过量锌粉将其还原为 Fe^{2+},然后再用 $KMnO_4$ 标准溶液滴定而测得。反应为:

$$5C_2O_4^{2-} + 2MnO_4^- + 16H^+ = 10CO_2 + 2Mn^{2+} + 8H_2O$$
$$5Fe^{2+} + MnO_4^- + 8H^+ = 5Fe^{3+} + Mn^{2+} + 4H_2O$$

$K_3Fe(C_2O_4)_3 \cdot 3H_2O$ 加热到 100℃ 脱去结晶水,加热到 230℃ 时分解,其质量也随之变化。在程序控制温度下测定物质的质量与温度的函数关系,即进行热重分析(TG)。由热重曲线可确定 $K_3Fe(C_2O_4)_3 \cdot 3H_2O$ 的结晶水和热分解过程。

三、仪器与试剂

仪器:烧杯、量筒、天平、热重分析仪等。

药品:$FeCl_3 \cdot 6H_2O$、$1.0 mol \cdot L^{-1}$ H_2SO_4、$K_2C_2O_4$、$0.1000 mol \cdot L^{-1}$ $KMnO_4$ 标准溶液、稀盐酸、10%乙酸、95%乙醇、丙酮。

四、实验步骤

1. $K_3Fe(C_2O_4)_3 \cdot 3H_2O$ 的合成

用托盘天平称取 10.7g $FeCl_3 \cdot 6H_2O$ 放入 100mL 烧杯中,用 16mL 蒸馏水溶解,加入数滴稀盐酸调节溶液的 pH=1~2;用托盘天平称取 21.8g 草酸钾放入 250mL 烧杯中,加入 60mL 蒸馏水并加热至 85~95℃,逐滴加入三氯化铁溶液并不断搅拌,至溶液变成澄清翠绿色,测定此时溶液 pH 值为 4,再将此溶液放到冰水混合物中冷却,保持此温度直到结晶完全析出母液,然后再将晶体溶于 60mL 热水中,再冷却到 0℃,待其晶体完全析出,然后吸滤,用 10%乙酸溶液洗涤晶体一次,再用丙酮洗涤两次,滤干晶体,将合成的 $K_3Fe(C_2O_4)_3 \cdot 3H_2O$ 粉末在 110℃ 下干燥 1.5~2.0h,然后放在干燥器中冷却称其质量。将所得产物用研钵研成粉末,用黑布包裹储存待用。

2. $K_3Fe(C_2O_4)_3 \cdot 3H_2O$ 组成的测定

(1) 测定结晶水和热分解过程(在热重分析仪上进行测试操作) 操作条件:
样品质量:约 10mg;升温速度:$10℃ \cdot min^{-1}$;热重量程:25mg;走纸速度:$60cm \cdot h^{-1}$。

由得到的热重曲线(图1)确定化合物的结晶水,并写出它的热分解反应式。

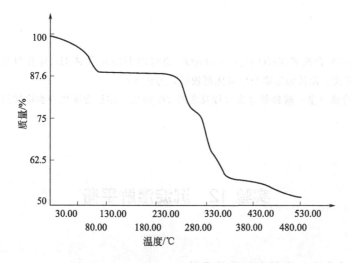

图 1 三草酸合铁(Ⅲ)酸钾的 TG 曲线

(2) 草酸根含量的测定　将合成的 $K_3Fe(C_2O_4)_3$ 粉末用分析天平称取 0.18~0.22g 样品三份，分别放入三个 250mL 锥形瓶中，加入 50mL 水和 15mL 浓度为 $2mol \cdot L^{-1}$ H_2SO_4，调节溶液酸度为 $0.5~1mol \cdot L^{-1}$，从滴定管放出约 10mL 已标定的高锰酸钾溶液到锥形瓶中，加热至 70~85℃（不高于 85℃），直到紫红色消失，再用高锰酸钾溶液滴定热溶液，直到微红色在 30s 内不消失，记下消耗的高锰酸钾溶液体积，计算所含草酸根的 n_1 值。滴定完的三份溶液保留待用（表1）。

铁含量的测定：在上述实验所保留的溶液中加入还原剂锌粉，直到黄色消失，加热溶液 2min 以上，使 Fe^{3+} 还原为 Fe^{2+}，过滤除去多余的锌粉，滤液放入另一个干净的锥形瓶中，洗涤锌粉，使 Fe^{2+} 定量转移到滤液中，再用高锰酸钾标准溶液滴定至微红色，计算所含铁的 n_2 值（表2）。

表 1　$C_2O_4^{2-}$ 含量测定数据

实验序号	1	2
样品质量/g		
$KMnO_4$ 浓度/$mol \cdot L^{-1}$		
$KMnO_4$ 溶液体积/mL		
$KMnO_4$ 的物质的量/mol		
$C_2O_4^{2-}$ 的物质的量/mol		
1mol 样品中 $C_2O_4^{2-}$ 的物质的量/mol		

表 2　Fe^{3+} 含量测定数据

实验序号	1	2
样品质量/g		
$KMnO_4$ 浓度/$mol \cdot L^{-1}$		
$KMnO_4$ 溶液体积/mL		
$KMnO_4$ 的物质的量/mol		
Fe^{3+} 的物质的量/mol		
1mol 样品中 Fe^{3+} 的物质的量/mol		

结论：在 1mol 产品中含结晶水 _____ mol，$C_2O_4^{2-}$ _____ mol，Fe^{3+} _____ mol。该物质的化学式为 _____。

五、思考题

1. 用 $FeSO_4$ 为原料合成 $K_3Fe(C_2O_4)_3 \cdot 3H_2O$，也可用 HNO_3 代替 H_2O_2 作氧化剂。写出用 HNO_3 作氧化剂的主要反应式。你认为用哪个作氧化剂较好，为什么？
2. 根据三草酸合铁（Ⅲ）酸钾的合成过程及它的 TG 曲线，你认为该化合物应如何保存？

实验 12　沉淀溶解平衡

一、实验目的

1. 了解沉淀的生成、溶解和转化的条件。

2. 理解沉淀溶解平衡和同离子效应的基本原理。
3. 学习离心分离操作和电动离心机的使用。

二、实验原理

利用生成沉淀的反应进行离子鉴定或定量分析，或者从溶液中把某种成分以沉淀的形式加以分离等，在化学实验中经常遇到。下面就生成沉淀的条件及沉淀与溶液中离子的关系等问题做简介。

1. 溶度积与沉淀的生成

难溶盐 BA 与其饱和溶液共存时，存在下列平衡：

$$BA(s) \rightleftharpoons B^+(aq) + A^-(aq)$$

其标准平衡常数表达式为：

$$K_{sp}^{\ominus} = [c(B^+)/c^{\ominus}][c(A^-)/c^{\ominus}]$$

$K_{sp}^{\ominus}$ 称为标准溶度积常数，简称溶度积。若向难溶盐 BA 中加水，当 B^+、A^- 的浓度之积小于溶度积常数时，沉淀溶解；等于溶度积常数时达到饱和。若将含 B^+ 与 A^- 的溶液混合，其离子浓度的乘积大于溶度积时，超过的部分就变成难溶盐 BA 沉淀出来。综上所述归纳如下：

(1) $[c(B^+)/c^{\ominus}][c(A^-)/c^{\ominus}] < K_{sp}^{\ominus}$，不饱和溶液，无沉淀。

(2) $[c(B^+)/c^{\ominus}][c(A^-)/c^{\ominus}] = K_{sp}^{\ominus}$，饱和溶液。

(3) $[c(B^+)/c^{\ominus}][c(A^-)/c^{\ominus}] > K_{sp}^{\ominus}$，沉淀从溶液中析出。

以上 3 点就是溶度积规则，用来判断沉淀的生成与溶解能否发生。

若在难溶盐 BA 的饱和溶液中，加入同种离子（例如 B^+ 或 A^-），则 $[c(B^+)/c^{\ominus}][c(A^-)/c^{\ominus}] > K_{sp}^{\ominus}(BA)$，剩余离子形成 BA 沉淀下来。难溶盐的溶解度由于共同离子的存在而减小，称为同离子效应，即由于同离子效应使溶解平衡向左（生成固体方向）移动：

$$BA(s) \rightleftharpoons B^+(aq) + A^-(aq)$$

若在难溶盐 BA 的饱和溶液中，加入易溶盐如 KNO_3，BA 的溶解度增大，这种效应叫作盐效应。

假如加入的盐能产生同离子效应，又能产生盐效应，同离子效应大于盐效应。难溶盐以通式 B_xA_y 表示，则：

$$B_xA_y(s) \rightleftharpoons xB^{y+}(aq) + yA^{x-}(aq)$$

$$K_{sp}^{\ominus}(B_xA_y) = [c(B^+)/c^{\ominus}]^x[c(A^-)/c^{\ominus}]^y$$

2. 分步沉淀

有时往溶液中加入一种沉淀剂能与溶液中几种离子都生成沉淀，而且形成的沉淀的溶解度相差较大。在这种情况下向溶液中缓缓加入沉淀剂，溶解度最小的先沉淀，当它沉淀完全（$c < 10^{-5}$ mol·L^{-1}），另一种沉淀开始生成，这种先后沉淀的过程，叫作分步沉淀。在实验中常利用分步沉淀进行分析和分离。例如，Cu^{2+} 与 Zn^{2+} 的分离，若溶液中通入 H_2S，控制离子浓度，使 Cu^{2+} 沉淀完全，而 Zn^{2+} 不发生沉淀，达到分离的目的。可根据溶度积计算出理论上应控制的 S^{2-} 的浓度范围。

CuS 的 $K_{sp}^{\ominus}$ 为 6.3×10^{-36}，使 Cu^{2+} 实际上沉淀完全所需最小的 S^{2-} 的浓度为：

$$c(S^{2-})/c^{\ominus} = 6.3 \times 10^{-36}/10^{-5} = 6.3 \times 10^{-31} \text{ mol·L}^{-1}$$

ZnS 的 $K_{sp}^{\ominus}$ 为 1.6×10^{-24}，使 Zn^{2+} 不发生沉淀所允许的最大 S^{2-} 的浓度为：

$$c(S^{2-})/c^{\ominus} = 1.6 \times 10^{-24}/10^{-1} = 1.6 \times 10^{-23} \text{ mol} \cdot L^{-1}$$

从上面计算可知，为使 Cu^{2+} 和 Zn^{2+} 分离，应控制 S^{2-} 的浓度范围为 6.3×10^{-31} mol·$L^{-1} < c(S^{2-}) < 1.6 \times 10^{-23}$ mol·L^{-1}。

3. 沉淀的溶解

使沉淀溶解的方法概括起来有下面3种。

(1) 利用生成弱电解质

$$Mg(OH)_2 + 2H^+ \rightleftharpoons Mg^{2+} + 2H_2O \text{(生成难解离的水)}$$

$$ZnS + 2H^+ \rightleftharpoons Zn^{2+} + H_2S \text{(生成弱酸)}$$

$$Mg(OH)_2 + 2NH_4^+ \rightleftharpoons Mg^{2+} + 2NH_3 \cdot H_2O \text{(生成弱碱)}$$

$$AgCl + 2NH_3 \cdot H_2O \rightleftharpoons [Ag(NH_3)_2]^+ + Cl^- + 2H_2O \text{(生成难解离的配离子)}$$

上面4个反应都是由于生成弱电解质（水、弱酸、弱碱、配离子）而使难溶电解质饱和溶液中阴离子或阳离子浓度降低，使离子积小于它的 $K_{sp}^{\ominus}$，沉淀溶解平衡将向沉淀溶解方向移动，如：

$$Mg(OH)_2 \rightleftharpoons Mg^{2+} + 2OH^-$$
$$+$$
$$2H^+$$
$$\Updownarrow$$
$$2H_2O$$

$c(OH^-)/c^{\ominus}$ 由于 H_2O 的生成而下降，结果：

$$[c(Mg^{2+})/c^{\ominus}][c(OH^-)/c^{\ominus}]^2 < K_{sp}^{\ominus}[Mg(OH)_2]$$

$Mg(OH)_2$ 不断溶解。

(2) 利用氧化还原反应　例如 CuS 溶于 HNO_3 中：

$$3CuS + 8H^+ + 2NO_3^- \rightleftharpoons 3Cu^{2+} + 3S\downarrow + 2NO\uparrow + 4H_2O$$

在上面的氧化还原反应中 S^{2-} 被氧化为单质 S 析出，降低了溶液中 S^{2-} 的浓度，从而使沉淀溶解。

(3) 利用沉淀转化　难溶强酸的盐，不能采取加酸的办法使它溶解。但可把它转化为难溶弱酸盐使其溶解。如可将 $BaSO_4$ 用 $NaCO_3$ 处理，把它转化为 $BaCO_3$。根据溶度积规则，$BaCO_3$ 沉淀条件为：

$$[c(Ba^{2+})/c^{\ominus}][c(CO_3^{2-})/c^{\ominus}] > K_{sp}^{\ominus}(BaCO_3)$$

在 $BaSO_4$ 饱和溶液中 Ba^{2+} 的浓度为：

$$c(Ba^{2+})/c^{\ominus} = \frac{K_{sp}^{\ominus}(BaSO_4)}{c(SO_4^{2-})/c^{\ominus}}$$

即：

$$\frac{c(CO_3^{2-})/c^{\ominus}}{c(SO_4^{2-})/c^{\ominus}} > \frac{K_{sp}^{\ominus}(BaCO_3)}{K_{sp}^{\ominus}(BaSO_4)}$$

将溶度积数值代入得：

$$\frac{c(CO_3^{2-})/c^{\ominus}}{c(SO_4^{2-})/c^{\ominus}} > \frac{5.1 \times 10^{-9}}{1.1 \times 10^{-10}} = 46.4$$

为了把 $BaSO_4$ 转化为 $BaCO_3$，必须使溶液中 CO_3^{2-} 浓度超过 SO_4^{2-} 浓度的46.4倍以

上。因 $BaSO_4$ 饱和溶液中 SO_4^{2-} 浓度很小，此条件易达到，但随着反应的进行 CO_3^{2-} 浓度降低，SO_4^{2-} 浓度增加，当 $c(CO_3^{2-})/c(SO_4^{2-})=46.4$ 时达到平衡，转化停止。如果把沉淀与溶液分离，再加入 Na_2CO_3 溶液，转化又继续进行。重复操作几次，$BaSO_4$ 完全转化为 $BaCO_3$，$BaCO_3$ 可溶于盐酸中。

三、仪器与试剂

仪器：试管、离心试管、离心机、酒精灯、pH 试纸。

药品：HCl（$6mol·L^{-1}$）、PbI_2（饱和）、$(NH_4)_2C_2O_4$（饱和）、$Pb(NO_3)_2$（$0.001mol·L^{-1}$，$0.1mol·L^{-1}$）、NaCl（$1mol·L^{-1}$）、KI（$0.001mol·L^{-1}$，$0.1mol·L^{-1}$）、$AgNO_3$（$0.1mol·L^{-1}$）、K_2CrO_4（$0.5mol·L^{-1}$，$0.1mol·L^{-1}$）、$BaCl_2$（$0.5mol·L^{-1}$）、$FeCl_3$（$0.1mol·L^{-1}$）、$MgCl_2$（$0.1mol·L^{-1}$）、$NaSO_4$（饱和）、Na_2S（$0.1mol·L^{-1}$，$1mol·L^{-1}$）、NaOH（$0.1mol·L^{-1}$）、HNO_3（$6mol·L^{-1}$）、$NH_3·H_2O$（$6mol·L^{-1}$）。

四、实验步骤

1. 沉淀平衡和同离子效应

（1）沉淀平衡　在离心试管中加 10 滴 $0.1mol·L^{-1}$ 的 $Pb(NO_3)_2$ 溶液，然后加 5 滴 $1mol·L^{-1}$ NaCl 溶液，振荡试管，待沉淀完全后，离心分离。向分离开的溶液中加少许 $0.5mol·L^{-1}$ K_2CrO_4 溶液，观察现象，并加以解释。

（2）同离子效应　在试管中加饱和 PbI_2 溶液 1mL，然后滴加 4～5 滴 $0.1mol·L^{-1}$ KI 溶液，振荡试管，观察有何现象并说明原因。

2. 溶度积规则应用

（1）在试管中加 1mL $0.1mol·L^{-1}$ $Pb(NO_3)_2$ 溶液，再加入等体积 $0.1mol·L^{-1}$ KI 溶液，观察有无沉淀生成。

（2）用 $0.001mol·L^{-1}$ 的 $Pb(NO_3)_2$ 和 $0.001mol·L^{-1}$ 的 KI 溶液进行实验，观察现象。

试用溶度积规则解释以上现象。

3. 酸度对沉淀生成的影响

往两支试管中分别加入 1mL $0.1mol·L^{-1}$ $FeCl_3$ 溶液和 $0.1mol·L^{-1}$ $MgCl_2$ 溶液，用 pH 试纸测定它们的 pH 值，然后分别滴加 $0.1mol·L^{-1}$ NaOH 溶液至刚刚出现沉淀，再用 pH 试纸测定溶液的 pH 值。比较 $Fe(OH)_3$ 与 $Mg(OH)_2$ 开始沉淀时溶液的 pH 值有何不同，并用它们的溶度积加以解释。

4. 分步沉淀

在试管中加入 2 滴 $0.1mol·L^{-1}$ Na_2S 溶液和 5 滴 $0.1mol·L^{-1}$ K_2CrO_4 溶液，用蒸馏水稀释至 5mL，然后逐滴加入 $0.1mol·L^{-1}$ $Pb(NO_3)_2$ 溶液，观察首先生成沉淀的颜色。放置片刻，当沉淀完全后，继续向清液中滴加 $0.1mol·L^{-1}$ 的 $Pb(NO_3)_2$ 溶液（注意不要振荡），观察新沉淀的颜色，用溶度积规则解释实验现象。

5. 沉淀的溶解和转化

（1）往离心试管中加 5 滴 $0.5mol·L^{-1}$ $BaCl_2$ 溶液，再加 3 滴饱和 $(NH_4)_2C_2O_4$ 溶液，观察沉淀的生成，离心分离，弃去溶液，在沉淀物上滴加 $6mol·L^{-1}$ HCl 溶液，观察现象，写出反应方程式，说明为什么会出现这些现象。

(2) 往离心试管中加 5 滴 $0.1mol \cdot L^{-1}$ $AgNO_3$ 溶液，滴入 2 滴 $1mol \cdot L^{-1}$ NaCl 溶液，观察现象，再逐滴加入 $6mol \cdot L^{-1}$ $NH_3 \cdot H_2O$，观察现象，写出反应方程式，说明原因。

(3) 往离心试管中加 10 滴 $0.1mol \cdot L^{-1}$ $AgNO_3$ 溶液，再加入 3～4 滴 $1mol \cdot L^{-1}$ Na_2S 溶液，观察现象。离心分离，弃去溶液，在沉淀物上滴加 $6mol \cdot L^{-1}$ HNO_3 溶液少许，加热，有何现象？写出反应方程式，说明原因（小结沉淀溶解的条件）。

(4) 在离心试管中加 5 滴 $0.1mol \cdot L^{-1}$ $Pb(NO_3)_2$ 溶液，加 3 滴 $1.0mol \cdot L^{-1}$ NaCl 溶液，待沉淀完全后，离心分离，用 0.5mL 蒸馏水洗一次。在氯化铅沉淀中加 3 滴 $0.1mol \cdot L^{-1}$ KI 溶液，观察沉淀的转化和颜色的变化。按上述操作先后加入 10 滴饱和硫酸钠、5 滴 $0.5mol \cdot L^{-1}$ K_2CrO_4 溶液、5 滴 $0.1mol \cdot L^{-1}$ Na_2S 溶液，每加一种新的溶液后都观察沉淀的转化和颜色的变化。用各种生成物的溶解度数据解释实验现象，能否用相应的 $K_{sp}^{\ominus}$ 数据来说明，为什么？

五、思考题

1. 沉淀在什么条件下溶解？
2. $BaSO_4$ 转化为 $BaCO_3$ 与 $BaCO_3$ 转化为 $BaSO_4$ 哪一种转化容易进行？AgI 能否转化为 AgCl？总结难溶化合物的转化条件。
3. 使用离心机应注意什么？

实验 13 氧化还原反应

一、实验目的

1. 掌握电极的本性，电对的氧化型或还原型，物质的浓度、介质的酸度对电极电势、氧化还原反应的方向、产物、速率的影响。
2. 通过实验了解化学电池电动势。

二、实验原理

水溶液中的氧化还原反应能否自发进行取决于反应的两电对的电极电势值的大小，电极电势值大的氧化态能将电极电势值小的还原态氧化，非标准状态下的电极电势可由能斯特方程计算：

$$\varphi = \varphi^{\ominus} + \frac{0.0592}{n}\lg\{[氧化态]^a/[还原态]^b\}$$

其具体表达式中 n、a、b 的值要根据电极反应写出，有些离子特别是含氧酸根离子的电极电势还与溶液的 pH 值有关。

原电池中，电池电动势 E 等于正极的电极电势减去负极的电极电势：$E=\varphi(+)-\varphi(-)$。

三、仪器与试剂

仪器：试管、烧杯、伏特计（或酸度计）、检流器、表面皿、U 形管、电极（锌片、铜片、铁片、炭棒）、红色石蕊试纸（或酚酞试纸）。

试剂：锌粒、铜片、琼脂、氟化铵、氯化钾、HCl（浓）、HNO_3（$0.2mol \cdot L^{-1}$、

浓)、HAc (6mol·L^{-1})、H$_2$SO$_4$ (1mol·L^{-1}、3mol·L^{-1})、NaOH (6mol·L^{-1}、40%)、NH$_3$·H$_2$O (浓)、Pb(NO$_3$)$_2$ (0.5mol·L^{-1})、ZnSO$_4$ (1mol·L^{-1})、CuSO$_4$ (0.01mol·L^{-1}、1mol·L^{-1})、KI (0.1mol·L^{-1})、KBr (0.1mol·L^{-1})、FeCl$_3$ (0.1mol·L^{-1})、Fe$_2$(SO$_4$)$_3$ (0.1mol·L^{-1})、FeSO$_4$ (0.1mol·L^{-1}、1mol·L^{-1})、K$_2$Cr$_2$O$_7$ (0.4mol·L^{-1})、KMnO$_4$ (0.01mol·L^{-1})、Na$_2$SO$_3$ (0.1mol·L^{-1})、Na$_3$AsO$_3$ (0.1mol·L^{-1})、Na$_3$AsO$_4$ (0.10mol·L^{-1})、碘水 (0.01mol·L^{-1})、溴水、氯水 (饱和)、氯化钾 (饱和)、四氯化碳。

四、实验步骤

1. 电极电势和氧化还原反应

(1) 在试管中加入 0.5mL 0.1mol·L^{-1} 碘化钾溶液和 2 滴 0.1mol·L^{-1} 三氯化铁溶液,摇匀后加入 0.5mL 四氯化碳。充分振荡,观察四氯化碳液层有无变化。

(2) 用 0.1mol·L^{-1} 溴化钾溶液代替碘化钾溶液进行同样实验,观察现象。

(3) 在 0.5mL 0.1mol·L^{-1} 溴化钾溶液中加氯水 4~5 滴,摇匀后,加入 0.5mL 四氯化碳,充分振荡,观察四氯化碳层颜色有无变化。

根据上述实验现象定性地比较 Cl$_2$/Cl$^-$、Br$_2$/Br$^-$、I$_2$/I$^-$、Fe^{3+}/Fe^{2+} 四个电对电极电势的相对高低。

2. 浓度和酸度对电极电势的影响

(1) 浓度影响

① 在两只 50mL 烧杯中,分别注入 30mL 1.0mol·L^{-1} 硫酸锌和 1mol·L^{-1} 硫酸铜溶液。在硫酸锌溶液中插入锌片,硫酸铜溶液中插入铜片组成两个电极,中间以盐桥相通。用导线将锌片和铜片分别与伏特计(或酸度计)的负极和正极相接。测量两极之间的电压(图1)。

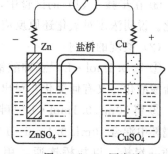

图 1 Cu-Zn 原电池

② 在硫酸铜溶液中注入浓氨水至生成的沉淀溶解为止,形成深蓝色的溶液;

$$Cu^{2+} + 4NH_3 \rightleftharpoons [Cu(NH_3)_4]^{2+}$$

观察原电池的电压有何变化。

③ 再在硫酸锌溶液中,加浓氨水至生成的沉淀完全溶解为止:

$$Zn^{2+} + 4NH_3 \rightleftharpoons [Zn(NH_3)_4]^{2+}$$

观察电压又有何变化。利用能斯特方程式来解释实验现象。

(2) 酸度影响 在两只 50mL 烧杯中,分别注入 1.0mol·L^{-1} 硫酸亚铁和 0.4mol·L^{-1} 重铬酸钾溶液。在硫酸亚铁溶液中插入铁片,重铬酸钾溶液中插入炭棒组成两个半电池。将铁片和炭棒通过导线分别与伏特计的负极和正极相接,中间以盐桥相通,测量两极的电压。

在重铬酸钾溶液中,慢慢加入 1.0mol·L^{-1} 硫酸溶液,观察电压有何变化?再在重铬酸钾溶液中,逐滴加入 6.0mol·L^{-1} 氢氧化钠溶液,观察电压有什么变化?

3. 浓度和酸度对氧化还原产物的影响

(1) 往两个各盛一粒锌粒的试管中,分别注入 2mL 浓硝酸和 0.2mol·L^{-1} 的硝酸溶液,观察所发生的现象。它们的反应产物有无不同?浓硝酸被还原后的主要产物可通过观察气体产物的颜色来判断。0.2mol·L^{-1}硝酸的还原产物可用检验溶液中是否有铵根离子生成的办法来确定。气室法检验铵根离子：将5滴被检验溶液滴入一表面皿的中心，再加3滴40%氢氧化钠溶液，混匀。在另一块较小的表面皿中心黏附一小条湿的红色石蕊试纸（或酚酞试纸），把它盖在大的表面皿上做成气室。将此气室放在水浴上微热两分钟，若石蕊试纸变蓝色（或酚酞试纸变红色），则表示有铵根离子存在。

(2) 在三支试管中，各注入0.5mL 0.1mol·L^{-1}亚硫酸钠溶液，在第一支试管中注入0.5mL 1mol·L^{-1}硫酸溶液，第二支试管中加0.5mL水，第三支试管中注入0.5mL 6.0mol·L^{-1}氢氧化钠溶液，然后往三支试管中各滴几滴0.01mol·L^{-1}高锰酸钾溶液，观察反应产物有何不同，写出反应式。

4. 浓度和酸度对氧化还原反应方向的影响

(1) 浓度的影响

① 往盛有1mL水、1mL四氯化碳和1mL 0.1mol·L^{-1}硫酸铁溶液的试管中注入1mL 0.1mol·L^{-1}碘化钾溶液，振荡后观察四氯化碳层的颜色。

② 往盛有1mL四氯化碳、1mL 0.1mol·L^{-1}硫酸亚铁、1mL 0.1mol·L^{-1}硫酸铁溶液的试管中注入1mL 0.1mol·L^{-1}碘化钾溶液，振荡后观察四氯化碳层的颜色与上一实验中四氯化碳层颜色有无区别（硫酸亚铁、硫酸铁也可用硫酸亚铁、硫酸铁铵溶液代替）。

③ 在步骤1 (1) 的试管中，加入氟化铵固体少许，振荡试管，观察四氯化碳层颜色的变化。说明浓度对氧化还原反应方向的影响。

(2) 酸度的影响

① 取0.1mol·L^{-1}亚砷酸钠溶液3～4滴，滴加碘水3～4滴，观察溶液的颜色。然后用盐酸酸化，又有何变化？写出离子反应方程式。

② 将10mL 0.1mol·L^{-1}砷酸钠和10mL 0.1mol·L^{-1}亚砷酸钠混合在一小烧杯中，另一烧杯中混合10mL 0.1mol·L^{-1}碘化钾溶液和10mL 0.01mol·L^{-1}碘溶液。每一烧杯中各插一炭棒，以盐桥连通，用导线把原电池和检流器连接。视指针的偏转程度，了解化学反应方向的改变。在砷酸钠和亚砷酸钠的混合溶液中逐滴滴入浓盐酸，观察检流器指针转动的情况；再在该溶液中滴入40%氢氧化钠溶液（注意溶液发热），观察电流方向的改变。

5. 酸度对氧化还原反应速率的影响

在两支各盛有1mL 0.1mol·L^{-1}溴化钾溶液的试管中，分别加3mol·L^{-1}硫酸、6mol·L^{-1}乙酸溶液0.5mL，然后各加入2滴0.01mol·L^{-1}高锰酸钾溶液，观察并比较两支试管中紫红色褪色的快慢等现象，分别写出反应方程式。

五、实验注意事项

1. 实验中未反应的锌粒、铅粒、铜片一律回收，不许随意倒掉，注意节约。
2. 锌粒与浓HNO$_3$的反应应在通风橱中进行。
3. 使用的盐桥应无空气泡，以免导电不良。
4. 原电池锌片与铜丝及铜片与铜丝的连接部分可预先焊接好，以避免接触不良。

六、思考题

1. 在KI（或KBr）与FeCl$_3$混合溶液中，为什么要加入CCl$_4$？
2. 电极电势越大，反应是否进行得越快？

3. 重铬酸钾与盐酸反应能否制得氯气？重铬酸钾与氯化钠溶液反应能否制得氯气？为什么？
4. 铜是较不活泼的金属，但能与较活泼金属铁的某些盐溶液（如三氯化铁）进行反应，这是为什么？

七、附注

盐桥的制法：称取 1.0g 琼脂，放在 100mL 饱和的氯化钾溶液中浸泡一会儿，加热煮成糊状，趁热倒入 U 形玻璃管（里面不能留有气泡）中，冷却后即成。更为简便的方法：可用饱和氯化钾溶液装满 U 形玻璃管，两管口以小棉花球塞住（管里面不要留有气泡）即可使用。

实验 14　乙酸电离度和电离常数的测定

一、实验目的

1. 测定乙酸溶液电离度和电离常数，加深对电离平衡的理解。
2. 学习使用 pH 计。

二、实验原理

乙酸（CH_3COOH 或 HAc）是弱电解质，在溶液中存在如下电离平衡：

$$HAc \rightleftharpoons H^+ + Ac^-$$

若 c 为 HAc 的起始浓度，$[H^+]$、$[Ac^-]$、$[HAc]$ 分别为 H^+、Ac^-、HAc 的平衡浓度，α 为电离度，在乙酸溶液中 $[H^+]=[Ac^-]=c\alpha$、$[HAc]=c(1-\alpha)$，则：

$$K_i = \frac{[H^+][Ac^-]}{[HAc]} = \frac{[H^+]^2}{c-[H^+]}$$

当 $\alpha < 5\%$ 时：

$$K_i = \frac{[H^+]^2}{c}$$

所以测定了已知浓度的乙酸溶液的 pH 值，就可以计算它的电离度和电离常数。

三、仪器与试剂

仪器：pH 计、移液管、锥形瓶、烧杯、容量瓶。

试剂：NaOH（$0.10mol \cdot L^{-1}$）、HAc（浓度未知）、酚酞指示剂。

四、实验步骤

1. 乙酸溶液浓度的测定

用移液管吸取三份 10.00mL 乙酸溶液，分别置于 3 个 250mL 的锥形瓶中，各滴加 2~3 滴酚酞指示剂。分别用标准氢氧化钠溶液滴定至溶液呈现粉红色，半分钟内不褪色视为终点。把滴定的数据及计算结果填入表 1。

表 1　乙酸溶液浓度测定数据记录与处理结果

滴定序号	1	2	3
NaOH 的溶液的浓度/$mol \cdot L^{-1}$			
HAc 溶液的用量/mL			

续表

滴定序号		1	2	3
NaOH 溶液的用量/mL				
HAc 溶液的浓度/mol·L^{-1}	测定值			
	平均值			

2. 配制不同浓度的乙酸溶液

用移液管分别移取 2.50mL、5.00mL、25.00mL 已测定浓度的乙酸溶液，把它们分别加入到 3 个 50mL 的容量瓶中。再用蒸馏水稀释到刻度，摇匀，算出这 3 个容量瓶中 HAc 溶液的准确浓度。

3. 测定乙酸溶液的 pH 值、计算乙酸的电离度及电离常数

把以上 4 种不同浓度的乙酸溶液分别加入 4 个干燥或用相应溶液淋洗过的 50mL 烧杯中，按由稀到浓的次序在 pH 计上分别测定它们的 pH 值，记录数据和室温。计算电离度和电离常数。将测得的数据及计算结果填入表 2。根据实验结果总结乙酸电离度、电离常数与其浓度的关系。

表 2　乙酸溶液 pH 值、电离度及电离常数数据记录与处理结果

溶液编号	c/mol·L^{-1}	pH 值	$[H^+]$/mol·L^{-1}	α	电离常数 K	
					测定值	平均值
1						
2						
3						
4						

本实验测定 K 值在 $1.0 \times 10^{-5} \sim 2.0 \times 10^{-5}$ 范围内合格（文献值为 1.7×10^{-5}）。

五、思考题

1. 烧杯是否必须烘干？还可以做怎样的处理？
2. 测定 pH 值时，为什么要按从稀到浓的次序进行？

实验 15　碘离子体系平衡常数的测定

一、实验目的

1. 测定 $I_3^- \rightleftharpoons I^- + I_2$ 的平衡常数，加深对化学平衡和平衡常数的理解。
2. 进一步练习滴定操作。

二、实验原理

碘溶于碘化钾溶液中形成 I_3^-，并建立如下平衡：

$$I_3^- \rightleftharpoons I^- + I_2 \tag{1}$$

在一定温度下，其平衡常数：

$$K = \frac{a_{I^-} \cdot a_{I_2}}{a_{I_3^-}} = \frac{\gamma_{I^-} \cdot \gamma_{I_2}}{\gamma_{I_3^-}} = \frac{[I^-][I_2]}{[I_3^-]}$$

式中，a 为活度；γ 为活度系数；$[I^-]$、$[I_2]$、$[I_3^-]$ 为平衡时 I^-、I_2、I_3^- 的浓度。由于在离子强度不大的溶液中：

$$\frac{\gamma_{I^-} \cdot \gamma_{I_2}}{\gamma_{I_3^-}} \approx 1$$

所以：

$$K = \frac{[I^-][I_2]}{[I_3^-]} \tag{2}$$

为了测定各组分的平衡浓度，可用过量的固体碘和已知浓度的 KI 溶液一起振荡达平衡后，取上层清液，用 $Na_2S_2O_3$ 标准溶液进行滴定，得到进入 KI 溶液中的碘的总浓度，用 c 表示，则：

$$c = [I_2]_平 + [I_3^-]_平$$

对于 $[I_2]_平$ 可通过测定相同温度下，过量固体碘与水处于平衡时溶液中碘的浓度来代替。实践证明，这样做对本实验的结果影响不大。为此，用过量的碘与蒸馏水一起振荡，平衡后用标准 $Na_2S_2O_3$ 溶液滴定，就可以确定 $[I_2]_平$ 同时也确定了 $[I_3^-]_平$。

$$[I_3^-]_平 = c - [I_2]_平$$

由式(1)可以看出，形成一个 I_3^- 必定消耗一个 I^-。所以，平衡时 I^- 的浓度为：

$$[I^-]_平 = [I^-]_0 - [I_3^-]_平$$

式中，$[I^-]_0$ 为 KI 溶液的起始浓度。

将 $[I^-]$、$[I_2]$、$[I_3^-]$ 代入式(2)，即可求得在该温度下平衡体系的平衡常数 K。

用 $Na_2S_2O_3$ 标准溶液滴定碘时，发生如下反应：

$$2Na_2S_2O_3 + I_2 = Na_2S_4O_6 + 2NaI$$

相应碘浓度的计算方法如下：

$$1,2\text{号瓶 } c_{I_2} = \frac{\frac{1}{2} c_{Na_2S_2O_3} V_{Na_2S_2O_3}}{V_{KI\text{-}I_2}}$$

$$3\text{号瓶 } c_{I_2} = \frac{\frac{1}{2} c_{Na_2S_2O_3} V_{Na_2S_2O_3}}{V_{H_2O\text{-}I_2}}$$

三、仪器与试剂

仪器：量筒（10mL、100mL）、移液管、滴定管（碱式）、碘量瓶（100mL、250mL）、锥形瓶（250mL）、吸耳球。

试剂：碘、KI（0.0100mol·L^{-1}、0.0200mol·L^{-1}）、$Na_2S_2O_3$ 标准液（0.0050mol·L^{-1}）、淀粉溶液（0.2%）。

四、实验步骤

(1) 取两支 100mL 碘量瓶和一只 250mL 的碘量瓶，依次标上 1、2、3 号。用量筒量取 40mL 0.0100mol·L^{-1} 的 KI 溶液注入 1 号瓶，40mL 的 0.0200mol·L^{-1} 的 KI 溶液注入 2

号瓶，100mL 的蒸馏水注入 3 号瓶（所用量筒对所取溶液专用）。然后各碘量瓶中放入 0.1g 碘的粉末，立即盖好瓶塞。

（2）将三支碘量瓶在室温下激烈振荡（不得有液体溢出瓶外）25min，静置 10min。

（3）用 5mL 移液管取 5mL 1 号瓶清液，注入锥形瓶中，再加入 45mL 蒸馏水，用 $Na_2S_2O_3$ 标准溶液滴定，滴至浅黄色时注入 1mL 的 0.2%淀粉溶液，溶液呈蓝色。继续滴定至蓝色刚好消失（不立即恢复蓝色）。记下消耗的 $Na_2S_2O_3$ 溶液的体积。再平行滴定一份。

照上法滴定 2 号样清液两份。

（4）用 25mL 移液管移取 3 号瓶溶液于锥形瓶中，再加入 25mL 蒸馏水，用 $Na_2S_2O_3$ 标准溶液滴定，方法同上，滴定两份。

（5）滴定完毕，将 1、2、3 号瓶中残液以倾析法倒入指定溶液回收瓶。瓶底固体碘以湿棉球蘸出，收入 I_2 的回收烧杯中（杯中盛有清水）。

数据记录和处理见表 1。

表 1　数据记录和处理

瓶号		1	2	3
取样体积/mL		5.00	5.00	25.00
$Na_2S_2O_3$ 溶液用量/mL	1			
	2			
	平均			
NaS_2O_3 溶液浓度/mol·L^{-1}				
$[I_2]+[I_3^-]$ 浓度和				
$[I_2]_平$				
$[I_3^-]_平$				
$[I^-]_0$				
$[I^-]_平=[I^-]_0-[I_3^-]_平$				
K				
$K_{平均}$				

五、思考题

1. 为什么说用 $Na_2S_2O_3$ 标准溶液滴定 $I_3^- \rightleftharpoons I^- + I_2$ 平衡体系中的碘，得到的是 I_2 和 I_3^- 的总浓度？
2. 实验中移取溶液，有的用量筒，有的用移液管，为什么？

实验 16　p 区非金属元素（卤素、氧、硫）

一、实验目的

1. 学习氯气、次氯酸盐、氯酸盐的制备方法。
2. 掌握次氯酸盐、氯酸盐强氧化性的区别。
3. 掌握 H_2O_2 的某些重要性质。

4. 掌握不同氧化态硫的化合物的主要性质。

5. 掌握气体发生的方法和仪器的安装。了解氯、溴、氯酸钾的安全操作。

二、仪器与试剂

仪器：铁架台、石棉网、蒸馏烧瓶、分液漏斗（或等压滴液漏斗）、烧杯、大试管、滴管、试管、表面皿、酒精灯、锥形瓶、温度计、棉花。

试剂：二氧化锰、HCl（浓、6mol·L^{-1}、2mol·L^{-1}）、H$_2$SO$_4$（浓、3mol·L^{-1}、1mol·L^{-1}）、NaOH（2mol·L^{-1}）、KOH（30%）、KI（0.2mol·L^{-1}）、KBr（0.2mol·L^{-1}）、KMnO$_4$（0.2mol·L^{-1}）、K$_2$Cr$_2$O$_7$（0.5mol·L^{-1}）、Na$_2$S（0.2mol·L^{-1}）、Na$_2$S$_2$O$_3$（0.2mol·L^{-1}）、Na$_2$SO$_3$（0.5mol·L^{-1}）、MnSO$_4$（0.2mol·L^{-1}、0.002mol·L^{-1}）、Pb(NO)$_2$（0.2mol·L^{-1}）、AgNO$_3$（0.2mol·L^{-1}）、H$_2$O$_2$（3%）、氯水、溴水、碘水、CCl$_4$、乙醚、品红、硫代乙酰胺（0.1mol·L^{-1}）

三、实验步骤

卤素的实验可按下述常量实验步骤进行。

1. 氯酸钾和次氯酸钠的制备

实验装置见图 1。蒸馏烧瓶中放入 15g 二氧化锰，分液漏斗中加入 30mL 浓盐酸；A 管中加入 15mL 30%的氢氧化钾溶液，A 管置于 70～80℃的热水浴中；B 管中装有 15mL 2mol·L^{-1} NaOH 溶液，B 管置于冰水浴中；C 管中装有 15mL 蒸馏水；锥形瓶 D 中装有 2mol·L^{-1} NaOH 溶液以吸收多余的氯气。锥形瓶口覆盖浸过硫代硫酸钠溶液的棉花。

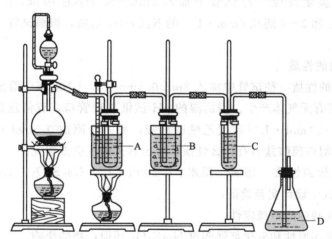

图 1　氯酸钠和次氯酸钠的制备

检查装置的气密性，在确保系统严密后，旋开分液漏斗活塞，点燃氯气发生器的酒精灯，让浓盐酸缓慢而均匀地滴入蒸馏烧瓶中，反应生成的氯气均匀地通过 A、B、C 管。当 A 管中碱液呈黄色，进而出现大量小气泡，溶液由黄色转变为无色时，停止加热氯气发生器。待反应停止后，向蒸馏烧瓶中注入大量水，然后拆除装置。冷却 A 管中的溶液，析出氯酸钾晶体。过滤，用少量冷水洗涤晶体一次，用倾析法倾去溶液，将晶体移至表面皿上，用滤纸吸干。所得氯酸钾、B 管中的次氯酸钠和 C 管中的氯水留作下面的实验用。

记录现象，写出蒸馏烧瓶、A 管、B 管中所发生的化学反应方程式。

制备实验要在通风橱中进行。

2. Cl_2、Br_2、I_2 的氧化性及 Cl^-、Br^-、I^- 的还原性

用所给试剂设计实验,验证卤素单质的氧化性顺序和卤离子的还原性强弱。

根据实验现象写出反应方程式,查出有关的标准电极电势,说明卤素单质的氧化性顺序和卤离子的还原性顺序。

3. 卤素含氧酸盐的性质

(1) **次氯酸钠的氧化性** 取四支试管分别注入 0.5mL 前面制得的次氯酸钠溶液。第一支试管中加入 4~5 滴 $0.2mol \cdot L^{-1}$ KI 溶液,2 滴 $1mol \cdot L^{-1}$ 的 H_2SO_4 溶液。第二支试管加入 4~5 滴 $0.2mol \cdot L^{-1}$ 的 $MnSO_4$ 溶液。第三支试管加入 4~5 滴浓盐酸。第四支试管加入 2 滴品红溶液。观察以上试管中的实验现象,写出有关的反应方程式。

(2) **氯酸钾的氧化性** 取少量前面制得的氯酸钾晶体加水溶解配成 $KClO_3$ 溶液。向 0.5mL $0.2mol \cdot L^{-1}$ KI 溶液中滴入几滴自制的 $KClO_3$ 溶液,观察有何现象。再用 $3mol \cdot L^{-1}$ H_2SO_4 酸化,观察溶液颜色的变化,继续往该溶液中滴加 $KClO_3$ 溶液,又有何变化?解释实验现象,写出相应的反应方程式。

根据实验,总结含氧氯酸盐的性质。

4. H_2O_2 的性质

(1) **设计实验** 用 3% H_2O_2、$0.2mol \cdot L^{-1}$ $Pb(NO_3)_2$、$0.2mol \cdot L^{-1}$ $KMnO_4$、$0.1mol \cdot L^{-1}$ 硫代乙酰胺、$3mol \cdot L^{-1}$ H_2SO_4、$0.2mol \cdot L^{-1}$ KI、$MnO_2(s)$ 设计一组实验,验证 H_2O_2 的分解和氧化还原性。

(2) **H_2O_2 的鉴定反应** 在试管中加入 2mL 3% H_2O_2 溶液、0.5mL 乙醚、1mL $1mol \cdot L^{-1}$ H_2SO_4 和 3~4 滴 $0.5mol \cdot L^{-1}$ 的 $K_2Cr_2O_7$ 溶液,振荡试管,观察溶液和乙醚层的颜色有何变化。

5. 硫的化合物的性质

(1) **亚硫酸盐的性质** 往试管中加入 2mL $0.5mol \cdot L^{-1}$ Na_2SO_3 溶液,用 $3mol \cdot L^{-1}$ H_2SO_4 酸化,观察有无气体产生。用润湿的 pH 试纸移近管口,有何现象?然后将溶液分为两份,一份滴加 $0.1mol \cdot L^{-1}$ 硫代乙酰胺溶液,另一份滴加 $0.5mol \cdot L^{-1}$ $K_2Cr_2O_7$ 溶液,观察现象,说明亚硫酸盐具有什么性质,写出有关的反应方程式。

(2) **硫代硫酸盐的性质** 用氯、碘水、$0.2mol \cdot L^{-1}$ $Na_2S_2O_3$、3mL $\cdot L^{-1}$ H_2SO_4、$0.2mol \cdot L^{-1}$ $AgNO_3$ 设计实验验证:

① $Na_2S_2O_3$ 在酸中的不稳定性;

② $Na_2S_2O_3$ 的还原性和氧化剂强弱对 $Na_2S_2O_3$ 还原产物的影响;

③ $Na_2S_2O_3$ 的配位性。

由以上实验总结硫代硫酸盐的性质,写出反应方程式。

(3) 硫代硫酸钠溶液与硝酸银溶液反应时,为何有时为硫化银沉淀,有时又为 $[Ag(S_2O_3)_2]^{3-}$ 配离子?

(4) 如何区别下列物质:

① 次氯酸钠和氯酸钠;

② 硫酸钠、亚硫酸钠、硫代硫酸钠、硫化钠。

四、实验注意事项

氯气为剧毒、有刺激性气味的黄绿色气体,少量吸入人体会刺激鼻、喉部,引起咳嗽和

喘息，大量吸入甚至会导致死亡。硫化氢是无色有腐蛋臭味的有毒气体，它主要会引起人体中枢神经系统中毒，产生头晕、头痛、呕吐症状，严重时可引起昏迷、意识丧失、窒息而致死亡。二氧化硫是剧毒刺激性气体。在制备和使用这些有毒气体时，必须注意气密性好，有尾气处理装置或者在通风橱内进行，并注意室内通风换气和废气的处理。

溴蒸气对气管、肺部、眼、鼻、喉都有强烈的刺激作用，凡涉及溴的实验都应在通风橱内进行。不慎吸入溴蒸气时，可吸入少量氨气和新鲜空气解毒。液溴具有强烈的腐蚀性，能灼伤皮肤。移取液溴时，需戴橡皮手套。溴水的腐蚀性较液溴弱，在取用时不允许直接倒取而要使用滴管。如果不慎把溴水溅在皮肤上，应立即用水冲洗，再用碳酸氢钠溶液或稀硫代硫酸钠溶液冲洗。

氯酸钾是强氧化剂，与可燃物质接触、加热、摩擦或撞击容易引起燃烧和爆炸，因此不允许将它们混合保存。氯酸钾易分解，不宜大力研磨、烘干或烤干。实验时，应将撒落的氯酸钾及时清除干净，不要倒入废液缸中。

五、思考题

1. 锥形瓶口覆盖浸过硫代硫酸钠溶液的棉花，起什么作用？
2. 在本实验中如果没有二氧化锰，可改用哪些药品代替二氧化锰？
3. 在 KI 溶液中通入氯气，开始观察到碘析出，继续通过量的氯气，为什么单质碘又消失了？
4. 用碘化钾淀粉试纸检验氯气时，试纸先呈蓝色，当在氯气中放置时间较长时，蓝色褪去，为什么？
5. 长久放置的硫化氢、硫化钠、亚硫酸钠水溶液会发生什么变化？如何判断变化情况？
6. 氯能从含碘离子的溶液中取代碘，碘又能从氯酸钾溶液中取代氯，这两个反应有无矛盾？

实验 17　铁、钴、镍

一、实验目的

1. 掌握二价铁、钴、镍的还原性和三价铁、钴、镍的氧化性。
2. 掌握铁、钴、镍配合物的生成及性质。

二、仪器与试剂

仪器：试管、滴管。

试剂：硫酸亚铁铵、硫氰酸钾、H_2SO_4（$6mol \cdot L^{-1}$，$1mol \cdot L^{-1}$）、HCl（浓）、NaOH（$6mol \cdot L^{-1}$，$2mol \cdot L^{-1}$）、$(NH_4)_2Fe(SO_4)_2$（$0.1mol \cdot L^{-1}$）、$CoCl_2$（$0.1mol \cdot L^{-1}$）、$NiSO_4$（$0.1mol \cdot L^{-1}$）、KI（$0.5mol \cdot L^{-1}$）、$K_4[Fe(CN)_6]$（$0.5mol \cdot L^{-1}$）、氨水（$6mol \cdot L^{-1}$，浓）、氯水、碘水、四氯化碳、戊醇、乙醚、H_2O_2（3%）、$FeCl_3$（$0.2mol \cdot L^{-1}$）、KSCN（$0.5mol \cdot L^{-1}$）。

三、实验步骤

1. 铁（Ⅱ）、钴（Ⅱ）、镍（Ⅱ）的化合物的还原性

（1）铁（Ⅱ）的还原性

① 酸性介质　往盛有 0.5mL 氯水的试管中加入 3 滴 $6mol \cdot L^{-1}$ H_2SO_4 溶液，然后滴

加（NH$_4$）$_2$Fe（SO$_4$）$_2$溶液，观察现象，写出反应式（如现象不明显，可滴加 1 滴 KSCN 溶液，出现红色，证明有 Fe^{3+}生成）。

② 碱性介质 在一试管中放入 2mL 蒸馏水和 3 滴 6mol·L^{-1} H$_2$SO$_4$溶液煮沸，以赶尽溶于其中的空气，然后加入少量硫酸亚铁铵晶体。在另一试管中加入 3mL 6mol·L^{-1} NaOH 溶液，煮沸，冷却后，用一长滴管吸取 NaOH 溶液，插入（NH$_4$）$_2$Fe（SO$_4$）$_2$溶液（直至试管底部），慢慢挤出滴管中的 NaOH 溶液，观察产物颜色和状态。振荡后放置一段时间，观察又有何变化，写出反应方程式。产物留作下面实验用。

(2) 钴（Ⅱ）的还原性

① 往盛有 1mL CoCl$_2$和 6 滴 6mol·L^{-1} H$_2$SO$_4$溶液的试管中加入氯水，观察有何变化。

② 在盛有 1mL CoCl$_2$溶液的试管中滴入稀 NaOH 溶液，观察沉淀的生成。所得沉淀分成两份，一份置于空气中，一份加入新配制的氯水，观察有何变化，第二份留作下面实验用。

(3) 镍（Ⅱ）的还原性 用 NiSO$_4$溶液按钴的还原性的实验方法进行操作，观察现象，第二份沉淀留作下面实验用。

2. 铁（Ⅲ）、钴（Ⅲ）、镍（Ⅲ）的化合物的氧化性

(1) 在前面实验中保留下来的氢氧化铁（Ⅲ）、氢氧化钴（Ⅲ）和氢氧化镍（Ⅲ）沉淀中均加入浓盐酸，振荡后各有何变化？用湿润碘化钾淀粉试纸检验所放出的气体。

(2) 在上述制得的 FeCl$_3$溶液中加入 KI 溶液，再加入 CCl$_4$，振荡后观察现象，写出反应方程式。

3. 配合物的生成

(1) 铁的配合物

① 往盛有 1mL 亚铁氰化钾［六氰合铁(Ⅱ)酸钾］溶液的试管中，加入约 0.5mL 的碘水，摇动试管后，滴入数滴硫酸亚铁铵溶液，有何现象发生？此为 Fe^{2+}的鉴定反应。

② 向盛有 1mL 新配制的（NH$_4$）$_2$Fe（SO$_4$）$_2$溶液的试管中加入碘水，摇动试管后，将溶液分成两份，各滴入数滴硫氰酸钾溶液，然后向其中一支试管中加入 2～3 滴 3％ H$_2$O$_2$溶液，观察现象。此为 Fe^{3+}的鉴定反应。

③ 往 FeCl$_3$溶液中加入 K$_4$[Fe(CN)$_6$]溶液，观察现象，写出反应方程式。这也是鉴定 Fe^{3+}的一种常用方法。

④ 往盛有 0.5mL 0.2mol·L^{-1} FeCl$_3$的试管中，滴入浓氨水直至过量，观察沉淀是否溶解。

(2) 钴的配合物

① 往盛有 1mL CoCl$_2$溶液的试管里加入少量硫氰酸钾固体，观察固体周围的颜色。再加入 0.5mL 戊醇和 0.5mL 乙醚，振荡后，观察水相和有机相的颜色，这个反应可用来鉴定 Co^{2+}。

② 往 0.5mL CoCl$_2$溶液中慢慢滴加浓氨水，至生成的沉淀刚好溶解为止，静置一段时间后，观察上层溶液的颜色有何变化。

(3) 镍的配合物 往盛有 2mL 0.1mol·L^{-1} NiSO$_4$溶液中慢慢加入过量 6mol·L^{-1}氨水，观察现象。静置片刻，再观察现象，写出离子反应方程式。把溶液分成四份：一份加入 2mol·L^{-1} NaOH 溶液，一份加入 1mol·L^{-1} H$_2$SO$_4$溶液，一份加水稀释，一份煮沸，观察有何变化。

四、思考题

1. 制取 $Co(OH)_3$、$Ni(OH)_3$ 时，为什么要以 $Co(II)$、$Ni(II)$ 为原料在碱性溶液中进行氧化，而不用 $Co(III)$、$Ni(III)$ 直接制取？
2. 现有一瓶含有 Fe^{3+}、Cr^{3+} 和 Ni^{2+} 的混合液，如何将它们分离出来，请设计分离示意图。
3. 总结 $Fe(II、III)$、$Co(II、III)$、$Ni(II、III)$ 所形成主要化合物的性质。
4. 在铁（II）的还原性实验中（碱性介质）要求整个操作都要避免将空气带进溶液中，为什么？
5. 综合上述实验所观察到的现象，总结+2氧化态的铁、钴、镍化合物的还原性和+3氧化态的铁、钴、镍化合物的氧化性的变化规律。
6. 试从配合物的生成对电极电势的改变来解释为什么 $[Fe(CN)_6]^{4-}$ 能把 I_2 还原成 I^-，而 Fe^{2+} 则不能。
7. 根据实验结果比较 $[Co(NH_3)_6]^{2+}$ 配离子和 $[Ni(NH_3)_6]^{2+}$ 配离子氧化还原稳定性的相对大小及溶液稳定性。

实验 18 离子的鉴定和未知物的鉴定

一、实验目的

1. 运用所学的元素及化合物的基本性质，进行常见物质的鉴定或鉴别。
2. 进一步巩固常见阳离子和阴离子重要反应。

二、实验原理

当一个试样需要鉴定或者一组未知物需要鉴别时，通常可根据以下几个方面进行判断。

1. 物态

（1）观察试样在常温下的状态，如果是固体要观察它的晶形。

（2）观察试样的颜色，这是判断的一个重要因素。溶液试样可根据离子的颜色，固体试样可根据化合物的颜色以及配成溶液后的离子的颜色，预测哪些离子可能存在，哪些离子不可能存在。

（3）嗅闻试样的气味

2. 溶解性

固体试样的溶解性也是判断的一个重要因素。首先试验是否溶于水，冷水中怎样，热水中怎样，不溶于水的再依次用 HCl（稀、浓），HNO_3（稀、浓）试验其溶解性。

3. 酸碱性

酸或碱可直接通过对指示剂的反应加以判断。两性物质借助于既能溶于酸，又能溶于碱的性质加以判别。可溶性盐的酸碱性可用它的水溶液加以判别。有时也可以根据试液的酸碱性来排除某些物质存在的可能性。

4. 热稳定性

物质的热稳定性是有差别的，有的物质常温时就不稳定，有的物质灼热时易分解，还有的物质受热时易挥发或升华。

5. 鉴定或鉴别反应

经过前面对试样的观察和初步试验，再进行相应的鉴定或鉴别反应，就能给出更准确的判断。在基础无机化学实验中鉴定反应大致采用以下几种方式。

（1）通过与某试剂反应生成沉淀，或沉淀溶解，或放出气体。必要时再对生成的沉淀和气体做性质试验。

（2）显色反应。

（3）焰色反应。

（4）硼砂珠试验。

（5）其他特征反应。

以上只是提供一个途径，具体问题可灵活运用。

三、材料与试剂

材料：铝片、锌片。

试剂：$KAl(SO_4)_2 \cdot 12H_2O$、CuO、Co_2O_3、PbO_2、MnO_2、$CuSO_4$、Fe_2O_3、Cu_2O、$NiSO_4$、$CoCl_2$、NH_4HCO_3、NH_4Cl、PbS、$FeSO_4$。

四、实验内容（可选做或另行确定）

1. 怎样证明一晶体是明矾？
2. 有两片银白色的金属片，一片是铝片，一片是锌片，如何用实验区分？
3. 有四种黑色和近于黑色的氧化物 CuO、Co_2O_3、PbO_2、MnO_2，如何用实验鉴别？
4. 有十种固体样品，试加以鉴别：硫酸铜、三氧化二铁、氧化亚铜、硫酸镍、二氯化钴、碳酸氢铵、氯化铵、硫化铅、硫酸亚铁、氧化铜。
5. 盛有十种以下硝酸盐溶液的试剂瓶标签被腐蚀，试加以鉴别：$AgNO_3$、$Hg(NO_3)_2$、$Hg_2(NO_3)_2$、$Pb(NO_3)_2$、$NaNO_3$、$Cd(NO_3)_2$、$Zn(NO_3)_2$、$Al(NO_3)_3$、KNO_3、$Mn(NO_3)_2$。
6. 盛有十种以下固体钠盐的试剂瓶标签脱落，试加以鉴别：$NaNO_3$、Na_2S、$Na_2S_2O_3$、Na_3PO_4、$NaCl$、Na_2CO_3、$NaHCO_3$、Na_2SO_4、$NaBr$、Na_2SO_3。

实验19　碱式碳酸铜的制备

一、实验目的

通过碱式碳酸铜制备条件的探求和生成物颜色、状态等的分析，研究反应物的合理比例并确定制备反应的浓度和温度条件，从而培养独立设计实验的能力。

二、实验原理

碱式碳酸铜是暗绿色的单斜晶体。它不溶于冷水和乙醇，但能溶于氰化物、氨水、铵盐和碱金属碳酸盐的水溶液中，形成二价铜的氨配合物，也能溶于酸，形成相应的铜盐。碱式碳酸铜具有热不稳定性，在加热至220℃时分解。以硫酸铜和碳酸钠为原料合成碱式碳酸铜的化学反应方程式如下：

$$2CuSO_4 + 2Na_2CO_3 + H_2O = Cu_2(OH)_2CO_3\downarrow + 2Na_2SO_4 + CO_2\uparrow$$

三、仪器与试剂

仪器：试管、水浴装置、减压过滤装置、烘箱。

试剂：硫酸铜晶体（s）、碳酸钠（s）。

四、实验步骤

1. 反应物溶液的配制

配制 0.5mol·L^{-1}硫酸铜溶液和 0.5mol·L^{-1}碳酸钠溶液各 100mL。

2. 制备实验反应条件的探求

（1）硫酸铜与碳酸钠溶液的合适比例　分别取 0.5mol·L^{-1}硫酸铜溶液 2.0mL 置于四支试管中。分别取 0.5mol·L^{-1}碳酸钠溶液 1.6mL、2.0mL、2.6mL、3.8mL 于另外四支试管中。将八支试管均放在 75℃水浴中。几分钟后，依次将硫酸铜溶液分别倒入碳酸钠溶液中，振荡试管，观察各支试管中生成沉淀的现象。思考后说明以何种比例相混合，碱式碳酸铜生成速度较快，含量较高。

（2）反应温度的探求　在四支试管中，各加入 0.5mol·L^{-1}硫酸铜溶液 2.0mL，由以上实验步骤得到的合适比例确定 0.5mol·L^{-1}碳酸钠溶液的毫升数。各加 0.5mol·L^{-1}碳酸钠溶液若干毫升在另外四支试管中，实验温度分别为室温、50℃、75℃、100℃。每次从两列溶液中各取一管将硫酸铜溶液倒入碳酸钠溶液中并振荡。观察现象，由实验结果确定合成反应的合适温度。

3. 碱式碳酸铜的制备

取 30mL 0.5mol·L^{-1}硫酸铜溶液，根据上述步骤得到的合适比例与适宜温度制备碱式碳酸铜 [Cu$_2$(OH)$_2$CO$_3$]。待生成物沉淀完全后，减压抽滤，用蒸馏水洗涤沉淀物数次，直到沉淀中不含硫酸根离子为止。将所得产品在烘箱中烘干，控制温度在 100℃，称量，计算产率。

五、实验注意事项

1. 注意药品的倒入顺序。
2. 反应温度不能过高或过低。

六、思考题

1. 在实验步骤 2（1）中各试管生成物的颜色有何区别？反应中生成的黑褐色物质是什么？为什么会生成这种物质？
2. 将碳酸钠溶液倒入硫酸铜溶液中，沉淀物的颜色是否与将硫酸铜溶液倒入碳酸钠溶液中相同？为什么？
3. 反应温度过高或过低对本实验有何影响？

实验 20　硫代硫酸钠的制备

一、实验目的

1. 了解实验室制备二氧化硫的方法。

2. 练习无机化合物制备过程中的基本操作。
3. 学习制备硫代硫酸钠的原理和方法。

二、实验原理

用浓硫酸与亚硫酸钠反应制取二氧化硫的反应方程式为：

$$Na_2SO_3 + H_2SO_4 = Na_2SO_4 + H_2O + SO_2 \uparrow$$

制备硫代硫酸钠的方法有多种，本实验介绍两种方法，一种方法是将硫化钠与纯碱按一定比例配制成溶液再用二氧化硫饱和，制备原理如下：

$$Na_2CO_3 + SO_2 = Na_2SO_3 + CO_2$$
$$2Na_2S + 3SO_2 = 2Na_2SO_3 + 3S$$
$$Na_2SO_3 + S = Na_2S_2O_3$$

总反应为：

$$2Na_2S + 4SO_2 + Na_2CO_3 = 3Na_2S_2O_3 + CO_2$$

$Na_2S_2O_3 \cdot 5H_2O$ 于 40~45℃熔化，48℃分解，100℃失去 5 个结晶水。

另一种方法是将硫粉溶解于亚硫酸钠溶液中：

$$Na_2SO_3 + S \xrightarrow{\Delta} Na_2S_2O_3$$

三、仪器与试剂

仪器：蒸馏烧瓶、分液漏斗、蒸发皿、锥形瓶、电动搅拌器、吸收瓶、磁子、螺旋夹、烧杯、石棉网、滤纸、烘箱、干燥器。

试剂：Na_2SO_3、硫粉、$0.1 mol \cdot L^{-1}$ $AgNO_3$、$2 mol \cdot L^{-1}$ HCl、乙醇、$0.01 mol \cdot L^{-1}$ $KMnO_4$、硫酸、NaOH、Na_2CO_3、活性炭。

四、实验步骤

1. 硫代硫酸钠制备方法一

按图 1 安装制备硫代硫酸钠的装置。

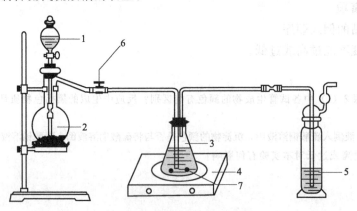

图 1 制备硫代硫酸钠的装置图

1—分液漏斗（内装浓 H_2SO_4）；2—蒸馏烧瓶（内装 Na_2SO_3）；3—锥形瓶；
4—电动搅拌器；5—碱吸收瓶；6—螺旋夹；7—小磁子

(1) 往分液漏斗、蒸馏烧瓶中分别加入比理论量稍多些的浓硫酸、亚硫酸钠固体，得到 SO_2 气体。在吸收瓶中加入 $2 mol \cdot L^{-1}$ NaOH 溶液，以吸收多余 SO_2。

(2) 称取 15g 提纯后的硫化钠和计算量的碳酸钠于反应器 3 中，加入 150mL 蒸馏水，开动电动搅拌器,搅拌使其溶解。

(3) 待反应器中原料完全溶解后,慢慢打开分液漏斗的活塞,以 13s 每滴的速度将浓硫酸滴入烧瓶中,观察所产生的二氧化硫气体与硫化钠、碳酸钠的作用情况。大约 40min 溶液透明(pH 值不得小于 7),停止反应。过滤所得硫代硫酸钠碱液,并转移到蒸发皿中,蒸发浓缩到溶液体积约为原来的四分之一(不能蒸发得太浓)。冷却、结晶、抽滤,晶体在 40℃下干燥 40~60min。称重,按 $Na_2S \cdot 9H_2O$ 投料量计算产率。

2. 硫代硫酸钠制备方法二

$$Na_2SO_3 + S \xrightarrow{\triangle} Na_2S_2O_3$$

称取 1.5g 硫粉于 100mL 烧杯中,加入 5mL 乙醇,再称取 4.0g 亚硫酸钠放入该烧杯中,加入 40mL 蒸馏水。小火煮沸至硫粉全部溶解(煮沸过程中要不停地搅拌,并要注意补充蒸发掉的水分),约 25min。加入少量的活性炭粉,趁热过滤,弃去残渣。将滤液放在蒸发皿中,于石棉网(或泥三角)上小火蒸发浓缩至还剩大约 10mL 溶液,冷却、抽滤,用滤纸吸干晶体($Na_2S_2O_3 \cdot 5H_2O$)表面上的水分后,在烘箱中(40℃)烘干产物,称重,计算产率。产品放入干燥器中保存。

3. 硫代硫酸钠定性检验

(1) 在试管中加入 0.5mL 0.1mol·L^{-1} $AgNO_3$ 溶液,再加几滴 0.5mol·L^{-1} $Na_2S_2O_3$ 溶液,先产生白色 $Ag_2S_2O_3$ 沉淀,沉淀很快由白变黄变棕最后变黑。

$$Ag_2S_2O_3 + H_2O == 2H^+ + SO_4^{2-} + Ag_2S(黑)$$

(2) 加 2mL 2mol·L^{-1} HCl 溶液,并煮沸。

(3) 滴加已酸化的 0.01mol·L^{-1} $KMnO_4$ 溶液。

五、思考题

1. 如果往 $Na_2S_2O_3$ 溶液中滴入 $AgNO_3$,将会出现什么现象?为什么?
2. 蒸发浓缩硫代硫酸钠溶液时为什么不能蒸发得太浓?干燥硫代硫酸钠晶体的温度为什么控制在 40℃?

实验 21 生物体中几种元素的定性鉴定

一、实验目的

1. 通过实验了解植物或动物体内某些重要元素的简单检出方法。
2. 进一步练习溶液配制操作。

二、实验原理

人体主要是由元素周期表中较轻的元素所组成的。这些元素大体可分作四类——必需元素、有益元素、沾染元素和污染元素。像氢、钠、钾、镁、钙、钼、锰、铁、钴、铜、锌、碳、氮、磷、氧、硫、氯、碘等 18 种元素属于生命必需元素。它们存在于所有的健康组织中,在各种物种中都有一个相当恒定的浓度范围。而在"近代"比较高级的有机生命体中,硅、钒、铬、镍、硒、溴、锡、氟等 8 种元素被认为是有益元素。但像血液中浓度非常低的铅、镉、汞具有有害作用的称为污染元素，一些在体内生理作用未完全确定的元素则称为沾染元素。

本次实验要检出的钙、铁、磷等元素是维持生命的重要元素。钙在体内含量很高，它的最重要的作用是作为骨头中羟基磷灰石的组成部分。人体缺钙会导致骨骼畸形、痉挛。铁作为微量元素存在于各种各样的代谢活性分子中。血红蛋白、肌红蛋白、血红素中都含有铁，缺铁会造成贫血。磷不仅是骨头的重要成分，也是核酸的重要组成元素。这些元素不但存在于动物体中，也存在于植物体中。比如，磷是原生质和细胞核的组成部分，在植物糖类化合物的代谢中起重要作用。磷直接参与呼吸和发酵过程。钙具有中和植物组织内有机酸，以减少毒害的作用。铁能参与植物的氧化还原过程，并且是某些氧化酶的成分，在呼吸过程中起重要作用。如果缺铁，植物叶子会发黄。本实验通过对原材料处理，将磷转化为磷酸根，铁转化为铁(Ⅲ)离子，钙转化为钙(Ⅱ)离子，然后将每种离子用其特效反应鉴别出来。

三、仪器与试剂

仪器：试管、漏斗、石棉网、坩埚、泥三角、燃烧勺、煤气灯、滤纸、棉花。

试剂：红磷、石灰石、HNO_3（$0.1mol \cdot L^{-1}$，$6mol \cdot L^{-1}$）、$(NH_4)_2MoO_4$ 溶液、$K_4[Fe(CN)_6]$ 溶液、KSCN 溶液、$(NH_4)_2C_2O_4$ 溶液、浓氨水、动物骨头、鸡蛋黄。

四、实验步骤

1. 原材料的灰化

准备几枚树叶（枯叶、青叶都可），春天青叶取 1.2g，枯叶取 0.5g。用镊子夹取树叶直接在煤气灯上加热燃烧，待炭化后，将已炭化的叶子放在石棉网上或坩埚中，继续加热至灰化完全。

2. 硝化和分解

将灰分移入试管中，加入浓硝酸 0.2mL。灰分中磷变成磷酸，铁变成铁(Ⅲ)离子，钙变成钙(Ⅱ)离子。再加入 5mL 水，过滤，用 1mL 水洗涤滤纸。

3. 测定

将滤液分成四等份，分别加入钼酸铵（A管）、亚铁氰化钾（B管）、硫氰化钾（C管）、草酸铵（D管）试剂，观察现象。判断四个试管中各检出何物，写出反应方程式。

4. 对照实验

用燃烧勺取少量红磷，加热使其燃烧，单质磷变成五氧化二磷。加 2mL 水沸腾，再加入几滴 $6mol \cdot L^{-1}$ 硝酸和钼酸铵试剂观察颜色。与 A 管颜色进行比较。

取 1mL 浓硝酸，加入 1～2 块棉花，加热后再加入 5mL 水，过滤。滤液分成两份。一份中加入亚铁氰化钾，另一份中加入硫氰化钾，与 B 管、C 管颜色进行比较。

取一小块石灰石，加 $0.1mol \cdot L^{-1}$ 硝酸溶解，加入 2mL 水，再加氨水呈碱性后，加入草酸铵与 D 管比较。

5. 鉴定

另取一小块动物骨头、一个鸡蛋黄（放在坩埚中）灰化，用硝酸处理，然后按上述方法分别进行钙、铁、磷元素的鉴定。

五、思考题

原材料在灰化时若燃烧不完全，对实验结果有何影响？

实验 22 含锌药物的制备及含量测定

一、实验目的
1. 学会根据不同的制备要求选择工艺路线。
2. 掌握制备含锌药物的原理和方法。
3. 进一步熟悉过滤、蒸发、结晶、灼烧、滴定等基本操作。

二、实验原理

1. $ZnSO_4 \cdot 7H_2O$ 的性质及制备原理

锌的化合物 $ZnSO_4 \cdot 7H_2O$、ZnO、$Zn(Ac)_2$ 等均具有药物作用。$ZnSO_4 \cdot 7H_2O$ 是无色透明、结晶状粉末，晶形为棱柱状或细针状或颗粒状，易溶于水（1g/0.6mL）或甘油（1g/2.5mL），不溶于酒精。

医学上 $ZnSO_4 \cdot 7H_2O$ 内服为催吐剂，外用可配制滴眼液（0.1%～1%），利用其收敛性可防止沙眼的发展。在制药工业上，硫酸锌是制备其他含锌药物的原料。

$ZnSO_4 \cdot 7H_2O$ 的制备方法很多。工业上可用闪锌矿为原料，在空气中煅烧氧化成硫酸锌，然后热水提取而得，在制药工业上考虑药用的特点，可由粗 ZnO（或闪锌矿焙烧的矿粉）与 H_2SO_4 作用制得硫酸锌溶液：

$$ZnO + H_2SO_4 \longrightarrow ZnSO_4 + H_2O$$

此时 $ZnSO_4$ 溶液含 Fe^{3+}、Mn^{2+}、Cd^{2+}、Ni^{2+} 等杂质，须除杂。

(1) $KMnO_4$ 氧化法除 Fe^{2+}、Mn^{2+}：

$$MnO_4^- + 3Fe^{2+} + 7H_2O \longrightarrow 3Fe(OH)_3\downarrow + MnO_2 + 5H^+$$

$$2MnO_4^- + 3Mn^{2+} + 2H_2O \longrightarrow 5MnO_2\downarrow + 4H^+$$

(2) Zn 粉置换法除 Cd^{2+}、Ni^{2+}：

$$CdSO_4 + Zn \longrightarrow ZnSO_4 + Cd$$

$$NiSO_4 + Zn \longrightarrow ZnSO_4 + Ni$$

除杂后的精制 $ZnSO_4$ 溶液经浓缩、结晶得 $ZnSO_4 \cdot 7H_2O$ 晶体，可作药用。

2. ZnO 的性质及制备原理

ZnO 是白色或淡黄色、无晶形柔软的细微粉末，在潮湿空气中能缓缓吸收水分及二氧化碳变为碱式碳酸锌。它不溶于水或酒精，但易溶于稀酸、氢氧化钠溶液。

ZnO 是一缓和的收敛消毒药，其粉剂、洗剂、糊剂或软膏等，广泛用于湿疹、癣等皮肤病的治疗。

工业用的 ZnO 是在强热时使锌蒸气进入耐火砖室中并与空气混合，即燃烧成氧化锌：

$$2Zn + O_2 \longrightarrow 2ZnO$$

其产品常含铅、砷等杂质，不得供药用。

药用 ZnO 的制备是硫酸锌溶液中加 Na_2CO_3 溶液碱化产生碱式碳酸锌沉淀，经 250～300℃灼烧即得细粉状 ZnO，其反应如下：

$$3ZnSO_4 + 3Na_2CO_3 + 4H_2O \Longrightarrow ZnCO_3 \cdot 2Zn(OH)_2 \cdot 2H_2O + 3Na_2SO_4 + 2CO_2$$

$$ZnCO_3 \cdot 2Zn(OH)_2 \cdot 2H_2O \Longrightarrow 3ZnO + CO_2 + 4H_2O$$

3. $(CH_3COO)_2Zn \cdot 2H_2O$ 的性质及制备原理

乙酸锌是白色六边单斜片状晶体，有珠光，微具乙酸臭气。它溶于水（1.0g/2.5mL）、沸水（1.0g/1.6mL）及沸醇（1.0g/1.0mL），其水溶液对石蕊试纸呈中性或微酸性。

0.1%～0.5%的乙酸锌溶液可作洗眼剂，外用为收敛及缓冲的消毒药。

乙酸锌的制备可由纯氧化锌与稀乙酸加热至沸过滤结晶而得：

$$2CH_3COOH + ZnO \longrightarrow (CH_3COO)_2Zn + H_2O$$

三、仪器与试剂

仪器：烧杯、减压过滤装置、蒸发皿、水浴装置、滤纸、容量瓶、锥形瓶、移液管等。

试剂：粗 ZnO、纯锌粉、铬黑 T、H_2SO_4（$2mol \cdot L^{-1}$，$3mol \cdot L^{-1}$）、$3mol \cdot L^{-1}$ HAc、$6mol \cdot L^{-1}$ HCl、饱和 H_2S、$6mol \cdot L^{-1}$ $NH_3 \cdot H_2O$、$0.5mol \cdot L^{-1}$ $KMnO_4$、$0.5mol \cdot L^{-1}$ Na_2CO_3、NH_4Cl、EDTA 标准溶液。

四、实验步骤

1. $ZnSO_4 \cdot 7H_2O$ 的制备

（1）$ZnSO_4 \cdot 7H_2O$ 溶液制备：称取市售粗 ZnO（闪锌矿焙烧所得的矿粉）30g 放在 200mL 烧杯中，加入 $2mol \cdot L^{-1}$ H_2SO_4 150～180mL，在不断搅拌下，加热至 90℃，并保持该温度下使之溶解，同时用 ZnO 调节溶液的 pH≈4，趁热减压过滤，滤液置于 200mL 烧杯中。

（2）氧化除 Fe^{2+}、Mn^{2+} 杂质：将上面滤液加热至 80～90℃后，滴加 $0.5mol \cdot L^{-1}$ $KMnO_4$ 至呈微红时停止加入，继续加热至溶液为无色，并控制溶液 pH=4，趁热减压过滤，弃去残渣。滤液置于 200mL 烧杯中。

（3）置换除 Ni^{2+}、Cd^{2+} 杂质：将除去 Fe^{2+}、Mn^{2+} 杂质的滤液加热至 80℃左右，在不断搅拌下分批加入 1.0g 纯锌粉，反应 10min 后，检查溶液中 Cd^{2+}、Ni^{2+} 是否除尽（如何检查），如未除尽，可补加少量锌粉，直至 Cd^{2+}、Ni^{2+} 等杂质除尽为止，冷却减压过滤，滤液置于 200mL 烧杯中。

（4）$ZnSO_4 \cdot 7H_2O$ 结晶：量取精制后的 $ZnSO_4$ 母液三分之一于 100mL 烧杯中，滴加 $3mol \cdot L^{-1}$ H_2SO_4 调节至溶液的 pH≈1，将溶液转移至洁净的蒸发皿中，水浴加热蒸发至液面出现晶膜后，停止加热，冷却结晶，减压过滤，晶体用滤纸吸干后称量，计算产率。

2. ZnO 的制备

量取剩余精制 $ZnSO_4$ 母液于 150mL 烧杯中，慢慢加入 $0.5mol \cdot L^{-1}$ Na_2CO_3 溶液，边加边搅拌，并使 pH≈6.8 为止，随后加热煮沸 15min，使沉淀呈颗粒状析出，倾去上层溶液，并反复用热水洗涤至无 SO_4 后，滤干沉淀，并于 50℃烘干。

将上述碱式碳酸锌沉淀放置于坩埚（或蒸发皿）中，于 250～300℃煅烧并不断搅拌，取出反应物少许，投入稀酸中而无气泡发生时，停止加热，放置冷却，得细粉状白色 ZnO 产品，称量，计算产率。

3. $(CH_3COO)_2Zn \cdot 2H_2O$ 的制备

称取粗 ZnO（商业品）3.0g 于 100mL 烧杯中，加入 $3mol \cdot L^{-1}$ HAc 溶液 20mL，搅拌均匀后，加热至沸，趁热过滤，静置、结晶，得粗制品。粗制品加少量水使其溶解后再结晶，得精制品，吸干后称量，计算产率。

4. ZnO 含量测定

称取 ZnO 试样（产品）0.15～0.2g 于 250mL 烧杯中，加 $6mol \cdot L^{-1}$ HCl 溶液

3.0mL，微热溶解后，定量转移入 250mL 容量瓶中，加水稀释至刻度、摇匀。用移液管吸取锌试样溶液 25mL 于 250mL 锥形瓶中，滴加氨水至开始出现白色沉淀，再加 10mL pH=10 的 $NH_3 \cdot H_2O\text{-}NH_4 \cdot Cl$ 缓冲溶液，加水 20mL，加入铬黑 T 指示剂少许，用 $0.01 mol \cdot L^{-1}$ EDTA 标准溶液滴定至溶液由酒红色恰变为蓝色，即达终点。根据消耗的 EDTA 标准溶液的体积，计算 ZnO 的含量。

五、实验注意事项

1. 粗 ZnO（商业品）中常含有硫酸铅等杂质，由于硫酸铅不溶于稀 H_2SO_4，故要用稀 H_2SO_4 以除去硫酸铅。

2. 碱式碳酸锌沉淀开始加热时，呈熔融状，不断搅拌至粉状后，逐渐升高温度，但不要超过 300℃，否则 ZnO 分子黏结后，不易再分散，冷却后呈黄色细粉，并夹有砂粒状的颗粒。

3. 乙酸锌溶液受热后，易部分水解并析出碱式乙酸锌（白色沉淀）：
$$2(CH_3COO)_2Zn \cdot 2H_2O = Zn(OH)_2 \cdot (CH_3COO)_2Zn + 2CH_3COOH$$
为了防止上述反应的产生，加入的 HAc 应适当过量，保持滤液呈酸性 pH≈4。

4. 干燥 $(CH_3COO)_2Zn \cdot 2H_2O$ 成品时，不宜加热，以免部分产品失去结晶水。

六、思考题

1. 预先思考

(1) 在精制 $ZnSO_4$ 溶液过程中，为什么要把可能存在的 Fe^{2+} 氧化成为 Fe^{3+}？为什么选用 $KMnO_4$ 作氧化剂，还可选用什么氧化剂？

(2) 在氧化除 Fe^{3+} 过程中为什么要控制溶液的 pH≈4？如何调节溶液的 pH 值？pH 值过高、过低对本实验有何影响？

(3) 在氧化除铁和用锌粉除重金属离子的操作过程中为什么要加热至 80~90℃，温度过高、过低有何影响？

(4) 煅烧碱式碳酸锌沉淀至取出少许投入稀酸中无气泡发生，说明了什么？

(5) 在 $ZnSO_4$ 溶液中加入 Na_2CO_3 使沉淀呈颗粒状析出后，为什么反复洗涤该沉淀至无 SO_4^{2-}？SO_4^{2-} 的存在会有什么影响？

2. 进一步思考

(1) 试设计用其他方法分析 ZnO 的含量。

(2) 试设计利用闪锌矿与重晶石（$BaSO_4$）为原料制取常用涂料（油漆）填充剂锌钡白（$BaSO_4 \cdot ZnS$）的方案。

(3) 谈谈你对整个综合实验的认识和体会。

实验 23 单质碘的提取与碘化钾的制备

一、实验目的

1. 了解提取单质碘的方法。

2. 学习应用平衡原理解决实际问题的方法，巩固基本操作技能。

二、实验原理

碘是人体必需的微量元素，可维持人体甲状腺的正常功能。碘化物可防止和治疗甲状腺肿大，碘酒可作消毒剂，碘仿可作防腐剂。碘化银用于制造照相软片和人工降雨时造云的"晶核"。碘是制备碘化物的原料。

实验室有多种含碘废液，但回收碘的方法通常是将含碘废液转化为 I^- 后，用沉淀法富集后再选择适当的氧化剂使 I_2 析出，以升华法提纯 I_2。实验室是用 Na_2SO_3 将废液中碘还原为 I^-，再用 $CuSO_4$ 与 I^- 反应形成 CuI 沉淀，反应如下：

$$I_2 + SO_3^{2-} + H_2O \longrightarrow 2I^- + SO_4^{2-} + 2H^+$$

$$2I^- + 2Cu^{2+} + SO_3^{2-} + H_2O \longrightarrow 2CuI\downarrow + SO_4^{2-} + 2H^+$$

然后用浓 HNO_3 氧化 CuI，使 I_2 析出，反应如下：

$$2CuI + 8HNO_3 \longrightarrow 2Cu(NO_3)_2 + 4NO_2\uparrow + 4H_2O + I_2$$

制取 KI 时，是将 I_2 与铁粉反应生成 Fe_3I_8，再与 K_2CO_3 反应，经过滤、蒸发、浓缩、结晶后制得 KI 晶体，反应如下：

$$3Fe + 4I_2 \longrightarrow Fe_3I_8$$

$$Fe_3I_8 + 4K_2CO_3 \longrightarrow 8KI + 4CO_2\uparrow + Fe_3O_4\downarrow$$

三、仪器与试剂

仪器：锥形瓶、烧杯、表面皿、圆底烧瓶、水浴装置、研钵、抽滤装置等。

试剂：Na_2SO_3、$CuSO_4 \cdot 5H_2O$、K_2CO_3、Fe 粉、$2mol \cdot L^{-1}$ HCl、浓 HNO_3、$6mol \cdot L^{-1}$ NaOH、$0.1mol \cdot L^{-1}$ KI、$0.1000mol \cdot L^{-1}$ $Na_2S_2O_3$ 标准溶液、$0.2000mol \cdot L^{-1}$ KIO_3 标准溶液、硫酸、海带、0.5%淀粉溶液。

四、实验步骤

1. 含碘废液中碘含量得测定

取含碘废液 25.00mL 置于 250mL 锥形瓶中，用 5.0mL $2mol \cdot L^{-1}$ HCl 酸化，再加水 20mL，加热煮沸，稍冷，准确加入 10.00mL $0.2000mol \cdot L^{-1}$ KIO_3，小火加热煮沸，除去 I_2，冷却后加入过量的 $0.1mol \cdot L^{-1}$ KI 溶液 5mL，产生的 I_2 用 $0.1000mol \cdot L^{-1}$ $Na_2S_2O_3$ 标准溶液滴定至浅黄色，加入淀粉后溶液为深蓝色，继续用 $Na_2S_2O_3$ 溶液滴定至蓝色恰好褪去，即为终点。

2. 单质 I_2 的提取

据废液中 I^- 的含量，计算出处理 200mL 含碘废液使 I^- 沉淀为 CuI 所需 Na_2SO_3 和 $CuSO_4 \cdot 5H_2O$ 的理论量，并按过量 10% 计算，先将 $Na_2SO_3(s)$ 溶解于含碘废液中，再将 $CuSO_4$ 配成饱和溶液，在不断搅拌下滴入含碘废液中，加热至 60~70℃，静置沉降，在澄清液中检验 I^- 是否完全转化为 CuI 沉淀（如何检验），然后弃去上层清液，使沉淀体积保持在 20mL 左右，转移到 100mL 烧杯中，盖上表面皿，在不断搅拌下加入计算量的浓 HNO_3，待析出碘并沉降后，用倾泻法弃去上层清液，并用少量水洗涤碘。

3. 碘的升华

将细净的碘置于没有凸嘴的烧杯中，在烧杯上放上一个装有冷水的圆底烧瓶，将烧杯置于水浴上加热，升华碘冷凝在圆底烧瓶底部，收集后称量。

4. KI 的制备

将精制的 I_2 置于 150mL 烧杯中，加入 20mL 水和铁粉（比理论值多 20%），不断搅拌，

缓缓加热使 I_2 完全溶解，将黄绿色溶液倾入另一个 150mL 烧杯中，再用少量水洗涤铁粉，合并洗涤液，然后加入 K_2CO_3（是理论量的 110%）溶液，加热煮沸，使 Fe_3O_4 析出，抽滤，用少量水洗涤 Fe_3O_4，将滤液置于蒸发皿中，加热蒸发至出现晶膜，冷却、抽滤、称量。

5. 产品纯度鉴定与含量测定

（1）氧化性杂质与还原性杂质的鉴定：溶解 1.0g KI 产品于 20mL 水中，用 H_2SO_4 酸化后加入淀粉，5min 不产生蓝色表示无氧化性离子存在。然后加入 1 滴 I_2 溶液，产生的蓝色不褪去，表示无还原性离子。

（2）KI 含量测定：自行设计测定方案。

6. 从海带中提取碘及含量测定

取 10g 切细的干海带于蒸发皿中，加热、灼烘、灰化，冷至室温，倒入研钵研细，加适量蒸馏水，搅拌 5min，过滤，滤渣用水再浸提 3 次，合并提取液，加入 Na_2SO_3 与 $CuSO_4$ 溶液使 CuI 沉淀，经抽滤洗涤后用浓 HNO_3 氧化制取单质碘。

海带中 I^- 含量测定，可参阅碘量法测定 I^- 含量。

五、思考题

1. 含碘废液中测定 I^- 含量时，是否可用 $Na_2S_2O_3$ 溶液直接与过量的 KIO_3 反应进行测定？为什么？测定 I^- 浓度（mg·mL^{-1}）应怎样计算？

2. 沉淀 500mL 废液中的 I^-，需加 Na_2SO_3（以 95% 计）及 $CuSO_4·5H_2O$（以 95% 计）各多少？为什么要先加 Na_2SO_3 后加 $CuSO_4·5H_2O$ 饱和液？

实验 24　硫酸铜的提纯

一、实验目的

1. 了解用重结晶法提纯物质的基本原理。
2. 练习托盘天平的使用。
3. 掌握加热、溶解、蒸发浓缩、结晶、常压过滤、减压过滤等基本操作技术。

二、实验原理

硫酸铜为可溶性晶体物质。根据物质的溶解度的不同，可溶性晶体物质中的杂质包括难溶于水的杂质和易溶于水的杂质。一般可先用溶解、过滤的方法，除去可溶性晶体物质中所含的难溶于水的杂质；然后再用重结晶法除去可溶性晶体物质中的易溶于水的杂质。

重结晶的原理是晶体物质的溶解度一般随温度的降低而减小，当热的饱和溶液冷却时，待提纯的物质首先结晶析出而少量杂质由于尚未达到饱和，仍留在母液中。

粗硫酸铜晶体中的杂质通常以硫酸亚铁（$FeSO_4$）、硫酸铁 [$Fe_2(SO_4)_3$] 为最多。当蒸发浓缩硫酸铜溶液时，亚铁盐易氧化为铁盐，而铁盐易水解，有可能生成 $Fe(OH)_3$ 沉淀，混杂于析出的硫酸铜晶体中，所以在蒸发浓缩的过程中，溶液应保持酸性。

若亚铁盐或铁盐含量较多，可先用过氧化氢（H_2O_2）将 Fe^{2+} 氧化为 Fe^{3+}，再调节溶液的 pH 值约至 4，使 Fe^{3+} 水解为 $Fe(OH)_3$ 沉淀过滤而除去。

$$2Fe^{2+}+H_2O_2+2H^+ \Longleftrightarrow 2Fe^{3+}+2H_2O, \quad Fe^{3+}+3H_2O \xrightleftharpoons[]{pH\approx 4} Fe(OH)_3+3H^+$$

三、仪器与试剂

仪器：台秤、烧杯（100mL）、量筒、石棉网、漏斗、表面皿、玻璃棒、研钵、pH 试纸、滤纸、蒸发皿、布氏漏斗、抽滤装置。

试剂：$CuSO_4 \cdot 5H_2O$（粗）、H_2SO_4（$1mol \cdot L^{-1}$）、H_2O_2（3%）、pH 试纸、NaOH（$0.5mol \cdot L^{-1}$）。

四、实验步骤

1. 称量和溶解

用台秤称取粗硫酸铜 4g，放入洁净的 100mL 烧杯中，加入纯水 20mL。然后将烧杯置于石棉网上加热，并用玻璃棒搅拌。当硫酸铜完全溶解时，立即停止加热。大块的硫酸铜晶体应先在研钵中研细。每次研磨的量不宜过多。研磨时，不得用研棒敲击，应慢慢转动研棒，轻压晶体成细粉末。

2. 沉淀

往溶液中加入 3% H_2O_2 溶液 10 滴，加热，逐滴加入 $0.5mol \cdot L^{-1}$ NaOH 溶液直到 pH=4（用 pH 试纸检验），再加热片刻，放置，使红棕色 $Fe(OH)_3$ 沉降。用 pH 试纸（或石蕊试纸）检验溶液的酸碱性时，应将小块试纸放入干燥清洁的表面皿上，然后用玻璃棒蘸取待检验溶液点在试纸上，切忌将试纸投入溶液中检验。

3. 过滤

将折好的滤纸放入漏斗中，用洗瓶挤出少量水润湿滤纸，使之紧贴在漏斗壁上。将漏斗放在漏斗架上，趁热过滤硫酸铜溶液，滤液接收在清洁的蒸发皿中。从洗瓶中挤出少量水洗涤烧杯及玻璃棒，洗涤水也应全部滤入蒸发皿中。过滤后的滤纸及残渣投入废液缸中。

4. 蒸发和结晶

在滤液中滴入 2 滴 $1.0mol \cdot L^{-1}$ H_2SO_4 溶液，使溶液酸化，然后放在石棉网上加热，蒸发浓缩（切勿加热过猛以免液体溅失）。当溶液表面刚出现一层极薄的晶膜时，停止加热。静置冷却至室温，使 $CuSO_4 \cdot 5H_2O$ 充分结晶析出。

5. 减压过滤

将蒸发皿中 $CuSO_4 \cdot 5H_2O$ 晶体用玻璃棒全部转移到布氏漏斗中，抽气减压过滤，尽量抽干，并用干净的玻璃棒轻轻挤压布氏漏斗上的晶体，尽可能除去晶体间夹的母液。停止抽气过滤，将晶体转到已备好的干净滤纸上，再用滤纸尽量吸干母液，然后将晶体用台秤称量，计算产率。晶体倒入硫酸铜回收瓶中。

五、结果记录

粗硫酸铜的质量 $w_1=$ _____ g；精制硫酸铜的质量 $w_2=$ _____ g。

六、思考题

1. 粗硫酸铜溶解时，加热和搅拌起什么作用？
2. 用重结晶法提纯硫酸铜，在蒸发滤液时，为什么加热不可过猛？为什么不可将滤液蒸干？
3. 滤液为什么必须经过酸化后才能进行加热浓缩？在浓缩过程中应注意哪些问题？
4. 在提纯硫酸铜过程中，为什么要加 H_2O_2 溶液，并保持溶液的 pH 值约为 4？

5. 为了提高精制硫酸铜的产率，实验过程中应注意哪些问题？

实验 25　五水硫酸铜结晶水含量的测定

一、实验目的
1. 学习测定晶体里结晶水含量的方法。
2. 练习坩埚的使用方法，初步学会研磨操作。

二、实验原理

硫酸铜 $CuSO_4$（硫酸铜晶体：$CuSO_4 \cdot 5H_2O$）的分子量为 249.68，是深蓝色大颗粒状结晶体或蓝色颗粒状结晶粉末，略透明、有毒、无臭，带有金属涩味，密度为 $2.2844 g \cdot cm^{-3}$，在干燥空气中会缓慢风化。硫酸铜易溶于水，水溶液呈弱酸性、不溶于乙醇，微溶于甘油，150℃以上将失去全部水结晶成为白色粉末状无水硫酸铜。五水硫酸铜有极强的吸水性，把它投入 95% 乙醇中吸收水分而恢复为蓝色结晶体。

失水过程：

$$CuSO_4 \cdot 5H_2O \xrightarrow[-2H_2O]{102℃} CuSO_4 \cdot 3H_2O \xrightarrow[-2H_2O]{113℃} CuSO_4 \cdot H_2O \xrightarrow[-H_2O]{250℃} CuSO_4$$
　　蓝色　　　　　　　　　　　　　　　　　　　　　　　　蓝白色　　　　　　　白色

五水硫酸铜晶体失水分三步。最开始两个仅以配位键与铜离子结合的水分子最先失去，大致温度为102℃。然后两个与铜离子以配位键结合，并且与外部的一个水分子以氢键结合的水分子随温度升高而失去，大致温度为113℃。最外层水分子最难失去，因为它的氢原子与周围的硫酸根离子中的氧原子之间形成氢键，它的氧原子又和与铜离子配位的水分子的氢原子之间形成氢键，总体上构成一种稳定的环状结构，因此破坏这个结构需要较高能量。失去最外层水分子所需温度大致为258℃。$CuSO_4 \cdot 5H_2O$ 的晶体结构见图1。

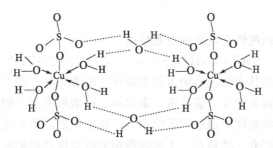

图1　$CuSO_4 \cdot 5H_2O$ 的晶体结构

三、仪器与试剂
仪器：电子天平、坩埚、不锈钢锅、温度计（量程在350℃）、研钵、称量瓶、干燥器。
试剂：五水硫酸铜。

四、实验步骤
（1）在研钵中将硫酸铜晶体研碎。

(2) 准确称取 1.5g 已经研碎的硫酸铜晶体于坩埚中,称量坩埚和硫酸铜晶体的总质量 (m_1)。

(3) 在不锈钢锅中盛适量干净的细砂,将其加热至约 210℃,再慢慢升温至 280℃左右,控制沙浴温度在 260~280℃之间。将盛有硫酸铜晶体的称量瓶 3/4 埋在细砂中,待固体变为灰白色,称量五水硫酸铜和称量瓶的质量 m_2,恒重至两次称量之差≤0.001g。根据实验数据计算硫酸铜晶体里结晶水的质量分数。

$$CuSO_4 \cdot xH_2O == CuSO_4 + xH_2O$$
$$160+18x \qquad\qquad 160 \qquad\quad 18x$$
$$m_1 \qquad\qquad\qquad m_2 \qquad\quad m_1-m_2$$

$$x = \frac{160(m_1-m_2)}{18(m_2-m_0)}$$

五、实验注意事项

1. 五水合硫酸铜晶体的用量最好不要超过 1.5g。
2. 加热脱水一定要完全,晶体完全变为灰白色,不能是浅蓝色。
3. 注意恒重。
4. 注意控制脱水温度。

实验 26 氯化铵的制备

一、实验目的

1. 运用已学过的化学知识,自行制订制备氯化铵的实验方案,并制出产品。
2. 巩固实验室的一些基本操作。
3. 观察和验证盐类的溶解度与温度的关系。

二、实验原理

本实验用氯化钠与硫酸铵反应来制备氯化铵:

$$2NaCl+(NH_4)_2SO_4 == Na_2SO_4+2NH_4Cl$$

根据它们的溶解度及其受温度影响差别的原理,采取加热、蒸发、冷却等措施,使原料溶解、结晶转化,从而得到产品。氯化铵、氯化钠、硫酸铵在水中的溶解度均随温度的升高而增加。不过,氯化钠溶解度受温度的影响不大;硫酸铵的溶解度无论在低温还是高温都是最大的。硫酸钠的溶解度有一转折点。十水硫酸钠的溶解度也是随温度的升高而增加,但达 32.4℃时脱水变成 Na_2SO_4。Na_2SO_4 的溶解度随温度的升高而减小。所以,只要把氯化钠、硫酸铵溶于水,加热蒸发,Na_2SO_4 就会结晶析出,趁热过滤。然后再将滤液冷却,NH_4Cl 晶体随温度的下降逐渐析出,在 35℃左右抽滤,即得 NH_4Cl 产品。

三、仪器与试剂

仪器:烧杯、漏斗、蒸发皿、水浴装置。

试剂:NaCl、$(NH_4)_2SO_4$、水。

四、实验步骤

1. 方案一（析出 Na_2SO_4 法，即加热法）

（1）称取 23g NaCl，放入 250mL 烧杯内，加入 60~80mL 水。加热、搅拌使之溶解。若有不溶物，则用普通漏斗过滤分离，滤液用蒸发皿盛放。

（2）在 NaCl 溶液中加入 26g $(NH_4)_2SO_4$。水浴加热、搅拌，促使其溶解。在浓缩过程中，有大量 Na_2SO_4 结晶析出。当溶液减少到 70mL（提前做记号）左右时，停止加热，并趁热抽滤。

（3）将滤液迅速倒入 100mL 烧杯中，静置冷却，NH_4Cl 晶体逐渐析出，冷却至 35℃左右，抽滤。

（4）把滤液重新置于水浴上加热蒸发，至有较多 Na_2SO_4 晶体析出，抽滤。倾出滤液于小烧杯中，静置冷却至 35℃左右，抽滤。如此重复两次。

（5）把三次所得的 NH_4Cl 晶体合并，一起称重，计算收率（将三次所得的副产品 Na_2SO_4 合并称重）。

（6）产品的鉴定：取 1.0g NH_4Cl 产品，放于一干燥试管的底部，加热。

$$NH_4Cl 杂质含量 = \frac{G_{灼烧后} - G_{空试管}}{1.0} \times 100\%$$

2. 方案二（析出 $Na_2SO_4 \cdot 10H_2O$ 法，即冰冷法）

（1）称取 23g NaCl，放入 250mL 烧杯内，加入约 90mL 水。加热、搅拌使之溶解。若有不溶物，则用普通漏斗过滤分离。

（2）在 NaCl 溶液中加入 26g $(NH_4)_2SO_4$。水浴加热、搅拌，促使其溶解。

（3）然后用冰冷却到 0~10℃左右，加入少量 $Na_2SO_4 \cdot 10H_2O$ 作为晶种，并不断搅拌，至有大量 $Na_2SO_4 \cdot 10H_2O$ 晶体析出时，立即抽滤。

（4）将滤液转入蒸发皿中，水浴蒸发浓缩至有少量晶体析出，静置冷却，NH_4Cl 晶体逐渐析出，冷却至 35℃左右，抽滤。

（5）把所得的 NH_4Cl 晶体称重，计算收率（将所得的副产品 $Na_2SO_4 \cdot 10H_2O$ 也称重）。

（6）产品的鉴定：取 1.0g NH_4Cl 产品，放于一干燥试管的底部，加热。

$$NH_4Cl 杂质含量 = \frac{G_{灼烧后} - G_{空试管}}{1.0} \times 100\%$$

五、实验注意事项

1. 用水溶解的溶质量较多时，溶液体积与水的体积不等。

2. 加热法：水的体积为 60~80mL 即可，浓缩时要提前做好记号，浓缩不能过度，以防 NaCl、$(NH_4)_2SO_4$ 析出，趁热抽滤时要预热仪器。多次浓缩分离 $(NH_4)_2SO_4$ 与 NH_4Cl。

3. 冰冷法：水的体积为 75~90mL（$Na_2SO_4 \cdot 10H_2O$ 析出耗水）。冷却过程要不断剧烈搅拌（因为结晶过程放出大量热量），形成过饱和溶液时未能结晶的话，可加 $Na_2SO_4 \cdot 10H_2O$ 作晶种。为保证分离效果，在温度降至 10℃以下时，最好能保持 1h 左右。

4. 加热法与冰冷法相比，冰冷法分离效果好，但速度慢。

5. 加热浓缩时要注意不断搅拌。

实验 27　氧化铁黄的制备

一、实验目的
1. 了解用亚铁盐制备氧化铁黄的原理和方法。
2. 熟练掌握恒温水浴加热方法、溶液 pH 的调节、沉淀的洗涤、结晶的干燥和减压过滤等基本操作。

二、实验原理
在各类无机颜料中，氧化铁颜料的产销量仅次于钛白粉，是第二种量大面广的无机颜料，属第一大彩色无机颜料。氧化铁颜料颜色多，色谱较广，遮盖力较强，主色颜料有铁黄（$Fe_2O_3 \cdot H_2O$）、铁红和铁黑三种。氧化铁颜料有很好的耐光、耐候、耐酸及耐溶剂性，还具有无毒等特点，广泛应用于建筑材料、涂料、油墨、塑料、陶瓷、造纸、磁性记录材料等行业中。本实验采用湿法亚铁盐氧化法制备氧化铁黄。

湿法亚铁盐氧化法制备氧化铁黄包括晶种的形成和氧化铁黄的生成两步。氧化铁黄是晶体结构，要得到晶体，首先要形成晶核，晶核长大成为晶种。晶种生成过程的条件决定了氧化铁黄的颜色和质量，所以制备晶种是关键的一步。氧化铁黄的形成由两步反应形成：

1. 晶种的形成

（1）生成氧化亚铁胶体　在一定的温度下向硫酸亚铁铵溶液中加入碱液，立即有氢氧化亚铁胶体生成。由于氢氧化亚铁溶解性非常小，晶核形成的速度非常快。为使粒子细小而均匀反应要在充分搅拌下进行，并在溶液中留有硫酸亚铁铵晶体，以维持溶液的饱和度。

（2）晶核的形成　要生成铁黄晶种，需将氢氧化亚铁进一步氧化，反应如下：

$$4Fe(OH)_2 + O_2 \longrightarrow 4FeO(OH) + 2H_2O$$

这是一个复杂的过程，要得到特定的晶种，温度和 pH 值必须严格控制在规定的范围内。反应温度控制在 10～25℃，最高不超过 35℃，溶液 pH 值保持在 3～4，可得到氧化铁黄晶种，如果溶液的 pH 接近中性或是偏碱性，则得到棕黄至棕黑，甚至黑色的一系列过渡色晶种；如果溶液 pH 值大于 9，则形成棕红色的氧化铁红晶种，若溶液 pH 值大于 10，则失去形成晶种的作用。

2. 氧化铁黄的生成

在含有铁黄晶种的亚铁离子溶液中加入氧化剂氯酸钾，控制温度在 80～85℃，溶液的 pH 值为 4～4.5，可使晶种长大为晶体，其反应如下：

$$6Fe^{2+} + ClO_3^- + 9H_2O \longrightarrow 6FeO(OH) + 12H^+ + Cl^-$$

在这一过程中，空气中的氧气也参加氧化反应：

$$4Fe^{2+} + O_2 + 6H_2O \longrightarrow 4FeO(OH) + 8H^+$$

由上述反应是可见，伴随反应的进行，溶液的酸度会逐渐增大，因此需不断加入碱液，以维持溶液的 pH 值为 4～4.5，氧化反应过程中可以看到沉淀的颜色由灰绿→墨绿→红棕→淡黄的变化。

三、仪器及试剂
仪器：烧杯、蒸发皿、减压抽滤装置、水浴装置、蒸汽浴。

试剂：硫酸亚铁铵、氢氧化钠、氯酸钾、蒸馏水。

四、实验步骤

1. 晶种的形成

称取 2.0g 硫酸亚铁铵，放于 50mL 烧杯中，加水 4.0mL，用水浴调节溶液的温度为 20~25℃，搅拌溶解（需留有部分晶体不溶解），检验溶液的 pH 值，然后边搅拌边慢慢滴加 2mol·L^{-1}氢氧化钠溶液至 pH 值为 3 左右，停止加碱液（在 pH 值接近 3 时，每加 1 滴碱液都要检验 pH 值），放置 10min。注意观察，并记录反应过程中反应物颜色的变化。

2. 氧化铁黄的制备

将形成晶种的烧杯转移至温度为 80~85℃的水浴中加热，当反应物料温度达到约 80℃ 时，加入约 0.1g 氯酸钾，搅拌均匀后检验 pH 值，然后慢慢滴加 2mol·L^{-1}氢氧化钠，并不停地快速搅拌，当溶液 pH 值达到 4 时，停止加碱液（当 pH 值接近 4 时，每加入 1 滴碱液都要检验 pH 值），继续反应 30min。反应结束后，减压抽滤，并用 60℃的蒸馏水洗涤至母液中基本无硫酸根离子，滤饼移入蒸发皿，在蒸汽浴上蒸发至干，称量，计算产率。

五、思考题

在铁黄制备过程中，随着氧化反应的进行，为何虽然不断滴加碱液，溶液的 pH 值还是不断降低？

第2章 分析化学实验

实验 1　分析化学实验基本仪器使用

一、实验目的

1. 学会使用电子天平，了解基本容量仪器的洗涤和使用方法。
2. 明确预习和实验报告的书写规范和表格图表的制作方法。

二、实验原理

1. 分析化学实验报告一般格式

（1）实验目的。

（2）实验原理。

（3）仪器与试剂。

（4）实验步骤。

（5）实验数据记录　一般可采用三线表记录实验数据，见表1。

表 1　盐酸溶液的标定

基准物质的质量/g	0.1142	0.1149	0.1256
消耗盐酸的体积/mL	20.13	20.15	22.08

（6）实验数据处理与分析　采用三线表记录实验数据并分析数据，如表2所示。表格要有表名和编号，一般写在表格的左上方。涉及图形的，手绘图形应用坐标纸作图。图要有图名和编号，一般放在图的下方，居中。

表 2　盐酸溶液的标定

基准物质的 质量/g	消耗盐酸的 体积/mL	盐酸溶液浓度 /mol·L^{-1}	盐酸溶液平均 浓度/mol·L^{-1}	相对平均偏差 /%
0.1142	20.13	0.1071		
0.1149	20.15	0.1076	0.1073	0.16
0.1256	22.08	0.1073		

2. FA2004 型电子天平操作规程

（1）使用前准备

① 把天平置于稳定的无振动、无阳光直射和气流的工作台上。

② 调节水平调节脚，使天平水泡位于水准器中心。

③ 调节天平室环境温度为 (20±5)℃，其温度波动不大于 1℃·h^{-1}。

④ 调节天平室相对湿度为 50%～70%。

(2) 操作

① 开机自检　接通电源，按下"开机/关机（ON）"键，天平启动。开机过程中自动进行 30s 左右的自检，显示所有可能用到的功能显示，自动清零，进入使用状态。为了获得较精确的测量结果，天平开机预热 20min 后使用。

② 校准天平　天平首次使用、称量操作一段时间、放置地点变换、环境温度改变之后，应进行校准。

天平校准方法为：准备好标准砝码（E1、E2级砝码），清除秤盘上杂物，轻按"去皮/置零（TAR）"键，将天平清零，等待天平显示"0.0000g"后，按下"校准（CAL）"键，显示屏闪烁，显示"200.0000"，轻轻地将校准砝码放置于秤盘中心，关上玻璃门约 30s 之后，听见"嘟"的一声，取出校准砝码，天平校准完毕。一般校准操作2次。

校准过程中，可以按"去皮/置零"键取消校准。

(3) 称量

① 普通称重　按一下"去皮/置零"键，将天平清零，等待天平显示"0.0000g"后，在秤盘上放置被测物，待称重稳定后，读取数值。

② 使用容器称重　先将空的容器放置在秤盘上，按一下"去皮/置零"键，将天平清零。等待天平显示"0.0000g"后，将被测物放入容器内，待称重稳定后，读取数值。

(4) 单位转换

天平提供三种量制供选择，分别是克（g）、金盎司（K）、克拉（ct）。按"单位"键，天平可在克（g）、金盎司（K）、克拉（ct）之间切换。换算关系为：1K＝31.1034768g，1ct＝0.2g。

① 计件称重　按"模式"键，可在基本称重、计件称重、百分比称重之间切换。放上容器，若无容器跳过此步。按一下"去皮/置零"键，将天平清零，等待天平显示"0.0000g"后，将10件相同的被测物放置在秤盘上作为计件系数选择的试样，按"模式"键，天平显示"10pcs"，表示进入计件模式。然后按"单位"键可选择计件系数，10pcs、20pcs、50pcs、100pcs，分别表示被测物的件数。采样系数越大，测量精度越高。按"模式"键可退出计件称重。

② 百分比称重　按"模式"键，可在基本称重、计件称重、百分比称重之间切换。放上容器，若无容器跳过此步。按一下"去皮/置零"键，将天平清零，等待天平显示"0.0000g"后，将标准物品放置在秤盘上，待称重稳定后，按"模式"键两次，天平进入百分比称重模式。取下标准物品，将被测物放置在秤盘上，此时显示的读数为被测物相对于基准物的百分比。

(5) 关机　称量完毕后按"开机/关机"键，长时间不用时断开电源。

(6) 维护保养

① 称取物料应使用称量纸、称量杯，严禁直接在称量台上称取物料，要特别注意秤盘和外盘不能碰撞。

② 使用完毕后，应及时擦拭称量台，防止药品洒落，保持干净。

③ 定期请专业人员对天平进行校准。

④ 将校准砝码放在干燥安全的地方。

(7) 称量方法

① 直接法　天平零点调好后，把被称物用一干净的纸条套住（或使用一次性手套、专用手套、镊子等方法）放在天平秤盘中央，所得读数即为被称物质的质量。这种方法适合称量洁净干燥的器皿、棒状或块状的金属或其他整块的不易潮解或升华的固体物质。

② 固定质量称量法　此法用于称取指定质量的试样，适合于称取本身不吸水，并在空气中性质稳定的细粒或粉末状试样。其方法如下：先称取容器（如表面皿、铝勺、硫酸纸）的质量（或直接按电子天平上的去皮），再用样品勺将试样慢慢敲入盛放试样的表面皿（或其他器皿、硫酸纸）中。勺的另一端顶在掌心上，用拇指、中指及掌心拿稳样品勺，并用食指轻弹勺柄，将试样慢慢抖入容器中，直至所需要数值，此操作必须十分仔细。

③ 差减称量法（递减称量法、减量法）　即称取试样的量是由两次称量之差而求得。此法比较简单、快速、准确，在化学实验中常用来称量待测样品和基准物，是最常用的一种称量法。它与上述两种方法不同，称取样品的质量只要控制在一定的范围内即可。方法如下：用清洁的纸条叠成 1cm 宽的纸带夹住已干燥的称量瓶，打开瓶盖，将稍多于需要量的试样用样品勺加入称量瓶中，盖上瓶盖，在台秤上粗称，用纸条套在称量瓶上，左手拿住带尾部，把称量瓶放到天平盘的正中位置读取质量，设此时质量为 m_1。左手仍用纸带将称量瓶从秤盘上拿到接收器上方，右手用纸片夹住瓶盖柄打开瓶盖，瓶盖不能离开接收器上方。将瓶身慢慢向下倾斜，并用瓶盖轻轻敲击瓶口，使试样慢慢落入接收器中，不能把试样撒在接收器外。当估计倾出的试样已接近要求的质量时，慢慢将称量瓶竖起，用盖轻轻敲瓶口，使黏附在瓶口上部的试样落入瓶内，然后盖好瓶盖，将称量瓶再置于天平秤盘上称量，设此时质量为 m_2。则倒入接收器中的质量为 m_1-m_2。按上述方法连续操作，可称取多份试样。差减称量法示意图见图 1。

图 1　差减称量法示意图

3. 移液管及吸量管使用方法

(1) 移液管和吸量管　移液管（吸量管）用于准确移取一定体积的溶液。中间有膨大部分的称为移液管（胖肚吸管），常用的有 1mL、2mL、5mL、10mL、25mL、50mL 等几种，如图 2 所示。直形的管上刻有分度的称为吸量管（刻度吸管）。常用的有 1mL、2mL、5mL、10mL 等规格。有些吸量管使用时要注意其分刻度不是刻到管尖，而是离管尖尚差 1~2cm，如图 2 所示。移取溶液前，先将洗净的移液管用吸水纸除掉尖端内外的水，然后用待吸取的溶液润洗 3 次。方法是：吸取待吸溶液至球部的 1/4 处（注意，勿使溶液流出，以免稀释溶液），将管横放转动，使溶液流过管内所有内壁，然后使管直立将润洗的溶液由尖端口放出。如此反复润洗 3 次。润洗这一操作很重要，其目的是使移取的溶液与待吸溶液的浓度相同。

(2) 移液管和吸量管的操作　吸取溶液时，一般可以用左手拿吸耳球，右手把移液管插入溶液中吸取，操作见图 3。管经润洗后，移取溶液时，将管直接插入待吸液液面下约 1~2cm 处。管尖不应伸入太浅，以免液面下降后造成空吸；也不应伸入太深，以免移液管外部附有过多的溶液。吸液时，应注意容器中液面和管尖的位置，应使管尖随液面下降而下降。当吸耳球慢慢放松时，管中的液面徐徐上升，当液面上升至标线以上时，迅速移去吸耳球。与此同时，用右手食指堵住管口，左手收拿盛待吸液的容器。然后，将移液管往上提起，使之离开液面，并将管的下部原伸入溶液的部分沿待吸液容器内部轻转两圈，以除去管壁上的溶液。然后使容器倾斜成约 45°，其内壁与移液管尖紧贴，此时右手食指微微松动，使液面缓慢下降，直到视线平视时弯月面与标线相切，这时立即用食指按紧管口。移开待吸液容器，左手改拿接收溶液的容器，并将接收容器倾斜，使内壁紧贴移液管尖成 45°左右。然后放松右手食指，使溶液自然地顺壁流下，如图 4 所示。待液面下降到管尖后，等 10s 左右，移出移液管。这时，管尖部位仍留有少量溶液，对此，除特别注明"吹"字外，一般此管尖部留存的溶液是不能吹入接收容器中的，因为在工厂生产核定移液管时是没有把这部分体积算进去的。但必须指出，由于一些管口尖部做得不很圆滑，因此，可能会随接收容器内壁的管尖部位方位不同而留存在管尖部位的体积有变化。为此，可在等 10s 后，将管身往左右旋动一下，这样管尖部分每次留存的体积将会基本相同，不会导致平行测定时的误差过大。

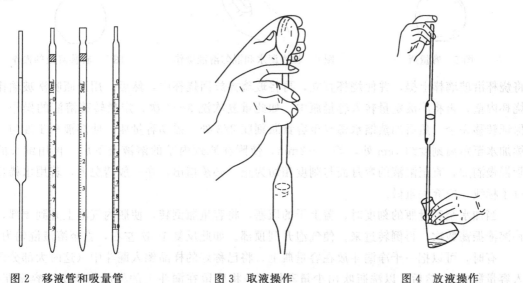

图 2　移液管和吸量管　　　　图 3　取液操作　　　　图 4　放液操作

用吸量管吸取溶液时，大体与上述操作相同。但吸量管上常标有"吹"字，特别是 1mL 以下的吸量管尤其如此，对此，要特别注意。同时，吸量管中的分度刻到离管尖尚差 1~2cm，放出溶液时也应注意。实验中，要尽量保持使用同一吸量管，减小测定误差。

4. 容量瓶及标准溶液的配制

(1) 容量瓶的检查和基本操作　容量瓶是一种细颈梨形的平底玻璃瓶，如图 5 所示，带有磨口塞或塑料塞，颈上有标线，表示在指定温度下当液体充满到标线时，液体体积恰好与瓶上所注明的体积相等。容量瓶一般用来配制标准溶液或试样溶液。

容量瓶在使用前先要检查其是否漏水。检查的方法如图 6 所示，放入自来水至标线附近，盖好瓶塞，瓶外水珠用布擦拭干净，左手按住瓶塞，右手手指托住瓶底边缘，把瓶倒置 2min，观察瓶塞周围是否有水渗出，如果不漏，将容量瓶直立，把瓶塞转动 180°后，再倒立 2min 检查，如不漏水，即可使用。检查两次很有必要，因为有时瓶塞与瓶口不是任何位置都是密合的。

(2) 直接配制标准溶液　在配制溶液时，先将容量瓶洗净。如用固体物质配制溶液，先将固体物质在烧杯中溶解后，再将溶液定量转至容量瓶中。定量转移溶液时，右手拿玻璃棒；左手拿烧杯，使烧杯嘴紧靠玻璃棒，而玻璃棒则悬空伸入容量瓶口中，棒的下端应靠在瓶颈内壁上，使溶液沿玻璃棒和内壁流入容量瓶中，如图 7 所示。烧杯中溶液全部流完后，

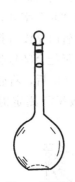 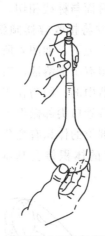 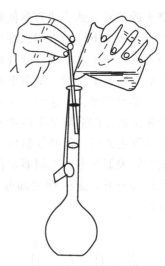

图 5　容量瓶　　　　图 6　检查漏水和混匀溶液操作　　　　图 7　转移溶液的操作

将烧杯沿玻璃棒上提，并使烧杯直立，再将玻璃棒放回烧杯中，然后，用洗瓶吹洗玻璃棒和烧杯内壁，再将溶液定量转入容量瓶中。如此重复吹洗 3~4 次，定量转移溶液的操作，以保证转移完全。然后加蒸馏水稀释至容量瓶刻度 2/3 处，摇动容量瓶，使溶液初步混匀。继续加水至距离刻度约 1cm 处，等 1~2min，使附在瓶颈内壁的溶液流下后，再用细长的滴管慢慢滴加，直至溶液的弯月面与刻度相切为止。必须指出，在一般情况下，若用水稀释超过了标线，应弃去重做。

当加水至容量瓶的刻度时，盖上干的瓶塞，将容量瓶倒转，使瓶内气泡上升到顶部，并将溶液振荡数次。再倒转过来，使气泡升到顶部。如此反复 10 次左右，直至溶液混匀为止。

有时，可以把一干净漏斗放在容量瓶上，将已称好的样品倒入漏斗中（这时大部分已落入容量瓶中），然后，以洗瓶吹出少量蒸馏水，将残留在漏斗上的样品完全洗入容量瓶中。冲洗几次后，轻轻提起漏斗，再用蒸馏水充分冲洗后，移去漏斗，然后如前操作。

容量瓶不能久存溶液，尤其是碱性溶液会侵蚀瓶塞，使之无法打开。所以，如需将配制好的溶液长期保存，应将溶液倒入清洁干燥的试剂瓶中储存。

容量瓶使用完毕应立即用水冲洗干净。如长期不用，磨口处应洗净擦干，并用纸片将磨口隔开。

容量瓶不能用直接用火加热或在烘箱中烘烤。如需使用干燥的容量瓶时，可先将容量瓶洗净，再用乙醇等有机溶剂荡洗，然后晾干或用电吹风的冷风吹干。

实验 2　滴定分析基本操作练习

一、实验目的

1. 了解滴定分析常用容量仪器种类和洗涤方法。
2. 学会粗配溶液的方法和容量仪器的使用方法。

3. 掌握酸式、碱式滴定管的使用方法和滴定操作技术。

4. 学会利用指示剂变色判断滴定终点的方法。

二、实验原理

滴定分析通常将被测溶液置于锥形瓶（或烧杯）中，然后将已知准确浓度的标准溶液滴加到被测溶液中，当所加标准溶液的物质的量与被测组分的物质的量之间恰好符合滴定反应式所表示的化学计量关系时，反应到达化学计量点，化学计量点通常借助指示剂的变色来确定，以便终止滴定。在滴定过程中，指示剂正好发生颜色变化的转变点（变色点）称为滴定终点。滴定终点与化学计量点不一定恰好吻合，由此造成的分析误差称为终点误差或滴定误差。

滴定分析法通常用于测定常量组分，有时也能用来测定微量组分。滴定分析法具有方法简便、快速的特点，可用于测定很多元素，而且有足够的准确度，一般情况下，测定的相对误差不大于0.2%。因此，滴定分析法在生产实践和科学实验中具有很大的实用价值。本实验安排氢氧化钠溶液与盐酸溶液互相滴定，以酚酞或者甲基橙作指示剂指示滴定的终点。重在了解滴定分析常用容量仪器种类和洗涤方法；掌握粗配溶液的方法；掌握容量仪器的使用方法；掌握酸式、碱式滴定管的使用方法和滴定操作技术；学会利用指示剂变色判断滴定终点的方法。

三、仪器与试剂

仪器：滴定管（25mL）、台秤、250mL锥形瓶3只、量筒、玻璃棒、试剂瓶、20.00mL移液管、洗耳球、烧杯、称量纸。

试剂：NaOH试剂、浓盐酸（A.R）、0.2%甲基橙溶液、0.2%酚酞、乙醇溶液。

四、实验步骤

(1) 认识和洗涤容量仪器。

(2) 250mL 0.1mol·L^{-1} HCl溶液的粗配：用小量筒量取浓盐酸2.2mL，倒入洗净且具有250mL去离子水的烧杯内，用玻璃棒搅拌使溶液浓度均匀，转入500mL试剂瓶中备用。

(3) 250mL 0.1mol·L^{-1} NaOH溶液的粗配：在台秤上称取1.1g固体NaOH于烧杯中，用去离子水溶解并加水稀释至250mL，用玻璃棒搅拌使溶液浓度均匀，转入500mL试剂瓶中备用。

(4) 用0.1000mol·L^{-1} NaOH溶液滴定HCl溶液，练习碱式滴定管的使用（注：将粗配的0.1mol·L^{-1} NaOH溶液当作准确浓度0.1000mol·L^{-1} NaOH溶液）。用移液管准确移取20.00mL HCl溶液置于干净锥形瓶中，滴加酚酞指示剂2~3滴，摇匀，用碱式滴定管滴加NaOH溶液，锥形瓶中溶液由无色变红色为滴定终点，记录NaOH溶液消耗的体积。平行滴定3份，计算盐酸的准确浓度。

(5) 用0.1000mol·L^{-1} HCl溶液滴定NaOH溶液，练习酸式滴定管的使用（注：将粗配的0.1mol·L^{-1} HCl溶液当作准确浓度0.1000mol·L^{-1} HCl溶液）。用移液管准确移取20.00mL NaOH溶液置于干净锥形瓶中，滴加甲基橙指示剂2~3滴，摇匀，用酸式滴定管滴加HCl溶液，锥形瓶中溶液由黄色变橙色为滴定终点，记录HCl溶液消耗的体积。平行滴定3份，计算NaOH溶液的准确浓度。

五、数据处理

1. NaOH 溶液浓度为 $0.1000\ \text{mol}\cdot\text{L}^{-1}$，根据消耗的 NaOH 溶液体积计算 HCl 溶液的浓度，并计算其平均值和相对平均偏差。

2. HCl 溶液浓度为 $0.1000\ \text{mol}\cdot\text{L}^{-1}$，根据消耗的 HCl 溶液体积计算 NaOH 溶液的浓度，并计算其平均值和相对平均偏差。

六、实验注意事项

1. 固体 NaOH 吸水，应在表面皿上或小烧杯中用托盘天平粗称。
2. 滴定管要用标准溶液（5~6mL）荡洗内壁 3 次，以免改变标准溶液的浓度。
3. 滴定之前，应检查滴定管尖处是否有气泡，如有气泡应予以排出。
4. 近终点时，滴定速度要慢，仔细观察锥形瓶中溶液颜色变化。
5. 在每次滴定结束后，要将标准溶液加至滴定管零点，以减小误差。

七、思考题

1. 配制 NaOH 待标溶液时，用托盘天平称取固体 NaOH 是否会影响溶液浓度的准确度？
2. 滴定管在盛装标准溶液前为什么要用该溶液荡洗滴定管内壁 3 次？
3. 装 NaOH 溶液的瓶或滴定管不宜用玻璃塞，为什么？
4. 在每次滴定前为什么要将标准溶液加至滴定管零点，然后进行滴定？
5. 酸碱互滴时如何使用指示剂指示终点？
6. 实验中所用锥形瓶是否要烘干？移取被测溶液的量是否需要准确？
7. 如何规范操作酸式、碱式滴定管？要注意哪些事项？

八、附注

滴定分析法是将一种已知准确浓度的标准溶液滴加到被测试样的溶液中，直到化学反应完全为止，然后根据标准溶液的浓度和体积求得被测试样中组分含量的一种方法。进行滴定分析时，通常将被测溶液置于锥形瓶（或烧杯）中，然后将已知准确浓度的试剂溶液滴加到被测溶液中，直到所加的试剂与被测物质按化学计量比定量反应为止，然后根据试剂溶液的浓度和用量，计算被测物质的含量。

这种已知准确浓度的试剂溶液称作滴定剂，是用基准物质直接配制，或者粗配溶液通过标定得到准确浓度的溶液。将滴定剂通过滴定管计量并滴加到被测物质溶液中的过程叫滴定。

滴定分析法通常用于测定常量组分，有时也能用来测定微量组分。与重量分析法相比，滴定分析法简便、快速，可用于测定很多元素，而且有足够的准确度，一般情况下，测定的相对误差不大于 0.2%。因此，滴定分析法在生产实践和科学实验中具有很大的实用价值。以下介绍常用滴定分析仪器的检查、洗涤和规范操作方法。

1. 滴定管的预处理

滴定管是用来进行滴定的器皿，用于测量在滴定中所用溶液的体积。滴定管是一种细长、内径大小比较均匀而具有刻度的玻璃管，管的下端有玻璃尖嘴滴管。滴定管有 10mL、25mL、50mL 等不同的容积。如 25mL 滴定管上刻有 25 等份，每一等份为 1mL，1mL 中再分 10 等份，每一小格为 0.1mL，读数时，在每一小格中可再估计出 0.01mL。

滴定管一般分为两种，一种是酸式滴定管（酸管），另一种是碱式滴定管（碱管），如图 1 所示。酸式滴定管的下端有玻璃活塞，除强碱溶液外其他溶液作为滴定液时均可使用。酸式滴定管不能盛放碱液,因碱液常使活塞与活塞套黏合,难于转动。碱液作为滴定液时要使用碱式滴定管,它的下端连接一橡皮管,内放一玻璃珠,以控制溶液的流出,下面再连有一尖嘴滴管。碱式滴定管不能盛放氧化剂等腐蚀橡胶的煤油。此外,还有自动滴定管和微量滴定管。

为了防止滴定管漏液,在使用之前要将已洗净的滴定管活塞拔出,用滤纸将活塞及活塞套擦干。在活塞粗端 a 处和活塞的细端 b 处分别涂一层真空脂,如图 2 所示,把活塞插入活塞套内,来回旋转数次,直到在外面观察时呈透明即可。亦可在玻璃活塞的两端涂上一层真空脂(小心不要涂在塞孔处以防堵塞),然后将其放入活塞套内,来回旋转活

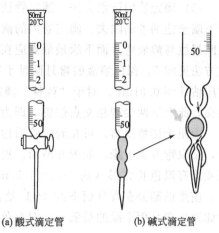

图 1 滴定管

塞数次直至透明为止。在活塞末端套一橡皮圈以防在使用时将活塞顶出。然后在滴定管内装入蒸馏水,垂直放在滴定管架上,1min 后观察有无水珠滴下,缝隙中是否有水渗出,然后将活塞转 180°,再观察一次,没有漏水即可使用。

2. 滴定管基本操作方法

(1) 滴定管的润洗 为了保证装入滴定管溶液的浓度不被稀释,要先用该溶液润洗滴定管 3 次,每次约用 5~10mL。洗法是注入溶液后将滴定管横过来,慢慢转动,使溶液流遍全管,然后将溶液自下放出。洗好后,即可装入标准溶液。装溶液时要直接从试剂瓶倒入滴定管中,不要再经过漏斗等其他容器。

(2) 碱式滴定管的操作 操作碱式滴定管时,仍以左手控管,拇指在前,食指在后,其他三指辅助夹住出口管。用拇指和食指捏住玻璃珠所在部位,向右边挤胶管,使玻璃珠移至手心一侧,这样,溶液即可从玻璃珠旁边的空隙流出,如图 3 所示。必须指出,不要用力捏玻璃珠,也不要使玻璃珠上下移动,不要捏玻璃珠下部胶管,以免空气进入而形成气泡,影响读数。

(3) 酸式滴定管的操作 操作酸管时,左手握滴定管,无名指和小指向手心弯曲,轻轻地贴着出口部分,用其余三指控制活塞的转动,如图 4 所示。但应注意,不要向外用力,以免推出活塞造成漏液,应使活塞稍有一点向手心的回力。当然,也不要过分往里用太大的回力,以免造成活塞转动困难。

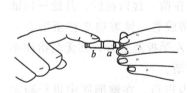  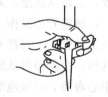

图 2 涂真空脂操作示意图　　图 3 碱式滴定管操作　　图 4 酸式滴定管操作

(4) 气泡的排除方法 将标准溶液充满滴定管后,应检查管下部是否有气泡。如为碱式滴定管,则可将橡皮管向上弯曲,并在稍高于玻璃珠处用两手指挤压,使溶液从尖嘴口喷出。则气泡即可除尽。酸式滴定管如有气泡,可转动活塞,使溶液急速下流驱除气泡。

(5) 滴定管的读数方法　　滴定管读数时,应将滴定管垂直地夹在滴定台蝴蝶夹上,并将管下端悬挂的液滴除去。滴定管内的液面呈弯月形,无色溶液的弯曲面比较清晰,读数时,眼睛视线与溶液弯月面下缘最低点应在同一水平上,眼睛的位置不同会得到不同的读数,读数方法见图5。深色溶液的弯月面难于看清,如 $KMnO_4$ 溶液,可以观察液面的上缘。读数时应估计到 0.01mL。对于"蓝带"滴定管,当盛溶液后将有似两个弯月面的上下两个尖端相交,此上下两尖端相交点位置,即为"蓝带"滴定管的读数的正确位置。

为便于读数清晰,可在滴定管后边衬一张纸片或者读数卡为背景,形成颜色较深的弯月面,读取弯月面下缘,如图6所示。这样做不受光线的影响,易于观察。读数卡是用贴有黑纸或涂有黑色长方形(约 3cm×1.5cm)的白纸版制成。读数时,将读数卡放在滴定管背后,使黑色部分在弯月面下约 1mL 处,此时即可看到弯月面的反射层全部为黑色。然后,读此黑色弯月面下缘的最低点。对有色溶液须读其两侧最高点时,须用白色卡片作为背景。

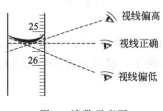　　　　　　　　　　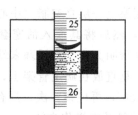

图5　读数示意图　　　　　　　　　　图6　读数卡示意图

由于滴定管刻度不可能非常均匀,所以在同一实验的每次滴定中,溶液的体积应该控制在滴定管刻度的同一部位,例如第一次滴定是在 0～36mL 的部位(如 50mL 滴定管),那么第二次滴定也使用这个部位,这样由于刻度不准确而引起的误差可以抵消。

3. 滴定操作

滴定操作时,应很好地领会和掌握下面几个问题。

(1) 操作溶液的装入与管嘴气泡的排除　　将溶液装入酸管或碱管之前,应将试剂瓶中的溶液摇匀,使凝结在瓶内壁上的水珠混入溶液,在天气比较热或室温变化较大时,此项操作更为必要。混匀后的操作溶液应直接倒入滴定管中,不得用其他容器(如烧杯、漏斗等)来转移。先用操作溶液润洗滴定管内壁三次。管充满操作溶液后,应检查管的出口下部尖嘴部分是否充满溶液,是否留有气泡,尖嘴部应充满溶液,排除气泡。最后将操作溶液直接倒入滴定管,直至充满至零刻度以上为止。

(2) 滴定姿势　　滴定台要调整适当的远近位置,根据自己身高调整蝴蝶夹和滴定管的适当高度,要站立滴定,避免伸臂、弯腰滴定。有时为操作方便也可坐着滴定。

(3) 滴定管的操作　　操作碱管时,仍以左手控管,其拇指在前,食指在后,其他三指辅助夹住出口管。用拇指和食指捏住玻璃珠所在部位,向右边挤胶管,使玻璃珠移至手心一侧,这样,溶液即可从玻璃珠旁边的空隙流出。操作酸管时,左手捏滴定管,其无名指和小指向手心弯曲,轻轻地贴着出口部分,其余三指控制活塞的转动。

(4) 边滴边摇瓶要配合好　　滴定操作可在锥形瓶或烧杯内进行。在锥形瓶中进行滴定时,用右手的拇指、食指和中指拿住锥形瓶,其余两指辅助在下侧,使瓶底离滴定台高约 2～3cm,使滴定管下端伸入瓶口内约 1cm。左手控制滴定管,按前述方法,边滴加溶液,边用右手摇动锥形瓶。其两手操作姿势如图7(a)所示。在接近终点时,必须用少量蒸馏水吹洗锥形瓶内壁,使溅起的溶液淋下,使完全反应。同时,滴定速度要放慢,以防滴定过量,每次加入1滴或半滴时不断旋摇,直至到达终点。

在烧杯中滴定时,将烧杯放在滴定台上,调节滴定管的高度,使其下端伸入烧杯内约1cm。滴定管下端应在烧杯中心的左后方处(放在中央影响搅拌,离烧杯壁过近不利于搅拌均匀)。左手滴加溶液,右手持玻璃棒搅拌溶液,如图7(b)所示。玻璃棒应圆周搅动,不要碰到烧杯壁和底部。当滴至接近终点时,只滴加半滴溶液时,需用玻璃棒下端承接此悬挂的半滴溶液于烧杯中,但要注意,玻璃棒只能接触液滴,不能接触管尖,其余操作同前所述。

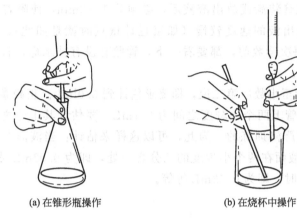

(a) 在锥形瓶操作　　　　(b) 在烧杯中操作

图 7　滴定操作

(5) 滴定操作的注意事项

① 最好每次滴定都从 0.00mL 开始,这样可以减少读数误差。

② 滴定时,左手不能离开活塞,任溶液自流。

③ 摇瓶时,应微动腕关节,使溶液向同一方向旋转(左、右旋转均可),不能前后振动,以免溶液溅出。不要因摇动使瓶口碰在管口上,以免造成事故。摇瓶时,一定要使溶液旋转出现有一旋涡。因此,要求有一定速度,不能摇得太慢,影响化学反应的进行。

④ 滴定速度的控制　一般开始时,滴定速度可稍快,呈"见滴成线",这时速度为 $10\text{mL} \cdot \text{min}^{-1}$,即 $3 \sim 4$ 滴 $\cdot \text{s}^{-1}$ 左右,而不要滴成"水线",这样,滴定速度太快。接近终点时,应改为一滴一滴加入,即加一滴摇几下,再加,再摇。最后是每加半滴,摇几下锥形瓶,直至溶液出现明显的颜色变化为止。

⑤ 半滴的控制和吹洗　快到滴定终点时,要一边摇动,一边逐滴地加入,甚至是半滴半滴地滴入。学生应该扎扎实实地练好加入半滴溶液的方法。用酸管时,可轻轻转动活塞,使溶液悬挂在出口管嘴上,形成半滴,用锥形瓶内壁将其沾落,再用洗瓶吹洗瓶壁。用碱管时,加半滴溶液时,应先松开拇指与食指,将悬挂的半滴溶液沾在锥形瓶内壁上,再放开无名指和小指,这样可避免出口管尖出现气泡。

滴入半滴溶液时,也可采用倾斜锥形瓶的方法,将附于壁上的溶液冲至瓶中。这样可避免吹洗次数太多,造成被滴物稀释。

⑥ 滴定终点的观察　滴定时,要细心观察滴落点周围颜色的变化。不要去看滴定管上的刻度变化,而不顾滴定反应的进行。

⑦ 滴定体积读取　读数前应注意管出口嘴尖上有无挂着水珠。若在滴定后挂有水珠读数,这时是无法读准确的。一般读数应遵守下列原则:

a. 读数时应将滴定管从滴定管架上取下,用右手大拇指和食指控住滴定管上部无刻度处,其他手指从旁辅助,使滴定管保持垂直,然后再读数。滴定管夹在滴定管架上读数的方法,一般不宜采用,因为它很难确保滴定管的垂直。

b. 由于水的附着力和内聚力的作用,滴定管内的液面呈弯月形,无色和浅色溶液的弯月面比较清晰,读数时,视线应与弯月面下缘实线的最低点相切,即视线应与弯月面下缘实线的最低点在同一水平面上。对于有色溶液,其弯月面是不够清晰的,读数时,视线应与液面两侧的最高点相切,这样才较易读准。

c. 为读数准确,在管装满或放出溶液后,必须等 1~2min,使附着在内壁的溶液流下来后,再读数。如果放出液的速度较慢(如接近计量点时就是如此),那么可只等 0.5~1min 后读数。记住,每次读数前,都要看一下,管壁有没有挂水珠,管的出口尖嘴处有无悬液滴,管嘴有无气泡。

d. 读取的值必须读至小数后第二位,即要求估计到 0.01mL。正确掌握估计 0.01mL 总数的方法很重要。滴定管上两个小刻度之间为 0.1mL,要估计其十分之一的值,对一个分析工作者来说是要进行严格训练的。为此,可以这样来估计:当液面在此两个小刻度之间时,即为 0.05mL,若液面在两个小刻度的三分之一处,即为 0.03mL 或 0.07mL,当液面在二小刻度的五分之一时,即为 0.02mL 等等。

实验 3 硫酸铵中含氮量的测定

一、实验目的
1. 掌握用甲醛法测定硫酸铵中铵态氮的方法。
2. 学习和掌握用基准物质标定溶液浓度的方法。
3. 掌握电子天平的称量方法。

二、实验原理
1. 标定 NaOH 溶液浓度的原理
NaOH 易吸收空气中的水分及 CO_2,故只能用标定法配制,然后用基准物质标定其准确浓度。标定碱溶液的基准物有邻苯二甲酸氢钾($HOOCC_6H_4COOK$)、草酸($H_2C_2O_4 \cdot 2H_2O$)、苯甲酸(C_6H_5COOH)、氨基磺酸(NH_2SO_3H)等,目前常用的是邻苯二甲酸氢钾。邻苯二甲酸氢钾作为基准物质,其滴定反应如下:

$$HOOCC_6H_4COOK + NaOH = NaOOCC_6H_4COOK + H_2O$$

化学计量点时,由于弱酸盐的水解,溶液呈微碱性(pH=9.2),酚酞为指示剂。

2. 硫酸铵中氮含量测定原理
测定物质中氮含量时,常以总氮、铵态氮、硝酸态氮、酰胺态氮等含量表示。氮含量的测定方法主要有两种:①蒸馏法,称为凯氏定氮法,适用于无机、有机物质中氮含量的测定,准确度较高;②甲醛法,适用于铵盐中铵态氮的测定,方法简便,生产中实际应用较广。硫酸铵是常用的氮肥之一。由于铵盐中 NH_4^+ 的酸性太弱,($pK_a = 5.6 \times 10^{-10}$),故无法用 NaOH 标准溶液直接滴定。但可将硫酸铵与甲醛作用，定量生成质子化的六亚甲基四胺和 H^+，反应式如下：

$$4NH_4^+ + 6HCHO = (CH_2)_6N_4H^+ + 3H^+ + 6H_2O$$

生成的六亚甲基四胺（$pK_a = 7.1 \times 10^{-6}$）和 H^+，用 NaOH 标准溶液滴定，以酚酞为指示剂，滴定溶液呈现微红色即为终点。

三、仪器与试剂

仪器：碱式滴定管 1 支、锥形瓶 3 只、100mL 容量瓶 1 只、20.00mL 移液管 1 支、烧杯、玻璃棒。

试剂：NaOH 试剂、0.2%酚酞指示剂、甲醛水溶液（1∶1，体积比）、邻苯二甲酸氢钾（基准试剂）、硫酸铵试样、去离子水。

四、实验步骤

(1) 250mL 0.1mol·L^{-1} NaOH 溶液的粗配：在台秤上称取 1.1g 固体 NaOH 于烧杯中，加水溶解并稀释至 250mL，用玻璃棒搅拌使溶液浓度均匀，转入 500mL 试剂瓶备用。

(2) NaOH 溶液的标定（邻苯二甲酸氢钾法）：用固定质量称量法在分析天平上精确称取 3 份已在 105～110℃ 干燥至恒重的基准物质邻苯二甲酸氢钾，每份 0.37～0.43g，放入 250mL 锥形瓶中，加新煮沸放冷的蒸馏水 50mL，小心摇动，使其溶解（若没有完全溶解，可稍微加热），冷却后，加酚酞指示液 2～3 滴，用 NaOH 标准溶液滴定至微红色 30s 内不褪，即为终点。平行滴定 3 次。

(3) 硫酸铵中氮含量的测定：在分析天平上准确称量 0.55～0.65g 硫酸铵试样于 100mL 小烧杯中，加入少量蒸馏水溶解，然后把溶液定量转移至 100mL 容量瓶中，加水稀释至刻度，混匀备用。用移液管移取 20.00mL 试液于 250mL 锥形瓶中，加入 5.0mL（1∶1）甲醛溶液，再加 1～2 滴酚酞指示剂，充分摇匀，放置 5min 后，用上述标定的 NaOH 标准溶液滴定至溶液呈微红色，并持续 30s 不褪色即为终点。平行滴定 3 份，记录读数。用公式计算试样中氮的含量。

五、数据处理

1. 计算 NaOH 标准溶液的浓度

$$c_{NaOH} = \frac{m_{基准}}{M_{基准} V_{NaOH}} \times 1000$$

$$M_{基准} = 204.2 \text{g} \cdot \text{mol}^{-1}$$

2. 计算硫酸铵中的氮含量

由上述反应式可知，1.0mol NH_4^+ 相当于 1.0mol H^+，故氮与 NaOH 的化学计量比为 1∶1，计算过程中 NaOH 标准溶液的浓度为上面计算的平均浓度：

$$N = \frac{(cV)_{NaOH} \times 14.01}{m_{(NH_4)_2SO_4} \times \frac{20.00}{100.00} \times 1000} \times 100\%$$

3. 平行测定

平行做三份，用公式计算平均浓度或者含量和相对平均偏差。

六、实验注意事项

1. 盛装邻苯二甲酸氢钾的 3 个锥形瓶应编号，以免混乱。

2. 固体硫酸铵用差减法准确称量于100mL小烧杯中。
   3. 在每次滴定结束后,要将标准溶液加至滴定管零点,以减小误差。

七、思考题

1. 用邻苯二甲酸氢钾标定NaOH溶液(0.1mol·L^{-1})时,基准物称取量如何计算?
2. 用邻苯二甲酸氢钾标定NaOH溶液时,为什么不用甲基橙为指示剂?
3. 若邻苯二甲酸氢钾没按规定干燥,温度高于125℃,致使此基准物质中有少部分变成酸酐,问仍使用此基准物质标定NaOH溶液时,其浓度会如何变化?
4. 铵盐中氮的测定为什么不采用NaOH溶液直接滴定法?如采用其结果如何?
5. 用酚酞指示剂滴定,0.1mol·L^{-1}NaOH标准溶液至溶液呈微红色,为什么要保持30s不褪色?

实验4 工业碱的测定

一、实验目的

1. 掌握用碳酸钠作基准物质标定盐酸溶液的原理及方法。
2. 学会甲基橙指示剂判断滴定终点的方法。
3. 掌握工业碱中各成分的测定原理和测定方法。

二、实验原理

1. 盐酸溶液的标定原理

浓盐酸易挥发放出氯化氢气体,因此不能直接配制准确浓度的标准溶液,只能先配成接近所需浓度的溶液,再用基准物质标定其准确浓度。

标定酸溶液的基准物质有无水碳酸钠、硼砂等。我们采用无水碳酸钠为基准物,用甲基橙作指示剂,溶液颜色由黄色变为橙色为终点。其滴定反应为:

$$2HCl + Na_2CO_3 = 2NaCl + H_2CO_3$$

2. 工业碱的测定原理

工业碱可分为工业纯碱和工业混合碱两大类。纯碱主要含有碳酸钠,也称苏打,纯碱中除碳酸钠外,还可能含有少量的碳酸氢钠等。工业混合碱通常是碳酸钠和碳酸氢钠或碳酸钠与氢氧化钠的混合物。为了鉴定碱的质量,常用酸滴定法测定总碱量,反应产物为NaCl、H_2O、CO_2;化学计量点时pH值为8.9和3.8,可选用酚酞和甲基橙作指示剂,用HCl标准溶液滴定,酚酞作指示剂,溶液由红色转变为无色为第一终点,反应为:

$$NaOH + HCl = NaCl + H_2O$$
$$Na_2CO_3 + HCl = NaCl + NaHCO_3$$

再用甲基橙作指示剂,用HCl标准溶滴定溶液由黄色转变为橙色为第二终点,反应为:

$$NaHCO_3 + HCl = NaCl + H_2O + CO_2$$

由于工业纯碱容易吸收水分和CO_2,通常试样在270~300℃烘干2h,除去试样中的水分。工业纯碱均匀性较差,因此应称取较多试样,尽可能使试样具有代表性。

混合碱的总碱度的测定通常以Na_2CO_3%或$NaHCO_3$%表示。

三、试剂与仪器

试剂：浓 HCl（A.R、36%～38%）、0.2% 酚酞指示剂、0.1% 甲基橙指示剂、Na_2CO_3 基准试剂、混合碱样品、蒸馏水。

仪器：酸式滴定管 1 支、锥形瓶、容量瓶、20.00mL 移液管、量筒、玻璃棒、烧杯。

四、实验步骤

1. 250mL 0.1mol·L^{-1} HCl 溶液的粗配

用小量筒量取浓盐酸 2.2mL，倒入已洁净且装有 250mL 蒸馏水的烧杯中，用玻璃棒搅拌使溶液浓度均匀，转入 500mL 试剂瓶备用。

2. 上述 HCl 粗溶液的标定

（1）配制基准物质溶液：准确称取基准物质无水碳酸钠 0.50～0.60g 于 100mL 烧杯中，加定量体积的 1/3～1/2，用玻璃棒搅拌溶解，转移到 100mL 容量瓶中，洗涤转移 2～3 次，稀释、定容至刻度，并摇匀。

（2）用移液管从 100mL 容量瓶中准确移取 20.00mL 碳酸钠基准物质溶液于 250mL 锥形瓶中，加 2～3 滴甲基橙指示剂，用装在酸式滴定管中 HCl 标准溶液滴定至溶液由黄色变为橙色时为终点，准确读数，记录盐酸消耗的体积。平行滴定 3 次。

3. 样品测定

准确称取混合碱试样 2.0～2.5g 于 100mL 烧杯中，加水溶解后，定量转入 250mL 容量瓶中，用水稀释至刻度，充分摇匀。移取试液 20.00mL 于 250mL 锥形瓶中，加酚酞指示剂 2～3 滴，用盐酸溶液滴定溶液由红色恰好至无色，记下所消耗 HCl 标液的体积 V_1，再加入甲基橙指示剂 1～2 滴，继续用盐酸溶液滴定溶液至由黄色恰变为橙色，消耗 HCl 的体积记为 V_2。平行操作 3 次，然后计算混合碱中各组分的含量。

五、数据处理

1. 计算 HCl 溶液浓度

$$c_{HCl} = \frac{2m_{Na_2CO_3} \times \frac{20.00}{100}}{M_{Na_2CO_3} V_{HCl} \times 10^{-3}} (Na_2CO_3 \text{ 摩尔质量为 } 105.99)$$

取平行操作 3 份的数据，分别计算浓度。并求出浓度平均值及相对平均偏差。

2. 计算混合碱各组分含量

当 $V_2 < V_1$ 时，混合碱中含有的 NaOH 和 Na_2CO_3 的含量为：

$$NaOH\% = \frac{(V_1 - V_2) c_{HCl} M_{NaOH}}{m_{样} \times \frac{20.00}{250.00} \times 1000} \times 100$$

$$Na_2CO_3\% = \frac{V_2 c_{HCl} M_{Na_2CO_3}}{m_{样} \times \frac{20.00}{250.00} \times 1000} \times 100$$

当 $V_2 > V_1$ 时，混合碱中含有的 Na_2CO_3 和 $NaHCO_3$ 的含量为：

$$Na_2CO_3\% = \frac{V_1 c_{HCl} M_{Na_2CO_3}}{m_{样} \times \frac{20.00}{250.00} \times 1000} \times 100$$

$$\text{NaHCO}_3\% = \frac{(V_2-V_1)c_{\text{HCl}}M_{\text{NaHCO}_3}}{m_{\text{样}} \times \frac{20.00}{250.00} \times 1000} \times 100$$

六、实验注意事项

1. Na_2CO_3 吸水，称量速度要快。

2. 第一化学计量点，用酚酞指示剂，用盐酸溶液滴定溶液由红色恰好至无色，第二化学计量点加入甲基橙指示剂，继续用盐酸溶液滴定溶液由黄色恰变为橙色。

3. 第一化学计量点前，滴定速度要慢，摇均匀，消除滴定 HCl 局部过浓的现象，防止 $NaHCO_3$ 迅速分解而损失。

七、思考题

1. 碳酸钠基准物质标定盐酸还可以用哪些指示剂指示终点？
2. 实验中所用锥形瓶是否要烘干？加入蒸馏水的量是否需要准确？
3. 用碳酸钠标定盐酸溶液，滴定至近终点时，为什么要将溶液煮沸，煮沸后为什么又要冷却后再滴定至终点？
4. 用碳酸钠为基准物标定 HCl 溶液时，基准物的取量如何计算？
5. 当 $V_2=V_1$ 时，混合碱中含有什么物质，如何计算其浓度？
6. 无水 Na_2CO_3 保存不当，吸水时，用此基准物质标定盐酸溶液浓度时，其结果有何影响？
7. 测定混合碱时，采用酚酞为指示剂，第一化学计量点前，由于滴定速度太快，摇动不均匀，致使滴定 HCl 局部过浓，使 $NaHCO_3$ 迅速转变为 H_2CO_3 而分解损失，此时对测定结果有何影响？

实验5　自来水总硬度的测定

一、实验目的

1. 掌握标定 EDTA 溶液浓度的方法原理。
2. 掌握用 EDTA 测定自来水中总硬度的原理和测定方法。
3. 掌握金属指示剂铬黑 T 变色原理及滴定终点的判断方法。

二、实验原理

1. EDTA 溶液浓度的标定原理

乙二胺四乙酸（EDTA）常用 H_4Y 表示，因其在水中溶解度较小，常用的是其二钠盐（$Na_2H_2Y \cdot 2H_2O$）。以 $CaCO_3$ 为基准物质，配制标准溶液，根据 EDTA 与金属离子 1:1 的络合反应的特点，以铬黑 T 为指示剂，根据滴定时用去的 EDTA 体积和基准物质的质量，计算 EDTA 溶液的准确浓度。

2. 水的总硬度的测定原理

水的总硬度是水质的重要指标，世界各国有不同表示水的硬度的方法，我国是采用德国硬度单位制。德国硬度是每度相当于含 CaO $10mg \cdot L^{-1}$；法国硬度是每度相当于含 $CaCO_3$ $10mg \cdot L^{-1}$；英国硬度是每度相当于 0.7L 水中含 $CaCO_3$ 10mg；美国硬度是每度等于法国硬度的十分之一。低于 4°很软水，4°～8°为软水，9°～16°为中等硬水，17°～32°为硬水，大于 32°高硬度水，生活用水不超过 25°。

用 EDTA 络合滴定法测定水的总硬度和用 $CaCO_3$ 基准物质标定 EDTA（H_2Y^{2-}）。在 pH＝10 的缓冲溶液中，用 EDTA 滴定水中 Ca^{2+}、Mg^{2+} 或 Ca^{2+} 标准溶液，以铬黑 T 为指示剂，用三乙醇胺掩蔽 Fe^{3+}、Al^{3+}、Cu^{2+}、Zn^{2+} 等共存离子。反应如下：

$$Ca^{2+} + In^{3-} \rightleftharpoons CaIn^- \quad 紫红色$$

$$Ca^{2+} + H_2Y^{2-} \rightleftharpoons CaY^{2-} + 2H^+$$

$$CaIn^- + H_2Y^{2-} \rightleftharpoons CaY^{2-} + H_2In^- \quad 蓝色$$

三、仪器与试剂

仪器：酸式滴定管 1 支、锥形瓶 3 只、100.0mL 容量瓶 1 只、20.00mL 移液管 1 支、表面皿、烧杯。

试剂：EDTA（A.R）、氨缓冲溶液（pH＝10.0）、铬黑 T 固体指示剂、$CaCO_3$ 基准物质、1∶1 盐酸、10％三乙醇胺。

四、实验步骤

1. 250mL 0.02mol·L^{-1} EDTA 溶液的粗配

用台秤称取 6.2g EDTA（$M_{EDTA·2H_2O}$＝372.24），配制 250mL 浓度约 0.02mol·L^{-1} 的溶液。

2. EDTA 溶液的标定

（1）以 $CaCO_3$ 为基准物质，准确称取在 120℃干燥的 $CaCO_3$ 0.20～0.22g 于 100mL 烧杯中，先用少量水润湿，盖上表面皿，慢慢滴加 1∶1 HCl 溶液，待完全溶解后再过量 1～2 滴，用水吹洗表面皿和烧杯壁，将溶液转入 100mL 容量瓶中，用水稀释至刻度，摇匀，计算其准确浓度。

（2）用移液管移取 20.00mL Ca^{2+} 溶液于 250mL 锥形瓶中，加入 10.0mL 氨缓冲溶液，加入固体铬黑 T 指示剂少许，用 EDTA 溶液滴定至溶液由紫红色变为蓝色为终点。平行滴定 3 份。

本实验，为了使标定和测定的介质一致，以 $CaCO_3$ 为基准，用 pH＝10 的氨性缓冲介质对 EDTA 进行标定。

3. 水样分析

准确取 100.0mL 自来水于 250mL 锥形瓶中，加入 1～2 滴 HCl 使试液酸化，煮沸 3～5min 以除去 CO_2。冷却后，加入 3.0mL 三乙醇胺溶液，10.0mL 氨性缓冲液，加入固体铬黑 T 指示剂少许，用 EDTA 标液滴至由紫红色变为蓝色为终点。平行滴定 3 份。

五、数据处理

1. EDTA 溶液的准确浓度

根据用去的 EDTA 的体积和 $CaCO_3$ 的质量，计算 EDTA 溶液的准确浓度。

$$c_{EDTA} = \frac{m_{CaCO_3} \times \frac{20.00}{100.00} \times 1000}{M_{CaCO_3} V_{EDTA}}$$

2. 计算水样的总硬度

以德国硬度表示计算水样总硬度的结果，并判断是否符合生活用水标准。

$$c_{德}^0 = \frac{c_{\text{EDTA}} V_{\text{EDTA}} M_{\text{CaO}} \times \frac{1000}{100}}{10}$$

六、实验注意事项

1. 为了使标定和测定的介质一致,用 pH=10 的氨性缓冲介质对 EDTA 进行标定。

2. 以 $CaCO_3$ 为基准物质,要准确称取,溶解时盖上表面皿,全溶解后,用水吹洗表面皿和烧杯壁,将溶液转入 100mL 容量瓶中,用水稀释至刻度,摇匀,计算其准确浓度。

3. 取 100mL 自来水于 250mL 锥形瓶中,加入 1~2 滴 HCl 使试液酸化,煮沸 3~5min 以除去 CO_2。

七、思考题

1. 测定水的硬度时,介质中的 MgY^{2-} 的作用是什么?对测定有无影响?
2. 已知水质分类,你的结果属何种类型?

实验6 铅铋混合液中 Pb^{2+}、Bi^{3+} 含量的连续测定

一、实验目的

1. 掌握用 EDTA 连续滴定多种金属离子的方法原理。
2. 掌握二甲酚橙金属指示剂变色原理及滴定终点的判断方法。

二、实验原理

(1) Pb^{2+}、Bi^{3+} 混合溶液中 Pb^{2+}、Bi^{3+} 含量的测定原理   混合离子的滴定常采用控制酸度法、掩蔽法进行,可根据副反应系数原理进行计算,判断它们分别滴定的可能性。

Pb^{2+}、Bi^{3+} 均能与 EDTA 形成稳定的 1:1 络合物,lgK 分别为 18.04 和 27.94。由于两者相差很大,故可利用酸效应,控制不同的酸度,分别进行滴定。通常在 pH=1.0 时滴定 Bi^{3+},在 pH=5~6 时滴定 Pb^{2+}。在 Pb^{2+}、Bi^{3+} 混合溶液中,调节溶液的 pH=1.0,以二甲酚橙为指示剂,用 EDTA 标液滴定 Bi^{3+}。此时 Bi^{3+} 与指示剂形成紫红色络合物,Pb^{2+} 在此条件下不形成紫红色络合物,然后用 EDTA 标液滴定至溶液由紫红色变为亮黄色为滴定 Bi^{3+} 的终点。

$$Bi^{3+} + In \longrightarrow BiIn \quad 紫红色络合物$$
$$BiIn + H_2Y \longrightarrow BiY + H_2In \quad 亮黄色$$

在滴定 Bi^{3+} 后的溶液中,加入六亚甲基四胺溶液,调节溶液 pH=5~6,此时 Pb^{2+} 与二甲酚橙形成紫红色络合物,溶液再现紫红色,然后用 EDTA 标液继续滴定至溶液由紫红色变为亮黄色时为滴定 Pb^{2+} 的终点。

$$Pb^{2+} + In \longrightarrow PbIn \quad 紫红色络合物$$
$$PbIn + H_2Y \longrightarrow PbY + H_2In \quad 亮黄色$$

(2) EDTA 溶液的配制与标定   以纯金属锌粉为基准,反应如下:

$$Zn^{2+} + In \longrightarrow ZnIn \quad 紫红色络合物$$
$$ZnIn + H_2Y \longrightarrow ZnY + H_2In \quad 亮黄色$$

用移液管移取 20.00mL 锌标准溶液于 250mL 锥形瓶中，加入 1~2 滴二甲酚橙指示剂，用 EDTA 溶液滴定至溶液由紫红色变为亮黄色为终点。

三、仪器与试剂

仪器：酸式滴定管 1 支、锥形瓶 3 只、100mL 容量瓶 1 只、20mL 移液管 1 支、烧杯、表面皿。

试剂：EDTA（AR）、0.2% 二甲酚橙水溶液、20% 六亚甲基四胺溶液、氧化锌（基准）、Pb^{2+} 和 Bi^{3+} 的混合溶液。

四、实验步骤

(1) $0.02 mol·L^{-1}$ EDTA 溶液的配制：同自来水总硬度的测定中的相关内容。

(2) $0.02 mol·L^{-1}$ EDTA 溶液的标定

① 准确称取 0.38~0.50g 基准 ZnO（$M=81.39$）置于 100mL 烧杯中，盖上表面皿，用滴管慢慢滴加 1∶1 HCl 溶液，待完全溶解后，用水吹洗表面皿和烧杯壁，将溶液定量转入 250mL 容量瓶中，用水稀释至刻度，摇匀，计算其准确浓度。

② 用移液管移取 20.00mL 锌标准溶液于 250mL 锥形瓶中，加入 1~2 滴二甲酚橙指示剂，滴加 20% 六亚甲基四胺溶液至溶液呈现稳定的紫红色后，再过量 5mL。用 EDTA 溶液滴定至溶液由紫红色变为亮黄色，即为终点。平行滴定 3 份。

(3) 混合溶液中 Bi^{3+} 和 Pb^{2+} 的连续滴定：移取 Pb^{2+} 和 Bi^{3+} 混合溶液 2.00mL 注入 250mL 锥形瓶中，加蒸馏水 20mL；加 2 滴 0.2% 二甲酚橙指示剂，用 EDTA 标液滴定至溶液由紫红色变为亮黄色为终点，记录消耗的 EDTA 体积 V_1，平行滴定 3 份。

在滴定 Bi^{3+} 后的溶液中，滴加 20% 六亚甲基四胺溶液，至溶液呈现稳定的紫红色后，再过量 5.0mL，此时溶液的 pH 值约为 5~6，再用 EDTA 标准溶液滴定至溶液由紫红色变为亮黄色为终点。消耗的 EDTA 体积记为 V_2，平行滴定 3 次。

五、数据处理

1. 计算 EDTA 溶液的浓度

$$c_{EDTA} = \frac{m_{ZnO} \times \frac{20.00}{250.00}}{M_{ZnO} V_{EDTA} \times 10^{-3}}$$

2. 分别计算混合溶液中 Bi^{3+} 和 Pb^{2+} 的含量

$$c_{Bi^{3+}} = \frac{(cV_1)_{EDTA}}{V_{样}}, \quad c_{Pb^{2+}} = \frac{(cV_2)_{EDTA}}{V_{样}}$$

六、实验注意事项

1. 二甲酚橙为指示剂，在 pH=1.0 时滴定 Bi^{3+}，在 pH=5~6 时滴定 Pb^{2+}。用 EDTA 标液分别滴定 Bi^{3+}、Pb^{2+}。溶液由紫红色变为亮黄色为终点。

2. 混合溶液用 $0.1 mol·L^{-1}$ NaOH 调 pH=1.0，可用 pH=1~5 的精密试纸测定；用 20% 六亚甲基四胺溶液调混合溶液 pH 值约为 5~6，混合溶液呈现稳定的紫红色后，再过量 5.0mL 20% 六亚甲基四胺。

七、思考题

1. 为什么可用 EDTA 连续测定 Bi^{3+}、Pb^{2+}？
2. 本实验能否先调溶液 pH=5~6，测定 Bi^{3+}、Pb^{2+} 的含量，再调整 pH=1.0 左右时测定 Bi^{3+}，再

分别计算 Bi^{3+}、Pb^{2+} 的含量?

3. 试分析本实验中，金属指示剂变色的过程和原因。

实验 7　化学需氧量的测定——高锰酸钾法

一、实验目的

1. 学习高锰酸钾法测定化学需氧量的原理。
2. 掌握高锰酸钾溶液的配制与标定，实践影响氧化还原滴定反应的各种因素。

二、实验原理

化学需（耗）氧量（COD）是指在一定条件下，氧化 1L 水中还原性物质所消耗的强氧化剂的量，以氧化这些物质所消耗的 O_2 的量来表示（单位为 $mg \cdot L^{-1}$）。天然水中所含的还原性物质除 NO_2^-、Fe^{2+} 和 S^{2-} 等无机物外，还有各类有机物。除自然的因素外，多数有机物质是排放生活污水或工业废水造成的结果，因此化学需氧量可以作为水中有机物相对含量的指标之一。COD 可以表示水体还原性物质污染程度的主要指标。

测定 COD 时，根据采用的氧化剂不同，分为 $KMnO_4$ 法和 $K_2Cr_2O_7$ 法。$KMnO_4$ 法操作简便，耗时短，常应用于较清洁的饮用水、河水等污染不严重的水体的测定。$K_2Cr_2O_7$ 法对有机物的氧化比较完全，适用于各种水体的测定。

本实验采用酸性 $KMnO_4$ 法进行测定。在加热的酸性水样中，加入一定量且过量的 $KMnO_4$ 标准溶液，将水中的还原性物质氧化，剩余的 $KMnO_4$ 在用过量的 $H_2C_2O_4$ 标准溶液还原，然后用 $KMnO_4$ 标准溶液返滴定剩余的 $H_2C_2O_4$，从而可求出相应的 COD。

$$4MnO_4^- + 5C + 12H^+ == 4Mn^{2+} + 5CO_2\uparrow + 6H_2O$$
$$2MnO_4^- + 5C_2O_4^{2-} + 16H^+ == 2Mn^{2+} + 10CO_2\uparrow + 8H_2O$$

由于加热的温度和时间、反应液的酸度、$KMnO_4$ 溶液的浓度、试剂加入的顺序等对测定的准确度有影响，因此必须严格控制反应条件。一般以加热水样至 100℃后，再沸腾 10min 为标准，$KMnO_4$ 溶液的浓度以 $0.002mol \cdot L^{-1}$ 为宜。由于部分有机物不能被 $KMnO_4$ 氧化，故本法测得的 COD 不能代表水中全部有机物的含量。

市售的 $KMnO_4$ 试剂中含有 MnO_2 等杂质。蒸馏水中也常含有少量还原性物质。因此，标准溶液的配制一般采用先配制后标定的方法。标定 $KMnO_4$ 溶液的基准物质试剂很多，如 $H_2C_2O_4 \cdot 2H_2O$、$Na_2C_2O_4$、As_2O_3、$Fe(NH_4)_2(SO_4)_2 \cdot 6H_2O$ 和纯铁丝等，其中 $Na_2C_2O_4$ 最为常用。将 $Na_2C_2O_4$ 的稀 H_2SO_4 溶液加热至 75~85℃，然后用待标定的 $KMnO_4$ 溶液进行滴定至试液呈微红色且 0.5min 不褪色为终点。$KMnO_4$ 法采用 $KMnO_4$ 自身作指示剂。

三、仪器与试剂

仪器：烧杯、容量瓶、滴定管、锥形瓶、水浴装置。

试剂：$Na_2C_2O_4$（A.R，100~105℃干燥 2h，干燥器中保存）、$KMnO_4$（A.R）、1:3 H_2SO_4 溶液（滴加 $0.002mol \cdot L^{-1}$ $KMnO_4$ 溶液至呈浅红色不褪色为止，煮沸 0.5h，如红

色消失则再补加 $KMnO_4$、所用蒸馏水需加 $KMnO_4$ 重蒸馏)。

四、实验步骤

1. 配制 250mL 0.002mol·L^{-1} KMnO$_4$ 溶液

取 $0.02mol \cdot L^{-1}$ $KMnO_4$ 储备液 25.00mL 用新煮沸且刚冷却的去离子水稀释 10 倍,在棕色试剂瓶中保存。

2. 配制 250mL 0.005mol·L^{-1} Na$_2$C$_2$O$_4$ 标准溶液

准确称取 0.17g 左右的 $Na_2C_2O_4$ 于小烧杯中,加适量水使其完全溶解,以蒸馏水定容于 250mL 容量瓶中。

3. KMnO$_4$ 标准溶液浓度的标定

用移液管取 20.00mL 上面配制的 $Na_2C_2O_4$ 标准溶液于锥形瓶中,加入 1∶3 H_2SO_4 溶液 5.0mL,水浴加热 75~85℃,用 $KMnO_4$ 溶液滴定至终点,记录所用滴定剂的体积。平行滴定 3 次。

4. COD 的测定

用移液管移取 2.00mL 水样于锥形瓶中,加水稀释到 80mL,加入 5.0mL 1∶3 H_2SO_4 溶液酸化,由滴定管加入 15.00mL (V_1) $KMnO_4$ 液,立即加热至沸腾。从冒出第一个气泡开始,煮沸 10.0min(红色不应褪去)。取下锥形瓶,放置 0.5~1min,趁热准确加入 $Na_2C_2O_4$ 标准溶液 5.00mL,充分摇匀,立即用 $KMnO_4$ 溶液进行滴定。开始滴定很慢,充分摇动至第 1 滴 $KMnO_4$ 溶液的颜色褪去后再加入第 2 滴。随着试液的红色褪去加快,滴定速度亦可稍快,滴定至试液呈微红且 0.5min 不褪色即为终点,消耗的 $KMnO_4$ 溶液体积为 V_2 mL,此时试液的温度应不低于 60℃。

五、数据处理

1. 计算 Na$_2$C$_2$O$_4$ 标准溶液的准确浓度

$$c_{Na_2C_2O_4} = \frac{m_{Na_2C_2O_4}}{M_{Na_2C_2O_4} \times 250.0 \times 10^{-3}}$$

2. 计算 KMnO$_4$ 溶液的浓度

$$c_{KMnO_4} = \frac{2}{5} \times \frac{m_{Na_2C_2O_4} \times \frac{20.00}{250}}{M_{Na_2C_2O_4} V_{KMnO_4} \times 10^{-3}}$$

3. 计算 COD 含量

$$COD(O_2, mg/L) = \frac{\left[\frac{5}{4} c_{KMnO_4}(V_1+V_2)_{KMnO_4} - \frac{1}{2}(cV)_{Na_2C_2O_4}\right] \times M_{O_2}}{V_{水} \times 10^{-3}}$$

六、实验注意事项

1. MnO_4^- 与 $C_2O_4^{2-}$ 的反应,在室温下速度极慢,故需将溶液加热后再滴定,但温度不可超过 90℃,否则部分 $H_2C_2O_4$ 将分解。

$$H_2C_2O_4 = CO_2\uparrow + CO\uparrow + H_2O$$

反应酸度也很重要。酸度过低,将有部分 MnO_4^- 被还原为 MnO_2,酸度过高将会促进 $H_2C_2O_4$ 分解。在滴定刚开始时,由于 MnO_4^- 与 $C_2O_4^{2-}$ 的反应速率很慢,故溶液的红色褪去较慢。此时一定要控制滴定速度,充分振摇。否则,部分 MnO_4^- 未与 $C_2O_4^{2-}$ 反应,就可能在热的酸性溶液中分解：
$$4MnO_4^- + 12H^+ = 4Mn^{2+} + 5O_2\uparrow + 6H_2O$$

随着溶液中 Mn^{2+} 的浓度增大，反应速率亦逐渐加快。若滴定前先加入少量 $MnSO_4$ 催化剂，则可适当加快滴定速度。

由于空气中还原性气体和尘埃的影响，致使到达终点后试液的红色会逐渐褪去，故 0.5min 不褪色可认为到达终点。

2. 当水样中氯化物含量较大时（300mg·L^{-1}以上），由于 MnO_4^- 与 $C_2O_4^{2-}$ 的反应诱导 Cl^- 的氧化，致使测定结果偏高。解决的方法：一是稀释试样使 Cl^- 浓度降低；二是加入 Ag_2SO_4 使之与 Cl^- 生成 $AgCl$ 沉淀而除去；三是采用碱性 $KMnO_4$ 法测定。

3. 水样的体积视有机物的含量而定。加 $KMnO_4$ 煮沸时，若试液的红色消失，即说明水中有机物的含量较高，应另取较少量水样用蒸馏水稀释至 100mL，重新测定。这时应另取 100mL 蒸馏水做空白试验，求出空白值，并对测定结果进行校正。

七、思考题

1. 用 $Na_2C_2O_4$ 基准试剂标定 $KMnO_4$ 溶液时，应在何种酸性介质中进行？溶液的酸度过高或过低各有什么影响？

2. 为了使 $KMnO_4$ 溶液的浓度保持稳定，在配制和保存的过程中应注意什么？

3. 盛装 $KMnO_4$ 溶液的器皿放置较久后，壁上常有的棕色沉淀物是什么？应如何除去？

实验 8　葡萄糖含量的测定——间接碘量法

一、实验目的

1. 学习配制标定 $Na_2S_2O_3$ 溶液、标定 I_2 溶液的原理和方法及其保存。
2. 学习碘量法测定葡萄糖含量的原理和方法。

二、实验原理

碘量法在有机物的定量分析中应用较为广泛。在碱性溶液中，I_2 与 NaOH 反应生成 NaIO，IO^- 能将葡萄糖定量氧化。

$$I_2 + 2OH^- = IO^- + I^- + H_2O$$
$$CH_2OH(CHOH)_4CHO + IO^- + OH^- = CH_2OH(CHOH)_4COO^- + I^- + H_2O$$

其总反应为：
$$C_6H_{12}O_6 + I_2 + 3OH^- = C_6H_{11}O_7^- + 2I^- + 2H_2O$$

剩余的 IO^- 在碱性溶液中发生歧化反应：
$$3IO^- = IO_3^- + 2I^-$$

酸化溶液后，上述歧化产物转变为 I_2 析出，再用 $Na_2S_2O_3$ 标准溶液滴定。
$$IO_3^- + 5I^- + 6H^+ = 3I_2 + 3H_2O$$
$$2S_2O_3^{2-} + I_2 = S_4O_6^{2-} + 2I^-$$

根据反应物之间的化学计量关系（$2S_2O_3^{2-} \sim I_2$）可以计算出试样中葡萄糖的含量。

上述测定中需要 $Na_2S_2O_3$ 和 I_2 两种标准溶液。标定 $Na_2S_2O_3$ 溶液的基准试剂有 KIO_3、KBr_2O_7、$K_2Cr_2O_7$、$K_3Fe(CN)_6$、Cu 和 I_2 等，其中 $K_2Cr_2O_7$ 最常用。定量的 $K_2Cr_2O_7$ 置换出 KI 溶液中的碘，然后用 $Na_2S_2O_3$ 溶液滴定，根据 $K_2Cr_2O_7$ 的质量计算出 $Na_2S_2O_3$ 溶液的浓度。

$$Cr_2O_7^{2-} + 6I^- + 14H^+ = 2Cr^{3+} + 7H_2O + 3I_2$$

$$2S_2O_3^{2-} + I_2 = S_4O_6^{2-} + 2I^-$$

用升华法制得的纯 I_2 可以作为基准试剂，按照直接法来配制标准溶液。由于 I_2 的挥发性及其对天平的腐蚀作用，故不宜在分析天平上直接称量，通常使用市售的 I_2 配制成近似浓度的溶液，再对其进行标定。本实验中将 I_2 溶液与已知标定的 $Na_2S_2O_3$ 溶液之间进行比较滴定，即可得出其浓度。

碘量法均采用淀粉溶液指示终点。在直接法中碘与淀粉形成的蓝色物质指示终点；间接法则是使碘与淀粉形成的物质的蓝色褪去。指示剂应在临近终点时才加入。

三、仪器与试剂

仪器：烧杯、容量瓶、滴定管、锥形瓶、滴管、水浴装置。

试剂：$K_2Cr_2O_7$、10% KI 溶液、HCl 溶液（6 mol·L^{-1}）、NaOH 溶液（2 mol·L^{-1}）、0.5% 淀粉溶液、$Na_2S_2O_3·5H_2O$、I_2 溶液（0.05 mol·L^{-1}）、Na_2CO_3、0.5% 葡萄糖试液。

四、实验步骤

1. 配制 100 mL 0.017 mol·L^{-1} $K_2Cr_2O_7$ 标准溶液

准确称取一定量的 $K_2Cr_2O_7$ 置于 100 mL 小烧杯中，加适量的水溶解后定量转移至 100 mL 容量瓶中，用水稀释至刻度，摇匀。

2. 配制 250 mL 0.1 mol·L^{-1} $Na_2S_2O_3$ 溶液

称取 6.2 g $Na_2S_2O_3·5H_2O$（FM：248.17）溶解于适量新煮沸且刚冷却的水中，加入约 0.05 g Na_2CO_3，配制成 250 mL 溶液，储存于棕色瓶中，摇匀，贴上标签，暗处保存放置 1～2 周后再进行标定。

3. 标定 $Na_2S_2O_3$ 溶液

用移液管准确移取 20.00 mL $K_2Cr_2O_7$ 溶液于锥形瓶中，加入 10.0 mL 10% KI 溶液和 5.0 mL 6 mol·L^{-1} HCl（勿 3 份同时加入），用表面皿盖上瓶口，摇匀，于暗处放置 5 min。取出后，加入水 50 mL，立即用待标定的 $Na_2S_2O_3$ 溶液滴定至试液呈黄绿色时，加入 10 滴淀粉溶液，继续用 $Na_2S_2O_3$ 溶液滴定至蓝色刚好褪去（呈 Cr^{3+} 的亮绿色）为终点，记录滴定剂的消耗体积。平行滴定 3 次。

4. 标定 I_2 溶液

移取 20.00 mL I_2 标准溶液于锥形瓶中，加水 50.0 mL。用已标定的 $Na_2S_2O_3$ 溶液滴定 I_2 溶液呈浅黄色后，加入 10 滴淀粉溶液，继续用 $Na_2S_2O_3$ 溶液滴定至试液的蓝色刚好消失为终点。平行滴定 3 次。

5. 测定试液中葡萄糖的含量

移取 20.00 mL 配制好的葡萄糖试样溶液于锥形瓶中，加入 20.00 mL I_2 标准溶液。边摇动边用滴管慢慢加入 2 mol·L^{-1} NaOH 溶液，直至试液呈淡黄色。将锥形瓶加盖放置 10 min 后，加入 2.0 mL 6 mol·L^{-1} HCl 进行酸化，摇匀。立即用 $Na_2S_2O_3$ 标准溶液滴定至试液呈淡黄色时，再加入 10 滴淀粉溶液，并继续滴定至终点。平行滴定 3 次。

五、数据处理

1. 根据 $Cr_2O_7^{2-} \sim 6S_2O_3^{2-}$、$2S_2O_3^{2-} \sim I_2$ 的关系，分别列出标定 $Na_2S_2O_3$ 溶液、I_2 溶液浓度的有关公式和计算试液中葡萄糖浓度的公式。

2. 计算 $Na_2S_2O_3$ 溶液和 I_2 溶液的浓度，以及试液中葡萄糖的质量分数浓度（葡萄糖试液的密度近似为1）。

六、实验注意事项

1. 市售的 $Na_2S_2O_3 \cdot 5H_2O$ 一般都含有少量杂质，如 Na_2SO_3、Na_2SO_4、Na_2CO_3 和 NaCl 等，还易潮解和风化。因此不能采用直接法配制标准溶液。新配制的 Na_2SO_3 溶液不稳定，水中的微生物、溶解的 CO_2、空气中氧及日光等因素都易使其分解而析出 S。

$$S_2O_3^{2-} \xrightarrow{微生物分解} SO_3^{2-} + S$$
$$2S_2O_3^{2-} + O_2 =\!=\!= 2SO_4 + 2S\downarrow$$
$$S_2O_3^{2-} + H_2O + CO_2 =\!=\!= HCO_3^- + HSO_3^- + S\downarrow$$

此分解作用一般在溶液配制后的最初 10 天内进行，故需放置 1~2 周后进行标定。为了避免上述因素的影响，配制 $Na_2S_2O_3$ 溶液采用新煮沸且刚冷却的蒸馏水（杀灭微生物，除去溶解的 CO_2 和 O_2）；并加入少量 HgI_2 杀菌防腐；加入 Na_2CO_3（0.02%）使溶液呈碱性，因为在 pH=9~10 时 $Na_2S_2O_3$ 溶液最为稳定。溶液储存于棕色瓶中置于暗处，以防止光照分解；配制后欲长期使用的溶液，应定期进行标定。

2. 碘微溶于水，易溶于浓 KI 溶液中，因生成 I_3^- 配合物使碘溶解度大为提高，挥发性大为减小。空气能缓慢氧化 I^-，其速度因光照、温度和酸度等作用而加剧。故应将 I_2 溶液储存于棕色玻璃瓶中，置于冷暗处保存。I_2 腐蚀橡胶等有机制品，应避免接触。

3. $Cr_2O_7^{2-}$ 与 I^- 的反应速率较慢，稀溶液中进行得更慢。为使反应定量进行，需加入过多的 KI（还有防止 I_2 挥发的作用）；加入 HCl 溶液适当提高反应酸度（0.5~1 mol·L^{-1} 为宜）以加快反应速率；于暗处放置一段时间（约 5min，避免光照催化 I^- 被空气氧化），使反应完全；反应液置于带塞的锥形瓶中，防止 I_2 的挥发。

4. 滴定前须稀释上述试液以降低整个体系酸度，其原因是不仅可以减少溶液中过量 I^- 被氧化的速度，避免 $Na_2S_2O_3$ 的分解反应，而且还可使溶液的绿色变浅，以便于观察终点。

5. 应避免较多 I_2 的与淀粉结合后，其中一部分不易与 $Na_2S_2O_3$ 反应，使测定结果偏低。

6. 用 $Na_2S_2O_3$ 溶液滴定 I_2 溶液至终点，试液放置一段时间后（约 5~10min）会变蓝，这是由于溶液中过量 I^- 被空气氧化。如滴定后试液很快（1~2min）变蓝且不断加深，则说明 $Cr_2O_7^{2-}$ 与 I^- 的反应不完全，稀释溶液过早，此时实验必须重做。

7. 如果滴加 NaOH 溶液的速度过快，生成的 IO^- 还来不及氧化 $C_6H_{12}O_6$ 就发生了歧化反应，生成了不与葡萄糖反应的 IO_3^- 和 I^-，会致使测定结果偏低。

七、思考题

1. 配制 $Na_2S_2O_3$ 溶液时，为什么要用新煮沸且刚冷却的蒸馏水？为使 $Na_2S_2O_3$ 溶液的浓度比较稳定，在配制与保存时还要注意哪些问题？

2. 用 $K_2Cr_2O_7$ 作为基准试剂标定 $Na_2S_2O_3$ 溶液的浓度时，加入过量 KI、以盐酸进行酸化、置试液于暗处放置和滴定前进行稀释的原因各是什么？

3. 标定 $Na_2S_2O_3$ 溶液时，为什么不能直接用 $K_2Cr_2O_7$ 标准溶液进行滴定？
4. 测定葡萄糖的含量时，为什么要慢慢滴加稀 NaOH 溶液，并不断摇动试液？

实验9 铁矿石中全铁含量的测定——无汞法

一、实验目的

1. 学习酸溶法分解矿石试样的方法和氧化还原滴定预处理的方法。
2. 学习重铬酸钾法测定全铁含量的原理和方法（无汞法）。

二、实验原理

用于铁矿石中常量组分铁的测定的方法可分为：重铬酸钾法测铁法（$SnCl_2$-$HgCl_2$-$K_2Cr_2O_7$）（也称有汞法）、$TiCl_3$-$K_2Cr_2O_7$ 测铁法（也称无汞法）。上述两种方法均为测定铁矿石中铁含量的国家标准方法。

用于炼铁的铁矿石主要有赤铁矿（Fe_2O_3）、磁铁矿（Fe_3O_4）和菱铁矿（$FeCO_3$）等。试样用浓盐酸加热分解后，采用 $SnCl_2$-$TiCl_3$ 联合还原。即先用 $SnCl_2$ 将大部分 Fe(Ⅲ) 还原为 Fe(Ⅱ) 后，再以 Na_2WO_4 为指示剂，继续用 $TiCl_3$ 定量还原剩余的 Fe(Ⅲ)。因稍过量的 $TiCl_3$ 将使无色的 Na_2WO_4 被还原为 W(V) 的化合物（称为钨蓝）而使试液呈蓝色，以此控制 $TiCl_3$ 的加入量。滴入少量 $K_2Cr_2O_7$ 溶液氧化过量的 Ti(Ⅲ)，使钨蓝褪去。然后在 H_2SO_4-H_3PO_4 混合酸介质中，以二苯胺磺酸钠为指示剂，用 $K_2Cr_2O_7$ 标准溶液滴定试液呈稳定的紫色为终点。以赤铁矿为例，有关的反应式为：

$$Fe_2O_3 + 6H^+ + 8Cl^- = 2FeCl_4^- + 3H_2O$$

$$2FeCl_4^- + SnCl_4^{2-} + 2Cl^- = 2FeCl_4^{2-} + SnCl_6^{2-}$$

$$Fe^{3+} + Ti^{3+} + H_2O = Fe^{2+} + TiO^{2+} + 2H^+$$

$$6Fe^{2+} + Cr_2O_7^{2-} + 14H^+ = 6Fe^{3+} + 2Ce^{3+} + 7H_2O$$

实验加入 H_3PO_4 是为了增大滴定突跃，提高用二苯胺磺酸钠指示剂指示终点的准确性；同时还可消除 Fe(Ⅲ) 的黄色对判断终点的影响。

三、仪器与试剂

仪器：烧杯、容量瓶、滴定管、锥形瓶、滴管、水浴装置。

试剂：$K_2Cr_2O_7$（A.R，140℃干燥 2h，干燥器中保存）、0.2%二苯胺磺酸钠溶液、浓 HCl、$SnCl_2$ 溶液（10%，称取 10g $SnCl_2 \cdot 2H_2O$ 溶于 100mL 1∶1 HCl 中，使用前一天配制，加入少量的金属锡）、$TiCl_3$ 溶液 [1∶9，量取原装 $TiCl_3$ 试剂（15%~20%）10mL，加入 20mL 1∶1 HCl、70mL 水和少量液体石蜡或石醚油（隔绝空气，防止氧化），储于棕色瓶中，或临用前配制]、10% Na_2WO_4 溶液 [称取 10g Na_2WO_4 溶于适量水中（若浑浊则应过滤），加入 5mL 浓 H_3PO_4，用水稀释至 100mL]、H_2SO_4-H_3PO_4 混合酸（将 150mL 浓 H_2SO_4 在搅拌下缓缓加入 700mL 水中，冷却后再加入 150mL 浓 H_3PO_4，混匀）、5% $HgCl_2$ 溶液（称取 5g $HgCl_2$ 溶于 95mL 水中）。

四、实验步骤

1. 配制 100mL 0.017mol·L^{-1} K$_2$Cr$_2$O$_7$ 标准溶液

准确称取 K$_2$Cr$_2$O$_7$（0.17g 左右）置于 100mL 小烧杯中，加适量的水溶解后定量转移至 100mL 容量瓶中，用水稀释至刻度，摇匀。

2. 铁矿石的分解

准确称取 0.15～0.20g 试样 3 份分别置于锥形瓶中，用几滴水润湿，加入 10mL 浓盐酸。轻轻摇动锥形瓶使试样散开，避免溶样时结块粘底。盖上表面皿，在电热板或水浴上低温加热分解试样，其操作过程在通风橱中进行。当锥形瓶中剩余的残渣已成为白色或浅色，其中无黑色颗粒存在时，表明试样已完全分解。

3. 试液的前处理和测定

小心滴加（边加摇动）SnCl$_2$ 溶液于近沸试液中，使大部分 Fe^{3+} 还原为 Fe^{2+}，此时溶液由黄色变为浅黄色，用洗瓶吹洗表面皿和瓶内壁（勿损失），加入 50mL 水和 10 滴 Na$_2$WO$_4$ 溶液，滴加 TiCl$_3$ 溶液至试液呈浅蓝色后过量 2 滴。迅速用自来水冷却试液至室温，用 K$_2$Cr$_2$O$_7$ 标准溶液滴定至其蓝色恰好褪尽为止（注意：仅 1～3 滴，切勿过量，不计读数）。加入 50mL 水、15mL H$_2$SO$_4$-H$_3$PO$_4$ 混合酸和 10 滴二苯胺磺酸钠指示剂，立即用 K$_2$Cr$_2$O$_7$ 标准溶液滴定试液至终点，记录消耗滴定剂的体积，平行测定 3 次。

五、数据处理

1. 推导计算 K$_2$Cr$_2$O$_7$ 标准溶液的浓度的公式并计算其准确浓度。
2. 推导计算铁矿石中铁的质量分数（%）的公式，然后计算其质量分数，根据分析结果，计算其相对标准偏差（RSD）。

六、实验注意事项

1. 分解试样时温度应保持在沸腾以下温度。
2. 还原一份应立即滴定一份。

七、思考题

1. 本实验中滴定反应为什么要在硫-磷混合酸介质中进行？加入混合酸后为什么要立即滴定？
2. 为什么 SnCl$_2$ 溶液须趁热滴加？
3. K$_2$Cr$_2$O$_7$ 为什么能直接称量配制准确浓度的溶液？

实验 10　BaCl$_2$·2H$_2$O 中钡含量的测定

一、实验目的

1. 了解测定 BaCl$_2$·2H$_2$O 中钡的含量的原理和方法。
2. 掌握晶形沉淀的制备、过滤、洗涤、灼烧及至恒重等的基本操作技术。

二、实验原理

BaCl$_2$·2H$_2$O 试样溶于水后，用稀 HCl 酸化，加热至近沸，在不断搅拌下，滴加热的

稀 H_2SO_4，Ba^{2+} 与 SO_4^{2-} 作用形成细晶形的 $BaSO_4$ 沉淀。沉淀经陈化、过滤、洗涤、烘干、炭化、灰化和灼烧后，以 $BaSO_4$ 形式称量，从而可算出试样中钡的含量。

Ba^{2+} 可形成一系列微溶化合物，如 $BaCO_3$、BaC_2O_4、$BaCrO_4$、$BaSO_4$。其中 $BaSO_4$ 溶解度最小，在100℃时100mL溶液中可溶解0.4mg，25℃时可溶解0.25mg。有过量沉淀剂存在时，溶解度会更小，其误差可忽略不计。

硫酸钡重量法一般在约 $0.05mol \cdot L^{-1}$ HCl 介质中进行沉淀，这样可以防止 $BaCO_3$、$BaHPO_4$、$BaHAsO_4$ 沉淀及 $Ba(OH)_2$ 共沉淀，同时可得到较好的晶形沉淀。硫酸钡重量法测定 Ba^{2+}，一般以稀 H_2SO_4 作沉淀剂，H_2SO_4 在高温下可挥发除去，所以过量的沉淀剂不致引起误差。因此沉淀剂可过量50%~100%。但 NO_3^-、ClO_3^-、Cl^- 等阴离子和 K^+、Na^+、Ca^{2+}、Fe^{3+} 等阳离子，均可共沉淀。$PbSO_4$、$SrSO_4$ 对 Ba^{2+} 的测定有干扰。

$BaSO_4$ 重量法可同时用于 SO_4^{2-} 的测定，用 Ba^{2+} 作沉淀剂，高温不易挥发除去，故需控制其过量程度。

三、仪器与试剂

仪器：马弗炉、瓷坩埚（25mL）、玻璃漏斗、烧杯、表面皿、玻璃棒、定量滤纸（慢速）。

试剂：H_2SO_4（$1.0mol \cdot L^{-1}$）、HCl（$2.0mol \cdot L^{-1}$）、$AgNO_3$（$0.1mol \cdot L^{-1}$）、$BaCl_2 \cdot 2H_2O$。

四、实验步骤

1. 瓷坩埚的准备

洗净瓷坩埚，晾干，写上记号，然后于800~850℃的马弗炉中灼烧至恒重。

2. 试样分析

准确称取0.4~0.6g $BaCl_2 \cdot 2H_2O$ 试样，置于250mL烧杯中，加水约70mL，搅拌溶解，加 $2mol \cdot L^{-1}$ HCl 2~3mL，盖上表面皿，加热至近沸（注意勿使试液沸腾，以防溅失）。同时另取4mL $1mol \cdot L^{-1}$ H_2SO_4 置于小烧杯中，加水30mL，加热至近沸。然后，在不断搅拌下用小滴管将热的 H_2SO_4 溶液逐滴加入热的试液中。

待沉淀下沉后，于上层清液中加入 $1mol \cdot L^{-1}$ H_2SO_4 1~2滴，检查沉淀是否完全，如已沉淀完全，将玻璃棒靠在烧杯嘴边，盖上表面皿，将沉淀在水浴中加热，陈化0.5~1h，并不断搅动（或在室温下放置过夜陈化）。溶液陈化后，用慢速定量滤纸，先用倾泻法过滤，再以每次约10mL洗涤液（洗涤液用3mL $1mol \cdot L^{-1}$ H_2SO_4 稀释至200mL配成）洗涤沉淀3~4次，洗涤时均用倾泻法过滤。然后小心地沉淀转移到滤纸上，以洗涤液洗涤沉淀，直到滤液不含 Cl^- 为止。检查方法是：在表面皿上收集数滴滤液，加1滴稀 HNO_3，1~2滴 $AgNO_3$ 溶液，应无浑浊出现。

将沉淀连同滤纸置于已恒重的瓷坩埚中，经烘干、炭化、灰化，于800~850℃下灼烧至恒重。

五、数据处理

列出计算 $BaCl_2 \cdot 2H_2O$ 中 Ba^{2+} 含量的公式，并计算其含量。

六、实验注意事项

1. 滤纸灰化时空气要充足，否则 $BaSO_4$ 易被滤纸的炭还原而影响结果准确度；

$$BaSO_4 + 4C =\!\!=\!\!= BaS + 4CO\uparrow, \quad BaSO_4 + 4CO =\!\!=\!\!= BaS + 4CO_2\uparrow$$

2. 灼烧温度不能超过 950℃，否则，可能有部分 $BaSO_4$ 分解：

$$BaSO_4 =\!\!=\!\!= BaO + SO_3\uparrow$$

七、思考题

1. 为什么要在稀 HCl 介质中沉淀 $BaSO_4$？HCl 加入太多有什么影响？
2. 为什么沉淀 $BaSO_4$ 要在热溶液中进行而在冷却后过滤？沉淀后为什么要陈化？
3. 若 $BaSO_4$ 沉淀未经干燥、炭化和灰化时，即将沉淀送入马弗炉中灼烧，有什么坏处？

七、附注（重量分析法）

重量分析基本操作主要包括：样品的溶解、沉淀的形成、沉淀的过滤和洗涤、干燥和灼烧、称量等步骤。对于每步操作都要细心地进行，防止操作过程中将沉淀丢失或引入其他杂质，以保证分析结果的准确度。

1. 样品的溶解

(1) 准备好洁净的烧杯（底部与内壁不应有纹痕）、合适的搅拌棒（粗细适中，其长度比烧杯高出 5~7cm）和表面皿（直径比烧杯略大 1cm 左右）。

(2) 称取样品于烧杯中，盖好表面皿。

(3) 溶样时注意事项

① 溶样时若无气体产生，可取下表面皿，将溶剂沿下端紧靠杯壁的搅拌棒加入或沿杯内壁加入。边加入边搅拌，直至样品完全溶解，然后盖上表面皿。

② 溶样时若有气体产生应先用少量水润湿样品，盖上表面皿，由烧杯嘴与表面皿之间的间隙处滴加溶剂。待气泡消失后，再用搅拌棒搅拌使其溶解。样品溶解后，用洗瓶吹洗表面皿的凸面和烧杯内壁。

③ 溶样时如需加热，可在电炉或煤气灯上进行，但加热时只能让其微热或微沸，不能暴沸。加热时须盖上表面皿。

2. 沉淀的生成

对处理好的试液进行沉淀时，应根据所形成的沉淀属于晶形沉淀还是非晶形沉淀，选择不同的沉淀条件，以获得合乎重量分析要求的沉淀。

(1) 晶形沉淀　晶形沉淀的沉淀条件可概括为："稀、热、慢、搅、陈化"。沉淀时应注意：

① 在适当稀的溶液中进行沉淀。

② 在热溶液中进行沉淀。沉淀时可将溶液适当加热，必要时沉淀剂也要适当加热。

③ 加沉淀剂时，左手拿滴管滴加沉淀剂，滴管口应接近液面，勿使溶液溅出。滴加速度要慢，接近沉淀完全时可以稍快。与此同时，右手持搅拌棒充分搅拌，但勿使搅拌棒碰击杯壁或杯底，以免划损烧杯而使沉淀黏附在烧杯上。

④ 沉淀后还应检查沉淀是否完全，方法是：待沉淀下沉后，沿杯壁加 1~2 滴沉淀剂于上层清液中，观察是否出现浑浊，若不出现浑浊，表示已沉淀完全。

⑤ 沉淀完全后，盖上表面皿，放置过夜或在水浴中加热 1h 左右，使沉淀陈化。

(2) 非晶形沉淀　此类沉淀反应宜在"较浓、较热"的溶液中进行，沉淀剂加入的速度可快些，有时还须加入一些电解质。沉淀完全后，要用热蒸馏水稀释，以减少杂质的吸附。不必陈化，待沉淀下沉后，即可过滤。

3. 沉淀的过滤和洗涤

过滤沉淀常用滤纸或微孔玻璃器。对于需要灼烧称重的沉淀要用定量滤纸过滤；对于过滤后只需烘干即可进行称量的沉淀，则要用微孔玻璃漏斗或微孔玻璃坩埚过滤。

(1) 滤纸过滤

① 滤纸的选择　定量滤纸分为快速、中速和慢速滤纸，根据沉淀的性质可选用不同类型的滤纸。对于 $BaSO_4$ 等细晶形沉淀，为防止沉淀穿过滤纸，应选用慢速滤纸；对于 $Fe(OH)_3$ 等非晶形沉淀，为避免过滤太慢，应选用快速滤纸。滤纸的大小应根据沉淀量的多少选择，沉淀的体积不得超过滤纸圆锥高度的一半，此外滤纸的大小还应与漏斗相适应。通常晶形沉淀选用直径 7~9cm 的慢速滤纸；非晶形沉淀选用直径 11cm 的快速滤纸。

② 漏斗的选择　用于重量分析的漏斗应该是长颈的，长颈为 15~20cm，漏斗的锥体角应为 60°，颈的直径要小一些，常为 3~5mm。若太粗则不易保留水柱而影响过滤速度。颈口处一般磨成 45°角，如图 1 所示。同时漏斗的大小应与滤纸相适应，折叠后的滤纸的上缘应低于漏斗上缘 0.5~1cm。

③ 滤纸的折叠和漏斗的准备　滤纸的折叠一般采用四折法。折叠时，应先将手洗净，擦干，以免弄脏滤纸。先将滤纸对折，然后再对折成对直角，如图 2(a) 所示。第二次对折可以先不要折死，打开形成圆锤体（半边一层，另半边三层），如图 2(b) 所示，放入洁净干燥的漏斗中，检查与漏斗边是否贴合，如果不贴合应改变滤纸折叠的角度，直至两者完全贴合。取出滤纸把第二次折边折死，为了使漏斗与滤纸之间贴紧而无气泡，可将三层厚的外两层撕下一角，避免过滤时有气泡由此缝隙通过而影响颈内水柱。撕下来的滤纸角应保存于干燥的表面皿中，以备擦拭烧杯中残留的沉淀之用。

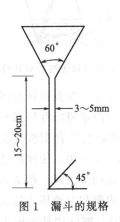

图 1　漏斗的规格

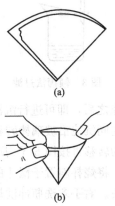

图 2　滤纸折叠方法

将折叠好的滤纸放入漏斗中，应把三层的一边放在漏斗出口短的一边。用手指按紧三层的一边，然后以少量水润湿滤纸，轻压滤纸边缘，使滤纸锥体上部紧贴漏斗，而下部则与漏斗内壁形成缝隙。此时，用洗瓶加水至滤纸边缘，空隙与漏斗颈内应全部被水充满。漏斗中水流尽后，颈内水柱仍能保留且无气泡。

若不能形成完整的水柱将影响过滤的速度，延长过滤时间。此时，用手指堵住漏斗下口，轻轻掀起滤纸厚层的一边，用水充满空隙，然后按紧滤纸边，放开堵住出口的手指，水柱即可形成。

将准备好的漏斗放在漏斗架上，在漏斗下面放一洁净的烧杯承接滤液，漏斗出口长的一边紧靠杯壁，漏斗和烧杯上均盖上表面皿。

④ **过滤** 过滤一般分为三个阶段进行。第一阶段采用倾泻法,应尽可能地将过滤清液倾出,如图 3 所示;第二阶段是将沉淀转移到漏斗上;第三阶段是清洗烧杯和漏斗上的沉淀。

采用倾泻法是为了避免沉淀堵塞滤纸小孔,使过滤较快地进行。待烧杯中沉淀下降以后,将清液倾入漏斗,尽可能将沉淀留在烧杯内。为了避免溅失,倾泻时应沿着玻璃棒进行,如图 3 所示。此时玻璃棒应直立,下端靠近三层厚的滤纸一边。随着溶液的倾入,应将玻璃棒逐渐提高,以免触及液面,待漏斗中液面到达离滤纸约 0.5cm 处,应暂时停止倾注,以免少量沉淀因毛细作用越过滤纸上缘,黏附在漏斗壁上,造成沉淀的损失。

当倾泻暂停时,应沿玻璃棒将烧杯嘴向上提,同时使烧杯直立,以免烧杯嘴上的液滴沿着烧杯外壁流下,造成损失,然后将带有沉淀与溶液的烧杯倾斜放置,如图 4 所示。下一次倾注时应待烧杯中沉淀下沉才能进行。用倾泻法将清液完全转移后,应对沉淀做初步洗涤。每次加入 10~20mL 洗涤液冲洗烧杯内壁,使沉淀集中于杯底,再用倾泻法过滤,如此洗涤 3~4 次。

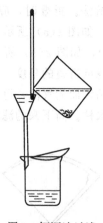 

图 3 倾泻法过滤　　　　　　　　图 4 过滤沉淀和溶液的烧杯放置方法

初步洗涤之后,即可进行沉淀的转移。向盛有沉淀的烧杯中加入少量洗涤液搅起沉淀,立即将洗涤液连同沉淀沿玻璃棒转移到滤纸上。如此反复多次尽可能地将沉淀转移到滤纸上。最后少量沉淀的转移可按图 5(a) 所示的方法进行,即左手持烧杯,左手食指按住横放在烧杯嘴上的玻璃棒,将烧杯斜置于漏斗的上方,玻璃棒下端指向滤纸三层一边,使洗涤液沿玻璃棒流下时不会溅失。右手拿洗瓶冲洗烧杯壁上所黏附的沉淀,使沉淀同洗涤液一起流入漏斗中。若有少量的沉淀冲洗不下来,可用撕下的滤纸角擦拭黏附在烧杯内壁和玻璃棒上的沉淀,将擦过的滤纸角放在漏斗里的沉淀上。必要时也可用沉淀帚 [图 5(b)] 擦洗烧杯内壁上的沉淀。再用洗瓶吹洗沉淀帚和杯壁,吹洗完毕后,应在明亮处仔细检查烧杯内壁、搅拌棒、沉淀帚、表面皿是否擦拭、吹洗干净。若稍有痕迹,应再次擦拭、转移直到完全彻底为止。

另外,在过滤过程中还需随时观察滤液是否澄清透明,若不透明说明发生穿滤,须另换一洁净烧杯承接滤液,在原漏斗上将滤液进行二次过滤。若发现滤纸穿孔,应更换滤纸重新过滤,而先前的滤纸则应保留。

⑤ **沉淀的洗涤** 沉淀全部转移到滤纸上后,应继续洗涤沉淀。如图 6 所示,用洗瓶吹洗时,水流应从滤纸的多重边缘开始,按螺旋形向下移动,最后到多重部分停止,称为"从缝到缝"。这样,可使沉淀洗得干净且可将沉淀集中到滤纸的底部。

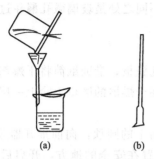

图 5　吹洗沉淀的方法和沉淀帚

图 6　沉淀的洗涤

沉淀是否洗净应根据具体情况进行检查。例如，用 H_2SO_4 沉淀 $BaCl_2$ 中 Ba^{2+} 时，则应洗到滤液中不含杂质 Cl^- 为止。可用洁净的表面皿接取少量溶液，用 HNO_3 酸化后，滴加 $AgNO_3$ 溶液检查，若无白色沉淀，说明沉淀已洗净，否则还需再洗涤。

洗涤沉淀是为了除去沉淀表面所吸附的杂质和残留的母液，获得纯净的沉淀，但是洗涤又不可避免地要造成部分沉淀溶解，因此，洗涤沉淀时应采用合适的洗涤方法以提高洗涤效率，还应选择合适的洗涤液尽可能地减少沉淀的溶解损失。

为了提高洗涤效率，一定体积的洗涤液应尽可能分多次洗涤，每次使用少量洗涤液，且沥干后再行洗涤。这通常称为"少量多次"原则。

洗涤液的选择，应根据沉淀的性质确定：a. 晶形沉淀，可用冷的沉淀剂稀溶液作洗涤液，利用同离子效应以减少沉淀溶解损失。如果沉淀剂是非挥发性物质，则只能用水或其他溶剂作洗涤液。

b. 非晶形沉淀，可用热的含少量电解质（如铵盐）的水溶液作洗涤液，以防止形成溶胶。溶解度较大的沉淀，可用沉淀剂加有机溶剂作洗涤液以降低沉淀的溶解度。

(2) 微孔玻璃漏斗（或坩埚）过滤　对于烘干后即可称重或热稳定性差的沉淀（如 AgCl）可使用微孔玻璃漏斗（或坩埚）过滤。

微孔玻璃漏斗和坩埚如图 7 所示。此种滤器的滤板是由玻璃粉末在高温下熔结而成。微孔孔径由大到小分为 $G_1 \sim G_6$ 六级（或称 1 号～6 号）。1 号的孔径最大（80～120mm），6 号孔径最小（小于 2mm）。在定量分析中，一般用 $G_3 \sim G_5$（相当于慢速滤纸）过滤细晶形沉淀，过滤前先用稀盐酸或稀硝酸处理。然后用水洗净，烘干至恒重，以备使用。过滤时，将微孔玻璃漏斗安装在抽滤瓶的橡皮垫圈上，如图 8 所示，用抽水泵进行减压过滤。过滤结束时，先去掉滤瓶上的橡皮管，然后关闭水泵，以免水泵中的水倒吸入抽滤瓶中。

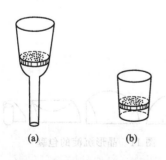

图 7　微孔玻璃漏斗和坩埚

图 8　抽滤装置

微孔玻璃滤器不能过滤强碱性溶液，因为强碱性溶液能损坏玻璃微孔。

转移沉淀和洗涤沉淀的方法与用滤纸过滤法相同,不同之处是玻璃微孔漏斗过滤及洗涤都是在抽滤下进行。

4. 沉淀的干燥和灼烧

(1) 干燥器的准备和使用　将干燥器擦净,烘干多孔瓷板,借助纸筒将干燥剂(如变色硅胶、无水氯化钙等)装入干燥器的底部、放上瓷板;在干燥器的磨口上涂上一层薄而均匀的凡士林油,盖上干燥器盖。

开启干燥器时,左手按住干燥器的下部,右手握住盖上的圆顶,向前推开器盖,如图 9 (a) 所示。取下的盖子应用手拿着或将磨口朝上暂时放置在安全的地方,开启后应及时加盖。加盖时也应手握盖上圆顶慢慢推开。将坩埚放入干燥器时,应放在瓷板圆孔内,放入温热的坩埚时,要先将盖留一缝隙,稍等几分钟再盖严。搬动或挪动干燥器时,应该用两手的拇指同时按住盖,如图 9(b) 所示。

(a) 开启方法　　　　(b) 挪动方法

图 9　干燥器的使用

(2) 坩埚的准备　灼烧沉淀常用瓷坩埚。使用前应将坩埚洗净、晾干或烘干,用蓝墨水或 $FeSO_4$ 溶液在坩埚和盖上写明编号,晾干后移入高温炉中,在与灼烧沉淀相同的温度下灼烧 30min,取出稍冷后用坩埚钳将坩埚移入干燥器中冷却至室温,用坩埚钳取出坩埚,称重。然后进行第二次灼烧,约 15~20min,冷却后再称重。如此反复直至恒重(前后两次称重相差不超过 0.2mg)。

(3) 沉淀和滤纸的烘干　胶状沉淀的包裹如图 10 所示。用扁头玻璃棒将滤纸边挑起,向漏斗中间折叠,将沉淀全部盖住。再用玻璃棒把滤纸包转移到已恒重的坩埚中。滤纸的三层部分应朝上,有沉淀的部分向下,以便于滤纸的炭化和灰化。晶形沉淀的包裹可按图 11 所示的程序自左至右卷成小包,放入已恒重的坩埚中。

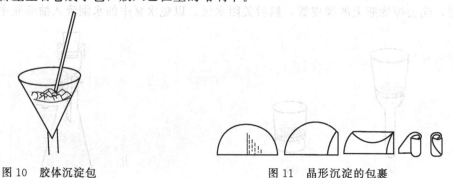

图 10　胶体沉淀包　　　　图 11　晶形沉淀的包裹

然后对沉淀和滤纸进行烘干。烘干可在煤气灯(或电炉)上进行。在煤气灯上烘干时,将放有沉淀的坩埚斜放在泥三角上,坩埚底部枕在泥三角的一边上,坩埚口朝泥三角的顶角，把坩埚盖斜倚在坩埚口的中上部（图 12）。为使滤纸和沉淀迅速干燥，应该用反射焰，即用小火加热坩埚盖中部，则热空气流便进入坩埚内部，而水蒸气从坩埚上面逸出。

（4）滤纸的炭化和灰化　待滤纸及沉淀干燥后，将煤气灯逐渐移至坩埚底部［图 12 (b)］，稍稍加大火焰，使滤纸炭化。如果温度升高太快，滤纸会生成整块的炭，需较长时间才能将其完全灰化。如遇滤纸着火，可用坩埚盖盖住，使坩埚内火焰熄灭，同时移去煤气灯，切不可用嘴吹。火熄灭后，将坩埚盖移至原位，继续加热至全部灰化。炭化后加大火焰，使滤纸灰化。滤纸灰化后应呈灰白色。为了使坩埚壁上的炭完全灰化，应该随时用坩埚钳夹住坩埚转动。但不能使坩埚中的沉淀翻动，以免沉淀飞扬。

沉淀及滤纸的烘干、炭化和灰化也可在电炉上进行。将坩埚置于石棉网上在电炉上加热，可用调压变压器控制电炉的温度，先在较低温度下将沉淀和滤纸烘干，再逐渐提高温度，使滤纸炭化、灰化，如图 13 所示。

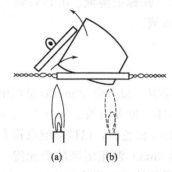

图 12　沉淀和滤纸在坩埚中烘干、炭化和灰化的火焰位置

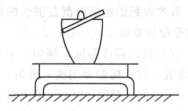

图 13　沉淀的烘干

（5）沉淀的灼烧　沉淀灰化后，将坩埚直立，盖好坩埚盖（稍留有空隙），移入高温炉中灼烧至恒重。一般第一次灼烧 40~45min，第二次及以后灼烧 20min，其他操作与空坩埚灼烧相同。

从高温炉中取出坩埚时，将坩埚移至炉口，待红热稍退后，再将坩埚从炉中取出放在洁净瓷板上。待坩埚红热退去后，将坩埚移入干燥器中，盖好盖子，随后须启动干燥器盖 1~2 次。在干燥器冷却时，原则是冷至室温，一般须 30min 以上。但要注意，空坩埚和沉淀每次放置冷却及称重的时间都必须严格保持一致。

在烘干时即可得到一定组成的沉淀，热稳定性差的沉淀，均须在微孔玻璃坩埚中烘干、称重。可将微孔玻璃坩埚放在表面皿上，置于烘箱中，根据沉淀的性质确定烘干温度。一般第一次烘干约 2h，第二次约 45min~1h。如此烘干至恒重为止。

实验 11　邻二氮菲分光光度法测定微量铁

一、实验目的

1. 掌握分光光度法的基本原理。
2. 学习测定铁的分光光度法。

3. 掌握722型分光光度计的原理、结构和使用方法。

二、实验原理

邻二氮菲亦称邻菲咯啉（phen），是分光光度法测定铁的优良试剂，在pH＝2～9范围内，邻二氮菲与二价铁生成稳定的红色络合物：

$$Fe^{2+} + 3phen \Longrightarrow [Fe(phen)_3]^{2+}$$

其$lgK_{稳}=21.3$，最大吸收波长位于510nm处，摩尔吸光系数$\varepsilon_{510}=1.1\times10^4 L\cdot cm^{-1}\cdot mol^{-1}$。溶液中的三价铁可用盐酸羟胺还原。本法选择性高，40倍的Sn(Ⅱ)、Al(Ⅲ)、Ca(Ⅱ)、Mg(Ⅱ)、Zn(Ⅱ)；20倍的Cr(Ⅵ)、V(Ⅴ)；5倍的Co(Ⅱ)、Ni(Ⅱ)、Cu(Ⅱ)不干扰测定。

三、仪器与试剂

仪器：722型分光光度计、容量瓶、比色皿。

试剂：$1.0\times10^{-3} mol\cdot L^{-1}$铁标准溶、$100\mu g\cdot mL^{-1}$铁标准溶液、0.15%邻二氮菲溶液、10%盐酸羟胺溶液（新鲜配制）、$1mol\cdot L^{-1}$ NaAc溶液。

四、实验步骤

1. 吸收曲线的绘制和测量波长的选择

用吸量管吸取2.00mL $1.0\times10^{-3}mol\cdot L^{-1}$铁标准溶液，加入至50mL容量瓶中，加入1.0mL 10%盐酸羟胺溶液，摇匀，加入2.00mL 0.15%邻二氮菲溶液、5.0mL $1mol\cdot L^{-1}$ NaAc溶液，以水稀释至刻度，摇匀。在光度计上，用1cm比色皿，以试剂空白作参比，在440～560nm间，每隔10nm（最大吸收波长附近，每隔2nm）测量溶液的吸光度，以波长为横坐标，吸光度为纵坐标，绘制吸收曲线，选择最大吸收波长（测量波长）。

2. 显色条件的选择

（1）显色时间及有色溶液的稳定性　在50mL容量瓶中，加入2.00mL $1.0\times10^{-3}mol\cdot L^{-1}$铁标准溶液、1.0mL10%盐酸羟胺溶液、2.00mL 0.15%邻二氮菲溶液、5.0mL $1mol\cdot L^{-1}$ NaAc溶液，以水稀释至刻度，摇匀。立刻在最大吸收波长下，用1cm比色皿，以试剂空白作参比，测吸光度。然后放置5min、10min、30min、60min、120min和180min，测定相应的吸光度，绘制吸光度-时间曲线，从曲线确定显色时间，判断络合物的稳定性。

（2）显色剂用量　在7支50mL容量瓶中，各加入2.00mL $1.0\times10^{-3}mol\cdot L^{-1}$铁标准溶液、1.0mL10%盐酸羟胺溶液，摇匀。分别加入0.10mL、0.50mL、1.00mL、2.00mL、3.00mL、4.00mL 0.15%邻二氮菲溶液，然后加入5.0mL $1mol\cdot L^{-1}$ NaAc溶液，以水稀释至刻度，摇匀。在光度计上，用1cm比色皿，在最大吸收波长下，以试剂空白作参比，测定吸光度。以邻二氮菲的体积为横坐标，吸光度为纵坐标，绘制吸光度-邻二氮菲用量曲线，确定最佳显色剂用量。

（3）溶液pH值　在8支50mL容量瓶中，各加入2.00mL $1.0\times10^{-3}mol\cdot L^{-1}$铁标准溶液、1.0mL 10%盐酸羟胺溶液，摇匀，放置2min，加入2.00mL 0.15%邻二氮菲溶液，摇匀，再分别加入0.0mL、0.2mL、0.5mL、1.0mL、1.5mL、2.0mL、2.5mL、3.0mL $1mol\cdot L^{-1}$ NaOH溶液，以水稀释至刻度，摇匀。用pH计或精密pH试纸测定各溶液的pH值，然后在最大吸收波长下，用1cm比色皿，以各自相应的试剂空白作参比，测定吸光度，绘制吸光度-pH值曲线，选择适宜的pH值范围。

4. 未知浓度铁试样中铁含量的测定

（1）标准曲线的制作　在6支50mL容量瓶中，分别加入0.00mL、2.00mL、4.00mL、

6.00mL、8.00mL、10.00mL 10.00μg·mL⁻¹铁标准溶液，再加入 1.00mL 10％盐酸羟胺溶液、2.00mL 0.15％邻二氮菲溶液和 5.00mL 1.0mol·L⁻¹ NaAc 溶液，以水稀释至刻度，摇匀。在最大吸收波长处，用 1cm 比色皿，以试剂空白作参比，测定吸光度，绘制标准曲线。

（2）试样测定　准确吸取 2.00mL 铁试样 3 份，再加入 1.00mL 10％盐酸羟胺溶液、2.00mL 0.15％邻二氮菲溶液和 5.00mL 1.0mol·L⁻¹ NaAc 溶液，以水稀释至刻度，摇匀。在最大吸收波长处，用 1cm 比色皿，以试剂空白作参比，测定吸光度。

五、数据处理

1. 以吸光度为纵坐标，波长为横坐标，在坐标纸上绘制吸收曲线，选择最佳测量波长。
2. 以铁浓度为横坐标，吸光度为纵坐标，绘制标准曲线。根据试样的吸光度，从标准曲线上查出样品中铁的含量，计算工业盐酸中铁的含量（以 $\mu g \cdot mL^{-1}$ 表示），并计算分析结果的平均值和相对偏差。

六、实验注意事项

1. 作吸收曲线时，每改变一个波长，必须用试剂空白调"$A=0$"。
2. 试验条件因素的影响时，每改变一个条件，都要做对应的试剂空白。
3. 样品测量时，条件应与标准曲线条件一致。

七、思考题

1. 用邻二氮菲测定铁时，为什么在测定前需加入盐酸羟胺？
2. 影响显色反应的因素有哪些？如何选择合适的显色条件？
3. 参比溶液的作用是什么？在本实验中可否用蒸馏水作参比？

八、附注（紫外可见分光光度法）

1. 紫外可见分光光度法

紫外可见分光光度法是以吸光物质对光的选择性吸收为基础建立起来的一类分析方法。紫外可见吸收光谱的产生是由于吸光分子中的外层价电子的跃迁的结果，但在电子能级发生跃迁的同时，不可避免地亦能伴随有分子振动和转动能级的跃迁，因此紫外可见吸收光谱为带光谱。紫外可见分光光度法进行定量分析的依据是朗伯-比尔定律，其数学表达式为：

$$A = \lg \frac{I_0}{I} = -\lg T = \varepsilon bc$$

式中，A 为吸光度；I_0 和 I 分别为入射光强度和透射光强度；T 为透射率；ε 为摩尔吸光系数，$L \cdot cm^{-1} \cdot mol^{-1}$；$b$ 为吸光物质吸收层的厚度；c 为吸光物质的浓度，$mol \cdot L^{-1}$。即当一束平行单色光通过吸光物质的溶液时，溶液的吸光度与该物质的浓度及液层厚度成正比。

紫外可见分光光度法所采用的仪器称为紫外可见分光光度计，它的主要部件由五个部分组成：光源、单色器、吸收池、检测器、信号显示器。

由光源发出的复合光经过单色器分光后，即可获得任一所需波长的平行单色光，该单色光通过样品池经样品中吸光物质吸收后，透射光照射到光电管或光电倍增管等检测器上产生光电流，产生的光电流由信号显示器直接读出吸光度 A 或透射率 T。紫外可见分光光度计常用的光源有钨灯和氘灯，常用的吸收池有石英和玻璃两种材料，可见光区采用钨灯光源和玻璃吸收池，紫外光区采用氘灯光源和石英吸收池。

2. 722型分光光度计结构

722型分光光度计采用卤素灯作光源，工作波长范围为340～1000nm，衍射光栅为单色器，单色光经比色皿中溶液透射到光电管上，产生光电流，经高阻值电阻形成电位降，通过放大器放大后，可直接在微安表上读出吸光度或透射率。

3. 722型分光光度计的使用方法

（1）接通220V电源，打开电源开关，预热仪器30min，不需要打开暗盒盖。

（2）将"波长调节"旋钮调至所需波长，按"MODE"键选择"T"方式。

（3）将黑色塑料比色皿放在光路上，按"0%"键，使仪器透射率为"0"，此操作为调节仪器机械零点。

（4）将参比溶液置于光路，按"100%"键，使透射率为"100%"，显示"100"。

（5）按"MODE"键选择"A"方式，显示"A"为"0.00"。不为"0.00"再按"100%"键直至"A"为"0.00"。将待测溶液推入光路，显示吸光度即为溶液A值。

（6）每次改变波长测量时，必须重新校正透射率为"0.00"和"100%"。

（7）仪器使用完毕，取出比色皿，洗净，晾干，放入比色皿盒中，关闭电源开关，拔下电源插头，复原仪器。

（8）调不到0%时，可能是未放入黑体或位置不对。

（9）调不到100%，钨卤素灯不亮。

实验12 阳离子交换树脂交换容量的测定

一、实验目的

1. 了解离子交换树脂种类和交换容量测定的意义。
2. 掌握离子交换树脂交换容量测定的方法。

二、实验原理

离子交换剂可分为无机离子交换剂和有机离子交换剂两大类。有机离子交换剂常称为离子交换树脂。

树脂的交换容量是树脂的重要特性。交换容量有总交换容量和工作交换容量之分。前者是用静态法（树脂和试液在一容器中达到交换平衡的分离法）测定的树脂内所有可交换基团全部发生交换时的交换容量，又称全交换容量；后者是指在一定操作条件下，用动态法（柱上离子交换分离法）实际所测得的交换容量，它与溶液离子浓度、树脂床高度、流速、粒度大小以及交换形式等因素有关。

离子交换树脂的交换容量用Q表示，它等于树脂所能交换离子的物质的量n除以交换树脂体积V或除以交换树脂的质量m：

$$Q=n/V \quad \text{或者} \quad Q=n/m$$

交换容量Q表示单位体积或单位干树脂所能交换的物质的量。交换容量Q约为3mmol·mL^{-1}或3mmol·g^{-1}。

本实验是用酸碱滴定法测定强酸性阳离子交换树脂的总交换容量和工作交换容量。阳离子交换树脂可简写为 RH，与过量的 NaOH 标准溶液混合，以静态法放置一定时间，达到交换平衡时：

$$RH + NaOH \Longleftrightarrow RNa + H_2O$$

用标准 HCl 溶液滴定过量的 NaOH，即可求出树脂的总交换容量 Q。

当一定量的氢型阳离子交换树脂装入交换柱中后，用 Na_2SO_4 溶液以一定的速度通过此交换柱时，发生交换反应：

$$Na^+ + RH \Longleftrightarrow RNa + H^+$$

交换出来的 H^+，用 NaOH 标准溶液滴定，可求得树脂的工作交换容量。

三、仪器与试剂

仪器：酸式滴定管、碱式滴定管、培养皿、锥形瓶、移液管、烧杯、玻璃棒、容量瓶、交换柱。

试剂：$0.1000 mol \cdot L^{-1}$ NaOH 标准溶液、$0.1000 mol \cdot L^{-1}$ HCl 标准溶液、$3 mol \cdot L^{-1}$ HCl、甲基橙指示剂、$0.5 mol \cdot L^{-1}$ Na_2SO_4 溶液、酚酞乙醇溶液（0.2%）、强酸性阳离子交换树脂。

四、实验步骤

1. 阳离子树脂总交换容量的测定

（1）树脂的预处理（由实验员完成） 市售的阳离子树脂，一般为 Na 型（RNa），使用前须将树脂用酸处理，使它转变为 H 型：

$$RNa + H^+ \Longleftrightarrow RH + Na^+$$

称取 20g 苯乙烯阳离子树脂于烧杯中，加入 $3 mol \cdot L^{-1}$ HCl 150mL，搅拌，浸泡 1~2 天，倾出上层清液，用蒸馏水清洗树脂直至中性，即得到 H 型阳离子交换树脂 RH。

（2）阳离子交换树脂 RH 的干燥（由实验员完成） 将预处理好的 RH 树脂用滤纸压干后，置于培养皿中，在 105℃下干燥 0.5h，取出冷却后称重。

（3）静态交换平衡 准确称取干燥恒重的氢型阳离子交换树脂 1.000g，放于 250mL 干燥的锥形瓶中，准确加入 100.0mL $0.1 mol \cdot L^{-1}$ NaOH 标液，摇匀，盖好锥形瓶，放置 24h，达到交换平衡。

（4）过量 NaOH 标液滴定 用移液管从锥形瓶中准确移出 20.00mL 交换后的 NaOH 溶液，加入 2 滴甲基橙指示剂，用 $0.1 mol \cdot L^{-1}$ HCl 标液滴定至由黄色变为橙色为终点，记下消耗的 HCl 溶液的体积，平行测定 3 份。

2. 阳离子树脂工作交换容量的测定

（1）装柱 称取 10g 湿树脂放入烧杯中，加水用玻璃棒边搅拌，边倒入色谱柱中。用蒸馏水洗至同蒸馏水的 pH，放出柱中多余的水，使柱的树脂上部余下 1mL 左右水的液面。

（2）交换 向交换柱中不断加入 $0.5 mol \cdot L^{-1}$ Na_2SO_4 溶液，用 250mL 容量瓶收集流出液，调节流速为 $2 \sim 3 mL \cdot min^{-1}$，流过 100mL Na_2SO_4 溶液后，检测流出液的 pH 值，直至流出的 Na_2SO_4 溶液 pH 值与加入 Na_2SO_4 溶液 pH 值相同，停止加入 Na_2SO_4 溶液，交换完毕。将收集液稀释 250mL，摇匀。

（3）工作交换容量的测定 用移液管移取收集液 20.00mL 于 250mL 锥形瓶中，加入 2 滴酚酞指示剂，用 $0.1 mol \cdot L^{-1}$ NaOH 标准溶液滴定至微红色为终点，平行测定 3 份。

(4) 树脂回收再生处理　使用过的树脂回收在烧杯中，统一进行再生处理。

五、数据处理

1. 计算树脂的总交换容量 Q

$$Q = \frac{[(cV)_{NaOH} - (cV)_{HCl}] \times \frac{100}{20}}{\text{干树脂的质量}}$$

2. 树脂工作交换容量 Q

$$Q = \frac{(cV)_{NaOH}}{\text{树脂的质量} \times \frac{20}{250}}$$

六、实验注意事项

在交换过程中，要检测流出液的 pH 值直至流出的 Na_2SO_4 溶液 pH 值与加入 Na_2SO_4 溶液 pH 值相同。

七、思考题

1. 市售树脂使用前应如何处理？
2. 强碱性阴离子交换树脂交换容量的测定原理为何？试设计强碱性阴离子交换树脂的交换容量的测定方法。
3. 交换过程中，柱中产生气泡，有何危害？

第3章

仪器分析实验

实验 1 原子吸收光谱法测定水中钙和镁

一、实验目的
1. 掌握原子吸收分光光度法的原理。
2. 掌握原子吸收分光光度计的基本结构及使用方法。
3. 掌握标准曲线法测定钙和镁含量的方法。

二、实验原理
标准曲线法是原子吸收分光光度法中一种常用的定量分析方法，常用于分析未知试样中共存的基体成分较为简单的情况。如果溶液中共存基体成分比较复杂，则应在标准溶液中加入相同类型和相等浓度的基体成分，以消除基体效应带来的干扰。标准曲线法是配制一组合适的被测物质的标准溶液，由低浓度到高浓度，依次喷入火焰，分别测定溶液的吸光度 A，以测得的吸光度 A 为纵坐标，待测元素的含量或浓度 C 为横坐标，绘制 A-C 标准曲线，在相同的实验条件下，喷入待测试样溶液，测其吸光度，根据测得的吸光度，由标准曲线上查出试样中待测元素的浓度，根据样品用量，计算出样品中被测元素的含量。

三、仪器与试剂
仪器：AA1700 系列原子吸收分光光度计、空心阴极灯（钙灯和镁灯）、容量瓶、无油空气压缩机或空气钢瓶、乙炔钢瓶。

试剂：钙标准储备液（$1000\mu g \cdot mL^{-1}$）、钙标准使用液（$100.0\mu g \cdot mL^{-1}$）、镁标准储备液（$1000\mu g \cdot mL^{-1}$）、镁标准使用液（$25.0\mu g \cdot mL^{-1}$）。

四、实验步骤
1. 配制标准溶液系列

(1) **钙标准溶液系列**：准确吸取 1.00mL、2.00mL、3.00mL、4.00mL、5.00mL 钙标准使用液分别置于 5 只 25mL 容量瓶中，用水稀释至刻度，摇匀备用。该标准系列溶液钙浓度分别为：$4.00\mu g \cdot mL^{-1}$、$8.00\mu g \cdot mL^{-1}$、$12.0\mu g \cdot mL^{-1}$、$16.0\mu g \cdot mL^{-1}$、$20.0\mu g \cdot mL^{-1}$。

(2) **镁标准溶液系列**：准确吸取 1.00mL、2.00mL、3.00mL、4.00mL、5.00mL 镁标准使用液分别置于 5 只 25mL 容量瓶中，用水稀释至刻度，摇匀备用。该标准系列溶液钙浓度分别为：$1.00\mu g \cdot mL^{-1}$、$2.00\mu g \cdot mL^{-1}$、$3.00\mu g \cdot mL^{-1}$、$4.00\mu g \cdot mL^{-1}$、$5.00\mu g \cdot mL^{-1}$。

2. 配制自来水样品溶液

准确吸取适量（视自来水中钙、镁含量而定）自来水于 25mL 容量瓶中，用水稀释至刻度，摇匀备用。

（1）**最佳条件的选择** 将原子吸收分光光度计按仪器操作步骤进行调节，待仪器稳定后，调节最佳实验条件：包括吸收线波长、空心阴极灯电流、燃烧器高度、量程扩展、时间常数、乙炔气、空气流量等。

（2）**测定** 在最佳条件下从低浓度到高浓度依次进样，分别记录钙和镁标准溶液系列的吸光度。在相同的实验条件下，分别测定自来水中钙和镁的吸光度。

五、数据处理

1. 记录实验条件

实验条件	钙标准溶液系列	镁标准溶液系列
仪器型号		
吸收线波长		
空心阴极灯电流		
燃烧器高度		
负高压		
量程扩展		
积分时间		
延时时间		
重复次数		
乙炔气流量		
空气流量		
燃助比		

2. 记录实验数据

分别记录或打印钙、镁标准溶液的吸光度和标准曲线。

记录或打印自来水样品溶液的吸光度，从标准曲线上查出水样中钙和镁的浓度，根据取样量计算钙和镁的含量。

六、实验注意事项

1. 仪器各功能键必须完全掌握后方可开机进行操作，防止损坏仪器。
2. 操作之前必须检查废液管是否水封，以防止回火。
3. 关闭火焰时，必须先关燃气，后关助燃气。
4. 测定时，应从低浓度到高浓度，否则每次测量后，需用蒸馏水调零。
5. 在实际分析中，在时会出现标准曲线弯曲的现象，产生的原因有：浓度超过线性范围；火焰中共存大量易电离的元素，抑制了被测元素基态原子的电离效应，使测得的吸光度增大，使标准曲线向吸光度坐标轴方向弯曲；空心阴极灯中存在的杂质成分，产生的辐射不能被待测元素的基态原子吸收，以及杂散光的存在等因素，形成背景吸收，在检测器上被同时检测，使标准曲线向浓度轴弯曲；由于操作条件不当，如灯电流过大，将引起吸光度降低，也使标准曲线向浓度轴弯曲。

七、思考题

1. 原子吸收分光光度法为什么要用待测元素的空心阴极灯作光源？能否用氢灯或钨灯作光源，为什么？
2. 如何选择最佳实验条件？

实验 2　原子吸收光谱法测定酒中的铜

一、实验目的

1. 掌握酒中有机物的消化方法。
2. 掌握标准加入法进行定量分析的方法。
3. 进一步熟悉原子吸收分光光度计的使用方法。

二、实验原理

原子吸收分光光度计用于测定各种物质中的常量、微量、痕量金属元素和半金属元素的含量，是由 PC 机和其专用程序进行功能控制和数据处理的单光束仪器。原子吸收光谱分析法是基于蒸气相中待测元素的基态原子对其共振辐射的吸收强度来测定试样中该元素含量的一种仪器分析方法。通常原子处于基态，对于每种元素，其原子由基态跃迁到激发态所需能量是一定的，这种特定的能量称为特征谱线。在原子吸收光谱法中，利用空心阴极灯作为光源，发射某一元素特征波长光，通过原子蒸气以后，原子蒸气对该特征波长光产生吸收，根据光的吸收程度计算元素原子浓度。当光强度为 I_0 的光束通过原子浓度为 c 的蒸气时，光强度减弱至 I，按郎伯-比尔吸收定律：

$$A = \lg(I_0/I) = KcL$$

式中　A——吸光度；

I_0——入射特征谱线辐射光强度；

I——出射特征谱线辐射光强度；

K——吸收系数；

L——特征辐射光经过火焰的路程；

c——原子浓度。

在原子吸收定量分析中，由于试样中基体成分比较复杂，往往不能准确知道，因此基体效应带来的干扰用标准曲线法就比较严重，采用标准加入法就可以消除或减小基体效应带来的干扰。

标准加入法的基本原理如下：取等体积的试液两份，分别置于相同体积的容量瓶中，其中一只加入一定量的待测元素的标准溶液，分别用水稀释至刻度，摇匀，分别测其吸光度，由朗伯-比耳定律可知：

$$A_x = Kc_x$$
$$A_0 = K(c_0 + c_x)$$

式中，c_x 为待测元素的浓度；c_0 为加入标准溶液后浓度的增量；A_x 为试样溶液的吸光度；A_0 为加入标准溶液后，试样溶液的吸光度。将两式整理得：

$$c_x = \frac{A_x}{A_0 - A_x} \cdot c_0$$

在实际工作中，采用作图法所得结果更为准确。一般吸取四份等体积的试液置于四只等体积的容量瓶中，从第二只容量瓶开始，分别按比例递增加入待测元素的标准溶液，然后用溶剂稀释至刻度，摇匀，分别测定溶液 c_x、$c_x + c_0$、$c_x + 2c_0$、$c_x + 3c_0$ 的吸光度为 A_x、A_1、A_2、A_3，然后以吸光度 A 对待测元素标准溶液的加入量作图，得一直线，其延长线交于横坐标相关于 c_x，c_x 即为所要测定的试样中该元素的浓度。

三、仪器与试剂

仪器：AA1700 系列原子吸收分光光度计、空心阴极灯（铜灯）、烧杯、容量瓶、无油空气压缩机或空气钢瓶、乙炔钢瓶。

试剂：铜标准储备液（$1000\mu g \cdot mL^{-1}$）（准确称取金属铜 0.2500g 于 100mL 烧杯中，加入 10mL 浓硝酸溶解，然后，定量转移到 250mL 容量瓶中，用 1:100 HNO_3 溶液稀释至刻度，摇匀备用）、铜标准使用液（$100\mu g \cdot mL^{-1}$）（吸取 10.0mL 铜标准储备液于 100mL 容量瓶中，用 1:100 HNO_3 溶液稀释至刻度，摇匀备用）、浓硫酸、浓硝酸、黄酒试样。

四、实验步骤

1. 黄酒试样的消化

量取 200mL 黄酒试样于 500mL 高筒烧杯中，加热蒸发至浆液状，慢慢加入 20mL 浓硫酸，并搅拌，加热消化，若一次消化不完全，可补加浓硫酸继续消化，然后加入 10mL 浓硝酸，加热，若溶液呈黑色，再加入 5mL 浓硝酸，继续加热，如此反复至溶液呈淡黄色，此时黄酒中的有机物质全部被消化完，将消化液转移到 100mL 容量瓶中，用水稀释至刻度，摇匀备用。

2. 铜标准系列的配制

取 5 只 100mL 容量瓶，各加入 10mL 黄酒消化液，然后分别加入 0.00mL、2.00mL、4.00mL、6.00mL、8.00mL 铜标准使用液，用水稀释至刻度，摇匀，该系列溶液加入铜浓度分别为 $0.00\mu g \cdot mL^{-1}$、$2.00\mu g \cdot mL^{-1}$、$4.00\mu g \cdot mL^{-1}$、$6.00\mu g \cdot mL^{-1}$、$8.00\mu g \cdot mL^{-1}$。

3. 测定

（1）最佳实验条件的确定　将原子吸收分光光度计按仪器操作步骤进行调节，待仪器稳定后，调节最佳实验条件，包括吸收线波长、空心阴极灯电流、燃烧器高度、量程扩展、时间常数、乙炔气、空气流量等。

（2）测定　在最佳条件下从低浓度到高浓度依次进样，分别记录铜标准溶液系列的吸光度。

五、数据处理

1. 记录实验条件

实验条件	
仪器型号	
吸收线波长	
空心阴极灯电流	
燃烧器高度	

负高压	
量程扩展	
积分时间	
延时时间	
重复次数	
乙炔气流量	
空气流量	
燃助比	

2. 记录实验数据

分别记录铜标准溶液系列的吸光度，制作标准加入法标准曲线。从标准加入法标准曲线上查出铜的浓度，根据取样量计算黄酒中铜的含量。

六、实验注意事项

1. 消化时会产生大量有害气体，消化过程应在通风橱中进行。
2. 消化时亦可采用硝酸-高氯酸。
3. 使用标准加入法应注意：为了得到较准确的外推结果，至少要配制四种不同比例加入量的待测元素标准溶液，以提高准确度；绘制工作曲线斜率不能太大或太小，否则外推会引起较大的误差，因此加入量 c_0 应与 c_x 尽量接近；本法能消除基体效应带来的干扰，但不能消除背景吸收带来的干扰。工作曲线应在测定的线性范围内，若 c_x 不存在时，工作曲线应过零点。

七、思考题

1. 采用标准加入法定量应注意哪些问题？
2. 标准加入法定量分析有什么优点？
3. 为什么标准加入法中工作曲线外推与浓度轴的相交点就是试液中待测元素的浓度？

实验 3　铝合金中杂质元素的原子发射光谱分析——摄谱

一、实验目的

1. 学习原子发射光谱分析的基本原理。
2. 掌握摄谱仪的构造原理和使用方法。
3. 了解感光板的安装和冲洗。
4. 掌握铝合金中杂质元素的定性、定量的摄谱操作。

二、实验原理

原子发射光谱分析法是一种极其重要的光学分析方法。如果外界提供足够高的能量（热能或电能等），将试样蒸发分解转变为气态原子（或离子），使气态原子（或离子）受激发而跃迁至较高能级的激发态，当激发态原子（或离子）返回激态或其他较低能级时，将释放出多余能量而发射出不同波长的光辐射。这些光辐射经过色散而被记录下来，就得到原子发射光谱。由于各种元素原子的结构不同，可发射出具自身特征的原子光谱。利用特征谱线的存在与否，可进行元素的定性分析。特征谱线的强度与试样中元素含量有关，可用于进行原子发射定量或半定量分析。根据检测特征谱线的手段不同，可分为看谱或分光光度分析，光电直读光谱分析和摄谱分析（利用照相原理）。摄谱分析仪根据所用色散元件不同，又分为棱镜摄谱仪和光栅摄谱仪。

摄谱法进行定性分析是一种快速、简便、灵敏的分析方法，其突出的特点是可以同时进行多种元素的分析，在分析中只要查到 3~5 条特征谱线，即可判断该元素存在与否，这是其他分析方法不可比拟的。定量或半定量分析的基本原理是一样的，都是利用谱线的黑度与元素含量的关系，只是对测量谱线的黑度的准确程度要求不一样。为了了解感光板的性能，常用阶梯减光板拍摄铁谱线，再制作出乳剂特性曲线。

三、仪器与试剂

仪器：31W型Ⅰ米平面光栅摄谱仪（上海光学仪器五厂）、光谱感光板（天津紫外Ⅱ型）、光谱纯石墨棒、铝合金棒（编号为 601、602、603、604、605、606）、铁棒。

试剂：显影液、定影液。

四、实验步骤

(1) 调整好仪器，并设置实验条件。

实验条件：光栅 1200 条·mm^{-1}；闪耀波长 300nm；中心波长 300nm；狭缝 5μm；中间光栏宽度 3.2mm；交流电弧电流 6A；显影时间 2min（20℃）；定影时间 10min（20℃）。

(2) 在暗室安装感光板于暗盒内，轻轻将暗盒固定在摄谱仪上，并抽出挡光板。

(3) 先拍摄铁光谱，以下按摄谱计划进行。

(4) 摄谱完毕后，关闭电源，将挡光板推入暗盒并取下暗盒，在暗室中冲洗感光板，然后将谱板放在架上自然晾干，留作下次实验使用。

五、实验注意事项

1. 摄谱前必须按说明与仪器对照，熟悉各按钮及旋钮的作用，注意切勿动三棱镜照明系统。
2. 仪器必须接地，在光源激发时，严禁接触电极，防止触电。
3. 应戴上防护眼镜，防止强烈的光辐射，伤害眼睛。

六、思考题

1. 光谱定性分析的理论依据是什么？
2. 摄谱的实验步骤及其注意事项是什么？
3. 实验条件的变化对谱线黑度有何影响？

七、附注（31W型Ⅰ米平面光栅摄谱仪使用说明）

31W型Ⅰ米平面光栅摄谱仪的外形如图 1 所示。

1. 摄谱仪光学系统

摄谱仪采用垂直对称式平面光栅装置，光学系统如图 2 所示。

当试样 A 被激发发出的光经三透镜照明系统 L1、L2、L3 均匀地照明狭缝 S 时，进入

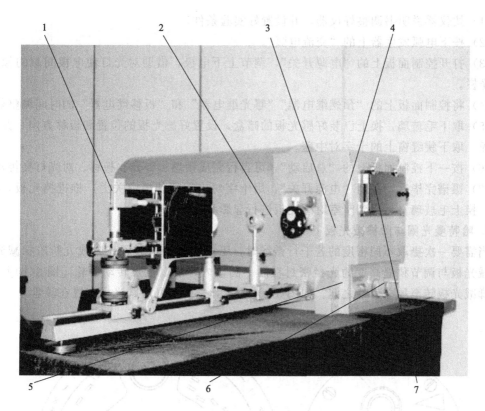

图 1　一米平面光栅摄谱仪
1—电极架；2—狭缝调节；3—游标；4—标尺；5—波长显示窗口；6—波长调节手轮；7—暗盒

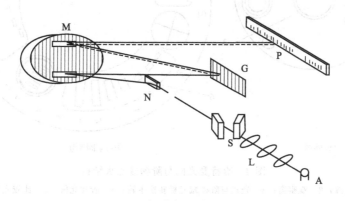

图 2　摄谱仪光学系统

狭缝的光经小反光镜 N 转向射到大反光镜 M 下部方框并被准直。光栅 G 把平行光分解成按波长排列的单色平行光，然后由 M 的上部分框聚焦在感光板 P 上，成为沿水平方向展开的光谱带。

将光栅 G 绕其转动轴转动后，在感光板上可以拍摄到所需工作波段的光谱线。
通过对元素特征谱线的辨认，并测量其相对强度，便知发光物质的成分和含量。

2. 摄谱仪

摄谱仪主机及电极架、照明系统在工作台上，光源及控制箱以抽斗式安装在工作台中。本实验采用交流电弧，自动控制摄谱仪。其使用步骤如下：

(1) 按仪器说明书调整好仪器，并设置好实验条件。

(2) 按下电弧发生器上的"交流电弧"。

(3) 打开控制面板上的"电源开关"，调节上下电极，借助对光灯使电极间隙的像正对中间光栏。

(4) 将控制面板上的"预燃继电器""曝光继电器"和"板移继电器"的时间调整好。

(5) 取下毛玻璃，换上已装好感光板的暗盒，设置好感光板的位置和板移方向，并抽出挡光板，取下狭缝窗上的十字对中盖。

(6) 按一下控制面板上的"总启动"，可自行完成预燃、曝光、板移、对光灯亮等动作。

(7) 摄谱完毕后，关闭"电源开关"，用十字对中盖把狭缝窗关上，推进挡光板，取下暗盒，换上毛玻璃，然后到暗室对感光板进行显影和定影。

3. 哈特曼光阑与阶梯减光板

当需要一次摄取不同密度的若干行谱线时，可以在狭缝前放置三阶或九阶阶梯减光板，此两减光板与调节狭缝高度的光栏密封在同一圆盘内，所以也是转动手轮［图3(b)］来将各阶梯减光板转至狭缝刀片之前。如图3(a)所示，三阶及九阶减光板安置在转盘上。

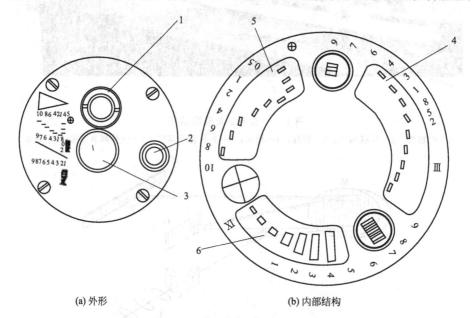

(a) 外形　　　　　　　　(b) 内部结构

图3　哈特曼光阑与阶梯减光板结构

1—第三透镜与狭缝；2—观察窗；3—光栏与阶梯减光板转换手轮；4—阶梯光阑；5—比较光阑；6—限高光阑

哈特曼光阑和减光板密封在光栏外壳内，被安装在第三透镜和摄谱仪的狭缝之间，这种插入式的结构，可以减少狭缝的沾污。如图3(a)所示，1为第三透镜，透镜框用螺纹拧在光阑外壳上，可拆卸；2为观察窗；3为旋转转盘光阑的手轮。

转动手轮，当在观察窗2中出现1，2，3，4，5，6，7，8，9时，可将图3(b)中阶梯光阑依次进入光路。陆续转动手轮，当观察窗中出现Ⅲ时，则三阶减光板进入光路。继续转动手轮，可方便地使比较光阑中的258，1，3，4，6，7，9；⊕；限高光阑中的0.5，1.2，4，6，8，10；Ⅸ（九阶减光板）依次进入光路。

图3(b) 6部分光阑是为摄制不同高度的谱线而设置的。光阑共分七挡，转盘光阑上标的数字为0.5，1，2，4，8，10，表示的是光阑高度的名义值，可按此值板移，其实际高度

为 0.3mm, 0.8mm, 1.8mm, 3.8mm, 5.8mm, 7.8mm 和 9.8mm。4 和 5 部分光阑的名义值为 1, 实际高度为 0.8mm。

用限高光阑、阶梯光阑和比较光阑在摄谱时选择谱线高度和试样拍摄位置,可以充分有效地利用感光板。阶梯光阑在光谱定量分析工作中用来作校正曲线,在光谱半定量分析中用来提高目视比较的准确度。比较光阑常用来做定性分析。

实验 4　铝合金中杂质元素的原子发射光谱分析——译谱

一、实验目的
1. 掌握原子发射光谱定性分析原理及常用的分析方法。
2. 了解光谱半定量、定量、乳剂特性曲线制作的基本原理。
3. 掌握光谱投影仪的结构原理和使用方法。

二、实验原理

光谱定性分析常采用铁光谱比较法。在常用的波长范围内,有 4600 多条谱线,且每一条谱线的波长均已精确测定。因此,通常以铁谱作为波长标准,将各元素的谱线按波长位置标在铁光谱图上制成"元素标准光谱图"使用,如图 1 所示。分析时,将标准光谱图上的铁谱和谱板上的铁谱对齐,从而可以确定谱板上其他谱线的波长和所属的元素。

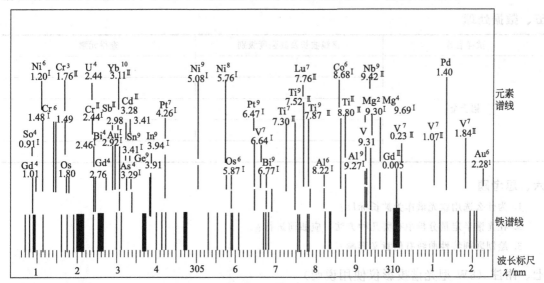

图 1　元素标准光谱图

光谱半定量分析可直接用眼睛比较所摄试样和标样的黑度,以确定试样中待测元素的大致含量,也可以用谱线呈现法进行半定量分析(表 1)。

乳剂特性曲线制作是根据光强与谱线黑度的关系,用九阶梯减光板拍摄铁谱线,选择其中 3 条谱线黑度有差异的强、中、弱线,测量其谱线黑度,最后绘制光强与黑度的关系曲线。

表1 谱线强度与含量的关系

谱线强度级别	含量(估计范围)/%	含量等级
1	100~10	主
2~3	10~1	大
4~5	1~0.1	中
6~7	0.1~0.01	小
8~9	0.01~0.001	微
10	<0.001	痕

三、仪器与试剂

仪器：8W型光谱投影仪（上海光学仪器厂）、元素标准光谱图、谱板。

试剂：

四、实验步骤

（1）将谱板乳剂面向上，长波向左，放在工作台上。

（2）打开电源开关。

（3）调节调焦旋钮，使谱线的清晰度最好。

（4）通过纵向和横向移动工作台，寻找所需要的谱线。

（5）将光谱图的铁光谱与谱板上特征铁谱线重合（如302.0nm铁谱线组），如果试样中杂质元素的谱线与光谱图中已标明的某元素谱线出现的位置相重合，那么该元素就可能存在，若证实至少需查3条特征谱线。记录查得的谱线并判断杂质元素的存在。

五、数据处理

试样名称	谱线波长及其强度级别	查得元素
铝合金		

六、思考题

1. 为什么选用铁光谱作为波长标尺？
2. 在光谱半定量分析中有哪几种方法，应如何进行？
3. 绘制乳剂特性曲线有何意义影响？

七、附注（8W型光谱投影仪使用说明）

1. 结构原理

8W型光谱投影仪是原子发射光谱进行分析的重要仪器。它是利用光学放大原理，把谱板上的谱线放大约20倍，在仪器上很方便地进行光谱定性、半定量及准确测量黑度谱线的选定等操作，其外形如图2所示。

2. 使用步骤

（1）把冲洗晾干的谱片置于工作台5上，放置时应将谱片的乳剂面朝上，而且把波长短

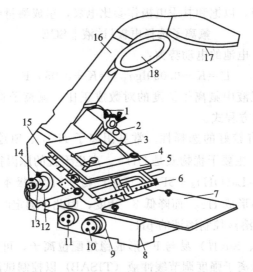

图 2 8W 型光谱投影仪

1—手轮；2—透镜；3—投影物镜；4—螺钉；5—工作台；6—标尺；7—投影屏；8—底座；9、10—纵横向驱动手轮；11—调焦手轮；12、13—灯丝调节螺钉；14—灯座；15—三角架；16—立柱；17—反射镜；18—平面反射镜保护盖

的一端置于工作台右边，以便于元素标准光谱图的波长方向一致。

(2) 打开平面反射镜保护盖 18，注意切勿用手指触及镜面。

(3) 接上电源，打开电源开关（位于右侧），12V、50W 灯泡亮，此刻在光谱投影屏上可看到被放大 20 倍左右的光谱。

(4) 若光谱线模糊不清，旋转焦距手轮 1 或 11。

(5) 旋转纵横向驱动手轮 9、10，使要看的光谱部分移动到投影屏上最佳位置。

(6) 把元素标准光谱图上的铁谱与投影屏上呈现的铁光谱线查对重叠，然后再查看试样光谱中有哪些谱线与元素标准光谱图上元素谱线相重叠，即检出可能有该元素存在，再依次与各波段上进行查对，最后对所获得的元素谱线进行判断，确定可能存在的元素和进行半定量分析。

(7) 实验完毕，关闭电源开关，盖上平面反射镜上保护盖，取出谱片，拉上布帘。

实验 5 离子选择电极法测定氟离子

一、实验目的

1. 掌握氟离子选择电极测定自来水中氟离子的原理和方法。
2. 掌握电位计的使用方法。

二、实验原理

氟离子选择电极是目前最成熟的一种离子选择电极。将氟化镧单晶（掺有微量氟化铕以增加导电性）封在塑料管的一端，管内装 0.1mol·L^{-1} NaF 和 0.1mol·L^{-1} NaCl 溶液，以 Ag-AgCl 电极为参比电极，构成氟离子选择电极。用氟离子选择电极测定水样时，以氟离子选择电极作指示电极，以饱和甘汞电极作参比电极，组成测量电池，即：

氟离子选择电极|试液‖SCE

如果忽略液接电位，电池的电动势为：

$$E = K - 0.059 \lg a_{F^-} = K + 0.059 pF$$

即电池的电动势与试液中氟离子活度的对数成正比，氟离子选择电极一般在 $1 \sim 10^{-6}$ mol·L^{-1} 范围符合能斯特方程式。

氟离子选择电极具有较好的选择性。常见阴离子 NO_3^-、SO_4^{2-}、PO_4^{3-}、Ac^-、Cl^-、Br^-、HCO_3^- 等不干扰，主要干扰物质是 OH^-。产生干扰的原因很可能是在膜表面发生了反应：$LaF_3 + 3OH^- \rightleftharpoons La(OH)_3 + 3F^-$。反应产物 F^- 因电极本身的响应而造成正干扰。此外，在较高酸度时容易形成 HF_2^- 而降低 F^- 活度，因此，测定时需控制试液 pH 值在 5~6 之间。通常用乙酸缓冲溶液控制溶液的 pH。

阳离子 Fe^{3+}、Al^{3+}、$Sn(Ⅳ)$ 易与 F^- 形成稳定配位离子，可加入柠檬酸钠进行掩蔽。在测定时溶液中要加入总离子强度调节缓冲液（TISAB）以控制试液 pH 和离子强度并消除干扰。

三、仪器与试剂

仪器：pH 计、氟离子选择电极、饱和甘汞电极、25mL 比色管、50mL 容量瓶、10mL 烧杯、5mL 移液枪、电磁搅拌器。

试剂：F^- 溶液（0.100mol·L^{-1}，10^{-4}mol·L^{-1}）、离子强度调节缓冲液（TISAB）。

四、实验步骤

1. 氟离子选择电极的准备

氟离子选择电极在使用前，应在含 10^{-4}mol·L^{-1} F^- 或更低浓度的 F^- 溶液中浸泡（活化）约 30min。使用时，先用超纯水吹洗电极，再在超纯水中洗至电极的纯水电位（空白电位）。其方法是将电极浸入超纯水中，在离子计上测量其稳定电位，然后，更换超纯水，观察其电位变化，如此反复进行处理，直至电位稳定并达到它的纯水电位为止。纯水电位一般为 300mV 左右。

2. 标准溶液的配制及工作曲线的绘制

准备 5 只 25mL 比色管中，准确移取 0.100mol·L^{-1} F^- 标准溶液于第 1 只 25mL 比色管中，加入 TISAB 2.5mL，用超纯水稀释至标线，摇匀，配成 10^{-2}mol·L^{-1} F^- 溶液；在第二只 25mL 比色管中，加入 10^{-2}mol·L^{-1} F^- 溶液和 TISAB 2.25mL，用去离子水稀释至标线，摇匀，配成 10^{-3}mol·L^{-1} F^- 溶液。按上述方法依次配成 10^{-6}~1.00×10^{-4}mol·L^{-1} F^- 标准溶液。

将适量的 F^- 标准溶液（浸没电极即可）分别倒入 5 只塑料烧杯中，放入磁性搅拌器子，插入 F^- 选择电极和甘汞电极，连接好酸度计，开启电磁搅拌器，由稀至浓分别进行测量，在仪器指针不再移动或数字显示在 ±1mV 内，读取电位值。

3. 自来水中氟含量的测定（标准曲线法）

准确吸取自来水样 5.0mL 于 50mL 容量瓶中，加入 TISAB 5mL，用去离子水稀释至标线，摇匀。按上述实验方法测定电位值，记为 E_x，平行测定三份。

五、数据处理

1. 绘制标准曲线：以电位 E 为纵坐标，pF 为横坐标，绘制 E-pF 曲线。

2. 从 E-pF 标准曲线，根据 E_x 查出被测试液的 pF 值，计算出试样中氟含量，以 g·L^{-1}表示，并计算测量值的相对标准偏差。

六、实验注意事项

1. 氟离子选择电极法在使用前一定要浸泡数小时或过夜，再用超纯水洗到空白电位为 300mV 左右。

2. 电极的敏感膜应保持清洁和完好，切勿沾污或受机械损伤。如有油污，用脱脂棉依次以酒精、丙酮擦拭，再用超纯水洗净。

3. 测量标准溶液时，浓度应由稀至浓，每次测定后用被测试液清洗电极、烧杯及搅拌子。测定浓溶液之后，应立即用去离子水将电极清洗至空白电位值。电极也不宜在浓溶液中长时间浸泡，以免影响检出下限。

4. 绘制标准曲线时，测定一系列标准溶液后，应将电极清洗至原空白电位值，然后再测定未知液的电位。

5. 测定过程中，搅拌溶液的速度应恒定。

6. 氟离子电极暂不用时，宜于干放。

七、思考题

1. 本实验测定的是 F⁻ 的活度还是浓度，为什么？
2. 本实验中加入的 TISAB 由哪些成分组成？各起什么作用？
3. 测定 F⁻ 时，为什么要控制酸度？pH 值过高或过低有什么影响？
4. 测定标准溶液系列时，为什么应按从稀到浓的顺序进行？

实验 6　库仑滴定法标定 $Na_2S_2O_3$ 溶液的浓度

一、实验目的

1. 学习库仑滴定法指示终点的基本原理。
2. 学习库仑滴定的基本操作技术。

二、实验原理

1. 库仑分析法

库仑分析法是根据电解过程中消耗的电量，由法拉第定律来确定被测物质含量的分析方法。100%的电流效率是库仑分析法的先决条件。库仑分析法可分为恒电流库仑法和控制电位库仑分析法两种。

恒电流库仑分析法在恒定电流的条件下电解，由电极反应产生的电生"滴定剂"与被测物质发生反应，用电化学方法（也可用化学指示剂）确定"滴定"的终点，由恒电流的大小和达终点需要的时间算出消耗的电量，根据法拉第定律求得被测物质的含量。这种"滴定"方法与滴定分析中用标准溶液滴定被测物质的方法相似。因此恒电流库仑分析法也称库仑滴定法。它可用于中和滴定、沉淀滴定、氧化还原滴定和络合滴定。可根据法拉第定律计算被测物质的量。

$$m = \frac{M}{nf}it = \frac{M}{n}\frac{it}{96485}$$

式中，M 为物质的摩尔质量；n 为电极反应中的电子转移数；t 为达终点需要的时间；i 为电流的大小。

库仑分析法由于其灵敏度、准确度高，在环境分析中得到较广泛的应用。

2. 库仑滴定法标定 $Na_2S_2O_3$ 溶液

化学分析法所用的标准溶液大部分是借助于另一种标准物质作基准，而基准物的纯度、使用前的预处理（如烘干、保湿）、称量的准确度以及滴定时对终点颜色变化的目视观察等等，无疑对标定的结果都有重要影响。利用库仑滴定法通过电解产生的物质与标准溶液反应，不但能对标准溶液进行标定，而且由于利用近代电子技术可以获得非常稳定而精度很高的恒电流，同时，电解时间也易精确记录，因此可以不必使用基准物，而可避免上述以基准物标定时可能引入的分析误差，提高了标定的准确度。

本实验是在硫酸介质中，以电解 KI 溶液产生的碘为滴定剂，在铂片工作电极阳极上以恒电流进行电解，工作阴极置于隔离室（玻璃套管）内，以保持隔离室内外的电路畅通，这样的装置避免了阴极反应对测定的干扰，电极反应如下：

阳极：$2I^- - 2e^- \longrightarrow I_2$

阴极：$2H^+ + 2e^- \longrightarrow H_2$

溶液中反应：$I_2 + 2S_2O_3^{2-} \Longrightarrow S_4O_6^{2-} + 2I^-$

由于上述反应，在化学计量点之前溶液中没有过量的 I_2，不存在可逆电对，因而两个铂指示电极回路中无电流通过，当全部的 $S_2O_3^{2-}$ 作用完毕，稍过量的 I_2 即可与 I^- 形成 $I_2/2I^-$ 可逆电对，此时在指示电极上发生下列电极反应：

指示阳极：$2I^- \Longrightarrow I_2 + 2e^-$

指示阴极：$I_2 + 2e^- \Longrightarrow 2I^-$

由于在两个指示电极之间保持一个很小的电位差（约 200mV），所以此时在指示电极回路中立即出现电流的突跃，以指示终点到达。

正式滴定前要进行预电解，提高标定的准确度。

三、仪器与试剂

仪器：KLT-通用库仑仪、电磁搅拌器、移液枪（1mL，5mL）。

试剂：$1mol \cdot L^{-1}$ 硫酸、20% KI 溶液、待标定硫代硫酸钠溶液（$0.01mol \cdot L^{-1}$）、硝酸。

四、实验步骤

(1) 将铂电极侵入 1:1 硝酸中，数分钟后取出，用蒸馏水清洗。

(2) 取 5.0mL KI 缓冲溶液和 5mL 硫酸溶液置于电解池内，放入搅拌磁子，加入适量水（淹没电极），将电解池放在搅拌器上。在阴极隔离管内注入少量 KI 溶液并接"阴极"，铂片电极接"阳极"。

(3) 启动搅拌器，接通 KLT-通用库仑仪电源，选择方式"电流"，选择终点控制方式"电流上升"，选择电流"10mA"。

(4) 加入待标定硫代硫酸钠溶液 1.0mL。按下"启动""极化电位"键，调"补偿极化电位"使微安表指示约为 $20\mu A$，松开"极化电位"。

(5) 开关置于"工作"，按下"电解"键，电解开始，指示灯灭，数据屏开始计数；电解至终点，指示灯亮，立刻把开关置于"停止"，数据屏显示数据为消耗的总电量。平行测定 5~8 次。

(6) 重复进行实验时，只需重复进行步骤 4 和步骤 5 的工作。
(7) 实验结束清洗容器，复原仪器。

五、数据处理

根据实验数据，分别计算每次实验测定值、平均值、相对标准偏差。

六、实验注意事项

1. 加入 1.0mL 硫代硫酸钠溶液，按下"启动"和"极化电位"键，调"补偿极化电位"使微安表指示约为 $20\mu A$，不能太大和偏小，防止不能指示终点。
2. 指示灯亮，应立即使开关处于"停止"位置，防止继续电解产生碘，影响下次测定。
3. 再次电解之前，先松开"启动"键，使读数清零。

七、思考题

1. 结合本实验说明以库仑法标定溶液浓度的基本原理，并与化学分析中的标定方法相比较，本法有何优点？
2. 根据本实验，你认为可从哪些方面提高标定的准确度？
3. 为什么要进行预电解？

实验 7 循环伏安法测定电极反应参数

一、实验目的

1. 了解循环伏安法的基本原理和特点。
2. 掌握循环伏安法测定电极反应参数的基本原理及方法。
3. 学习固体电极表面的处理技术。
4. 掌握 CHI660E 电化学工作站的使用。

二、实验原理

在电化学分析方法中，凡是以测量电解过程中所得电流-电位（电压）曲线进行测定的方法称为伏安分析法（伏安法）。按施加激励信号的方式、波形及种类的不同，伏安法又分为多种技术，循环伏安法就是其中之一，而且是一种重要的伏安分析方法。

在电化学实验中，若向工作电极和对电极上施加一随时间线性变化的直流电压（图 1），记录电流-电压曲线（图 2）进行分析，这种电化学技术就叫线性扫描伏安法。

循环伏安法就是将线性扫描电位扫到某电位 E_m 后，再回扫至原来的起始电位值 E_i，电位与时间的关系如图 3 所示。电压扫描速度可从每秒毫伏到伏量级。所用的工作电极有悬汞电极、铂电极、金电极或玻璃碳电极等。

当溶液中存在氧化态物质 O 时，它在电极上可逆地还原生成还原态物质 R：

$$O + ne^- \longrightarrow R$$

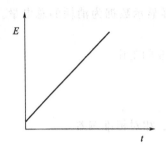

图 1　线性扫描伏安法中所施加的电压-时间曲线　　图 2　线性扫描伏安法中所记录的电流-电压曲线

当电位方向逆转时,在电极表面生成的 R 则被可逆地氧化为 O:

$$R \longrightarrow O + ne^-$$

一个三角波扫描,可以完成还原与氧化两个过程,记录出如图 4 所示的循环伏安曲线。

循环伏安法一般不用于定量分析,主要用于研究电极反应的性质、机理和电极过程动力学参数等。

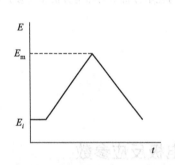 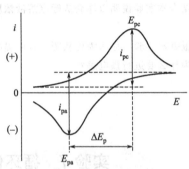

图 3　循环伏安法中所施加的电压-时间曲线　　图 4　循环伏安法中所记录的电流-电压曲线

在循环伏安法中,阳极峰电流 i_{pa}、阴极峰电流 i_{pc}、阳极峰电位 E_{pa}、阴极峰电位 E_{pc} 是最重要的参数,对可逆电极过程来说,循环伏安图如图 5 中的 A 曲线所示,有如下关系:

$$\Delta E = E_{pa} - E_{pc} = \frac{59}{n} \tag{1}$$

$$\frac{i_{pa}}{i_{pc}} \approx 1 \text{(与扫描速度无关)} \tag{2}$$

正向扫描的峰电流 i_p 为:

$$i_p = 2.69 \times 10^5 n^{3/2} A D^{1/2} v^{1/2} c \tag{3}$$

式中　i_p——峰电流,A;
　　　n——电子转移数;
　　　A——电极面积,cm^2;
　　　D——扩散系数,cm$^2 \cdot$ s^{-1};
　　　v——扫描速度,V $\cdot$ s^{-1};
　　　c——浓度,mol $\cdot$ L^{-1}。

从 i_p 的表达式看:i_p 与 $v^{1/2}$ 和 c 都呈线性关系,对研究电极过程具有重要意义。

标准电极电势为:

$$E^0 = \frac{E_{pa} + E_{pc}}{2} \tag{4}$$

所以对可逆过程，循环伏安法是一个方便的测量标准电极电位的方法。

对于部分可逆过程（也称准可逆过程），曲线形状与可逆度有关，如图 5 中 B 曲线所示。一般来说，$\Delta E_p > 59\text{mV}$，且峰电位随扫描速度的增加而变化，阴极峰变负，阳极峰变正。此外，根据电极反应性质的不同，i_{pa}/i_{pc} 可大于 1，等于 1 或小于 1，但均与扫描速度的平方根成正比，因为峰电流仍是由扩散速度所控制的。

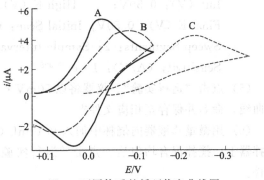

图 5　不同体系的循环伏安曲线图
A—可逆过程；B—准可逆过程；C—不可逆过程

对于不可逆过程，反扫时没有峰，但峰电流仍与扫描速度的平方根成正比，峰电位随扫描速度的变化而变化，如图 5C 所示。

根据 E_p 与扫描速度 v 的关系可计算准可逆和不可逆电极反应的速率常数 K_s。

循环伏安法是用途最广泛的研究电活性物质的电化学分析方法，在分析化学、无机化学、有机化学、生物化学等领域得到了广泛的应用。由于它能在很宽的电位范围内迅速观察研究对象的氧化还原行为，因此电化学研究中常常首先进行的就是循环伏安行为研究，如电极过程可逆性、电极反应机理、计算电极面积和扩散系数等电化学参数、吸附现象、催化反应、电化学-化学偶联反应。

三、仪器与试剂

仪器：CHI660E 型电化学工作站、超声波清洗器、微量移液器、磁力搅拌器、玻璃碳电极、铂丝电极、银-氯化银电极、烧杯。

试剂：$1.0\text{mol} \cdot \text{L}^{-1}$ 硝酸钾溶液、$0.10\text{mol} \cdot \text{L}^{-1}$ 铁氰化钾标准溶液、$3.0\text{mol} \cdot \text{L}^{-1}$ 氯化钾溶液、无水乙醇、氧化铝粉（1μm）、高纯氮气。

四、实验步骤

（1）以去离子水冲洗银-氯化银参比电极和铂丝对电极，滤纸吸水。移取 $1.0\text{mol} \cdot \text{L}^{-1}$ 硝酸钾溶液 10.00mL 于 50mL 烧杯中。

（2）将工作电极（玻碳电极）在含氧化铝粉悬浊液的抛光布上以画圆或"8"字的方式打磨光（至少 5min），冲洗后，在去离子水和无水乙醇中各超声清洗 5min 左右，放入移取的溶液中，再插入对电极（铂丝电极）和参比电极（银/氯化银电极），将相应颜色的电极夹按照下列对应关系夹在电极上，白色：参比电极（RE）；红色：铂电极（AE）；绿色：工作电极（WE）；黑色：悬空。注意：电极间不要短路，否则会损坏仪器；避免拉扯电极顶端的电线，否则会使信号断路。

（3）在电脑的桌面上建立一文件夹，并在随后的操作中将相应的数据（后缀：.bin）保存在该文件夹中。因文件较多，文件名应易区分。

在实验记录本上预先绘出记录表格，随时记录各实验条件（浓度或速度）下的各测量结果值（E_{pa}，E_{pc}，ΔE_p，i_{pa}，i_{pc}）。

（4）点击工作站操作软件的"Setup"菜单，在下拉菜单中先点击"technique"，选定"Cyclic vol"再点击"OK"，然后在"Setup"菜单下拉菜单中点击"Parameters"，在出现的窗口中下列参数设置完毕后，点击"确认"。

Init (V): 0.50V; High E (V): 0.50V; Low E (V): −0.10V; Final E (V): 0.50V; Initial Scan: negative; Scan Rate (V/s): 0.05; Sweep Segments: 2; Sample Interval (V): 0.001; Quiet Time (sec): 2 Sensitivity (A/V): $1 \cdot e^{-0.005}$

(5) 点击"运行实验"。仪器将以 $50mV \cdot s^{-1}$ 的扫描速度记录硝酸钾空白溶液的循环伏安曲线，命名并保存至相应文件夹。

(6) 用微量移液器向烧杯中加入 0.10mL $0.10mol \cdot L^{-1}$ 铁氰化钾标准溶液，置于磁力搅拌器上，搅拌混合均匀后，点击"运行实验"，记录循环伏安图的相应数据，并保存该文件。

(7) 分别再向溶液中加入 0.10mL、0.20mL、0.20mL、0.20mL $0.10mol \cdot L^{-1}$ 铁氰化钾溶液重复步骤（6）操作。注：浓度比例是 1:2:4:6:8。

(8) 分别以 $5mV \cdot s^{-1}$、$10mV \cdot s^{-1}$、$20mV \cdot s^{-1}$、$50mV \cdot s^{-1}$、$100mV \cdot s^{-1}$、$200mV \cdot s^{-1}$ 的扫描速度记录最后溶液的循环伏安曲线。

五、数据处理

1. 列表总结铁氰化钾的测量结果（E_{pa}，E_{pc}，ΔE_p，i_{pa}，i_{pc}），并对照可逆反应的性质进行分析。

2. 相同扫描速度下[步骤(7)]以 i_{pa} 或 i_{pc} 对铁氰化钾溶液的浓度作图并拟合，说明两者之间的关系。

3. 相同铁氰化钾浓度下[步骤(8)]，绘制 i_{pa} 或 i_{pc} 与相应 $v^{1/2}$（v 为扫描速度）的关系曲线并拟合，说明两者之间的关系。

六、实验注意事项

1. 工作电极表面抛光清洗应耐心细致，否则将严重影响实验结果。
2. 为了使液相传质过程只受扩散控制，应在加入电解质和溶液处于静止下进行实验。
3. 不同扫描过程中，为使电极表面恢复初始状态，应将电极提起后再放入溶液中，或将溶液搅拌等溶液静止后再扫描。
4. 避免电极夹头互相接触导致仪器短路。

七、思考题

1. 如何根据体系的循环伏安曲线判断电极反应过程的可逆性？
2. 电化学实验中，一般如何处理固体电极表面？
3. 本实验使用的是三电极体系还是两电极体系？两种体系中具体的电极分别是什么？
4. 铁氰化钾的循环伏安曲线有何特点？并说明其可能的反应机理。

实验8 气相色谱操作条件影响及柱效能的测定

一、实验目的

1. 了解气相色谱仪的基本结构、工作原理与操作技术。

2. 掌握温度、载气流速对气相色谱柱柱效和分离度的影响。
3. 掌握有效塔板数及有效塔板高度的计算方法。

二、实验原理

色谱柱的柱效能（柱效）是色谱柱的一项重要指标，混合物能否在色谱柱中得到分离，除取决于固定相的选择外，还与色谱操作条件及色谱柱的装填状况等因素有关。在一定色谱条件下，色谱柱的柱效可用理论塔板数或理论塔板高度来衡量。一般说来塔板数愈多，或塔板高度愈小，色谱柱的分离效能愈好。在实际工作中使用有效塔板数 $n_{有效}$ 及有效塔板高度 $H_{有效}$ 来表示更为准确，更能真实反映色谱柱分离效果的好坏，它们的计算公式为：

$$n_{有效} = 5.54 \left(\frac{t'_R}{Y_{1/2}}\right)^2 = 16 \left(\frac{t'_R}{Y}\right)^2$$

$$H_{有效} = \frac{L}{n_{有效}}, \quad t'_R = t_R - t_m$$

式中，t'_R 为组分的调整保留时间；t_R 组分的保留时间；t_m 为空气的保留时间（称为死时间）；$Y_{1/2}$ 为色谱峰的半蜂宽度；Y 为色谱峰的峰底宽度；L 为色谱柱的长度。由于各组分在固定相和流动相之间分配系数不同，因而同一色谱柱对各组分的柱效也不相同，所以在报告 n 时，应注明对何种组分而言。

色谱柱的塔板数与许多实验参数有关，范第姆特（Van Demter）等在对色谱过程动力学研究的基础上，提出速率理论方程式：

$$H = A + B/U + CU$$

式中，H 为理论塔板高度；A 为涡流扩散项；B/U 为分子扩散项；CU 为传质阻力项；U 为载气的线速度，$cm \cdot s^{-1}$。其中 A、B、C 均为常数，分别与填充固定相填料的平均颗粒直径、载气的分子量、组分在气相和液相中的扩散系数以及液膜厚度等因素有关，但对已填充好的色谱柱来说，A、B、C 常数均已固定。

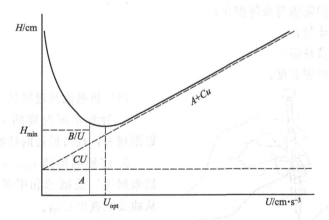

图1 理论塔板高度 H 和载气线速度 U 的关系

图1为 H-U 的关系曲线，曲线上 H_{min} 对应最佳线速度 U_{opt}，因此根据色谱柱长 L 与理论塔板数 n 关系，理论高度 $H=L/n$。对某一给定的色谱柱条件下，若在 U_{opt} 下进行操作，可获得最高的柱效。

本实验通过在一系列不同的载气流量下，测得相应的 H，并由 $U=L/t_m$（式中，t_m 为死时间）求得载气的平均线速度，以 H 为纵坐标，U 为横坐标，描绘出 H-U 的关系曲线，获得最佳柱效提供依据。但在实际工作中，为缩短测定时间，往往可以在不影响组分分离的情况下，采用比最佳流速稍大的流速即使用最佳流速来进行色谱分析。

三、仪器与试剂

仪器：GC9790 型气相色谱仪、色谱柱、氮气、氢气钢瓶（或氢气发生器）、皂膜流量计、微量进样器（10μL）、医用注射器（2mL）、容量瓶。

试剂：苯、甲苯等（均为分析纯）、邻苯二甲酸二壬酯。

四、实验步骤

(1) 分别吸取 5.00mL 苯和 5.00mL 甲苯于 50mL 容量瓶中摇匀作为试液备用。

(2) 实验条件

① 固定相邻苯二甲酸二壬酯，6201 载体（15∶100），60～80 目；

② 流动相氮气，流量 F_0 为 10mL·min^{-1}、15mL·min^{-1}、20mL·min^{-1}、25mL·min^{-1}、30mL·min^{-1}、35mL·min^{-1}、40mL·min^{-1}、45mL·min^{-1}、50mL·min^{-1}；

③ 柱温为 50℃、60℃、70℃、80℃、90℃、100℃；

④ 气化温度为 150℃；

⑤ 检测器热导池检测温度为 110℃；

⑥ 桥电流为 110mA；

⑦ 进样量为 3μL。

(3) 根据实验条件，将色谱仪按仪器操作步骤调节至可进样状态，待仪器上电路和气路系统达到平衡，记录仪上基线平直时，即可进样。

五、数据处理

1. 记录实验条件

(1) 色谱柱的柱长及内径；

(2) 固定相及固定液与载体配比；

(3) 载气及其流量；

(4) 柱前压力及柱温；

(5) 检测器及检测温度；

(6) 桥电流及进样量。

2. 计算不同温度的 $n_{有效}$，将以上各个数据列表，找出最佳的柱温。

3. 将所测得的 t_m，n，H 和 U 的计算结果列表，绘制苯和甲苯的 H-U 曲线，并从曲线上查出 U_{opt}。

六、实验注意事项

1. 图 2 为微量进样器进样姿势，进样时要求注射器垂直于进样口，左手挟着针头以防弯曲，右手拿注射器，右手食指卡在注射器芯子和注射器管的交界处，这样可避免当进针到气路中由于载气压力较高把芯子顶

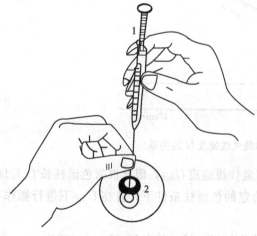

图 2 微量进样器操作姿势

1—微量进样器；2—进样口

出，影响正确进样。

2. 注射器取样时，应先用被测试液洗涤 5～6 次，然后缓慢抽取一定量试液，若仍有空气带入注射器内，可将针头朝上，待空气排除后，再排去多余试液即可进样。

3. 进样时要求操作稳当、连贯、迅速，进针位置及速度、针尖停留和拔出速度都会影响进样重现性，一般进样相对误差为 2‰～5‰。

4. 要经常注意更换进样器上的硅橡胶密封垫片，该垫片经 10～20 次穿刺进样后，气密性降低，容易漏气。

5. 在测量每一载气流量下空气的 t_m 和甲苯的 t_R 时，必须保持相同的实验条件。

6. 在改变每一载气流量时，必须保持仪器上的电路和气路系统重新达到平衡时方可进样。

七、思考题

1. 由本实验测得的有效塔板数可说明什么问题？
2. 用同一根色谱柱分离不同组分时，其塔板数是否一样，为什么？
3. 以微量进样器进样时应注意什么？
4. 测定色谱柱的 H-U 关系曲线有何实用意义？
5. 如何选择实用最佳载气流量？

实验 9　气相色谱的定性和定量分析——归一化法

一、实验目的

1. 进一步学习计算色谱峰的分辨率的方法。
2. 熟练掌握根据保留值用已知物对照定性的分析方法。
3. 熟悉用归一化法定量测定混合物各组分的含量。

二、实验原理

成功分离一个混合试样是气相色谱法完成定性及定量分析的前提和基础。衡量一对色谱峰分离的程度可用分离度 R 表示：

$$R = \frac{t_{R,2} - t_{R,1}}{\frac{1}{2}(Y_1 + Y_2)}$$

式中，$t_{R,2}$、Y_2 和 $t_{R,1}$、Y_1 分别是两个组分的保留时间和峰底宽。如图 1 所示，当 $R=1.5$ 时，两峰完全分离；当 $R=1.0$ 时，98% 的分离。在实际应用中，$R=1.0$ 一般可以满足需要。

用色谱法进行定性分析的任务是确定色谱图上每一个峰所代表的物质。在色谱条件一定时，任何一种物质都有确定的保留值、保留时间、保留体积、保留指数及相对保留值等保留参数。因此，在相同的色谱操作条件下，通过比较已知纯样和未知物的保留参数或在固定相上的位置，即可确定未知物为何种物质。

当手头上有待测组分的纯样时，用与已知物对照进行定性的方法极为简单。实验时，可采用单柱比较法、峰高加入法或双柱比较法。

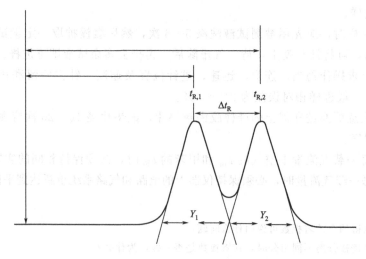

图 1　测量 t_R 和分离度

单柱比较法是在相同的色谱条件下，分别对已知纯样及待测试样进行色谱分析，得到两张色谱图，然后比较其保留参数。当两者的数值相同时，即可认为待测试样中有纯样组分存在。

双柱比较法是在两个极性完全不同的色谱柱上在各自确定的操作条件下，测定纯样和待测组分在其上的保留参数，如果都相同，则可准确地判断试样中有与此纯样相同的物质存在。由于有些不同的化合物会在某一固定相上表现了相同的热力学性质，故双柱法定性比单柱法更为可靠。

在一定的色谱条件下，组分 i 的质量 m_i 或其在流动相中的浓度与检测器的响应讯号峰面积 A_i 或峰高 h_i 成正比：

$$m_i = f_i^A A_i \tag{1}$$

$$m_i = f_i^h h_i \tag{2}$$

式中，f_i^A 和 f_i^h 为绝对校正因子。式(1) 和式(2) 是色谱定量的依据。不难看出，响应信号 A、h 及校正因子的准确测量直接影响定量分析的准确度。

由于峰面积的大小不易受操作条件如柱温、流动相的流速、进样速度等因素的影响，故峰面积更适于作为定量分析的参数。

由式(1)，绝对校正因子可用下式表示：

$$f_i^A = \frac{m_i}{A_i}$$

式中，m_i 可用质量、物质的量及体积等物理量表示，相应的校正因子分别称为质量校正因子、摩尔校正因子和体积校正因子。由于绝对校正因子受仪器和操作条件的影响很大，其应用受到限制，一般采用相对校正因子。相对校正因子是指组分 i 与基准组分 s 的绝对校正因子之比，即：

$$f_{is}^A = \frac{A_s m_i}{A_i m_s}$$

因绝对校正因子很少使用，一般文献上提到的校正因子就是相对校正因子。

根据不同的情况，可选用不同的定量方法。归一化法是将样品中所有组分含量之和按 100% 计算，以它们相应的响应信号为定量参数计算各组分的质量分数：

$$w_1 = \frac{m_i}{m(\text{总})} = \frac{f_{is}^A A_i}{f_{1s}^A A_1 + f_{2s}^A A_2 + \cdots + f_{ns}^A A_n} \times 100\% = \frac{f_{is}^A A}{\sum_{i=1}^n f_{is}^A A}$$

该法简便、准确。当操作条件变化时，对分析结果影响较小，常用于常量分析，尤其适用于进样量少而体积不易准确测量的液体试样。

但采用本法进行定量分析时，要求试样中各组分产生可测量的色谱峰。

三、仪器与试剂

仪器：GC9790 型气相色谱仪、色谱柱、氮气、氢气钢瓶（或氢气发生器）、皂膜流量计、微量进样器（10μL）、医用注射器（2mL）。

试剂：正己烷、环己烷、苯、甲苯（以上均为 A.R）、未知的混合试样、邻苯二甲酸二壬酯。

四、实验步骤

(1) 认真阅读气相色谱仪操作说明。

(2) 根据实验条件

① 固定相邻苯二甲酸二壬酯，6201 载体（15：100），60～80 目；
② 柱温为 110℃；
③ 载气流速稍高于最佳流速；
④ 气化温度为 150℃；
⑤ 检测器热导池检测温度为 110℃；
⑥ 桥电流为 110mA；
⑦ 进样量为 3μL。

将色谱仪按仪器操作步骤调节至可进样状态，待仪器上电路和气路系统达到平衡，记录仪上基线平直时，即可进样。

(3) 准确配制正己烷：环己烷：苯：甲苯为 1：1：1.5：2.5（质量比）的标准溶液，以备测量校正因子。

(4) 进未知混合样约 2.0μL 和空气 0.3～0.5mL，各 2～3 次，记录色谱图上各峰的保留时间 t_R 和 A_i。

(5) 分别注射正己烷、苯、环己烷、甲苯等纯试剂 1.0μL，各 2～3 次，记录色谱图上各峰的保留时间 t_R。

(6) 进 2.0μL 已配制好的标准溶液，各 2～3 次，记录色谱图及各峰的保留时间 t_R。

五、数据处理

1. 用步骤（4）所得数据，计算前 3 个峰中每两个峰间的分离度。
2. 比较步骤（4）和（5）所得色谱图及保留时间，指出未知混合试样中各色谱峰对应的物质。
3. 以苯为基准物质，计算各组分的质量校正因子。
4. 计算未知混合试样中各组分的质量分数。

六、思考题

1. 本实验中进样量是否需要非常准确？为什么？
2. 将测得的质量校正因子与文献值比较。

3. 试说明 3 种不同单位校正因子的关系和联系。
4. 试根据混合试样各组分及固定液的性质解释各组分的流出顺序。

实验 10　对羟基苯甲酸酯类混合物的反相高效液相色谱测定

一、实验目的

1. 学习高效液相色谱用保留值定性和用归一化法定量的技术。
2. 熟悉高效液相色谱分析操作。
3. 掌握用高效液相色谱法测定食品中防腐剂的含量。

二、实验原理

高效液相色谱仪是一种色谱分析仪器，主要用于有机化合物的分析，可以对已知 80% 左右的有机化合物进行分离和分析，特别适用于高沸点、大分子、强极性和热稳定性差的化合物以及生物活性物质的分离和分析。液相色谱仪在医药、食品、农业、生命科学、化工和环保等领域都有广泛的应用。

液相色谱分析方法实质上是一种物理化学分析方法，又称色层法或层析法。它是利用不同物质在两相（固定相和流动相）中具有不同的分配系数和吸附能力及其他亲和作用性能的差异为分离依据，当混合物中各组分随流动相移动时，在两相中反复进行多次分配，从而使各组分得到分离。

流动相为液体的色谱分析叫作液相色谱分析。根据分离原理的差异，液相色谱通常分为以下几种类型：液固吸附色谱、液液分配色谱、离子交换色谱和离子对色谱、凝胶色谱。

在对羟基苯甲酸酯类混合物中含有对羟基苯甲酸甲酯、对羟基苯甲酸乙酯、对羟基苯甲酸丙酯和对羟基苯甲酸丁酯时，它们都是强极性化合物，可采用反相液相色谱进行分析，选用非极性的 C_{18} 烷基键合相作固定相，甲醇的水溶液作流动相。

在一定的色谱条件下，酯类各组分的保留值是恒定的，因而在同样条件下，记录纯酯类各组分和未知样品的色谱图，将测得的未知样品的各组分保留时间与已知纯酯类各组分保留时间对照，便可确定未知样品中各组分存在与否。这种利用纯物质对照定性分析的方法适用于来源已知且组分简单的混合物。

本实验采用归一化法定量。归一化法适用条件及计算公式与气相色谱法相同：

$$C_i(\%) = (f_i A_i)/(\Sigma f_i A_i)$$

对羟基苯甲酸酯类混合物属同系物，具有相同的生色团和助色团，因此紫外光度检测器测量时，它们的校正因子相同，故上式便可检测为：

$$C_i = \frac{A_i}{\Sigma A_i} \times 100\%$$

三、仪器与试剂

仪器：容量瓶、烧杯、比色管、高效液相色谱仪 LC-20aT。

试剂：对羟基苯甲酸甲酯、对羟基苯甲酸乙酯、对羟基苯甲酸丙酯、对羟基苯甲酸丁酯、甲醇、水（GB/T 6682 规定的一级水）、乙酸铵（分析纯）。

四、实验步骤

1. 溶液的配制

标准储备液：分别于 4 个 100mL 容量瓶中，配制浓度为 1000μg·mL^{-1} 的上述 4 种酯类化合物的甲醇溶液。分别称取 4 种酯类 0.1000g 于 50mL 烧杯中溶解然后定容到 100mL 容量瓶中。

标准工作液：分别取上述 4 种标准储备液于 4 个 10mL 比色管中，配制浓度均为 10μg·mL^{-1} 的 4 种酯类化合物的甲醇溶液，摇匀备用。

取 5.00mL 浓度为 1000μg·mL^{-1} 的上述 4 种酯类化合物的甲醇溶液稀释到 100mL 容量瓶中，得到浓度为 50.0μg·mL^{-1} 的 4 种酯类化合物的甲醇溶液。分别取 2.00mL 浓度为 50.0μg·mL^{-1} 的上述 4 种酯类化合物的甲醇溶液于 10mL 比色管中定容得到 10.0μg·mL^{-1} 的标准工作液。

标准混合工作液：在一个 10mL 的比色管中，分别取 2.00mL 浓度为 50.0μg·mL^{-1} 的 4 种酯类化合物的甲醇溶液定容得到浓度均为 10.0μg·mL^{-1} 的酯类混合的甲醇溶液，混匀备用。

2. 实验操作

(1) 将配制好的流动相甲醇水溶液置于超声波发生器上，脱气 5min。

(2) 根据实验条件进行操作。

(a) 色谱柱：长 15cm、内径 3mm，装填 C_{18} 烷基键合相、颗粒度为 10um 的固定相。

(b) 流动相：甲醇＋20mmol·L^{-1} 乙酸铵溶液（60∶40，体积比）。

(c) 检测器：紫外光度检测器，检测波长扫描范围为 210～400nm，定量波长为 256nm。

(d) 进样量：10μL。

按照仪器说明书操作步骤将仪器调节至进样状态，待仪器液路和电路系统达到平衡，记录仪基线呈平直时，即可进样。

(3) 依次分别吸取 10μL 四种标准工作液、标准混合工作液和未知试液进样，记录各色谱图，并各重复两次。

五、数据处理

1. 记录实验条件，保存实验资料。

2. 测量 4 种对羟基苯甲酸酯类化合物色谱图的保留时间 t_R，并填于表中。

组分	t_R/min			
	1	2	3	平均
对羟基苯甲酸甲酯				
对羟基苯甲酸乙酯				
对羟基苯甲酸丙酯				
对羟基苯甲酸丁酯				

3. 一次测量标准混合物色谱图上各色谱峰的保留时间 t_R，然后与 4 种对羟基苯甲酸酯类化合物的 t_R 对照。确定各色谱峰为何种化合物所产生，填于表中。

色谱峰	t_R/min				相应化合物的名称
	1	2	3	平均值	
峰 1					
峰 2					
峰 3					
峰 4					

4. 测量未知试样色谱图上各组分的峰高 h、峰宽 Y，计算各组分峰面积 A 及其含量 C_i（%），并将数据列于表中。

组分	次数	h/mau	Y_{min}	A/ma	平均 A_i/mau * s	平均 c_i/%
对羟基苯甲酸甲酯	1					
	2					
	3					
对羟基苯甲酸乙酯	1					
	2					
	3					
对羟基苯甲酸丙酯	1					
	2					
	3					
对羟基苯甲酸丁酯	1					
	2					
	3					

六、实验注意事项

1. 对色谱柱来说，在通常的分析条件下，可长时间使用，但如发生杂物吸附或由微粒引起的堵塞时，则其性能大大降低，为延长色谱柱寿命建议使用保护柱。

2. 若直接注入浑浊的试样或含有微粒的试样，则会成为形流路或使色谱柱堵塞，请用 0.2~0.5μm 左右的圆盘过滤或离心沉淀去除杂物。

3. 在流动相水溶液中含有眼睛所看不到的很多离子及微生物，如在此状态下直接使用时，则会造成过滤器及色谱柱的堵塞以至压力上升或色谱柱劣化，无法进行良好的分析，建议将流动相水溶液用 0.22μm 的膜滤器减压过滤后使用。

4. 压力不能太大，最好不要超过 30MPa，防止高压力冲击色谱柱。

5. 每次使用后要冲洗干净进样阀中残留的样品和缓冲盐，防止无机盐沉积和样品微粒磨损阀转子；使用完毕后须在记录本上记录使用情况。

6. 色谱柱若不用，在卸下前必须洗去缓冲液，并用大于 10% 的有机溶剂充满整个色谱柱，卸下柱后，用柱堵头将色谱柱首尾密封。

七、思考题

1. 高效液相色谱用于哪些物质的测定？
2. 高效液相色谱的基本检测原理是什么？
3. 在高效液相色谱中，为什么可以利用保留值定性？这种定性方法可靠吗？

实验 11 苯甲酸红外光谱的测定与解析

一、实验目的
1. 掌握溴化钾压片法制备固体样品的方法。
2. 了解红外光谱法的基本原理，学习并掌握红外分光光度计的使用方法。
3. 初步学会对红外吸收光谱图的解析。

二、实验原理
1. 红外吸收光谱法

不同波长的光按顺序排列构成整个光谱见图1。

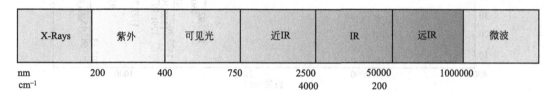

图1 不同波长的光

以一定波长的红外光照射物质时，若该红外光的波数能满足物质分子中某些基团振动能级的跃迁波数条件，则该分子就吸收这一波长红外光的辐射能量，引起偶极距的变化，而由基态振动能级跃迁至能量较高的激发态振动能级。在引起分子振动能级跃迁的同时不可避免地要引起分子转动能级之间的跃迁，故红外吸收光谱又称振动转动光谱。分子中电子能级、振动能级和转动能级示意图见图2。

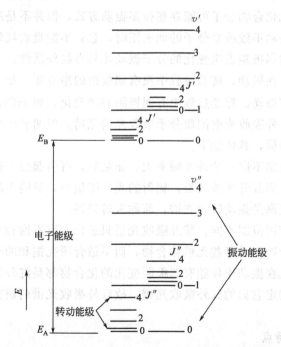

图2 分子中电子能级、振动能级和转动能级示意图

红外吸收光谱法（infrared absorption spectrometry，IR）又称红外分光光度法，即是利用物质对红外光电磁辐射的选择性吸收特性来进行结构分析、定性、定量分析的一种方法。IR 在化学领域中主要用于分子结构的基础研究以及化学组成的分析，但其中应用最广泛的还是化合物的结构鉴定。根据红外光谱的峰位、峰强及峰形，判断化合物中可能存在的官能团，从而推断出未知物的结构。某有机物的红外吸收光谱见图 3。

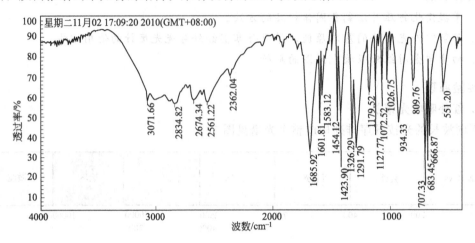

图 3　某有机物的红外吸收光谱图（每种红外活性振动都产生一个吸收峰）

2. 红外吸收光谱产生的条件

（1）辐射应具有能满足物质产生振动跃迁所需的能量，只有当红外辐射频率等于振动量子数的差值与分子振动频率的乘积时，分子才能吸收红外辐射，产生红外吸收光谱。

（2）辐射与物质间有相互偶合作用，即分子在振动、转动过程中必须有偶极距的净变化（偶极距的变化 $\Delta \mu \neq 0$）。

一个多原子的有机化合物分子可能存在很多振动方式，但并不是所有的分子振动都能吸收红外光。当分子的振动不致改变分子的偶极矩时，它就不能吸收红外辐射，即它不具有红外活性；只有使分子的偶极矩发生变化的分子振动才具有红外活性。

非红外活性：分子在振动、转动过程中没有偶极距的净变化，如 N_2、O_2、Cl_2 等。

红外活性：分子在振动、转动过程中有偶极距的净变化，如 HCl、CO_2、H_2O 等。

紫外吸收光谱与红外吸收光谱同属分子吸收光谱范畴，但两者产生的机制不同，研究对象和使用范围也不尽相同，具体如下：

（1）光谱产生的机制不同：紫外光频率大，能量高，可引起分子外层电子的跃迁，紫外吸收光谱是电子光谱；而红外光波长长，辐射的光子能量小，只能引起分子的振动与转动能级的跃迁，红外吸收光谱是振动转动光谱，简称振转光谱。

（2）研究对象和使用范围不同：紫外吸收光谱只适合研究不饱和有机化合物，特别是具有共轭体系的有机化合物以及某些无机化合物，而不适合研究饱和的有机化合物。红外吸收光谱则不受此限制，凡在振动中伴随有偶极距变化的化合物都是红外光谱研究的对象，几乎所有的化合物都可以测定它们的红外吸收光谱，故红外吸收光谱的研究对象和使用范围比紫外光谱法广泛得多。

3. 红外光谱法的特点

红外吸收光谱法具有以下的特点：

(1) 高度的特征性；

(2) 分析速度快；

(3) 试样需要量少，且气、液、固均可分析，应用范围广泛。

但是由于红外光谱法灵敏度不高，而且要求样品纯制，因而在应用上也受到一定的限制。在剖析复杂样品结构时，红外光谱法常常必须与其他仪器分析方法如质谱、核磁共振、紫外光谱、元素分析等方法结合起来使用。

4. 红外分光光度计

红外分光光度计（红外光谱仪）可分为色散型红外分光光度计和傅里叶变换红外分光光度计（FTIR）。色散型红外分光光度计的结构与紫外-可见分光光度计大体一样，由光源、吸收池、单色器、检测器以及记录显示装置五大部分组成，如图 4 所示。两者最根本的一个区别是：前者的吸收池放在光源与单色器之间，后者的吸收池则放在单色器之后。

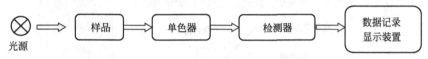

图 4　色散型红外分光光度计结构示意图

色散型红外分光光度计是以棱镜或光栅作为色散元件，这类仪器的能量受到严格限制，扫描时间慢，且灵敏度、分辨率和准确度都较低。随着计算方法和计算技术的发展，20 世纪 70 年代出现新一代的红外光谱测量技术及仪器——傅里叶变换红外分光光度计（图 5）。

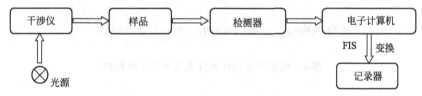

图 5　傅里叶变换红外分光光度计结构示意图

傅里叶变换红外分光光度计是利用干涉的方法，并经过傅里叶变换而获得红外光谱的仪器。它由光源、迈克尔逊干涉仪、试样插入装置、检测器、电子计算机和记录仪等部分组成，如图 6 所示。它与色散型红外分光光度计的主要区别在于干涉计和电子计算机两部分。

在傅里叶变换红外分光光度计中迈克尔逊干涉仪的作用是将光源发出的光分为两束后，再以不同的光程差重新组合，发生干涉现象。干涉图包含着光源的全部频率和与频率相对应的强度信息，所以如有一个红外吸收的样品放在干涉仪的光路中，由于样品吸收特征红外波数的能量，结果所得到的干涉图强度曲线就会相应地产生一些变化。这个包含着每个频率强度信息的干涉图，可借助数学上的傅里叶变换技术，对每个频率的光强进行计算，从而得到吸收强度或透射率随频率或波数变化的普通的红外光谱图。这套变化过程比较复杂和麻烦，在仪器中通过计算机完成。

傅里叶变换红外分光光度计的内部结构如图 7 所示。

傅里叶变换红外光谱仪具有扫描速度快、分辨率高、灵敏度高、波数精度高、光谱范围宽等优点，应用范围非常广泛，是现代化学研究者不可缺少的基本设备之一。

5. 样品的制备

在红外光谱法中，样品的制备占有重要地位。如果试样处理不当，那么即使仪器的性能很好，也不能得到满意的红外光谱图。一般来说，样品制备时应注意以下几点：

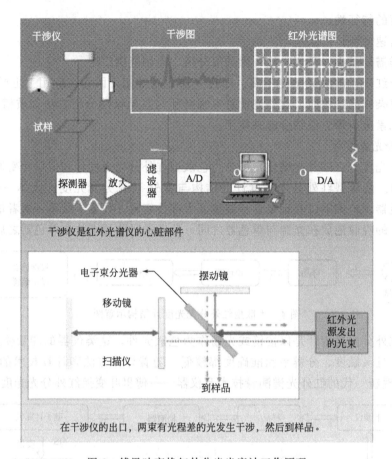

图 6 傅里叶变换红外分光光度计工作原理

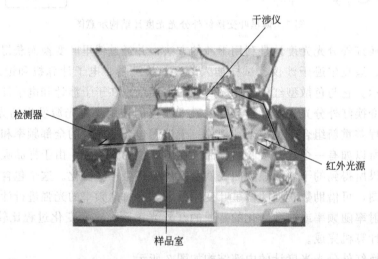

图 7 傅里叶变换红外分光光度计的内部结构

(1) 样品的浓度和测试厚度应选择适当。一般使光谱图上大多数吸收峰的透射率处于 15%～70% 范围内为宜。

(2) 样品应是单一组分的纯物质，否则各组分光谱互相重叠，会使图谱无法解析。

(3) 样品中不含有游离水。水分的存在不仅会侵蚀吸收池的盐窗，而且水分本身在红外区有吸收，使测得的光谱图变形。

红外光谱法不受试样物态限制，可用于气态、液态、固态样品的测定。气态样品一般灌入气体槽内进行测定；液体样品可以采用液体吸收池法与液膜法制备；固体样品可以采用溶液法、压片法、薄膜法、糊状法等制备。

三、仪器与试剂

仪器：FTIR Nicolet 6700 红外分光光度计、YP-2 压片机、红外干燥灯、玛瑙研钵、不锈钢药匙。

试剂：无水乙醇、苯甲酸（80℃干燥 24h，存于干燥器中）、溴化钾（110℃干燥 24h，存于干燥器中）。

四、实验步骤

1. 压片

取预先在 110℃干燥 24h，并保存在干燥器中的溴化钾 150mg 左右，置于洁净的玛瑙研钵中，于红外灯下研磨均匀，装入压片模具中，在压片机上压片，即得透明的溴化钾晶片，作为空白晶片，待用。

另取一份 150mg 左右的溴化钾置于洁净的玛瑙研钵中，加入 2~3mg 的苯甲酸，混合均匀后，同上操作，研磨、压片，即制得样品晶片。

2. 红外光谱测定

将空白晶片与样品晶片分别装入磁性样品架，先后置于红外分光光度计样品室中，进行红外光谱的扫描测定。

扫谱结束后，取出样品架，取下样品薄片，将压片模具、试样架等擦洗干净，置于干燥器中保存好。

五、数据处理

1. 实验参数记录

温度：约 20℃；湿度：<65%；压片压力：30MPa；参比物：KBr 片；扫描范围：4000~400cm^{-1}；扫描圈数：16；分辨率：4cm^{-1}；分束器：KBr。

2. 图谱解析

测试完毕后，对所得红外谱图上的峰进行归属分析。

红外图谱的解析主要靠长期的实践与经验的积累，没有一个特定的办法，一般解析时遵循的规则是先官能团区，后指纹区；先强峰，后弱峰；先粗查，后细找；先否定，后肯定。

官能团区（4000~1300cm^{-1}）：该区域的峰是由 X—H（X 为 O、N、C 等）单键的伸缩振动，以及各种双键、三键的伸缩振动产生的吸收带，且该区域的吸收峰稀疏，容易辨认。

指纹区（1300~600cm^{-1}）：指纹区的能量比官能团区低，各种单键的伸缩振动以及多数基团的变形振动出现在此区，且该区域的吸收光谱比较复杂。重要官能团的红外吸收区域见表 1。

表 1 重要官能团的红外吸收区域

序号	光谱区域/cm^{-1}	引起吸收的主要基团
1	3000~1000	O—H，N—H 伸缩振动
2	3300~2700	C—H 伸缩振动

续表

序号	光谱区域/cm^{-1}	引起吸收的主要基团
3	2500~1900	—C≡C—,C≡N,C=C=C—, C=C=O, —N=C=O 伸缩振动
4	1900~1650	C=O 伸缩振动及芳烃中 C—H 弯曲振动的倍频和合频
5	1675~1500	芳环、C=C、C=N— 伸缩振动
6	1500~1300	C—H 面内弯曲振动
7	1300~1000	C—O,C—F,Si—O 伸缩振动和 C—C 骨架振动
8	1000~650	C—H 面外弯曲振动,C—Cl 伸缩振动

六、实验注意事项

1. 样品应适当干燥,研磨时应在干燥灯下进行。
2. 试样的浓度和测试厚度应选择适当。
3. 在制样时应尽量避免引入杂质,研钵、药匙、模具等须洁净。
4. 严格按照压片机、红外光谱仪的操作规程进行。

七、思考题

1. 用压片法制样时,为什么要求将固体试样研磨到颗粒粒度约为 $2\mu m$ 左右?
2. 用溴化钾压片法制样时,对试样的制片有何要求?
3. 在测定固体的红外谱图时,如果没有把水分完全除去,对实验结果有什么影响?
4. 在用红外光谱测定和分析物质结构时,对谱图进行解析应遵循哪些规则?

实验 12 修饰电极阳极溶出法测定水中的铅

一、实验目的

1. 了解修饰电极的制备方法。
2. 掌握阳极溶出法测定水中铅的原理和阳极溶出法实验技术。

二、实验原理

阳极溶出法是一种将恒电位电解富集和伏安法测定结合在一起的电化学分析方法,通常用悬汞或汞膜电极作为工作电极,但汞有毒,会污染环境,影响人体健康。本实验使用自制的聚氨基酸修饰电极作为工作电极,使被测定的金属离子在适当的条件下电解还原富集在电极表面,然后将电压向正方向扫描,使电极表面的金属重新氧化溶出,产生比富集时的还原电流大很多的氧化电流。此电流与溶液中金属离子的浓度、电解富集的时间、富集时的搅拌速度、电极的面积和扫描速度等因素有关。当其他条件一定,峰电流只与溶液中金属离子的浓度成正比。这是阳极溶出法定量分析的依据。此法突出的优点是灵敏度极高。

三、仪器与试剂

仪器：LK98 电化学分析系统或其他型号的电化学分析系统、搅拌器、修饰电极、饱和甘汞电极或 Ag/AgCl 电极、铂电极、砂纸、容量瓶、玻璃碳电极。

试剂：$0.005 mol \cdot L^{-1}$ Pb^{2+} 标准溶液、$0.1 mol \cdot L^{-1}$ HAc-NaAc 缓冲溶液（pH＝3.5，pH＝4.5）、纯 N_2、Al_2O_3、硝酸、无水乙醇、L-苏氨酸。

四、实验步骤

1. 修饰电极的制备

（1）电极的预处理　将 GCE（Φ＝3mm）在粒度为 1000 的金相砂纸上磨光，然后在湿润的 Al_2O_3（$0.05\mu m$）上抛光成镜面，依次用 HNO_3（1∶1）、无水乙醇超声波（每次 10min）清洗，再用二次水洗涤，备用。

（2）电极的修饰　在 10mL 容量瓶中，加入 5.0mL pH＝3.5 的 $0.1 mol \cdot L^{-1}$ NaAc-HAc 缓冲液，3.0mL $5.0 \times 10^{-3} mol \cdot L^{-1}$ L-苏氨酸，用水稀释至刻度，倒入电解池中，以玻璃碳电极为工作电极，Ag/AgCl 电极为参比电极，铂电极为对电极，在 $-1.1 \sim 2.1V$ 范围内，$140 mV \cdot s^{-1}$ 扫速下循环扫描 6 周，聚合结束后取出电极，用蒸馏水淋洗，晾干，即得聚 L-苏氨酸修饰电极。

2. 标准系列的配制和样品的处理

（1）在 5 个 10mL 容量瓶中分别加入 $0.005 mol \cdot L^{-1}$ Pb^{2+} 标准溶液 0.20mL、0.40mL、0.60mL、0.80mL、1.00mL，加入 5.0mL pH＝4.5 的 HAc-NaAc 缓冲溶液，用蒸馏水稀释至刻度，混合均匀，预通 N_2 5min。

（2）取未知液 1.0mL 置于 10mL 容量瓶中，加入 5.0mL pH＝4.5 的 HAc-NaAc 缓冲溶液，用蒸馏水稀释至刻度，混合均匀。预通 N_2 5min。

3. 测定标准系列和样品溶液的氧化电流值（以 LK98 型号的电化学分析系统为例）

（1）将仪器接通电源，开启系统主机、微机，双击桌面 LK98 快捷图标，进入系统主菜单；点击"方法种类"，弹出各种技术菜单，选择"线性扫描技术"中的"线性扫描溶出伏安法"。

（2）点击"参数设定"，弹出各种参数菜单，电流挡选"微安"；灵敏度选"$50\mu A$"；放大倍率选"1"；富集电压选"$-1.1V$"；富集时间选"5.0min"；平衡时间选"40s"，溶出扫描电压范围选择"$-1.1 \sim -0.2V$"；扫描速度选"$100 mV \cdot s^{-1}$"。

（3）将标准系列溶液和样品溶液分别置于电解池中，将修饰电极、Ag/AgCl 电极和辅助铂电极插入溶液。

（4）选择"实验开始"快捷按钮，在搅拌、通 N_2 条件下进行富集，平衡时不搅拌，不通 N_2；按由稀到浓的顺序测定标准系列溶液的氧化电流值；同样条件下测定样品溶液的氧化电流值。

（5）实验结束，清洗容器，仪器复原。

五、数据处理

1. 绘制 i_d-c_{Pb} 工作曲线，从工作曲线上求出未知液中出 Pb^{2+} 的浓度。
2. 以 $mol \cdot L^{-1}$ 表示 Pb^{2+} 的浓度。

六、实验注意事项

1. 富集时在搅拌、通 N_2 条件下进行；平衡时不搅拌、不通 N_2。

2. 按由稀到浓的顺序测定标准系列溶液的氧化电流值；同样条件下测定样品溶液的氧化电流值。

3. 掌握仪器使用方法后，方可开启和使用仪器。

七、思考题

1. 为什么溶出伏安法测定物质的浓度比普通极谱方法的灵敏度高？
2. 根据阳极溶出伏安法测定原理，试述阴极溶出伏安法可测定哪些离子？

实验 13 紫外吸收光谱法测定蒽醌的摩尔吸光系数及含量

一、实验目的

1. 掌握紫外吸收光谱法进行定量分析的方法。
2. 掌握紫外吸收光谱法测定摩尔吸光系数的方法。
3. 掌握测定波长的选择方法。

二、实验原理

利用紫外吸收光谱进行定量分析，同样需借助朗伯-比尔定律，而选择合适的波长是紫外吸收光谱定量分析的重要环节。在蒽醌粗品中含有邻苯二甲酸酐，蒽醌分子式：

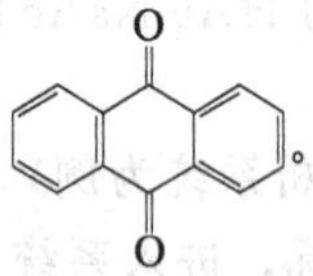

邻苯二甲酸酐分子式：

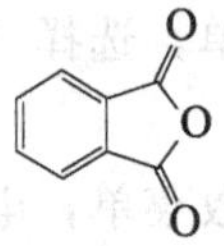

它们的紫外吸收光谱有部分重叠，蒽醌在波长 251nm 处有一强烈吸收（$\varepsilon = 4.6 \times 10^4$），在波长 323nm 处有一中等强度的吸收（$\varepsilon = 4.7 \times 10^3$）。若考虑测定的灵敏度，应选择 251nm 为测量波长，但在 251nm 附近有一邻苯二甲酸酐的强烈吸收峰 $\lambda_{max} = 224nm$（$\varepsilon = 3.3 \times 10^4$），测定将受到严重干扰。而在 323nm 波长处，邻苯二甲酸酐无吸收，为此选用 323nm 波长处作为蒽醌定量分析的测定波长更为合适。

摩尔吸光系数 ε 是吸收光谱分析中的一个重要参数，在吸收峰的最大吸收波长处的 ε 既可用于定性鉴定，也可用于衡量物质对光的吸收能力，且是衡量吸光度定量分析方法灵敏程度的重要指标，其值可利用标准曲线的斜率求得。

三、仪器与试剂

仪器：TU1901 紫外可见分光光度计、石英比色皿、容量瓶、10mL 的比色管、烧杯。

试剂：蒽醌、邻苯二甲酸酐、乙醇（以上均为分析纯）、工业品蒽醌试样、蒽醌标准储备液（200mg·L^{-1}）：准确称取 0.2000g 蒽醌于烧杯中，用乙醇溶解后，转移到 1000mL 容量瓶中，用乙醇稀释至刻度。注意：用乙醇溶解时，应采用回流装置，水浴加热回流方能完全溶解。

蒽醌标准使用液（40.0mg·L^{-1}）：吸取 10mL 蒽醌标准储备液于 50mL 容量瓶中，用乙醇稀释至刻度。

邻苯二甲酸酐标准储备液（1000mg·L^{-1}）：准确称取 0.100g 邻苯二甲酸酐于 100mL 烧杯中，用乙醇溶解后，转移到 100mL 容量瓶中，用乙醇稀释至刻度。

邻苯二甲酸酐标准使用液（100.0mg·L^{-1}）：吸取 10.00mL 邻苯二甲酸酐标准储备液于 100mL 容量瓶中，用乙醇稀释至刻度。

四、实验步骤

1. 波长的选择

在两只 10mL 的比色管或容量瓶中，分别加入 4.00mL 蒽醌标准使用液和 5.00mL 邻苯二甲酸酐标准使用液，用乙醇稀释至刻度，摇匀，在 200～350nm 处，以乙醇为参比，分别测量蒽醌和邻苯二甲酸酐的吸收光谱曲线，每隔 5nm 记录一次吸光度（峰值附近每隔 2nm 记录一次），由吸收曲线选择蒽醌的测定波长。

2. 标准曲线的制作

在 6 只 10mL 的比色管或容量瓶中，分别加入 0.00mL、2.00mL、4.00mL、6.00mL、8.00mL、10.0mL 蒽醌标准使用液，然后用乙醇稀释至刻度，摇匀，在选择的波长处，以乙醇为参比，测量吸光度。

3. 样品测定

称取 0.100g 蒽醌粗品于烧杯中，用乙醇溶解，然后转移到 1000mL 容量瓶中，用乙醇稀释至刻度，摇匀。在 3 只 10mL 的比色管或容量瓶中，分别加入 4.00mL 该溶液，用乙醇稀释至刻度，摇匀，在选择的波长处以乙醇为参比测量吸光度。

五、数据处理

1. 绘制蒽醌、邻苯二甲酸酐溶液的吸收光谱曲线。
2. 绘制蒽醌标准曲线。
3. 根据蒽醌粗品溶液中的吸光度，在绘制的标准曲线上查出其浓度，并根据样品量计算其含量。
4. 根据标准曲线的斜率计算摩尔吸光系数。

六、实验注意事项

1. 该仪器为精密电子仪器，使用前请认真阅读使用说明书。机内有高压电源，严禁带电插拔电源。如违反操作规程，可能导致仪器损坏或伤人。
2. 在可见区测定时用玻璃比色皿，在紫外区测定时须用石英比色皿。
3. 比色皿勿盛装腐蚀性的液体。
4. 测量完后，须清洗比色皿。
5. 测定时需要注意参比池在里，样品池在外的原则。
6. 如果比色皿内表面留有待测的溶液不能用蒸馏水清洗干净，则可用洗衣粉等溶液浸泡去除。

七、思考题

1. 光度分析中，参比溶液的作用是什么？本实验可否用水作参比溶液？为什么？
2. 在光度分析中，摩尔吸光系数有何意义。

八、附注（紫外可见分光光度法）

1. 基本原理

紫外可见分光光度法是以吸光物质对光的选择性吸收为基础建立起来的一类分析方法。紫外可见吸收光谱的产生是由于吸光分子中的外层价电子跃迁的结果，但在电子能级发生跃迁的同时，不可避免地亦能伴随有分子振动和转动能级的跃迁，因此紫外可见吸收光谱为带光谱。

紫外可见分光光度法进行定量分析的依据是朗伯-比尔定律，其数学表达式为：

$$A = \lg(I_0/I) = -\lg T = \varepsilon bc$$

式中，A 为吸光度；I_0 和 I 分别为入射光强度和透射光强度；T 为透射率；ε 为摩尔吸光系数，$L \cdot cm^{-1} \cdot mol^{-1}$；$b$ 为吸光物质吸收层的厚度；c 为吸光物质的浓度，$mol \cdot L^{-1}$。即当一束平行单色光通过吸光物质的溶液时，溶液的吸光度与该物质的浓度及液层厚度成正比。

紫外可见分光光度法所采用的仪器称为紫外可见分光光度计，它的主要由五个部分组成：光源、单色器、吸收池、检测器、信号显示器。该仪器见图1。

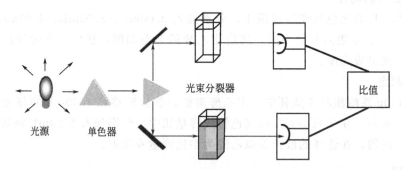

图1　紫外可见分光光度计

由光源发出的复合光经过单色器分光后，即可获得任一所需波长的平行单色光，该单色光通过样品池经样品中吸光物质吸收后，透射光照射到光电管或光电倍增管等检测器上产生光电流，产生的光电流由信号显示器直接读出吸光度 A 或透射率 T。紫外可见分光光度计常用的光源有钨灯和氘灯，常用的吸收池有石英和玻璃两种材料，可见光区采用钨灯光源和玻璃吸收池，紫外区采用氘灯光源和石英吸收池。常用的紫外可见分光光度计有单光束751型和双光束型730型、TU-1901型、TU-260型等。

2. 紫外可见分光光度法仪器

TU-1901双光束紫外可见分光光度计属于通用型的双光束的紫外可见分光光度计。它由分光光度计主机和计算机两部分组成；它的波长测定范围为190~900nm；它的测定模式及结果显示等都是通过专用计算机软件来实现的；它可以选择多种测定方式进行光度测定；它具有双孔样品池架，属于自动的紫外可见分光光度计，可以满足一般的教学、科研需要。TU-1901双光束紫外可见分光光度计可独立完成光度测量、光谱扫描、定量测定、DNA蛋白质测量及数据打印等各种功能。

3. 仪器操作步骤

TU-1901双光束紫外可见分光光度计的使用方法：

（1）打开计算机的电源开关，进入 Windows 操作环境。确认样品室中无挡光物，打开主机电源开关，用鼠标单击"开始"，选择"程序"→UVwin5紫外软件 v5.0.4→UVwin5

紫外软件 v5.0.4，由此进入紫外控制程序（或者直接点击桌面上的快捷方式），出现初始化工作画面，计算机将对仪器进行自检并初始化，每次测试后，在相应的项后显示"OK"，整个过程需要 4min 左右，仪器需预热 15～20min。

（2）在样品池插入黑挡板，选择"测量"菜单中的"暗电流校正"项，在整个波长范围内进行暗电流校正并存储数据。

（3）选择"应用"菜单中的测量模式（光谱测量、光度测量、定量测量和时间扫描四种模式），选择"配置"菜单中的"参数"项，设置测量参数。

（4）在样品池和参比池中放入参比溶液，选择"测量"菜单中的"基线校正"项，在适宜波长范围内进行基线校正并存储数据。

（5）根据参比池在里，样品池在外的原则放入样品，单击"Read"（或"Start"）进行测量。

（6）保存数据。

（7）测量结束后，关闭测量窗口，关闭仪器主机电源，然后正确退出 Windows 并关闭计算机电源。取出比色皿进行冲洗。

（8）清扫仪器，保持仪器干净、整洁，打扫实验室，断电。

实验 14　荧光光度法测定多维葡萄糖粉中维生素 B_2 的含量

一、实验目的

1. 学习标准工作曲线法定量分析多维葡萄糖粉中维生素 B_2 的基本原理。
2. 掌握荧光分光光度计的基本原理、结构与操作技术。

二、实验原理

1. 荧光光度法原理

（1）常温下，处于基态的分子吸收一定的紫外可见光的辐射能成为激发态分子，激发态分子通过无辐射跃迁至第一激发态的最低振动能级，再以辐射跃迁的形式回到基态，发出比吸收光波长长的光而产生荧光。基本原理如图 1 所示。

荧光是光致发光，任何荧光物质都具有激发光谱和发射光谱，发射波长总是大于激发波长。激发光谱是通过测定荧光体的发光通量随波长变化而获得的光谱，反映不同波长激发光引起荧光的相对效率；发射光谱是当荧光物质在固定的激发光源照射下所产生的分子荧光，是荧光强度对发射波长的关系曲线，表示在所发射的荧光中各种波长的相对强度。由于不同的荧光物质有不同的组成和结构，它们有各自特定的激发光谱和发射光谱，可用它们来进行荧光物质的定性鉴别。此外，在稀溶液中，荧光强度 I_F 与物质的浓度 c 有以下的关系：

$$I_F = 2.303\phi I_0 \varepsilon bc$$

当实验条件一定时，荧光强度与荧光物质的浓度呈线性关系：

$$I_F = Kc$$

这是荧光光谱法定量分析的理论依据。

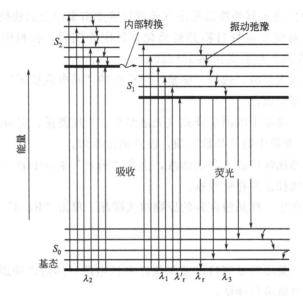

图 1　荧光光度法基本原理示意图

(2) 发射光谱与激发光谱的测定　发射光谱：固定激发光波长（选最大激发波长）、化合物发射的荧光强度与发射光波长的关系曲线。

激发光谱：固定测量波长（选最大发射波长）、化合物发射的荧光强度与照射光波长的关系曲线。激发光谱曲线的最高处，处于激发态的分子最多，荧光强度最大。

固定激发光波长进行发射光波长扫描，找出最大发射光波长；然后固定发射光波长进行激发光波长扫描，找出最大激发光波长。发射光波长和激发光波长的选择是本实验的关键。

(3) 荧光分光光度计的结构与基本原理　常用的荧光分光光度计由光源、单色器、液槽、检测器和显示记录器五部分构成，如图 2 所示。

光源：为高压汞蒸气灯或氙灯，能发射出强度较大的连续光谱。

激发光单色器：置于光源和样品室之间的为激发光单色器或第一单色器，筛选出特定的激发光谱。

发射光单色器：置于样品室和检测器之间的为发射光单色器或第二单色器，常采用光栅为单色器，筛选出发射光谱。

样品室：通常由石英池（液体样品用）或固体样品架（粉末或片状样品用）组成。测量液体时，光源与检测器成直角安排，测量固体时，光源与检测器成锐角安排。

检测器：一般用光电管或光电倍增管作检测器，可将光信号放大并转为电信号。

计算机：数据显示与处理。

荧光分光光度计原理：由高压汞灯或氙灯发出的紫外光或蓝紫光经激发光单色器照射到样品上，激发样品中的荧光物质发出荧光，荧光经过发射光单色器后，被光电倍增管所接受，将光信号放大并转为电信号。最后由计算机以图或数字的形式显示出来。

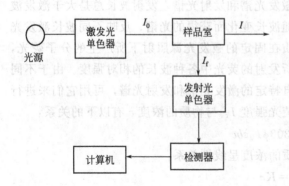

图 2　荧光分光光度计的结构示意图

(4) 干扰荧光分光分光度法的因素　溶剂：同一荧光物质在不同的溶剂中可能表现出不同的荧光性质。溶剂的极性增强，对激发态会产生更大的稳定作用，结果使物质的荧光波长红移，荧光强度增大。

温度：升高温度会使非辐射跃迁概率增大，荧光效率降低。

pH：大多数含有酸性或碱性取代基团的芳香族化合物的荧光性质受 pH 的影响很大。

溶液表面活性剂的存在，减少非辐射跃迁的概率，会提高荧光效率。

溶液中溶解氧的存在，由于氧分子的顺磁性质，使激发单重态分子向三重态的体系间窜跃速率加大，因而会使荧光效率降低。

(5) 荧光分析法的特点

a. 与紫外可见分光度法比较，荧光分析法具有更高的灵敏度，较宽的线性范围。

b. 选择性好　荧光分析法既能依据发射光谱，又能依据吸收光谱来鉴定物质。

c. 所需试样量少、操作方法简便。

2. 荧光分析法测定多维葡萄糖粉中维生素 B_2 的含量

维生素 B_2（又叫核黄素）是橘黄色无臭的针状结晶，其结构式为：

维生素 B_2 易溶于水而不溶于乙醚等有机溶剂，在中性或酸性溶液中稳定，光照易分解，对热稳定。维生素 B_2 溶液在 430~440nm 蓝光的照射下，发出绿色荧光，荧光峰在 535nm。维生素 B_2 在 pH=6~7 的溶液中荧光强度最大，在 pH=11 的碱性溶液中荧光消失，所以可以用荧光光度法测维生素 B_2 的含量。

多维葡萄糖中含有维生素 B_1、维生素 B_2、维生素 C、维生素 D_2 及葡萄糖，其中维生素 C 和葡萄糖在水溶液中不发荧光，维生素 B_1 本身无荧光，在碱性溶液中用铁氰化钾氧化后才产生荧光，维生素 D_2 用二氯乙酸处理后才有荧光，它们都不干扰维生素 B_2 的测定。

维生素 B_2 在碱性溶液中经光线照射会发生分解而转化为光黄素，光黄素的荧光比核黄素的荧光强得多，故测维生素 B_2 的荧光时溶液要控制在酸性范围内，且在避光条件下进行。

三、仪器与试剂

仪器：FP 8300 荧光光度计、10mL 吸量管 1 只、5mL 吸量管 1 只、25mL 棕色容量瓶 6 只。

试剂：$10.0\mu g \cdot mL^{-1}$ 维生素 B_2 标准溶液、冰醋酸、多维葡萄糖粉试样。

四、实验步骤

1. 维生素 B_2 激发光谱与发射光谱的测定

固定激发波长扫描发射光谱，从光谱图中确定维生素 B_2 的最大发射波长（λ_{em}）；固定发射波长扫描激发光谱，从光谱图中确定维生素 B_2 的最大激发波长（λ_{ex}）。

2. 标准系列溶液的配制及标准溶液荧光强度的测定

在 5 个干净的 25mL 容量瓶中，分别吸取 0.50mL，1.00mL，1.50mL，2.00mL 和

2.50mL 维生素 B_2 标准溶液，各加入 1.00mL 冰醋酸，稀释至刻度，摇匀。得到浓度分别是 $0.2\mu g \cdot mL^{-1}$，$0.4\mu g \cdot mL^{-1}$，$0.6\mu g \cdot mL^{-1}$，$0.8\mu g \cdot mL^{-1}$，$1.0\mu g \cdot mL^{-1}$ 的维生素 B_2 溶液，从稀到浓测量系列标准溶液的荧光强度。

3. 未知试样的测定

称取 0.05～0.06g 多维葡萄糖粉试样，用少量水溶解后转入 25mL 容量瓶中，加 1.00mL 冰醋酸，稀释至刻度，摇匀。用测定标准系列时相同的条件，平行测量其荧光强度 3 次。

五、数据处理

1. 测定发射光谱并绘制标准工作曲线

根据所确定的 λ_{ex} 测定标准系列溶液的发射光谱，并根据最大荧光强度绘制标准工作曲线。

浓度/$\mu g \cdot mL^{-1}$	荧光强度/I_F
0.2	
0.4	
0.6	
0.8	
1.0	

2. 未知样品浓度的测定

根据待测液的荧光强度，从标准工作曲线上求得其浓度 c（$\mu g \cdot mL^{-1}$），并计算出试样中含量：

$$\text{多维葡萄糖粉中维生素 } B_2 \text{ 的含量} = \frac{c \times 25 \times 10^{-6}}{m} \times 100\%$$

六、实验注意事项

1. 使用 FP 8300 时，要严格按照仪器操作规程进行。
2. 使用比色皿时，要注意勿用手直接触摸比色皿表面，应握住侧棱。

七、思考题

1. 荧光强度的影响因素有哪些？荧光分光光度法的定量依据是什么？
2. 如何测定某荧光物质的激发光谱与发射光谱？
3. 简述荧光分光光度计的结构与原理？
4. 维生素 B_2 在 pH=6～7 时荧光最强，本实验为何在酸性溶液中测定？

实验 15　酸度计的主要性能检验和溶液 pH 测定

一、实验目的

1. 了解电位法测定溶液 pH 值的原理。

2. 学习检验酸度计主要性能的方法。
3. 掌握 PHS-3 型酸度计的操作技术。

二、实验原理

酸度计实质上是一台具有高输入阻抗的毫伏计，除主要用于测量溶液的 pH 值外，还可用于溶液电位测定。它是电位分析法中的主要仪器。所以，掌握其使用方法是至关重要的。

使用中的仪器通常只进行仪器外观、示值准确性和示值重现性的检查。修理后的仪器除上述三项检查外，还应增加示值刻度准确性的核定。

仪器示值准确性以基本误差表示。仪器用标准缓冲溶液校准后，再测量与校准溶液的 pH 值相差约 3pH 单位的另一标准缓冲溶液。显示值与同一温度下的标准值（即 pHs 值）之差称为基本误差。

仪器示值重现性的检定，先用标准缓冲溶液校准仪器，再测定另一种标准缓冲溶液，如此重复五次。五次测量值间的最大差值为重复性误差。

用电位法测溶液 pH 值时，一般以玻璃电极为指示电极，以甘汞电极为参比电极，由于玻璃电极的电位随溶液中氢离子浓度而不同，而甘汞电极的电位却保持相对稳定。因此，当溶液的 pH 值发生变化时，两个电极之间的电位差也就发生相应的变化，在 25℃ 时，pH 值每改变一个单位，电位差相应改变 59.16mV。利用一定功，电子线路将电流放大后，可以从微安表中检测出来。通常在电位计设计制造时，已将电位差的变化换算成相应的 pH 值，刻在微安表的度盘上。这样，先利用已知 pH 值的标准缓冲溶液，对仪器进行定位，以校正电极的不对称电位。然后，再对试样进行测定，就可以在电表的度盘上直接读出 pH 值来。

三、仪器与试剂

仪器：pHS-3 型酸度计、23t 型玻璃电极、232 型饱和甘汞电极、213 型铂电极。

试剂：缓冲溶液甲（0.05mol·L^{-1} 邻苯二甲酸氢钾）（将分析纯邻苯二甲酸氢钾固体在 110℃ 下烘干 1~2h，取出放在干燥器内冷却 45min 左右。称取 10.12g 溶于蒸馏水中，在容量瓶中稀释至 1L）、缓冲溶液乙（0.025mol·L^{-1} 磷酸二氢钾）（将分析纯试剂在 110~130℃ 下烘干 2h，取出放在干燥器内冷却 45min 左右。称取 KH_2PO_3 3.388g 溶于除去 CO_2 的重蒸馏水中，在容量瓶中稀释至 1L）、缓冲溶液丙（0.01mol·L^{-1} 硼砂）[称取 3.80g 硼砂溶于除去 CO_2 的重蒸馏水中，在容量瓶中稀释至 1L（注意：硼砂不能烘，称量前试剂应和饱和溴化钙溶液共同放在密封容器中储存，使其组成恒定）]。

四、实验步骤

1. 酸度计的性能检验

（1）酸度计外观检查

a. 仪器各部分正常，各紧固件应无松动。

b. 玻璃电极应无裂纹，内参比电极应浸入溶液内。

c. 饱和甘汞电极内，饱和氯化钾溶液应充满容积的三分之二以上，并有少许氯化钾晶体。氯化钾溶液应能渗出。

（2）酸度计示值准确性的鉴定

a. 接通酸度计电源，温度调室温，选择至 pH 挡。

b. 以标准缓冲溶液乙校准仪器。

c. 测量并记录标准缓冲溶液甲的 pH 值。测量重复三次，求得三次测量结果的平均值。

d. 记录测量溶液的温度，从表中查得该温度下标准缓冲溶液甲的标准 pH 值，按下式算出仪器显示值准确性的基本误差：

$$基本误差 = pH_{平均} - pH_{标准甲}$$

（3）酸度计示值重现性的鉴定

a. 以缓冲溶液甲校准仪器。

b. 测量并记录缓冲溶液乙的 pH 值。测量重复五次。

c. 以五次测量值间的最大差值为重复性误差。

2. 水样 pH 的测定

（1）接通酸度计电源，温度调成室温，选择至 pH 挡。

（2）用广泛 pH 试纸测试液的 pH 值，选用适当的标准缓冲溶液定位 pH 值。

（3）取约 50mL 水样于烧杯中，以校准好的玻璃电极为正极，饱和甘汞电极为负极，测定的 pH 值即为水样 pH 值。

五、数据处理

1. 测量标准缓冲溶液甲的 pH 值，重复三次结果，求得三次测量结果的平均值。

2. 按下式算出仪器显示值准确性的基本误差：

$$基本误差 = pH_{平均} - pH_{标准甲}$$

3. 测量缓冲溶液乙的 pH 值，用五次测量值间的最大差值为重复性误差。

4. 记录待测定水样 pH 值。

六、实验注意事项

1. 检验过程中温度要一致。

2. 要待指针或者数据稳定后再进行读数。

3. 玻璃电极前端球泡极薄，使用时应当小心，使用前应浸泡于蒸馏水中（不少于48h）。

4. 安装玻璃电极的下端要高于参比电极的下端，防止搅拌棒碰坏玻璃电极。

5. 不能在很浓的酸或碱液中使用。国产型玻璃电极的使用范围是 pH＝1～13，不要使玻璃电极在强碱溶液中泡得太久。

6. 每次测试后，都要用蒸馏水冲洗电极，用滤纸小心地吸干后再进行下一次测量。使用完毕后，将玻璃电极洗净并浸泡在蒸馏水里。

第4章

有机化学实验

实验 1　蒸馏及沸点的测定

一、实验目的
1. 学习蒸馏和测定沸点的原理及意义。
2. 掌握蒸馏和测定沸点的操作要领及方法。

二、实验原理

液体分子由于分子运动有从表面逸出的倾向，这种倾向随着温度的升高而增大，进而在液面上部形成蒸气。当分子由液体逸出的速度与分子由蒸气中回到液体中的速度相等时，液面上的蒸气达到饱和，称为饱和蒸气。它对液面所施加的压力称为饱和蒸气压。实验证明，液体的蒸气压只与温度有关。即液体在一定温度下具有一定的蒸气压，如图 1 所示。

当液体的蒸气压增大到与外界施于液面的总压力（通常是大气压力）相等时，就有大量气泡从液体内部逸出，即液体沸腾。该温度称为液体的沸点。

纯液体有机物在一定压力下具有一定的沸点（沸程为 0.5~1.5℃）。利用这一点，我们可以测定纯液体有机物的沸点，此方法又称常量法。

但是具有固定沸点的液体不一定都是纯化合物，因为某些有机物常和其他组分形成二元或三元共沸混合物，它们也有一定的沸点。

蒸馏是将液体有机物加热到沸腾状态，使液体变成蒸气，又将蒸气冷凝为液体的过程。通过蒸馏可除去不挥发性杂质，可分离沸点差大于 30℃ 的液体混合物，还可以测定纯液体有机物的沸点及定性检验液体有机物的纯度。

三、仪器与试剂

仪器：蒸馏瓶、温度计、直形冷凝管、尾接管、锥形瓶、量筒。
试剂：乙醇、水。

四、实验装置

蒸馏装置主要由气化、冷凝和接收三部分组成，如图 2 所示。

1. 蒸馏瓶

蒸馏瓶的选用与被蒸液体量的多少有关，通常装入液体的体积应为蒸馏瓶容积的 1/3~2/3。液体量过多或过少都不宜（为什么）。在蒸馏低沸点液体时，选用长颈蒸馏瓶；而蒸馏

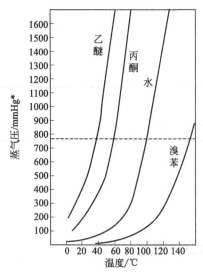

图 1　温度和蒸气压关系图
（1mmHg≈133Pa）

高沸点液体时，选用短颈蒸馏瓶。

2. 温度计

温度计应根据被蒸馏液体的沸点来选，液体沸点低于100℃时，可选用100℃温度计；液体沸点高于100℃，应选用250～300℃水银温度计。

3. 冷凝管

冷凝管可分为水冷凝管和空气冷凝管两类，水冷凝管用于被蒸液体沸点低于140℃的情况；空气冷凝管用于被蒸液体沸点高于140℃的情况（为什么）。

4. 尾接管及接收瓶

尾接管将冷凝液导入接收瓶中。常压蒸馏选用锥形瓶为接收瓶，减压蒸馏选用圆底烧瓶为接收瓶。

蒸馏装置的仪器安装顺序为：先下后上，先左后右。卸仪器时与安装顺序相反。

五、实验步骤

1. 加料

30mL乙醇和20mL水小心倒入蒸馏瓶中。加入几粒沸石（为什么），塞好带温度计的塞子，注意温度计的位置。再检查一次装置是否稳妥与严密。

2. 加热

先打开冷凝水龙头，缓缓通入冷水，然后开始加热。注意冷水自下而上，蒸气自上而下，两者逆流冷却效果好。当液体沸腾，蒸气到达水银球部位时，温度计读数急剧上升，调节热源，让水银球上液滴和蒸气温度达到平衡，使蒸馏速度以每秒1～2滴为宜。此时温度计读数就是馏出液的沸点。

蒸馏时若热源温度太高，使蒸气成为过热蒸气，会造成温度计所显示的沸点偏高；若热源温度太低，馏出物蒸气不能充分浸润温度计水银球，会造成温度计所显示的沸点偏低或不规则。

3. 收集馏液

准备两个接收瓶，一个接收前馏分或称馏头，另一个（需称重）接收所需馏分，并记录该馏分的沸程（即该馏分的第一滴和最后一滴时温度计的读数）。

在所需馏分蒸出后，温度计读数会突然下降。此时应停止蒸馏。即使杂质很少，也不要蒸干，以免蒸馏瓶破裂及发生其他意外事故。

4. 拆除蒸馏装置

蒸馏完毕，先应撤出热源，然后停止通水，最后拆除蒸馏装置（与安装顺序相反）。

本实验约需 3～4h。

六、实验注意事项

1. 冷却水流速以能保证蒸气充分冷凝为宜，通常只需保持缓缓流过即可。
2. 蒸馏有机溶剂均应用小口接收器，如锥形瓶。

七、思考题

1. 什么叫沸点？液体的沸点和大气压有什么关系？文献里记载的某物质的沸点是否即为当地的沸点？
2. 蒸馏时加入沸石的作用是什么？如果蒸馏前忘记加沸石，能否立即将沸石加至将近沸腾的液体中？当重新蒸馏时，用过的沸石能否继续使用？
3. 为什么蒸馏时最好控制馏出液的速度为每秒 1～2 滴为宜？
4. 如果液体具有恒定的沸点，那么能否认为它是单纯物质？

实验 2 简单分馏

一、实验目的

1. 了解分馏的原理和意义。
2. 掌握简单分馏装置的安装和操作。

二、实验原理

如把两种沸点不同而又互溶的液体混合在一起进行蒸馏，沸腾时沸腾液体的组成和与之平衡的蒸气的组成是不同的。一般而言，易挥发的（即沸点低的）成分在蒸气中的比例要比在液体中的比例高。把蒸气冷凝，馏出液中低沸点的液体要比蒸馏瓶中的比例高。当两者沸点相差很大时，如乙醚（沸点为 34.51℃）和甲苯（沸点为 110.63℃），沸腾时蒸气中主要是乙醚蒸气，通过简单蒸馏可以较好地将两者分离。若两液体的沸点比较接近，如苯（沸点为 80.10℃）和甲苯，通过简单蒸馏则不能将它们很好分离。这可从它们恒压下沸点-组成曲线图（相图）中清楚地看出来。

图 1 是常压下苯-甲苯溶液的沸点-组成图。由图可看出，含苯 20% 和甲苯 80%（L_1）的混合液体在 102℃ 时沸腾，和此液相平衡的蒸气组成约为含苯 40% 和甲苯

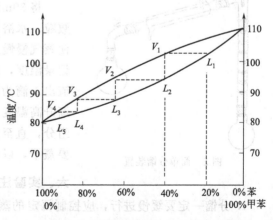

图 1 苯-甲苯体系的温度-组成曲线

60%（V_1）。将此蒸气冷凝，也就是说经过了一次蒸馏，馏出液中含苯40%，含甲苯60%（L_2）。与 L_2 平衡的蒸气组成约含苯65%和甲苯35%（V_2）。显然如此继续重复，可获得接近纯苯的气相。

使用分馏柱进行分馏，当烧瓶内混合物沸腾后，蒸气进入分馏柱，因为沸点较高的组分易被冷凝成液体，所以冷凝液中就含有较多较高沸点的物质，而蒸气中低沸点的成分就相对地增多。烧瓶中液体继续沸腾，新的蒸气上升至分馏柱中与已冷凝的液体进行热交换，产生了一次新的液体和蒸气的平衡，蒸气中低沸点的成分又有所增加。这样，上升的蒸气在分馏柱中不断地冷凝、蒸发，进行一次又一次平衡，每一次平衡后，蒸气中低沸点成分就增加一点，相当于进行多次简单蒸馏，最后从分馏柱头上流出的液体已是纯的或接近纯的低沸点组分，从而达到分离的目的。

在分馏过程中，有时可能得到与纯化合物相似的混合物。它也具有固定的沸点和固定的组成，其气相组成和液相组成也完全相同，因此不能用分馏法进一步分离。这种混合物称共沸混合物（共沸物），它的沸点称共沸点。共沸物的组成和沸点随压力而改变，用其他方法破坏共沸组成后再蒸馏可以得到纯组分。

分馏柱有多种类型，能适用于不同的分离要求。常用的有填充式分馏柱和刺形分馏柱（又称韦氏分馏柱）。填充式分馏柱是在柱内填上各种惰性材料，以增加表面积。它效率较高，适用于分离一些沸点差距较小的化合物。刺形分馏柱结构简单，且较填充式黏附的液体少，缺点是较同样长度的填充式的分离效率低，适用于分离少量且沸点差距较大的液体。若欲分离沸点相距很近的液体化合物，则必须使用精密分馏装置。

三、仪器与试剂

仪器：圆底烧瓶、刺形分馏柱、温度计、直形冷凝管、尾接管、沸石、锥形瓶、量筒。

试剂：乙醇、水。

四、实验装置

分馏装置由蒸馏部分、冷凝部分与接收部分组成。分馏装置的蒸馏部分由蒸馏烧瓶、分馏柱与分馏头组成，比蒸馏装置多一根分馏柱。分馏装置的冷凝与接收部分，与蒸馏装置的相应部位相同，见图2。

五、实验步骤

将30mL乙醇和20mL水加入圆底烧瓶中，加入沸石数粒。水浴加热，烧瓶内的液体沸腾后要注意调节浴温，使蒸气慢慢上升，并升至柱顶。在开始有馏出液滴出后，记录温度，调节浴温使蒸出液体的速率控制在每2~3s流出1滴为宜。待低沸点组分蒸完后，更换接收器。逐渐升高温度，直至温度稳定，此时所得的馏分为高沸点组分，直至大部分液体蒸出后，柱温又会下降。注意不要蒸干，以免发生危险。

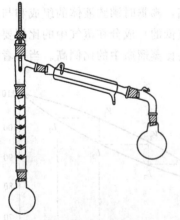

图2 简单分馏装置

六、实验注意事项

1. 分馏一定要缓慢进行，应控制恒定的蒸馏速度，防止液泛。如果发现有液泛现象发生，立即停止接收，并调浴温。

2. 要有足够量的液体从分馏柱流回烧瓶，选择合适的回流比。
3. 必须尽量减少分馏柱的热量散失和波动。

七、思考题

1. 分馏和蒸馏在原理及装置上有哪些异同？如果是两种沸点较接近的液体组成的混合物能否用分馏来提纯呢？
2. 若加热太快，馏出液每秒钟的滴数超过要求量，用分馏分离两种液体的能力会显著下降，为什么？
3. 什么叫共沸物？为什么不能用分馏法分离共沸混合物？
4. 在分离两种沸点相近的液体时，为什么装有填料的分馏柱比不装填料的效率高？
5. 在分馏时通常用水浴或油浴加热，它比直接加热有什么优点？

实验 3 重结晶及热过滤

一、实验目的

1. 学习重结晶法提纯固体有机化合物的原理和方法。
2. 掌握抽滤、热过滤操作和滤纸的折叠方法。

二、实验原理

重结晶是提纯固体有机化合物常用的方法之一。

从有机反应混合液中分离出来的固体有机化合物往往是不纯的，常夹杂一些副产物、未作用的原料及催化剂等。通常纯化这类物质的有效方法是用合适的溶剂进行重结晶。其一般过程为：

（1）将不纯的固体有机物在沸腾或接近沸腾的溶剂中溶解，制成接近饱和的浓溶液，若固体有机物的熔点较溶剂沸点低，则应制成在熔点温度以下的饱和溶液。

（2）若溶液含有色杂质，则可加活性炭煮沸脱色。

（3）过滤此热溶液以除去其中不溶物质及活性炭。

（4）将滤液冷却，使结晶自过饱和溶液中析出，而杂质仍留在母液中。

（5）抽滤，将结晶从母液中分出，洗涤结晶以除去其表面吸附的母液。所得的结晶，经干燥后测定熔点，如发现其纯度不符合要求时，可重复上述操作，再次提纯。

固体有机物在溶剂中的溶解度与温度密切相关。通常情况下，溶解度随温度的升高而增大。若把固体溶解在热的溶剂中达到饱和，冷却（即温度降低）时溶解度减小，溶液变成过饱和而析出结晶。利用溶剂对被提纯物质和杂质的溶解度不同，可以使被提纯物质从过饱和溶液中析出。而让杂质全部或绝大部分留在溶液中（若在溶剂中的溶解度极小，则配成饱和溶液后即被过滤除去），从而达到提纯的目的。

常用的重结晶溶剂见表 1。

在进行重结晶时，选择理想的溶剂非常关键，理想的溶剂必须具备下列条件：

（1）不与被提纯物质发生化学反应；
（2）被提纯物质的溶解度随温度变化显著；

表 1 常用的重结晶溶剂

溶剂	沸点/℃	冰点/℃	相对密度	与水的混溶性	易燃性
水	100	0	1.0	+	0
甲醇	64.96	<0	0.7914	+	+
95%乙醇	78.1	<0	0.804	+	++
冰醋酸	117.9	16.7	1.05	+	+
丙酮	56.2	<0	0.79	+	+++
乙醚	34	<0	0.71	—	++++
石油醚	30~60	<0	0.64	—	++++
乙酸乙酯	77.06	<0	0.90	—	++
苯	80.1	<0	0.88	—	++++
氯仿	61.7	<0	1.48	—	0
四氯化碳	76.54	<0	1.59	—	0

(3) 对杂质的溶解度非常大（但杂质的溶解度受温度影响小）或非常小（前一种情况是使杂质留在母液中不随提纯物晶体一同析出，后一种情况是使杂质在热过滤时即被滤去）；

(4) 容易挥发（溶剂的沸点较低），易与结晶分离除去；

(5) 能给出较好的结晶；

(6) 无毒或低毒性，便于操作。

在几种溶剂同样都合适时，则应根据结晶的回收率，操作难易，溶剂的毒性、易燃性和价格等来选择。

当一种物质在一些溶剂中的溶解度太大，而在另一些溶剂中的溶解度又太小，不能选择到一种合适的溶剂时，常可使用混合溶剂而得到满意的结果。所谓混合溶剂，就是把对此物质溶解度很大的和溶解度很小的而又能互溶的两种溶剂（例如水和乙醇）混合起来，这样常可获得新的良好的溶解性能。用混合溶剂重结晶时，可先将待纯化物质在接近良溶剂的沸点时溶于良溶剂中（在此溶剂中较易溶解）。若有不溶物，趁热滤去；若有色，则用活性炭煮沸脱色后趁热过滤。于此热溶液中小心地加入热的不良溶剂（物质在此溶剂中溶解度很小），直至所呈现的浑浊不再消失为止。再加入少量良溶剂或稍热使恰好溶解。然后将混合物冷至室温，使结晶自溶液中析出。有时也可将两种溶剂先行混合，如 1∶1 的乙醇和水，则其操作和使用单一溶剂时相同。常用的混合溶剂如下：乙醇-水、乙醚-甲醇、乙酸-水、乙醚-丙酮、丙酮-水、吡啶-水、苯-石油醚、乙醚-石油醚。

三、仪器与试剂

仪器：烧杯、锥形瓶、热水漏斗、回流冷凝管、热滤及抽滤装置、玻璃漏斗、表面皿、滤纸、玻璃棒、布氏漏斗。

试剂：三苯甲醇、活性炭、乙醇、乙酰苯胺。

四、实验装置

热滤及抽滤装置见图1。

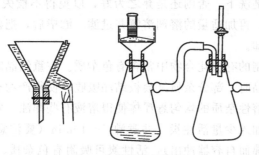

图1 热滤及抽滤装置

五、实验步骤

1. 溶剂的选择

在重结晶时需要知道用哪一种溶剂最合适及物质在该溶剂中的溶解情况。一般化合物可以查阅手册或通过试验来决定采用什么溶剂。

选择溶剂时必须考虑到被溶物质的成分与结构。因为被提纯的化合物，在不同溶剂中的溶解度与化合物本身性质和溶剂性质有关，通常是极性化合物易溶于极性溶剂，反之，非极性化合物则易溶于非极性溶剂。

溶剂的最后确定，只能依靠试验。其方法是取约0.1g（或更少）的待重结晶样品，放入一小试管中，滴入约1mL（或更少）某种溶剂，振荡下，观察是否溶解。若很快全溶，表明此溶剂不宜作重结晶的溶剂，若不溶，加热后观察是否全溶，如仍不溶，可小心加热，分批加入溶剂至3～4mL，若沸腾下仍不溶解，说明此溶剂也不合适。反之，如能使样品溶在1～4mL沸腾溶剂中，室温下或冷却时自行析出较多结晶，此溶剂适用。这仅仅是一般方法，实际实验中要同时选择几个溶剂，用同样方法比较收率，选择其中最优者。

2. 溶解及趁热过滤

通常将待结晶物质置于锥形瓶中，加入较需要量（根据查得的溶解度数据或溶解度试验方法所得的结果估计得到）稍少的适宜溶剂，加热到微微沸腾，若未完全溶解，可再分次逐渐添加溶剂，每次加入后均需再加热使溶液沸，直到物质完全溶解（要注意判断是否有不溶性杂质存在，以免误加过多的溶剂）。要使重结晶得到的产品较纯和回收率高，溶剂的用量是关键。虽然从减少溶解损失来考虑，溶剂应尽可能避免过量；但这样在热过滤时会引起很大的麻烦和损失，特别是当待结晶物质的溶解度随温度变化很大时更是如此。因而要根据这两方面的损失来权衡溶剂的用量，一般可比需要量多加20%左右的溶剂。

为了避免溶剂挥发及可燃溶剂着火或有毒溶剂中毒，应在单口瓶上装置回流冷凝管，添加溶剂可由冷凝管上端加入。根据溶剂的沸点和易燃性，选择适当的加热方式。当物质全部溶解后即可趁热过滤（若溶液中含有色杂质，则要加活性炭脱色。此时应移去热源，使溶液稍冷，然后加入活性炭，继续煮沸5～10min，再趁热过滤）。

过滤易燃溶液时，附近的明火必须熄灭。为了过滤较快，可选用一颈短而粗的玻璃漏斗置于热水漏斗中，这样可避免晶体在颈部析出而造成阻塞。在漏斗中放一折叠滤纸（图1），折叠滤纸向外突出的棱边，应紧贴于漏斗壁上。在过滤即将开始前，先用少量热的溶剂湿润，以免干滤纸吸收溶液中的溶剂使结晶析出而堵塞滤纸孔。过滤时，漏斗上应盖上表面皿

（凹面向下），以减少溶剂的挥发。盛滤液的容器一般用锥形瓶，只有水溶液才可收集在烧杯中。如过滤进行得很顺利，常只有很少的结晶在滤纸上析出（如果此结晶在热溶剂中溶解度很大，则可用少量热溶剂洗下，否则还是弃之为好，以免得不偿失）。若结晶较多时必须用刮刀刮回到原来的瓶中，再加适量的溶剂溶解并过滤。滤毕后，把盛溶液的锥形瓶用洁净的木塞塞住，放置一旁冷却。

活性炭的使用：粗制的有机化合物中常含有色杂质。在重结晶时杂质虽可溶于沸腾的溶剂中，但当冷却析出结晶时，部分杂质又会被结晶吸收，使得产物有色。有时在溶液中存在着某些树脂状物质或不溶性杂质的均匀悬浮体使得溶液有些浑浊，常常不能用一般的过滤方法除去。如果在溶液中加入少量活性炭，并煮沸 5~10min（要注意活性炭不能加到已沸腾的溶液中，以免溶液暴沸而自容器冲出），活性炭可吸附有色杂质、树脂状物质以及均匀分散的物质。趁热过滤除去活性炭，冷却溶液便能得到较好的结晶。活性炭在水溶液中进行脱色的效果较好，它也可在任何有机溶液中使用，但在烃类等非极性溶剂中效果较差。除用活性炭脱色外也可采用往色谱来除去杂质。

使用活性炭时，必须避免用量太多，因为它也能吸附一部分纯化的物质。所以活性炭的用量应视杂质的多少而定，一般为干燥粗产品质量的 1%~5%。假如这些数量的活性炭不能使溶液完全脱色则可再用 1%~5% 的活性炭重复上述操作。过滤时选用的滤纸质量要好，以免活性炭透过滤纸进入溶液中。

折叠滤纸的折叠方法如图 2 所示：将滤纸对折，然后再对折成四份，再等

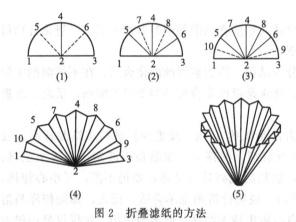

图 2　折叠滤纸的方法

分成八份，最后等分成十六份（形如折扇）。注意，使用时需将所叠滤纸翻过来。

注意：折叠时，所有折叠方向要一致。滤纸中央圆心部位不得用力折叠过紧，以免打开过滤时，由于磨损使滤纸牢固度减小而破裂。

3. 结晶

将滤液在冷水浴中迅速冷却并剧烈搅动时，可得到颗粒很小的晶体。小晶体包含杂质较少，但其表面积较大，吸附于其表面的杂质较多。若希望得到均匀而较大的晶体，可将滤液（如在滤液中已析出结晶，可加热使之溶解）在室温或保温下静置使之缓缓冷却。

有时由于滤液中有焦油状物质或胶状物存在，使结晶不易析出；或有时因形成过饱和溶液也不析出结晶。在这种情况下，可用玻璃棒摩擦器壁以形成粗糙面，使溶质分子呈定向排列而形成结晶的过程较在平滑面上迅速和容易；或者投入晶种（同一物质的晶体，若无此物质的晶体，可用玻璃棒蘸一些溶液稍干后即会析出结晶），供给定形晶核，使晶体迅速形成。

有时被纯化的物质呈油状析出，油状物长时间静置或足够冷却后虽也可以固化，但这样的固体往往含有较多杂质（杂质在油状物中溶解度常较在溶剂中溶解度大；其次，析出的固体中还会包含一部分母液），纯度不高，用溶剂大量稀释虽可防止油状物生成，但将使产物大量损失。这时可将析出油状物的溶液加热重新溶解，然后慢慢冷却。当油状物析出时便剧烈搅拌混合物，使油状物在均匀分散的状况下固化，这样包含的母液就大大减少。但最好还是重新选择溶剂，使之能得到有良好晶形的产物。

4. 抽滤

为了把结晶从母液中分离出来，一般采用布氏漏斗进行抽气过滤（图1）。抽滤瓶的侧管用较耐压的橡皮管和水泵相连（最好接一安全瓶，再和水泵相连）。布氏漏斗中铺的圆形滤纸要剪得比漏斗内径略小，使紧贴于漏斗的底壁。在抽滤前先用少量溶剂把滤纸润湿，然后打开水泵将滤纸吸紧，防止固体在抽滤时自滤纸边沿吸入瓶中。借助玻璃棒，将容器中液体和晶体分批倒入漏斗中，并用少量滤液洗出黏附于容器壁上的晶体。关闭水泵前，先将抽滤瓶与水泵间连接的橡皮管拆开，或将安全瓶上的活塞打开接通大气，以免水倒流入吸滤瓶内。

布氏漏斗中的晶体要用溶剂洗涤，以除去存在于结晶表面的母液，否则干燥后仍要使结晶沾污。用新鲜的溶剂进行洗涤，用量应尽量少，以减少溶质损失。洗涤的方法是将抽气暂时停止，在晶体上加少量溶剂，用刮刀或玻璃棒小心搅动（不要使滤纸松动），使所有晶体润湿。静置一会儿，待晶体均匀地被浸湿后再抽气，为了使溶剂和结晶更好地分开，最好在进行抽气的同时用清洁的玻璃塞倒置在结晶表面上并用力挤压，见图1。一般重复洗涤1～2次即可。

如重结晶溶剂的沸点较高，在用原溶剂至少洗涤一次后，可用低沸点的溶剂洗涤，使最后的结晶产物易于干燥（要注意此溶剂必须是能和第一种溶剂互溶而对晶体是不溶或微溶的）。

抽滤后所得的母液，如还有用处，可移置于其他容器中。较大量的有机溶剂，一般应用蒸馏法回收。如母液中溶解的物质不容忽视可将母液适当浓缩。回收得到一部分纯度较低的晶体，测定它的熔点，以决定是否可供直接使用，或需进一步提纯。

5. 结晶的干燥

抽滤和洗涤后的结晶，表面上还吸附有少量溶剂，因此尚需用适当的方法进行干燥。重结晶后的产物需要通过测定熔点来检验其纯度。在测定熔点前，晶体必需充分干燥，否则熔点会下降。固体的干燥方法很多，可根据重结晶所用的溶剂及结晶的性质来选择。常用的方法有如下几种：

（1）空气晾干：将抽干的固体物质转移到表面皿上铺成薄薄的一层，再用一张滤纸覆盖以免灰尘沾污，然后在室温下放置，一般要经几天后才能彻底干燥。

（2）烘干：一些对热稳定的化合物可以在低于该化合物熔点的温度下进行烘干。实验室中常用红外干燥箱或用烘箱等进行干燥。

（3）用滤纸吸干：有时晶体吸附的溶剂在过滤时很难抽干，这时可将晶体放在二、三层滤纸上，上面再用滤纸挤压以吸出溶剂。此法的缺点是晶体上易沾污一些滤纸纤维。

（4）置于干燥器中干燥：具体内容见干燥及干燥剂的使用。

6. 具体重结晶内容

（1）乙酰苯胺的重结晶 取2g粗乙酰苯胺，放在一烧杯中，加入少量水，搅拌加热至沸腾，若仍不完全溶解，再加入少量水，直到完全溶解后，再多加2～3mL水（总量约90mL），同时加入少许活性炭，继续加热微沸5～10min，进行热过滤，滤液置于烧杯中，让其冷却结晶。结晶完成以后，用布氏漏斗抽滤，用少量水在漏斗上洗涤，压紧抽干，把产品放在一表面皿中干燥，称重并测其熔点。乙酰苯胺的熔点为114℃。乙酰苯胺在水中的溶解度见表2。

（2）三苯甲醇的重结晶 取1g粗三苯甲醇，放在一单口瓶中，装上回流冷凝管，加入20mL乙醇溶液（$V_{乙醇}:V_{水}=3:1$），然后在空气浴中加热至沸，再由冷凝管上口逐滴加入乙醇溶液，使固体在沸腾时恰好溶解，再多加约20%所用乙醇溶液和少许活性炭，继续加热微沸几分钟，趁热过滤，将滤液冷却，令其结晶。结晶成完后，抽滤，以少量乙醇溶液洗涤产品，压紧抽干，把产品置于一表面皿中，干燥，称重，并测其熔点。三苯甲醇的熔点为162.5℃。

表2 乙酰苯胺在水中的溶解度

$t/℃$	20	25	50	80	100
g/100mL	0.48	0.56	0.84	3.45	5.5

六、实验注意事项

1. 溶剂的用量很关键，一般可比需要量多加20%左右的溶剂。
2. 活性炭用量避免太多，因为它也能吸附一部分纯化的物质，一般为干燥粗产品质量的1%～5%。
3. 有时被纯化物质呈油状析出，这时可将析出油状物的溶液加热重新溶解，然后慢慢冷却。一旦油状物析出便剧烈搅拌混合物，使油状物在均匀分散的状况下固化。但最好还是重新选择溶剂，使之能得到有良好的晶形产物。
4. 烘干时必须注意，由于溶剂的存在，结晶可能在较其熔点低得很多的温度下就开始熔融了，因此必须十分注意控制温度并经常翻动晶体。
5. 用水进行乙酰苯胺重结晶时，往往会出现油珠，这是因为当温度高于83℃时，未溶于水但已熔化的乙酰苯胺形成另一液相，这时只要加入少量水或继续加热，此种现象即可消失。

七、思考题

1. 简述有机化合物重结晶的步骤及各步骤的目的。
2. 某一有机化合物进行重结晶时，最合适的溶剂应该具备哪些条件？
3. 结晶如带有颜色时（产品本身颜色除外），往注需要加活性炭脱色，加入活性炭时应注意哪些问题？
4. 将母液浓缩冷却后可以得到另一部分结晶，为什么说这部分结晶比第一次得到的结晶纯度要差？
5. 乙酰苯胺重结晶出现油珠原因是什么？如何正确处理它？
6. 将溶液进行热过滤时，为什么要尽可能减少溶剂的挥发？如何减少其挥发？
7. 用有机溶剂重结晶时，哪些操作容易着火？如何防范？

实验4 色谱法——薄层色谱和柱色谱

一、实验目的

1. 学习薄层色谱、柱色谱的原理。
2. 掌握薄层色谱和柱色谱分离技术。

二、实验原理

色谱法是分离、纯化和鉴定有机化合物的重要方法之一。其用途极其广泛。

早期用此法来分离植物色素时，往往得到颜色不同的色层。"色层（谱）"一词由此得名。但现在被分离的物质不论有色与否，都能适用。因此色谱一词早已超出原来含意了。

色谱法的基本原理是利用混合物各组分在某一物质中的吸附或溶解性能（即分配）的不同，或其他亲和作用性能的差异使混合物的溶液流经该种物质，进行反复的吸附或分配等作用，从而将各组分分开。流动的混合物溶液称为流动相；固定的物质称为固定相（可以是固体或液体）。

与经典的分离提纯手段（重结晶、升华、萃取和蒸馏等）相比，色谱法具有微量、快速、便捷和高效等优点。按其操作不同，色谱可分为薄层色谱、柱色谱、纸色谱、气相色谱和高压液相色谱等；按其作用原理不同，色谱又可分为吸附色谱、分配色谱和离子交换色谱等。

三、薄层色谱

薄层色谱（thin layer chromatography）常用 TLC 表示。

薄层色谱常用的有吸附色谱和分配色谱。我们这里讨论的薄层色谱是吸附色谱的一种，其原理概括起来是：由于混合物中的各个组分对吸附剂（固定相）的吸附能力不同，当展开剂（流动相）流经吸附剂时，发生无数次吸附和解吸过程，吸附力弱的组分随流动相迅速向前移动，吸附力强的组分滞留在后，由于各组分具有不同的移动速率，最终得以在固定相薄层上分离。这一过程可表示为：

$$\text{化合物在固定相} \underset{}{\overset{K}{\rightleftharpoons}} \text{化合物在流动相}$$

平衡常数 K 的大小取决于化合物吸附能力的强弱。一个化合物愈强烈地被固定相吸附，K 值愈低，那么这个化合物沿着流动相移动的距离就愈小。

TLC 除了用于分离外，更主要的是通过与已知结构化合物相比较来跟踪有机反应。此外 TLC 也经常用于寻找柱色谱的最佳分离条件。

应用 TLC 进行分离鉴定的方法是将被分离鉴定的试样用毛细管点在薄层板的一端，样点干后放入盛有少量展开剂的器皿中展开，借吸附剂的毛细作用，展开剂携带着组分沿着薄层板缓慢上升，各个组分在薄层板上升的高度依赖于组分在展开剂中的溶解能力和被吸附剂吸附的程度。如果各个组分本身带有颜色，那么待薄层板干燥后就会出现一系列的斑点，如果化合物本身不带颜色，那么可以用显色方法使之显色，如用荧光板，可在紫外灯下进行分辨。

记录原点至主斑点中心及展开剂前沿的距离，计算该化合物的 R_f 值：

R_f＝溶质的最高浓度中心至原点中心的距离/溶剂前沿至原点中心的距离

图 1 是三组分混合物展开后各个组分的 R_f 值。

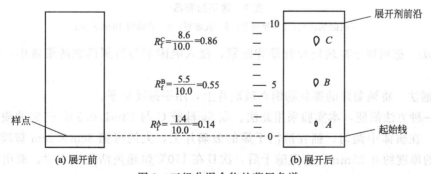

(a) 展开前　　　　　　　　　　　　(b) 展开后

图 1　三组分混合物的薄层色谱

（1）薄层色谱用的吸附剂和支持剂　薄层吸附色谱的吸附剂最常用的是氧化铝和硅胶，分配色谱的支持剂为硅藻土和纤维素。硅胶是无定形多孔性物质，略具酸性，适用于酸性和中性物质的分离和分析。薄层色谱用的硅胶分为"硅胶 H"(不含黏合剂)、"硅胶 G"(含煅石膏作黏合剂)、"硅胶 HF_{254}"(含荧光物质,可于波长 254nm 紫外光下观察荧光)和"硅胶 GF_{254}"(既含煅石膏又含荧光剂)等类型。

与硅胶相似,氧化铝也因含黏合剂或荧光剂而分为氧化铝 G、氧化铝 GF_{254} 及氧化铝 HF_{254}。氧化铝的极性比硅胶大,比较适用于分离极性较小的化合物(烃、醚、醛、酮、卤代烃等),因为极性化合物被氧化铝较强烈地吸附,分离较差,R_f 值较小;相反,硅胶适用于分离极性较大的化合物(羧酸、醇、胺等),而非极性化合物在硅胶板上吸附较弱,分离较差,R_f 值较大。

黏合剂除上述的煅石膏($2CaSO_4 \cdot H_2O$)外,还可用淀粉、羧甲基纤维素钠。通常将薄层板按加黏合剂和不加黏合剂分为两种,加黏合剂的薄层板称为硬板,不加黏合剂的称为软板。

薄层吸附色谱和吸附色谱一样,化合物的吸附能力与它们的极性成正比,具有较大极性的化合物吸附较强,因而 R_f 就小。因此利用化合物极性的不同,用硅胶或氧化铝薄层色谱可将极性不同的化合物分离。

(2) 薄层板的制法 薄层板制备的好坏直接影响色谱的结果,薄层应尽量均匀而且厚度(0.25~1mm)要固定。否则,在展开时溶剂前沿不齐,色谱结果也不易重复。薄层板分为"干板"与"湿板"。"干板"在涂层时不加水,一般用氧化铝作吸附剂时使用。这里主要介绍"湿板"。"湿板"的制法有以下几种:

a. 涂布法(利用涂布器铺板) 将洗净的几块玻璃板在涂布器中间摆好,上下两边各夹一块比前者厚 0.25mm 的玻璃板,在涂布器槽中倒入糊状物,将涂布器自左向右推去即能将糊状物均匀涂于玻璃板上。若无涂布器,也可在左边玻璃板上倒上糊状物,然后用边缘光滑的不锈钢尺自左向右将糊状物刮平。倾注法是将调好的糊状物倒至玻璃板上,用手轻轻振摇,使表面均匀光滑,见图 2。

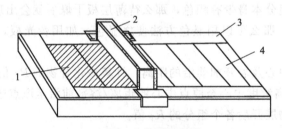

图 2 薄层涂布器

1—吸附剂薄层;2—涂布器;3—夹玻板;4—玻璃板 10cm×3cm

b. 浸法 把两块干净玻璃片背靠背贴紧,浸入吸附剂与溶剂调制的浆液中,取出后分开,晾干。

c. 平铺法 将调制好的糊状物倒在玻璃片上,用手振动至平。

最后一种方法简便,本实验采用此法。取 5g 硅胶 G 与 13mL 0.5%~1%的羧甲基纤维素钠溶液,在研钵中调匀,铺在清洁干燥的玻璃片上,大约可铺 8cm×2cm 玻璃片 8~10 块,薄层的厚度约 0.25mm。室温晾干后,次日在 110℃烘箱内活化半小时,取出冷却即可使用。

(3) 薄层板的活化 把涂好的薄层板放于室温晾干后,置烘箱内加热活化,活化条件根据需要而定。硅胶板一般在烘箱中渐渐升温,维持在 105~110℃活化 30min 即可。氧化铝板在200℃烘4h可得活性Ⅱ级的薄层,在150~160℃烘4h可得活性Ⅲ~Ⅳ级薄层。薄层板的活性与含水量有关,其活性随含水量的增加而下降。

(4) 点样　将样品用低沸点溶剂配成1%~5%的溶液,用内径小于1mm的毛细管点样(图3)。点样前,先用铅笔在薄层板上距一端1cm处轻轻划一横线作为起始线,然后用毛细管吸取样品,在起始线上小心点样,斑点直径不超过2mm;如果需要重复点样,则待前一次点样的溶剂挥发后,方可重复再点,以防止样点过大,造成拖尾、扩散等现象,影响分离效果。若在同一板上点两个样,样点间距在1~1.5cm为宜。待样点干燥后,方可进行展开。

(5) 展开及展开剂　薄层色谱展开要在密闭的器皿中进行(图4),广口瓶或专用色谱缸常作为展开器。加入展开剂的高度为0.5cm,可在展开器中放一张滤纸,以使器皿内的蒸气很快地达到气液平衡,待滤纸被展开剂饱和以后,把带有样点的板(样点一端向下)放在展开器内,并与器皿成一定的角度,同时使展开剂的水平线在样点以下,盖上盖子,当展开剂上升到离板的顶部约1cm处时取出,并立即标出展开剂的前沿位置,待展开剂干燥后,观察斑点的位置。若化合物不带色,可用碘缸或喷显色剂后观察,若薄板中含有荧光剂,可在紫外灯下观察斑点的位置。

图3　毛细管点样

图4　色谱展开

展开剂的极性大小对混合物的分离有较大的影响。如果展开剂的极性远远大于混合物中各组分的极性,那么展开剂将代替各个组分而被吸附剂吸附,这样各个组分将几乎完全留在流动相里,那么,各个组分具有较高的R_f值。反过来,如果展开剂的极性大大低于各个组分的极性,那么,各个组分将被吸附于吸附剂上,而不能被展开剂所迁移,即R_f为零。TLC常用的展开剂见表1。

表1　TLC常用的展开剂

溶剂名称
正己烷　四氯化碳　甲苯　苯　二氯甲烷　乙醚　氯仿　乙酸乙酯　丙酮　乙醇　甲醇
极性、展开能力增加 →

一般来说,溶剂的展开能力与溶剂的极性成比例。表1列出了常用溶剂的极性次序。有些混合物使用单一的展开剂就可以分开,但更多是采用混合展开剂才能加以分离,混合展开剂的极性介于单一溶剂的极性之间。

(6) 显色　薄层展开后,如果样品本身带有颜色,可以直接看到斑点的位置。如果样品是无色的时候,就存在一个显色的问题。常用的显色方法有:

a. 喷显色剂　凡可用于纸色谱的显色剂都可用于薄层色谱。薄层色谱还可使用腐蚀性的显色剂如浓硫酸、浓磷酸等。对于氨基酸通常可用茚三酮作显色剂。

图 5　碘缸显色

b. **紫外灯显色**　如果样品本身是发荧光的物质，可以把板放在紫外灯下，在暗处可以观察到这些荧光物质的亮点。如果样品本身不发荧光，可以在制板时，在吸附剂中加入适量的荧光剂，或者在制好的板上喷荧光指示剂。板展开干燥后，把板放在紫外灯下观察，除化合物吸收了紫外光的地方呈现黑色斑点外，其余地方都是亮的。

c. **碘缸显色**　如图 5 所示，把几粒碘的结晶放在广口瓶内，放进展开并干燥后的板，盖上瓶盖，直到暗棕色的斑点足够明显时取出，立即用铅笔划出斑点的位置。这种方法是基于有机物可与碘形成分子络合物（烷和卤代烷除外）而带有颜色。板在空气中放置一段时间，由于碘升华，斑点即消失。

四、实验内容

偶氮苯和苏丹Ⅲ的分离，由于偶氮苯和苏丹Ⅲ极性不同，利用薄层色谱（TLC）可以将二者分离。

五、试剂

1%偶氮苯的苯溶液、1%苏丹Ⅲ的苯溶液、0.5%羧甲基纤维素钠（CMC）水溶液、硅胶 G、9∶1 的环己烷-乙酸乙酯。

六、实验步骤

1. 具体步骤

（1）**薄层板的制备**　取 7.5cm×2.5cm 左右的载玻片 5 片，洗净晾干。

在 50mL 烧杯中，放置 3g 硅胶 G，逐渐加入 0.5%羧甲基纤维素钠（CMC）水溶液 8mL，调成均匀的糊状，用滴管吸取此糊状物，涂于上述洁净的载玻片上，用手将带浆的载玻片在玻璃板或水平的桌面上做上下轻微的颠动，并不时转动方向，制成薄厚均匀、表面光洁平整的薄层板，涂好硅胶 G 的薄层板置于水平的玻璃板上，在室温放置 0.5h 后，放入烘箱中，缓慢升温至 110℃，恒温 0.5h，取出，稍冷后置于干燥器中备用。

（2）**点样**　取 2 块用上述方法制好的薄层板。分别在距一端 1cm 处用铅笔轻轻划一横线作为起始线。取管口平整的毛细管插入样品溶液中，在一块板的起始线上点 1%的偶氮苯的苯溶液和混合液两个样点。在第二块板的起始线上点 1%的苏丹Ⅲ苯溶液和混合液两个样点，样点间相距 1~1.5cm。如果样点的颜色较浅，可重复点样，重复点样前必须待前次样点干燥后进行。样点直径不应超过 2mm。

（3）**展开**　用 9∶1 的环己烷-乙酸乙酯为展开剂，待样点干燥后，小心放入已加入展开剂的 250mL 广口瓶中进行展开。点样一端应浸入展开剂 0.5cm。盖好瓶塞，观察展开剂前沿上升至离板的上沿 1cm 处取出，尽快用铅笔在展开剂上升的前沿处划一记号，晾干后观察分离的情况，比较二者 R_f 值的大小。

（4）**柱色谱**　柱色谱分为干柱色谱和湿柱色谱。干柱色谱可与薄层色谱类比，薄层色谱的分离条件，可以套用到干柱色谱上来。它即有薄层色谱快速的特点又具有柱色谱量大的优点。

干柱色谱是将一空柱用吸附剂填满，将要分离的混合物放在柱顶，使溶剂借毛细作用和地心引力向下移动而将色谱展开。展开完毕，将吸附剂从柱内移出，将已分离的各组分层带用适当溶剂分离出来，分别处理。此法具有耗溶剂少，分离时间短等优点。

湿柱色谱是靠洗脱剂把要分离的各个组分逐个洗脱下来，也称为洗脱色谱。这里主要介绍湿柱色谱。像薄层色谱一样，柱色谱也是一种吸附色谱，原理类似于薄层色谱，欲分离的混合物中的各组分分配在吸附剂和洗脱剂之间，化合物被吸附剂吸附愈强，该化合物溶解在洗脱剂中则愈少，沿洗脱剂移动的距离则愈小。

色谱柱填充的吸附剂的量远远大于薄层板，且柱的大小可以依欲分离的物质的量的多少而选择，因而柱色谱可用于分离量比较大（克数量级）的物质，而薄层色谱分离量比较小的物质，一般在毫克数量级。近年来不少人把柱色谱用于制备上，称为制备色谱。图6为实验室中常用的色谱柱。

柱色谱最常用的吸附剂是氧化铝和硅胶，吸附剂的活性取决于它们含水量的多少，最活泼的吸附剂含有最少量的水。氧化铝的活性一般分成五个等级，见表2。Ⅰ级氧化铝活性最高，并且很容易失去活性，加入水可以制备其他等级的氧化铝，其活性递降。Ⅰ级氧化铝常用于分离非极性有机化合物，其他等级的氧化铝用于分离极性稍高的有机化合物。硅胶一般用于分离极性的有机化合物。

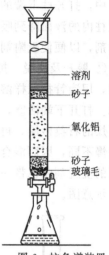

图6　柱色谱装置

表2　氧化铝活性等级

氧化铝活性等级	Ⅰ	Ⅱ	Ⅲ	Ⅳ	Ⅴ
加入到Ⅰ级 Al_2O_3 中的水质量分数		3	6	10	15

市售的氧化铝，分为酸性、碱性和中性型，硅胶一般是微酸性的。酸性的有机化合物在碱性的吸附剂上吸附较强烈，碱性有机化合物在酸性吸附剂上吸附较强烈。如果欲分离的化合物是酸性（碱性）最好选择酸性（碱性）的吸附剂，才能分离成功。若欲分离的混合物对酸性、碱性吸附剂不稳定，可以选择中性的吸附剂。对酸碱敏感的化合物，常常可以在酸性或碱性吸附剂上发生分解及催化化学反应，例如酯的水解、烯烃的异构化、醛酮的缩合反应等，因此，对于这些化合物的分离，可以在中性的吸附剂上进行色谱分离。

柱色谱常用的洗脱剂以及洗脱能力，按次序排列如下：己烷＜环己烷＜甲苯＜二氯甲烷＜氯仿＜环己烷-乙酸乙酯(80∶20)＜二氯甲烷-乙醚(80∶20)＜二氯甲烷-乙醚(60∶40)＜环己烷-乙酸乙酯(20∶80)＜乙醚＜乙醚-甲醇(99∶1)＜乙酸乙酯＜四氢呋喃＜正丙醇＜乙醇＜甲醇。

极性溶剂对于洗脱极性化合物是有效的，非极性溶剂对于洗脱非极性化合物是有效的，若欲分离的混合物组成复杂，单一溶剂往往不能达到有效的分离，通常选用混合溶剂。要找到最佳分离条件往往不是一件容易的事情，较方便的是参考前人的工作，或类似化合物的分离条件也可以参考TLC的分离条件。

① 装柱　色谱柱的大小，取决于分离物的量和吸附剂性质，一般的规格是柱的直径为其长度的1/10～1/4。实验中常用的色谱柱直径在0.5～10cm之间。

装柱要求吸附剂必须均匀地填在柱内，没有气泡、没有裂缝，否则将影响洗脱和分离。通常采用糊状填料法，即把柱竖直固定好，关闭下端活塞，底部用少量脱脂棉或玻璃棉轻轻塞紧，加入约1cm厚的洗净干燥的石英砂层，然后加入溶剂到柱体积的1/4；用一定量的溶剂和吸附剂在烧杯内调成糊状，除尽空气。打开柱下端的活塞，让溶剂一滴一滴地滴入锥形瓶中，把糊状物快速倒入柱中，吸附剂通过溶剂慢慢下沉，进行均匀填料。也可以将溶剂倒入柱中,打开柱下端的活塞,在不断敲打柱身的情况下,填加固体吸附剂。注意自始至终不要使柱内的液面降到吸附剂高度以下,这样将会出现气泡或裂缝。柱顶部 1/4 处一般不填充吸附剂,以便使吸附剂上面始终保持有液层。

② 展开及洗脱 把待分离混合物溶解在最少量体积的溶剂中。当溶剂下降到吸附剂表面时,用滴管把试样溶液转移到色谱柱中,并用少量溶剂分几次洗涤柱壁上所粘试液,直至无色。打开下端活塞,当液面下降到吸附剂表面时,关闭下端活塞,加入约 0.5cm 厚的洗净干燥的石英砂层,再加入展开剂,打开活塞,进行分离。由于不同极性的组分在柱中移动的快慢不同,因而混合物中的各个组分在柱上分成不同的色谱带(指有颜色的组分)。使用不同的洗脱剂将色带一一洗脱下来,若洗脱速度较慢,可以稍稍加压。图 7 是柱色谱的分离过程示意图。

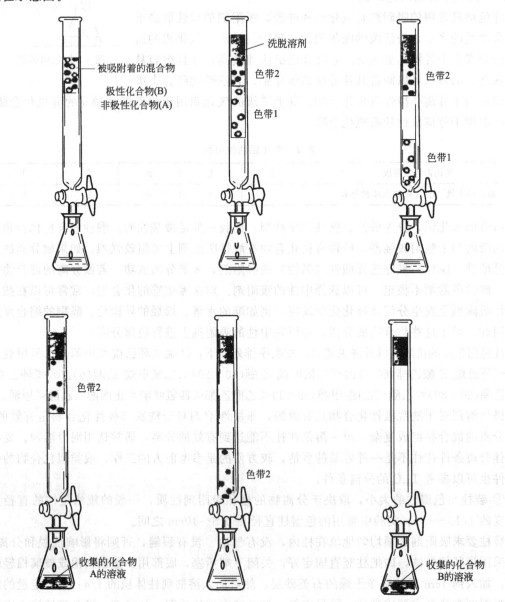

图 7 柱层析分离过程

2. 具体实验

(1) 实验1　荧光黄和亚甲基蓝的分离（separation of fluores-cein and methylene blue）

荧光黄　　　　　　　亚甲基蓝

亚甲基蓝可以含有 3~5 个结晶水，三水合物是暗绿色结晶，其稀的乙醇溶液为蓝色。荧光黄是橘红色结晶，其稀的水溶液带有荧光黄色。

① 所需试剂　中性氧化铝（100~200 目）、1.0mL 95%乙醇溶解有 1mg 亚甲基蓝和 1mg 荧光黄。

② 实验1步骤　用 25mL 色谱柱垂直装柱，以 25mL 锥形瓶作洗脱液的接收器。用镊子取少许脱脂棉放于干净的色谱柱底部，用玻璃棒轻轻塞紧，再在脱脂棉上盖一层厚 0.5cm 的石英砂（洗净干燥过的砂），关闭活塞。向柱中倒入 10mL 95%乙醇，打开活塞，控制流出速度为每秒 1 滴。此时从柱上端通过一干燥的长颈漏斗，慢慢加入 5g 色谱用的中性氧化铝，用木棒或带橡皮塞的玻璃棒轻轻敲打柱身下部，使填装紧密（色谱柱填装松紧与否对分离效果影响很大，若各部分松紧不匀，特别是有断层时，影响速度和显色带的均匀，但如果填装时过分敲击，又使流速太慢）。当溶剂液面刚好流至氧化铝表面时，关闭活塞，立即沿柱壁加入 1mL 已配好的含有 1mg 亚甲基蓝与 1mg 荧光黄的 95%乙醇溶液，打开活塞，再使液面流至氧化铝表面。然后在上面加一层 0.5cm 厚的石英砂。加入展开剂 95%乙醇，进行分离。注意不能使液面低于砂子的上层。

蓝色的亚甲基蓝首先向柱下移动，荧光黄则留在柱上端，当蓝色的色带快洗出时，更换另一个接收器，继续洗脱，直至滴出液体近无色为止，再换一接收器，改用水作洗脱剂至黄绿色的荧光黄开始滴出，用另一接收器收集至黄绿色全部洗出为止。这样，分别得到两种染料的溶液。

(2) 实验2　孔雀绿和亚甲基蓝的分离（separation of malachite green and methylene blue）。

孔雀绿为带有孔雀羽毛光泽的绿色结晶，易溶于水、醇等，其水溶液呈蓝绿色。孔雀绿的结构为：

① 所需试剂　中性氧化铝、2mL 水中溶有孔雀绿和亚甲基蓝各 1mg 的溶液。

② 实验步骤　使用 25mL 酸式滴定管，用 8g 中性氧化铝和适量的水，按照上述实验方法制备色谱柱。由柱顶加入 2mL 含有孔雀绿和亚甲基蓝各 1mg 的水溶液，用水展开色谱柱，并用水首先洗脱出孔雀绿，然后换成 95%乙醇洗脱亚甲基蓝。

七、实验注意事项

1. 加入砂子的目的是避免展开剂把试样冲起，影响分离效果。若无砂子，也可用玻璃毛。

2. 为了保持柱子的均一性，使整个吸附剂浸泡在溶剂或溶液中是必要的。否则当柱中溶剂或溶液流干时，就会使柱身干裂，影响渗透和显色的效果。

八、思考题

1. 在一定的操作条件下为什么可利用 R_f 值来鉴别化合物？

2. 在混合物薄层色谱中，如何判定各组分在薄层上的位置？
3. 展开剂的高度若超过了点样线，对薄层色谱有何影响？
4. 柱色谱中为什么极性大的组分要用极性大的溶剂洗脱？
5. 柱中若有空气或填装不匀，对分离效果有何影响？如何避免？

实验 5　从茶叶中提取咖啡因

一、实验目的
1. 了解天然产物提取和分离的基本原理和方法。
2. 初步掌握提取、升华等操作。

二、实验原理
茶叶中含有多种生物碱，其中以咖啡碱（又称咖啡因）为主，约占 1%～5%。它具有刺激心脏、兴奋大脑神经和利尿等作用，因此可作为中枢神经兴奋药。它也是复方阿司匹林（A.P.C）等药物的组分之一。

咖啡碱的结构式如下：

嘌呤　　　　　咖啡因

含结晶水的咖啡因为无色针状结晶，能溶于水、乙醇、氯仿等，在 100℃时即失去结晶水，并开始升华，120℃时升华相当显著，至 178℃时升华很快。无水咖啡因的熔点为 234.5℃。

为了提取茶叶中的咖啡因，往往利用适当的溶剂（氯仿、乙醇、苯等）在脂肪提取器中连续抽提，然后蒸去溶剂，即得粗咖啡因。

粗咖啡因还含有其他一些生物碱和杂质，利用升华可进一步提纯。

三、仪器与试剂
仪器：脂肪提取器、圆底烧瓶、蒸馏装置、蒸发皿、玻璃漏斗、滤纸。

试剂：茶叶、95%乙醇、生石灰。

四、实验装置
抽提装置见图1。常压普通升华装置见图2。

五、实验步骤
称取茶叶末5g，放入脂肪提取器的滤纸套筒中，在圆底烧瓶内加入75mL 95%乙醇，水浴加热。连续提取约1h后，待冷凝液刚刚虹吸下去时，即停止加热。然后改成蒸馏装置，回收抽取液中的大部分乙醇。把残液倾入蒸发皿中，拌入约2g生石灰粉，在空气浴上蒸干，务必使水分全部除去。冷却后，擦去沾在边上的粉末，以免在升华时污染产物。取一只合适的玻璃漏斗，罩在刺有许多小孔的滤纸的蒸发皿上用砂浴（控制温度为220℃左右）小心加

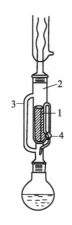

图1 抽提装置（脂肪提取器）　　　　　图2 常压普通升华装置

热升华。当纸上出现白色毛状结晶时，暂停加热，冷至100℃左右，揭开漏斗和滤纸，仔细地把附在纸上及器皿周围的咖啡因用小刀刮下，残渣经拌和后用较大的火再加热片刻，使升华完全。合并两次收集的咖啡因，测定熔点。若产品不纯时可用少量热水重结晶提纯（或放入微量升华管中再次升华）。

本实验约需5～6h。

六、实验注意事项

脂肪提取器的虹吸管极易折断，安装仪器和取拿时须特别小心。

七、思考题

1. 提取咖啡因时，生石灰起什么作用？
2. 从茶叶中提取出的粗咖啡因有绿色光泽，为什么？

八、附注（脂肪提取器的原理）

1. 脂肪提取器（图1）是利用溶剂回流及虹吸原理，使固体物质连续不断地为纯的溶剂所萃取，因而效率较高。萃取前应先将固体物质研细，以增加溶剂浸润的面积，然后将固体物质放在滤纸套1内，置于提取器2中。提取器的下端通过木塞（或磨口）和盛有溶剂的烧瓶连接，上端接冷凝管。当溶剂沸腾时，蒸气通过玻璃管3上升，被冷凝管冷凝成为液体，滴入提取器中，当溶剂液面超过虹吸管4的最高处时，即虹吸流回烧瓶，因而萃取出溶于溶剂的部分物质。就这样利用溶剂回流和虹吸作用，使固体的可溶物质富集到烧瓶中。然后用其他方法将萃取到的物质从溶液中分离出来。

2. 滤纸套大小既要紧贴器壁，又能方便取放，其高度不得超过虹吸管；滤纸包茶叶末时要严谨，防止漏出堵塞虹吸管；纸套上面折成凹形，以保证回流液均匀浸润被萃取物。

3. 若提取液颜色很淡时，即可停止提取。

4. 瓶中乙醇不可蒸得太干，否则残液很黏，转移时损失较大。

5. 生石灰起吸水和中和作用，以除去部分酸性杂质。

6. 在萃取回流充分的情况下，升华操作的好坏是本实验成败的关键。在升华过程中，始终都须用小火间接加热。温度太高会使滤纸碳化变黑，并把一些有色物质烘出来，使产品不纯。第二次升华时，火亦不能太大，否则会使被烘物大量冒烟，导致产物损失。

实验6 溴乙烷的制备

一、实验目的
1. 学习以相应醇制备溴乙烷的原理和方法。
2. 掌握低沸点物质蒸馏的基本操作及水浴蒸馏等操作。

二、实验原理
主反应：
$$NaBr + H_2SO_4 \longrightarrow HBr + NaHSO_4$$
$$CH_3CH_2OH + HBr \longrightarrow CH_3CH_2Br + H_2O$$

副反应：
$$2CH_3CH_2OH \xrightarrow{H_2SO_4} CH_3CH_2OCH_2CH_3 + H_2O$$
$$CH_3CH_2OH \xrightarrow{H_2SO_4} CH_2=CH_2 + H_2O$$
$$HBr + H_2SO_4(浓) \longrightarrow Br_2 + SO_2 + H_2O$$

三、仪器与试剂
仪器：直形冷凝管、圆底烧瓶、温度计、尾接管、分液漏斗、锥形瓶、沸石、分液漏斗、滴管等。

试剂：95%乙醇 3.8g（5mL，0.085mol）、无水溴化钠 7.5g（0.075mol）、浓硫酸。

四、实验装置
低沸点物质蒸馏的实验装置见图1。

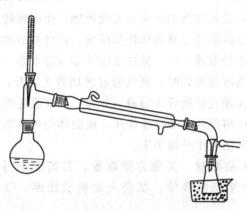

图1 低沸点物质蒸馏的实验装置图

五、实验步骤
在 50mL 圆底烧瓶中，放入 5mL 95%乙醇（3.8g，约 0.085mol）及 5mL 水。在不断振摇和冷水冷却下，慢慢加入 9.5mL 浓硫酸。冷至室温后，在振摇下加入 7.5g 研细的溴化钠（约 0.075mol）及几粒沸石。装上冷凝管和温度计，装配成蒸馏装置（图1）。接收器内放入少许冷水并浸于冷水浴中，最好使接液管的末端也刚浸没在接收器的冷水中。在石棉网上用小火加热蒸馏瓶，约0.5h后慢慢加大火焰，直到无油状物馏出为止。

将馏出物倒入分液漏斗中，分出有机层（哪一层）置于50mL干燥的锥形瓶里。把锥形瓶浸于冰水浴中，在振摇下用滴管慢慢滴加约3mL浓硫酸。用干燥的分液漏斗分去硫酸液（哪一层），溴乙烷倒入（如何倒法）25mL蒸馏瓶中。加入几粒沸石，用水浴加热进行蒸馏。用已称重的干燥锥形瓶作接收器，其外围用冰水浴冷却。收集34~40℃的馏分，产量约为5g（产率69%）。

纯粹溴乙烷的沸点为38.40℃，折射率 $n_D^{20}=1.4239$。

本实验约需4~5h。

六、实验注意事项

1. 加少量水可防止反应进行时产生大量泡沫，还可以减少副产物乙醚的生成和避免氢溴酸的挥发。

2. NaBr应预先研细，并在搅拌下加入，以防结块而影响氢溴酸的产生。若用含结晶水的 $NaBr \cdot 2H_2O$，其用量用物质的量换算，并相应减少加入水的量。也可以用相当量的KBr代替，但后者价格较贵。

3. 由于溴乙烷的沸点较低，为使冷凝充分，必须选用效果较好的冷凝管，装置的各接头处要求严密不漏气。

4. 溴乙烷在水中的溶解度很小（1:100），在低温时又不与水作用。为了减少其挥发，常先在接收器内盛放冷水，并使尾接管的末端稍微浸入水中。

5. 蒸馏速度宜慢，否则蒸气来不及冷却就会逸失；而且在开始加热时，常有很多泡沫发生，若加热太剧烈，会使反应物冲出。

6. 馏出液由浑浊变成澄清时，表示已经蒸完。拆除热源前，应先将接收器与尾接管离开，以防倒吸。稍冷后，将瓶内物趁热倒出，以免硫酸氢钠等冷后结块，不易倒出。

7. 尽可能将水分离完全，否则当用浓硫酸洗涤时会产生热量而使产物挥发损失。

8. 加浓硫酸可除去乙醚、乙醇及水等杂质。为防止产物挥发，最好在冷却下操作。

9. 当洗涤不够时，馏分中仍可能含极少量水及乙醇，它们与溴乙烷分别形成共沸物（溴乙烷-水：沸点37℃，含水约1%；溴乙烷-乙醇：沸点37℃，含醇约3%）。

七、思考题

1. 为了减少溴乙烷的挥发损失，本实验中采取了哪些措施？小结一下，在进行低沸点物质蒸馏时，和普通蒸馏相比，还要注意哪些问题？

2. 浓硫酸洗涤的目的何在？

3. 在本实验中，哪一种原料是过量的？为什么反应物间的配比不是1:1？在计算产率时，选用何种原料作为根据？

实验7　环己烯的制备

一、实验目的

1. 掌握醇脱水制备烯烃的方法。

2. 巩固刺形分馏柱的使用。

二、实验原理

$$\text{C}_6\text{H}_{11}\text{OH} \xrightarrow[\Delta]{H_2SO_4} \text{C}_6\text{H}_{10} + H_2O$$

三、仪器与试剂

仪器：圆底烧瓶、刺形分馏柱、直形冷凝管、尾接管、沸石、石棉网、分液漏斗、锥形瓶。

试剂：环己醇、浓硫酸、食盐、无水氯化钙、5％碳酸钠溶液。

四、实验装置

本实验装置采用简单分馏装置。

五、实验步骤

在 50mL 干燥的圆底烧瓶中，加入 7.5g 环己醇、0.5mL 浓硫酸及几粒沸石，充分振摇使之混合均匀。烧瓶上装一短的分馏柱作分馏装置，接上冷凝管，用 25mL 圆底烧瓶作接收器，外用冰水冷却。将烧瓶在石棉网上用小火慢慢加热，控制加热速度，缓慢地蒸出生成的环己烯及水，并使分馏柱上端的温度不要超过 90℃。当烧瓶中只剩下很少量的残渣并出现阵阵白雾时，即可停止蒸馏。全部蒸馏时间约需 0.4~1h 左右。

将蒸馏液用食盐饱和，然后加入约 2mL 5％碳酸钠溶液中和微量的酸。将此液体倒入小分液漏斗中，振摇后静置分层。将下层水溶液自漏斗下端活塞放出；上层的粗产物自漏斗的上口倒入干燥的小锥形瓶中，加入 1g 无水氯化钙干燥，用塞子塞好，放置至溶液澄清透明后，滤入干燥的 25mL 蒸馏瓶中，加入沸石后用水浴加热蒸馏。收集 80~85℃的馏分于一已称重的干燥小锥形瓶中。若蒸出产物混浊，必须重新干燥后再蒸馏。产量为 3~4g。

纯粹环己烯的沸点为 82.98℃，折射率 n_D^{20} 1.4465。

本实验约需 4~5h。

六、实验注意事项

1. 环己醇在常温下是黏稠状液体（熔点为 24℃），因而若用量筒量取时应注意转移中的损失。环己醇与硫酸应充分混合，否则在加热过程中可能会局部碳化。

2. 开始最好用油浴加热，使蒸馏瓶受热均匀。由于反应中环己烯与水形成共沸物（沸点为 70.8℃，含水 10％）；环己醇与环己烯形成共沸物（沸点为 64.9℃，含环己醇 30.5％）；环己醇与水形成共沸物（沸点为 97.8℃，含水 80％）。因此加热时温度不可过高，蒸馏速度不宜太快，以减少未作用的环己醇蒸出。

3. 水层应尽可能分离完全，否则将增加无水氯化钙的用量，使产物更多地被干燥剂吸附而导致损失。这里用无水氯化钙干燥较适宜，因它还可除去少量环己醇。

4. 在蒸馏已干燥的产物时，蒸馏所用仪器都应充分干燥。

七、思考题

1. 在粗制环己烯中，加入食盐使水层饱和的目的何在？
2. 在蒸馏终止前，出现的阵阵白雾是什么？
3. 写出环己烯与溴水、碱性高锰酸钾溶液作用的反应式。
4. 下列醇用浓硫酸进行脱水反应时，主要产物是什么？

① 3-甲基-1-丁醇；② 3-甲基-2-丁醇；③ 3,3-二甲基-2-丁醇。

实验 8 正丁醚的制备

一、实验目的

1. 掌握醇分子间脱水制备醚的反应原理和方法。
2. 学习使用分水器的操作。

二、实验原理

主反应：$2C_4H_9OH \xrightarrow{H_2SO_4} C_4H_9OC_4H_9 + H_2O$

副反应：$C_2H_5CH_2CH_2OH \xrightarrow{H_2SO_4} C_2H_5CH=CH_2 + H_2O$

三、仪器与试剂

仪器：50mL 三口烧瓶、25mL 蒸馏瓶、球形冷凝管、分水器、温度计、分液漏斗、沸石、石棉网。

试剂：正丁醇 8mL（0.087mol）、浓硫酸 1.3mL、无水氯化钙、饱和氯化钙溶液、5%氢氧化钠。

四、实验装置

分水回流装置见图1。

五、实验步骤

在 50mL 三口烧瓶中，加入 8mL（0.087mol）正丁醇、1.3mL 浓硫酸和几粒沸石，摇匀后，在一侧口装上温度计，温度计插入液面以下，另一口装上分水器，分水器的上端接一回流冷凝管（图1）。先在分水器内放置 0.9mL 水，然后将三口烧瓶放在石棉网上小火加热至微沸，进行分水。反应中产生的水经冷凝后收集在分水器的下层，上层有机相积至分水器支管时，即可返回烧瓶。大约经 1.2～1.5h 后，三口烧瓶中反应液温度可达 134～136℃。当分水器全部被水充满时停止反应。若继续加热，则反应液变黑并有较多副产物烯生成。

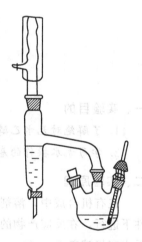

图 1 分水回流装置

将反应液冷却到室温后倒入盛有 12mL 水的分液漏斗中，充分振摇，静置后弃去下层液体。上层粗产物依次用 6mL 水、4mL 5%氢氧化钠溶液、4mL 水和 4mL 饱和氯化钙溶液洗涤，用 0.5g 无水氯化钙干燥。干燥后的产物滤入 25mL 干燥的蒸馏瓶中蒸馏，收集 140～144℃ 馏分，产量为 1～2g。

纯正丁醚的沸点为 142.4℃，折射率 $n_D^{20}=1.3992$。

本实验需 5～6h。

六、实验注意事项

1. 本实验根据理论计算失水体积为 0.8mL，实际分水体积略大于计算量，故分水器放满水后先放掉约 0.9mL 水。

2. 制备正丁醚的较宜温度是 130~140℃，但开始回流时，这个温度很难达到，因为正丁醚可与水形成共沸物（沸点为 94.1℃，含水 33.4%）；另外，正丁醚可与水及正丁醇形成三元共沸物（沸点为 90.6℃，含水 29.9%，含正丁醇 34.6%），正丁醇也可与水形成共沸物（沸点为 93℃，含水 44.5%），故应在 100~115℃ 之间反应半小时之后可达到 130℃ 以上。

3. 在碱洗过程中，不要太剧烈地摇动分液漏斗，否则生成乳浊液，分离困难。若生成乳浊液，可加些酸进行破乳。有时由于存在少量轻质沉淀、两液相密度接近、两溶剂部分互溶等原因，也会出现两液相不能很清晰地分开，这时可加少量电解质（如氯化钠），进行破乳或增加水相的相对密度。

4. 正丁醇溶于饱和氯化钙溶液中，而正丁醚微溶。

七、思考题

1. 如何得知反应已经比较完全？
2. 反应物冷却后为什么要倒入 12mL 水中？各步的洗涤目的何在？
3. 能否用本实验方法由乙醇和 2-丁醇制备乙基仲丁基醚？你认为用什么方法比较好？

实验 9　绝对无水乙醇的制备

一、实验目的

1. 了解绝对无水乙醇的制备方法及原理。
2. 学习无水操作的基本方法，巩固回流、蒸馏等基本操作。

二、实验原理

在有机合成中，溶剂纯度对反应速率及产率有很大影响。有些反应，必须在绝对干燥条件下进行，在反应产物的最后纯化过程中，为避免某些产物与水生成水合物，也需要较纯的无水有机溶剂。

由于乙醇和水形成共沸物，故含量为 95.5% 的工业乙醇尚含有 4.5% 的水。若要得到含量较高的乙醇，在实验室中用加入氧化钙（生石灰）加热回流。使乙醇中的水与氧化钙作用，生成不挥发的氢氧化钙来除去水分。这样制得的无水乙醇，其纯度最高可达 99.5%，已能满足一般实验使用。如要得到纯度更高的绝对乙醇，可用金属镁或金属钠进行处理。

$$2C_2H_5OH + Mg \longrightarrow (C_2H_5O)_2Mg + H_2$$

$$(C_2H_5O)_2Mg + 2H_2O \longrightarrow 2C_2H_5OH + Mg(OH)_2$$

$$C_2H_5OH + Na \longrightarrow C_2H_5ONa + \frac{1}{2}H_2$$

$$C_2H_5ONa + H_2O \longrightarrow C_2H_5OH + NaOH$$

三、仪器与试剂

仪器：圆底烧瓶、球形冷凝管、干燥管、尾接管、抽滤瓶、水浴装置等。

试剂：工业乙醇、99.5%乙醇、镁条、碘、金属钠、无水硫酸铜、95%乙醇、生石灰、无水氯化钙、邻苯二甲酸二乙酯等。

四、实验装置

绝对无水乙醇的制备装置见图1。

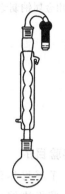

图1 绝对无水乙醇的制备装置

五、实验步骤

1. 无水乙醇（99.5%）的制备

在500mL圆底烧瓶中，放置200mL 95%乙醇和50g生石灰，用木塞塞紧瓶口，放置至下次实验。下次实验时，拔去木塞，装上回流冷凝管，其上端接干燥管（装有无水氯化钙），水浴回流加热2~3h，稍冷后取下冷凝管，改为蒸馏装置。蒸去前馏分后，用干燥的抽滤瓶或蒸馏瓶作接收器，其支管接氯化钙干燥管。水浴加热，蒸馏至几乎无液滴流出为止。称量无水乙醇的质量或量其体积，计算回收率。

2. 绝对无水乙醇（99.95%）的制备

用金属镁制取：在50mL的圆底烧瓶中，放置0.3g干燥纯净的镁条，5mL 99.5%乙醇，装上回流冷凝管，并在冷凝管上附加无水氯化钙干燥管。在沸水浴或用火直接加热使达到沸腾，移去热源，立刻加入几粒碘（此时注意不要振荡），碘粒附近发生反应，最后可以达到相当剧烈的程度。有时作用太慢则需要加热；如果在加碘后，反应仍不开始，则可再加入数粒碘（一般地讲，乙醇与镁反应是缓慢的，如所用乙醇含水量超过0.5%，则反应尤其困难）。待全部镁条反应完毕后，加入25mL 99.5%乙醇和一粒沸石，回流1h，改为蒸馏装置，按收集无水乙醇的要求进行蒸馏。产品储于带有磨口或橡皮塞的容器中。

用金属钠制取：装置和操作同用金属镁制取，在100mL圆底烧瓶中，放置1g金属钠和50mL纯度至少为99.5%的乙醇，加入几粒沸石。加热回流30min后，加入4g邻苯二甲酸二乙酯，再回流10min。取下冷凝管改成蒸馏装置，按收集无水乙醇的要求进行蒸馏。产品储于带有磨口或橡皮塞的容器中。

检验乙醇是否有水分，常用的方法是：取一支干燥试管，加入制得的绝对无水乙醇1mL，随即加入少量无水硫酸铜粉末。如乙醇中含水分，则无水硫酸铜变为蓝色硫酸铜。

六、实验注意事项

1. 本实验中所用仪器均需彻底干燥。由于无水乙醇具有很强的吸水性，故操作过程中和存放时必须防止水分浸入。

2. 镁条需要防止氧化，密闭保存。另如使用金属钠制备，应特别注意使用安全。所用乙醇的水分不能超过0.5%，否则反应相当困难。

3. 碘粒可加速反应进行，如果加碘粒后仍不开始反应，可再加几粒，若反应仍很缓慢，可适当加热促使反应进行。加入碘粒之后不要立刻摇动，避免反应剧烈。

七、思考题

1. 用镁制备绝对乙醇时，为什么要分两次加乙醇？碘的作用是什么？

2. 用金属钠制绝对乙醇，为什么要加邻苯二甲酸二乙酯？

实验10 己二酸的制备

一、实验目的
1. 了解用环己醇氧化制备己二酸的基本原理和方法。
2. 掌握浓缩、过滤、重结晶等基本操作。

二、实验原理

$$3\text{C}_6\text{H}_{11}\text{OH} + 8\text{KMnO}_4 + \text{H}_2\text{O} \longrightarrow 3\text{HOOC(CH}_2)_4\text{COOH} + 8\text{MnO}_2 + 8\text{KOH}$$

$$\text{C}_6\text{H}_{11}\text{OH} + \text{KMnO}_4 \xrightarrow{\text{OH}^-} \text{环己酮} \xrightarrow{\text{OH}^-} [\text{碳负离子} \longleftrightarrow \text{烯醇负离子}]$$

$$\xrightarrow{\text{KMnO}_4} \text{醛基羧酸盐} \xrightarrow{\text{KMnO}_4} \text{二羧酸盐} \xrightarrow{\text{H}^+} \text{HOOC(CH}_2)_4\text{COOH}$$

环己酮是对称酮，在碱作用下只能得到一种烯醇负离子，氧化生成单一化合物，若为不对称酮，就会产生两种烯醇负离子，每一种烯醇负离子氧化得到的产物不同，合成意义不大。

三、仪器与试剂

仪器：烧杯（250mL、800mL各1个）、温度计（1支）、吸滤瓶（1个）、玻璃棒、滴管、滤纸、石棉网、布氏漏斗（1个）。

试剂：环己醇1.0g（1.1mL，约0.01mol）、高锰酸钾3g（0.019mol）、亚硫酸氢钠、活性炭、10％氢氧化钠溶液2.5mL、浓盐酸。

四、实验步骤

在200mL烧杯中加入2.5mL 10％氢氧化钠溶液，加水25mL，边搅拌边加入3g高锰酸钾。待高锰酸钾溶解后，用滴管缓慢滴加1.1mL（1.0g）环己醇，控制滴加速度，使反应温度维持在45℃左右。滴加完毕，反应温度开始下降时，在沸水浴上加热3～5min，促使反应完全，可观察到有大量二氧化锰的沉淀凝结。

用玻璃棒蘸一滴反应混合物点到滤纸上做点滴实验。如有高锰酸盐存在，则在棕色二氧化锰点的周围出现紫色的环，可加入少量固体亚硫酸氢钠直到点滴试验呈阴性为止。趁热抽滤混合物，用少量热水洗涤滤渣3次，将洗涤液与滤液合并置于烧杯中，加少量活性炭脱色，乘热抽滤。将滤液转移至干净烧杯中，并在石棉网上加热浓缩至8mL左右，放置、冷却、结晶、抽滤、干燥，得己二酸白色晶体。

本实验约需3～4h。

五、实验注意事项

1. 此反应属强烈放热反应，要控制好滴加速度和搅拌速度，以免反应过剧烈，引起飞溅或爆炸。同时，不要在烧杯上口观察反应情况。
2. 反应温度不可过高，否则反应就难于控制，易引起混合物冲出反应器。
3. 二氧化锰胶体受热后产生胶凝作用而沉淀下来，便于过滤分离。

六、思考题

1. 为什么反应必须严格控制环己醇的滴加速度？
2. 为什么有些实验在反应快结束或加入最后一点反应物前应预先加热？

实验 11　乙酸乙酯的制备

一、实验目的

1. 学习并掌握酯的制备原理和方法。
2. 巩固回流、蒸馏和分液等操作。

二、实验原理

$$CH_3COOH + CH_3CH_2OH \xrightarrow[110\sim120℃]{H_2SO_4} CH_3COOC_2H_5 + H_2O$$

酯化反应是一个平衡反应。为了提高酯的产量，本实验采用加过量乙醇以及不断地把反应中产生的水和酯蒸走的方法。在工业生产中，一般采用加过量的乙酸，以使乙醇转化完全，避免由于乙醇与水和乙酸乙酯形成二元或三元恒沸物给分离带来麻烦。

鉴于乙醇、乙酸乙酯、水可以形成二元或三元最低恒沸物，因此，本实验把蒸馏得到的粗酯先经饱和氯化钙水溶液洗脱乙醇，再经干燥剂干燥除去水等程序。尽管如此，蒸馏得到的乙酸乙酯中仍含有一定量的乙醇和水。

三、仪器与试剂

仪器：球形冷凝管、直形冷凝管、圆底烧瓶、滴液漏斗、分液漏斗、沸石、三口烧瓶、温度计、玻璃管、橡皮管、石棉网。

试剂：冰醋酸、95%乙醇、浓硫酸、饱和碳酸钠溶液、饱和氯化钙溶液、饱和氯化钠溶液、无水硫酸钠。

四、实验装置

回流装置见图1。

五、实验步骤

1. 实验方法一

在 50mL 的圆底烧瓶中加入 7.5mL 冰醋酸和 11.5mL 95%乙醇，在摇动下慢慢加入 4mL 浓硫酸，混合均匀后，加入几粒沸石，装上回流冷凝管，在水浴上加热回流 30min。稍冷后，改成蒸馏装置，在水浴上加热

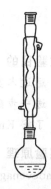

图1　回流装置

蒸馏，直至在沸水浴上不再有蒸出物为止，得粗乙酸乙酯。在不断搅拌或摇动下慢慢加入饱和碳酸钠水溶液，直到瓶中有机相呈中性，将液体转入分液漏斗中，分去水相，有机相用等体积的饱和食盐水洗一次，然后再用 10mL 饱和氯化钙水溶液分两次洗涤，有机相用无水硫酸镁或无水硫酸钠干燥。将干燥的粗乙酸乙酯滤入 50mL 蒸馏瓶中，加入几粒沸石，在水浴上蒸馏，收集 73～78℃ 的馏分，称重并计算产率，可得产品 5～6g。

本实验约需 6h。

2. 实验方法二

在 50mL 的三口烧瓶中，加入 4mL 乙醇，摇动下，慢慢加入 6mL 浓硫酸，混合均匀后，加入几粒沸石，一侧口插入温度计到液面下，另一侧口连接成蒸馏装置，中间口安装滴液漏斗，漏斗下端用橡皮管接一玻璃管，玻璃管下端呈"L"形，并插入液面以下。

仪器装好后，将三口烧瓶在石棉网上加热到 115～125℃ 时，慢慢滴加由 7.5mL 乙醇和 7.5mL 冰醋酸组成的混合液，控制滴加速度，使之生成的乙酸乙酯的馏出速度大致相等，以维持反应温度在 115～125℃ 之间。滴加完毕后，保持同样温度，继续加热蒸馏 15min。在搅拌下，往粗乙酸乙酯中慢慢滴加饱和碳酸钠水溶液，至有机相呈中性，其余步骤同实验方法一。

本实验约需 6h。

六、实验注意事项

1. 温度不宜过高，否则会增加副产物乙醚的含量。滴加速度太快会使冰醋酸和乙醇来不及作用而被蒸出。

2. 用饱和氯化钙水溶液洗涤时，振荡要充分，时间要长些。

3. 由于水与乙醇、乙酸乙酯能形成二元或三元恒沸物，故在未干燥前已是清亮透明溶液，因此，不能以产品是否透明作为是否干燥好的标准，应以干燥剂加入后吸水情况而定，并放置 30min，其间要不断摇荡。

七、思考题

1. 酯化反应有何特点，本实验是怎样促使酯化反应正向进行的？
2. 本实验可能有哪些副反应？如何减少副反应的发生，本实验采取了哪些措施？
3. 本实验中采用乙醇过量的方式，如果采用冰醋酸过量是否可行？为什么？

实验 12　Knoevenagel 缩合反应

一、实验目的

1. 通过本实验了解 Knoevenagel 缩合反应的原理和方法。
2. 进一步熟悉重结晶、抽滤等基本操作。
3. 了解 Knoevenagel 缩合反应的应用。

二、实验原理

Knoevenagel 缩合反应是羰基化合物与活泼亚甲基化合物的脱水缩合反应，用于碳碳双键的形成，反应生成的亚甲基化合物在工业、农业、药业及生物科学中有着广泛的应用，同时还是有机合成反应中的重要中间体。有报道使用微波、超声波、固相树脂、有机小分子等方法进行 Knoevenagel 缩合反应。

$$R-C_6H_4-CHO + CH_2(CN)_2 \longrightarrow R-C_6H_4-CH=C(CN)_2$$

三、仪器与试剂

仪器：X6 显微熔点仪、循环式多用水泵、圆底烧瓶。

试剂：苯甲醛、95%乙醇、丙二腈。

四、实验步骤

将苯甲醛（0.1g，0.1mmol）和丙二腈（0.07g，0.1mmol）加入 25mL 圆底烧瓶中，加入 5mL 水，搅拌下将反应混合物水浴加热到 50℃，搅拌反应 0.5~1.5h，反应完毕后，冷却至室温，析出的固体产物进行抽滤，并用水和少量乙醇洗涤，除去少量未反应的原料和副产物。干燥后称重，计算产率。

五、实验注意事项

1. 苯甲醛易被空气氧化，所以使用前应重新蒸馏。
2. 由于本反应是在两相间进行，搅拌充分是反应的关键。

六、思考题

1. 做好本实验的关键是什么？
2. "水"在反应中的作用是什么？

实验 13　苯甲酸乙酯的制备

一、实验目的

1. 掌握酯化反应原理及苯甲酸乙酯的制备方法。
2. 巩固分水器的使用及液体有机化合物的精制方法。

二、实验原理

$$C_6H_5-COOH + C_2H_5OH \xrightarrow{H_2SO_4} C_6H_5-COOC_2H_5 + H_2O$$

三、仪器与试剂

仪器：圆底烧瓶（100mL）、分水器、球形冷凝管、直型冷凝管、空气冷凝管、分液漏斗、沸石、烧杯、石棉网。

试剂：苯甲酸、无水乙醇、苯、乙醚、浓硫酸、碳酸钠、无水氯化钙。

四、实验装置

分水装置见图 1。

五、实验步骤

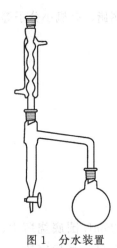

图 1 分水装置

在 50mL 圆底烧瓶中加入 4g 苯甲酸、10mL 无水乙醇、7.5mL 苯、1.5mL 浓硫酸，摇匀后加几粒沸石。安装分水器，并在分水器内放置 1.5mL 水，在分水器上接一球形冷凝管。

水浴上加热回流，开始回流速度要慢，随着回流的进行，分水器中出现上、中、下三层液体，且中层体积越来越大。约 1h 后，分水器中层液体达到 3mL 即可停止加热。放出中、下层液体。继续蒸出多余的苯和乙醇并从分水器中放出（注意应移去火源）。

将残液倒入盛有 20mL 冷水的烧杯中，搅拌下分批加入 Na_2CO_3 粉末至中性。将液体转入分液漏斗，静置后分出酯层。用 10mL 乙醚萃取水层。合并醚层和酯层，用无水氯化钙干燥。先用水浴蒸去乙醚，再在石棉网上加热，收集 210～213℃ 馏分，产量约 3～4g。

苯甲酸乙酯纯品为无色液体，沸点为 212.6℃，折射率 $n_D^{20}=1.5001$。

本实验约需 6～7h。

六、实验注意事项

1. 分水器下层为原来加入的水。由反应瓶中蒸出的馏液是三元共沸物，沸点为 64.6℃，其组成为：苯 74.1%，乙醇 18.5%，水 7.4%。它从冷凝管冷凝后流入水分离器后分为两层，上层占 84%，下层占 16%。上层含苯 86.0%，乙醇 12.7%，水 1.3%；下层（实为分水离器中观察到的中层）含苯 4.8%，乙醇 52.1%、水 43.1%。

2. 若中和后的残液中含有絮状物，难以分层，可直接用乙醚萃取产物。

3. 碳酸钠要研细后分批加入，否则会产生大量泡沫而使液体溢出。

七、思考题

1. 本实验过程中，应用了哪些原理、采用了哪些措施来提高反应的产率？
2. 为什么本次实验的仪器装置与制备乙酸乙酯的装置不同，而与制备正丁醚的装置相同？

实验 14　三苯甲醇的制备

一、实验目的

1. 学习利用 Grignard 反应制备醇的原理和方法。
2. 掌握无水操作、磁力搅拌器的使用。

二、实验原理

$$C_6H_5Br + Mg \xrightarrow{\text{无水乙醚}} C_6H_5MgBr \xrightarrow{C_6H_5COOC_2H_5}$$

$$\underset{\underset{C_6H_5}{|}}{\overset{\overset{O}{|}}{C_6H_5-C-OMgBr}} \longrightarrow \underset{C_6H_5}{\overset{O}{\underset{\|}{C}}}C_6H_5 + C_2H_5OMgBr$$

$$\underset{C_6H_5}{\overset{O}{\underset{\|}{C}}}C_6H_5 + C_6H_5MgBr \xrightarrow{\text{无水乙醚}} (C_6H_5)_3COMgBr \xrightarrow{H_3O^+} (C_6H_5)_3COH$$

三、仪器与试剂

仪器：二口烧瓶、分液漏斗、球形冷凝管、$CaCl_2$ 干燥管、恒压滴液漏斗、磁力搅拌器、砂纸。

试剂：镁屑、溴苯（新蒸）、苯甲酸乙酯、无水乙醚、氯化铵、乙醇、粒碘。

四、实验装置

三苯甲醇的制备装置见图1。

五、实验步骤

1. 苯基溴化镁的制备

在100mL二口烧瓶上分别装置冷凝管和滴液漏斗，在冷凝管和恒压滴液漏斗的上口装置氯化钙干燥管。瓶内放入0.75g镁屑、5g溴苯和一小粒碘，在滴液漏斗中放入5mL无水乙醚，先滴入5mL，数分钟后即见镁屑表面有气泡产生，溶液轻微混浊，碘的颜色开始变浅或消失。若不发生反应，可用水浴温热。反应开始后，开动搅拌器，同时滴入其余10mL无水乙醚，控制滴加速度使反应物保持微沸状态。滴加完毕，在水浴继续回流0.5h，使镁屑基本作用完全。

图1 三苯甲醇制备装置

2. 三苯甲醇的制备

将已制好的苯基溴化镁试剂置于冷水浴中，搅拌下由恒压滴液漏斗滴加1.9mL苯甲酸乙酯和5mL无水乙醚的混合液，控制滴加速度保持反应平稳地进行。滴加完毕后，将反应混合物水浴回流0.5h，使反应进行完全，这时可以观察到反应物明显地分为两层。用冷水浴冷却反应瓶，在不断搅拌下由滴液漏斗慢慢滴加入4g氯化铵配成的饱和水溶液，分解加成产物。

将反应装置改为蒸馏装置，在水浴上蒸去乙醚，再将残余物进行水蒸气蒸馏，以除去未反应的溴苯及联苯等副产物。瓶中剩余物冷却后凝为固体，抽滤收集，用适量的80%乙醇重结晶。干燥后产量约为2～3g，熔点为161～162℃。

纯粹三苯甲醇为无色棱状晶体，熔点为162.5℃。

本实验约需8～10h。

六、实验注意事项

1. 所有的反应仪器及试剂必须充分干燥，所用仪器在烘箱中烘干取出后，在开口处用塞子塞紧，以防止在冷却过程中玻璃壁吸附空气中的水分。
2. 镁带在使用前用细砂纸将其表面擦亮，剪成小段。
3. 为了使开始时溴苯局部浓度较大，易于发生反应，故搅拌应在反应开始后进行。若5min后反应仍不开始，可用温水浴加热。
4. 反应中絮状的氢氧化镁未全溶时，可加入几毫升稀盐酸促使其全部溶解。

七、思考题

1. 如果苯甲酸乙酯和乙醚中含有乙醇会对反应产生什么不好的影响？
2. 利用什么羰基化合物与Grignard试剂反应，可制备一级、二级、三级醇，写出反应通式。
3. 用混合溶剂进行重结晶时，何时加入活性炭脱色？能否加入大量的不良溶剂，使产物全部析出，抽滤后的结晶应该用什么溶剂洗涤？

实验 15　乙酰水杨酸(阿司匹林)的制备

一、实验目的

1. 通过本实验了解乙酰水杨酸（阿司匹林）的制备原理和方法。
2. 进一步熟悉重结晶、熔点测定、抽滤等基本操作。
3. 了解乙酰水杨酸的应用价值。

二、实验原理

乙酰水杨酸即阿司匹林（aspirin）是19世纪末成功合成的，作为一个有效的解热止痛、治疗感冒的药物，至今仍广泛使用。有关报道表明，人们正在发现它的某些新功能。水杨酸可以止痛，常用于治疗风湿病和关节炎。它是一种具有双官能团的化合物，一个是酚羟基，一个是羧基，羧基和羟基都可以发生酯化，而且还可以形成分子内氢键，阻碍酰化和酯化反应的发生。

阿司匹林是由水杨酸（邻羟基苯甲酸）与乙酸酐进行酯化反应而得的。水杨酸可由水杨酸甲酯，即冬青油（由冬青树提取而得）水解制得。本实验就是用邻羟基苯甲酸（水杨酸）与乙酸酐反应制乙酰水杨酸。反应式为：

$$\underset{\text{COOH}}{\underset{|}{\text{C}_6\text{H}_4}}\text{OH} + (CH_3CO)_2O \xrightarrow{\text{浓}H_2SO_4} \underset{\text{COOH}}{\underset{|}{\text{C}_6\text{H}_4}}\text{OCOCH}_3 + CH_3COOH$$

三、仪器与试剂

仪器：圆底烧瓶、冷凝管、烧杯。

试剂：水杨酸、乙酸酐、浓硫酸、饱和碳酸氢钠、浓盐酸。

四、实验步骤

在25mL圆底烧瓶中，加入干燥的水杨酸2.0g和新蒸的乙酸酐5mL，再加5滴浓硫酸，充分摇动。水浴回流，水杨酸全部溶解，保持瓶内温度为70℃左右，维持30min，并经常摇动。稍冷后，在不断搅拌下倒入100mL冷水中，并用冰水浴冷却15min，抽滤，冰水洗涤，得乙酰水杨酸粗产品。

将粗产品置于烧杯中，加入约25mL饱和碳酸氢钠溶液直至无气泡生成（pH＞7）。抽滤除去不溶固体，向滤液中加入5mL浓盐酸和10mL水配成的酸溶液，搅拌均匀，抽滤，得片状白色固体，干燥、称重、计算产率。

乙酰水杨酸熔点为136℃。

五、实验注意事项

1. 热过滤时，应该避免明火，以防着火。
2. 为了检验产品中是否含有水杨酸，利用水杨酸属酚类物质可与三氯化铁发生颜色反应的特点，用几粒结晶加入盛有3mL水的试管中，加入1～2滴1% $FeCl_3$ 溶液，观察有无颜色反应（紫色）。
3. 产品乙酰水杨酸易受热分解，因此熔点不明显，它的分解温度为128～135℃。因此重结晶时不宜长时间加热，控制水温，产品采取自然晾干。用毛细管测熔点时宜先将溶液加热至 120℃左右，再放入样品管测定。

4. 仪器要全部干燥，药品也要经干燥处理，乙酸酐要使用新蒸馏的，收集 139~140℃ 的馏分。

5. 本实验中要注意控制好温度（水温为 90℃）。

6. 产品用乙醇-水或苯-石油醚（60~90℃）重结晶。

六、思考题

1. 为什么使用新蒸馏的乙酸酐？
2. 加入浓硫酸的目的是什么？
3. 为什么控制反应温度在 70℃左右？

实验 16 局部麻醉剂的制备(多步合成)

一、实验目的

1. 学习制备局部麻醉剂苯佐卡因的原理和制备方法。
2. 巩固分馏、蒸馏、分液、固液分离等基本操作。

二、实验原理

麻醉剂是外科手术所必需的，是一类已被研究得较透彻的药物。最早的局部麻醉药是从南美洲生长的古柯植物中提取的古柯生物碱或柯卡因，但具有容易成瘾和毒性大等缺点。人们已合成和试验了数百种局部麻醉剂，苯佐卡因和普鲁卡因仅是其中的两种。这类药物均有如下共同的结构特征：分子的一端是芳环，另一端则是仲胺或叔胺，两个结构单元之间相隔 1~4 个原子连接的中间链。苯环部分通常为芳香酸酯，它与麻醉剂在人体内的解毒有着密切的关系，氨基还有助于使此类化合物形成溶于水的盐酸盐以制成注射液。

苯佐卡因通常由对硝基甲苯首先被氧化成对硝基苯甲酸，再经乙酯化后还原而得。这是苯一条比较经济合理的路线。

$$\underset{NO_2}{\underset{|}{C_6H_4}}-CH_3 \xrightarrow{[O]} \underset{NO_2}{\underset{|}{C_6H_4}}-COOH \xrightarrow[H_2SO_4]{C_2H_5OH} \underset{NO_2}{\underset{|}{C_6H_4}}-CO_2C_2H_5 \xrightarrow{[H]} \underset{NH_2}{\underset{|}{C_6H_4}}-CO_2C_2H_5$$

本实验采用对甲苯胺为原料，经酰化、氧化、水解、酯化一系列反应合成苯佐卡因。此路线虽然比以对硝基甲苯为原料长一些，但原料易得，操作方便，适合于实验室小量制备。

$$\underset{NH_2}{\underset{|}{C_6H_4}}-CH_3 \xrightarrow[\triangle]{CH_3COOH} \underset{NHCOCH_3}{\underset{|}{C_6H_4}}-CH_3 \xrightarrow[(2) H^+]{(1) KMnO_4} \underset{NHCOCH_3}{\underset{|}{C_6H_4}}-CO_2H \xrightarrow[H_2SO_4]{C_2H_5OH} \underset{NH_2}{\underset{|}{C_6H_4}}-CO_2H$$

1. 对氨基苯甲酸的制备

对氨基苯甲酸的合成涉及三个反应，第一个反应是将对甲苯胺用乙酸酐或冰醋酸（参见乙酰苯胺的制备）处理转变为相应的酰胺，这是一个制备酰胺的标准方法，其目的是在第二步高锰酸钾氧化反应中保护氨基，避免氨基被氧化，形成的酰胺在所用氧化条件下是稳定的。

第二步是对甲基乙酰苯胺中的甲基被高锰酸钾氧化为相应的羧基。氧化过程中紫色的高锰酸盐被还原成棕色的二氧化锰沉淀。鉴于溶液中有氢氧根离子生成，故要加入少量的硫酸镁作缓冲剂，使溶液碱性变得不致太强而使成酰氨基发生水解。反应产物是羧酸盐，经酸化后可使生成的羧酸从溶液中析出。

最后一步是酰胺的水解，除去起保护作用的乙酰基，此反应在稀酸溶液中很容易进行。

$$p\text{-}CH_3C_6H_4NH_2 \xrightarrow{CH_3COOH} p\text{-}CH_3C_6H_4NHCOCH_3 + H_2O$$

$$p\text{-}CH_3C_6H_4NHCOCH_3 + 2KMnO_4 \longrightarrow p\text{-}CH_3CONHC_6H_4CO_2K + 2MnO_2 + H_2O + KOH$$

$$p\text{-}CH_3CONHC_6H_4CO_2K + H^+ \longrightarrow p\text{-}CH_3CONHC_6H_4CO_2H$$

$$p\text{-}CH_3CONHC_6H_4CO_2H + H_2O \xrightarrow{H^+} p\text{-}NH_2C_6H_4CO_2H$$

2. 对氨基苯甲酸乙酯

$$\underset{NH_2}{\underset{|}{C_6H_4}}-CO_2H + CH_3CH_2OH \underset{}{\overset{H_2SO_4}{\rightleftharpoons}} \underset{NH_2}{\underset{|}{C_6H_4}}-CO_2C_2H_5 + H_2O$$

三、仪器与试剂

仪器：圆底烧瓶、刺形分馏柱、直形冷凝管、温度计、漏斗、烧杯、石棉网、滤纸、玻璃棒、球形冷凝管。

试剂：对甲苯胺、冰醋酸、高锰酸钾、无水硫酸镁、无水乙醇、18%盐酸、浓硫酸、锌粉、10%碳酸钠溶液、乙醚、氨水。

四、实验步骤

1. 对甲基乙酰苯胺

在50mL圆底烧瓶中，加入4.5g对甲苯胺及5mL冰醋酸及少量锌粉。装上一支短的刺形分馏柱，其上端装一支温度计，支管通过冷凝管与接收瓶相连，以收集蒸出的水和冰醋酸，接收瓶外部用冷浴冷却。

将圆底烧瓶在石棉网上用小火加热，使反应物保持微沸约 15min。然后逐渐升高温度，当温度计读数约为 100℃时，支管即有液体流出，维持温度在 100～110℃之间约 1h，反应生成的水及大部分冰醋酸已被蒸出，此时温度计读数下降，表示反应已经完成。在搅拌下趁热将反应物倒入 100mL 冷水中。冷却后抽滤，用冷水洗涤，干燥后称重，产量约为 5～6g。

纯粹对甲乙酰苯胺的熔点为 154℃。

2. 对乙酰氨基苯甲酸

在 600mL 烧杯中，加入上述制得的 4g 对甲基乙酰苯胺，10g 七水合结晶硫酸镁和 175mL 水，将混合物在水浴上加热到约 85℃。同时制备 10g 高锰酸钾溶于 35mL 沸水的溶液。

在充分搅拌下，将热的高锰酸钾溶液在 15min 内分批加到对甲基乙酰苯胺的混合物中，以免氧化剂局部浓度过高破坏产物。加完后，继续在 85℃搅拌 15min。混合物变成深棕色，趁热用两层滤纸抽滤除去二氧化锰沉淀，并用少量热水洗涤二氧化锰。若滤液呈紫色，可加入 2～3mL 乙醇煮沸直至紫色消失，将滤液再用折叠滤纸过滤一次。

冷却无色滤液，加 20%硫酸酸化至溶液呈酸性，此时应生成白色固体，抽滤、压干，干燥后对乙酰氨基苯甲酸产量约 2～3g。纯化合物的熔点为 250～252℃。湿产品可直接进行下一步合成。

3. 对氨基苯甲酸

称量上步得到的对乙酰氨基苯甲酸，将每克湿产物用 5mL 18%的盐酸进行水解。将反应物置于 100mL 圆底烧瓶中，在石棉网上用小火缓缓回流 30min。待反应物冷却后，用 10%氨水中和，使反应混合物用石蕊试纸检验恰成碱性，切勿使氨水过量。每 30mL 最终溶液加 1mL 冰醋酸（若结晶量少，可略多加一点冰醋酸），充分摇振后置于冰浴中骤冷以引发结晶，必要时用玻璃棒摩擦瓶壁或放入晶种引发结晶。抽滤收集产物，干燥后以对甲苯胺为标准计算累计产率，测定产物的熔点。纯对氨基苯甲酸的熔点为 186～187℃。实验得到的熔点略低一些。

本实验约需 10h。

4. 对氨基苯甲酸乙酯

在 50mL 圆底烧瓶中，加入 2g 对氨基苯甲酸和 25mL 无水乙醇，旋摇烧瓶使大部分固体溶解。将烧瓶置于冰浴中冷却，加入 2mL 浓硫酸，立即产生大量沉淀（在接下来的回流中沉淀将逐渐溶解），将反应混合物在水浴上回流约 1h，并时加摇荡。

将反应混合物转入烧杯中，冷却后分批加入 10%碳酸钠溶液中和，可观察到有气体逸出，并产生泡沫（发生了什么反应），直至加入碳酸钠溶液后无明显气体释放。反应混合物接近中性时，检查溶液 pH 值，再加入少量碳酸钠溶液至 pH 值为 9 左右。在中和过程产生少量固体沉淀（生成了什么物质）。将溶液倾滗到分液漏斗中，并用少量乙醚洗涤固体后并入分液漏斗。向分液漏斗中加入 20mL 乙醚，摇振后分出醚层。经无水硫酸镁干燥后，在水浴上蒸去乙醚和大部分乙醇，至残余油状物约 2mL 为止，趁热倒入冰水中，得固体粗产物。用乙醇-水重结晶后，可得纯品，产量约 1g，熔点为 90℃。

纯粹对氨基苯甲酸乙酯的熔点为 91～92℃。

本实验约需 4h。

五、实验注意事项

对氨基苯甲酸不必重结晶，对其重结晶的各种尝试均未获得满意结果，产物可直接用于合成苯佐卡因。

六、思考题

1. 对甲苯胺用乙酸酐酰化反应中加入乙酸钠的目的何在？
2. 对甲基乙酰苯胺用高锰酸钾氧化时，为何要加入硫酸镁结晶？
3. 在氧化步骤中，若滤液有色，需加入少量乙醇煮沸，发生了什么反应？
4. 在最后水解步骤中，用氢氧化钠溶液代替氨水中和，可以吗？中和后加入冰醋酸的目的何在？
5. 本实验中加入浓硫酸后，产生的沉淀是什么物质？试解释之。
6. 酯化反应结束后，为什么要用碳酸钠溶液而不用氢氧化钠溶液进行中和？为什么不中和至pH值为7而要使溶液pH值为9左右？
7. 如何由对氨基苯甲酸为原料合成局部麻剂普鲁卡因？

实验17　甲基橙的制备

一、实验目的

1. 熟悉重氮化反应和偶合反应的原理，掌握甲基橙的制备方法。
2. 了解低温反应的操作方法。

二、实验原理

1. 重氮化反应

$$H_2N-C_6H_4-SO_3H + NaOH \longrightarrow H_2N-C_6H_4-SO_3Na + H_2O$$

$$H_2N-C_6H_4-SO_3Na \xrightarrow[HCl]{NaNO_2} [HO_3S-C_6H_4-N_2^+]Cl^-$$

2. 偶合反应

$$[HO_3S-C_6H_4-N_2^+]Cl^- \xrightarrow[HOAc]{C_6H_5N(CH_3)_2} [HO_3S-C_6H_4-N=N-C_6H_4-NH(CH_3)_2]^+Ac^-$$

$$\xrightarrow{NaOH} NaO_3S-C_6H_4-N=N-C_6H_4-N(CH_3)_2 + NaOAc + H_2O$$

三、仪器与试剂

仪器：烧杯、温度计、淀粉-碘化钾试纸、表面皿、试管、滴管等。

试剂：对氨基苯磺酸、N,N-二甲基苯胺、亚硝酸钠、5%氢氧化钠、浓盐酸、冰醋酸、乙醇、乙醚。

四、实验步骤

1. 重氮盐的制备

在50mL烧杯中，加入1g对氨基苯磺酸晶体和5mL 5%氢氧化钠溶液，温热使结晶溶解，用冰盐浴冷却至0℃以下。另在一试管中配制0.4g亚硝酸钠和3mL水的溶液。将此配制液也加入烧杯中。维持温度为 0～5℃，在搅拌下，慢慢用滴管滴入 1.5mL 浓盐酸和 5mL 水配制的溶液，直至用淀粉-碘化钾试纸检测呈现蓝色为止，继续在冰盐浴中放置 15min，使反应完全，这时往往有白色细小晶体析出。

2. 偶合反应

在试管中加入 0.7mL N,N-二甲基苯胺和 0.5mL 冰醋酸，并混匀。在搅拌下将此混合液缓慢加到上述冷却的重氮盐溶液中，加完后继续搅拌 10min。缓缓加入约 15mL 5% 氢氧化钠溶液，直至反应物变为橙色（此时反应液为碱性）。甲基橙粗品呈细粒状沉淀析出。

将反应物置于沸水浴中加热 5min，冷却后，再放置于冰浴中冷却，使甲基橙晶体析出完全。抽滤，依次用少量水、乙醇和乙醚洗涤，压紧抽干。干燥后得粗品约 1.5g。

粗产品用 1% 氢氧化钠进行重结晶。待结晶析出完全，抽滤，依次用少量水、乙醇和乙醚洗涤，压紧抽干，得片状结晶。产量约 1g。

将少许甲基橙溶于水中，加几滴稀盐酸，然后再用稀碱中和，观察颜色变化。

本实验约需 4～5h。

五、实验注意事项

1. 对氨基苯磺酸为两性化合物，酸性强于碱性，它能与碱作用成盐而不能与酸作用成盐。

2. 重氮化过程应严格控制温度，反应温度若高于 5℃，生成的重氮盐易水解为酚，降低产率。

3. 若试纸不显色，需补充亚硝酸钠溶液。

4. 重结晶操作要迅速，否则由于产物呈碱性，在温度高时易变质，颜色变深。用乙醇和乙醚洗涤的目的是使其迅速干燥。

六、思考题

1. 在重氮盐制备前为什么还要加入氢氧化钠？如果直接将对氨基苯磺酸与盐酸混合后，再加入亚硝酸钠溶液进行重氮化操作行吗？为什么？

2. 制备重氮盐为什么要维持 0～5℃ 的低温，温度高有何不良影响？

3. 重氮化为什么要在强酸条件下进行？偶合反应为什么又要在弱酸条件下进行？

实验 18　安息香缩合反应——绿色非氰工艺

一、实验目的

1. 学习安息香缩合反应的原理。
2. 了解维生素 B_1 的催化原理及应用。

二、实验原理

安息香缩合（苯偶姻反应）是合成 1,2-二苯基羟乙酮的方法。在化学工业和药物合成等方面都有广泛的应用。如抗癫痫药物二苯基乙内酰脲的合成以及二苯基乙二酮、二苯基乙二酮肟、乙酸安息香等制备都用到这个反应。

经典的安息香缩合反应以氰化钠或氰化钾为催化剂，虽然产率高，但氰化物是剧毒品，对人体有危害，操作困难，且"三废"处理困难。20世纪70年代后，开始采用具有生物活性的辅酶维生素 B_1 代替氰化物作催化剂进行缩合反应，具有操作简单、节省原料、耗时短、污染轻等特点，具有良好的发展前景。

$$R^1 = \underset{H_3C}{\overset{N}{\diagdown}}\underset{CH_2}{\overset{NH_2}{\diagdown}}, R^2=CH_3, R^3=CH_2CH_2OH$$

三、仪器与试剂

试剂：维生素 B_1、苯甲醛、95%乙醇、10%氢氧化钠。

仪器：100mL 圆底烧瓶、球形冷凝管、烧杯、磁力搅拌器。

四、实验步骤

（1）100mL 圆底烧瓶中，加入 1.8g 维生素 B_1、5mL 水和 15mL 乙醇，用 10%氢氧化钠溶液调节 pH 值至 9~10。

（2）加入 10mL 苯甲醛，在水浴温度 60~70℃、磁力搅拌条件下，回流 1.5h。

（3）反应物冷却至室温，析出浅黄色晶体，待结晶完全，抽滤，用乙醇洗涤，得浅黄色针状结晶。

本实验约需 4~5h。

五、实验注意事项

1. 反应溶液 pH 值保持在 9~10。
2. 搅拌回流时间不能少于 1.5h。
3. 水浴加热时应严格控制温度，切勿加热过剧。

六、思考题

1. 反应溶液 pH 值保持在 9~10，过高或者过低会有什么影响？
2. 红外光谱可以显示产物哪些官能团？

实验 19　从红辣椒中提取分离红色素

一、实验目的

1. 学习提取天然产物的原理。

2. 复习薄层色谱和柱色谱的操作方法。

二、实验原理

红辣椒含有多种色泽鲜艳的天然色素，其中呈深红色的色素主要是由辣椒红脂肪酸酯和少量辣椒玉红素脂肪酸酯所组成，呈黄色的色素则是β-胡萝卜素。这些色素可以通过色谱法加以分离。本实验以乙醇作萃取剂，从红辣椒中提取出辣椒红色素。然后采用薄层色谱分析，确定各组分的 R_f，再经柱色谱分离，分段接收并蒸除溶剂，即可获得各个单组分。

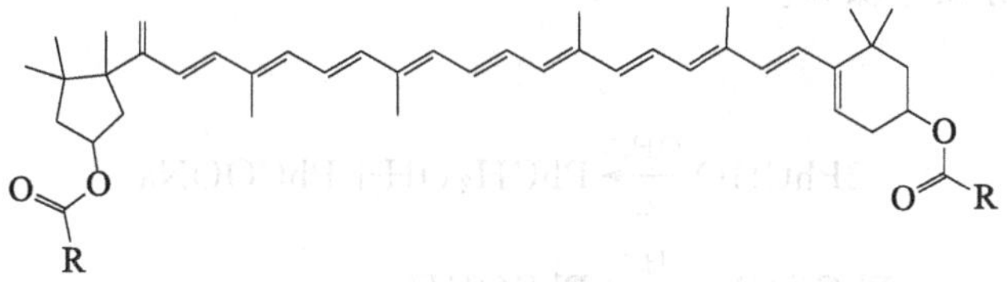

辣椒红脂肪酸酯

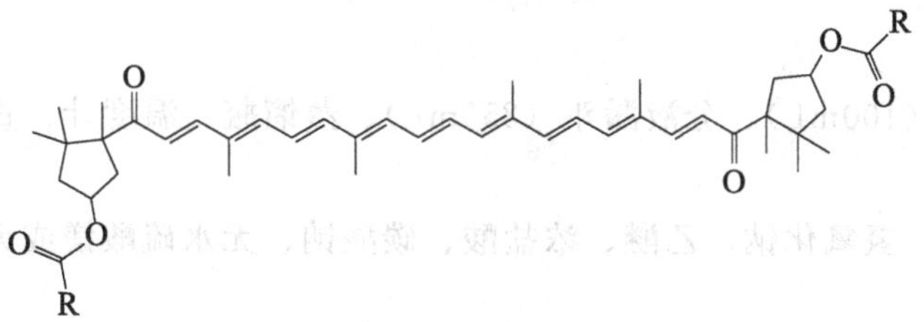

辣椒玉红素脂肪酸酯

三、仪器与试剂

仪器：100mL 圆底烧瓶、球形冷凝管、布氏漏斗、吸滤瓶、广口瓶、沸石、3cm×8cm 薄板、点样毛细管、色谱柱、锥形瓶、烧杯。

试剂：干燥红辣椒、乙醇、二氯甲烷、硅胶G（200~300目）。

四、实验装置

装置见实验5 从茶叶中提取咖啡因。

五、实验步骤

在 100mL 圆底烧瓶中，放入 1g 干燥的红辣椒粉末和几粒沸石，75mL 95% 乙醇，加热。连续提取约 1h 后，待冷凝液刚刚虹吸下去时，即停止加热。然后改成蒸馏装置，回收提取液中的大部分乙醇，收集色素混合物。

以 200mL 广口瓶作薄板色谱槽，二氯甲烷作展开剂。取极少量色素粗品置于小烧杯中，滴入 2~3 滴二氯甲烷使之溶解，并在一块硅胶G薄板上点样，然后置入色谱槽进行色谱分离。计算各种色素的 R_f 值。

六、实验注意事项

1. 红辣椒要干且研细。
2. 见实验5 从茶叶中提取咖啡因注意事项1、2、3、4。
3. 硅胶G薄板要铺得均匀，使用前活化充分。

七、思考题

1. 点样时应该注意什么？点样毛细管太粗会有什么后果？
2. 如果样品不带色，如何确定斑点的位置？举1~2个例子说明。

实验 20 苯甲酸和苯甲醇的制备

一、实验目的
1. 掌握 Cannizzaro 反应原理及苯甲酸和苯甲醇的制备方法。
2. 巩固蒸馏和分液等操作。

二、实验原理

$$2PhCHO \xrightarrow[\triangle]{OH^-} PhCH_2OH + PhCOONa$$

$$PhCOONa \xrightarrow{H^+} PhCOOH$$

三、仪器与试剂
仪器：锥形瓶（100mL）、分液漏斗（250mL）、蒸馏瓶、温度计、直形冷凝管、空气冷凝管。

试剂：苯甲醛、氢氧化钠、乙醚、浓盐酸、碳酸钠、无水硫酸镁或无水碳酸钾、饱和亚硫酸氢钠。

四、实验步骤
在 100mL 的锥形瓶中配制 9g 氢氧化钾（0.16mol）和 9mL 水的溶液，冷至室温，然后加入 10mL（0.1mol）新蒸过的苯甲醛，用橡皮塞塞紧瓶口，用力振摇，使反应物充分混合，最后变成白色糊状物，放置 24h 以上。

向反应瓶中加入 30～35mL 水，不断振摇，使其中的苯甲酸盐全部溶解。将溶液倒入分液漏斗中，每次用 10mL 乙醚萃取三次。合并乙醚萃取液，依次用 5mL 饱和亚硫酸氢钠溶液，5mL 10%碳酸钠溶液及 5mL 水洗涤，最后用无水碳酸钾或无水硫酸镁干燥。

干燥后的乙醚萃取液加入到 50mL 干燥的蒸馏瓶中，先水浴加热回收乙醚，再蒸馏苯甲醇，收集 204～206℃的馏分。苯甲醇的产量约为 4g。

苯甲醇的沸点文献值为 205.35℃，折射率 $n=201.5396$。

乙醚萃取后的水溶液，用浓盐酸酸化至强酸性（约 pH=2），充分冷却，苯甲酸成白色沉淀析出。粗产物用水重结晶，得苯甲酸 4.5～5g，熔点为 121～122℃。苯甲酸熔点文献值为 121～122.4℃。

本实验约需 8h。

五、实验注意事项
1. 苯甲醛易被空气氧化，所以使用前应重新蒸馏，收集 178℃馏分。
2. 由于本反应是在两相间进行，充分摇振是反应的关键。

六、思考题
1. 做好本实验的关键是什么？
2. 本实验中两种产物是如何进行分离的？
3. 用饱和亚硫酸氢钠与 10%碳酸钠溶液洗涤目的何在？
4. 乙醚萃取后的水溶液，用浓盐酸酸化到中性是否恰当？为什么？不用试纸检验，怎样知道酸化已经恰当？

实验 21　肉桂酸的制备

一、实验目的
1. 掌握 Perkin 反应制备 α,β-不饱和芳香羧酸的原理和方法。
2. 进一步巩固回流和水蒸气蒸馏的基本操作。

二、实验原理
芳香醛和酸酐在碱性催化剂作用下，可以发生类似羟醛缩合的反应，生成 α,β-不饱和芳香酸，称为 Perkin 反应。催化剂通常是相应酸酐的羧酸钾或钠盐，有时也可用碳酸钾或叔胺代替，典型的例子是肉桂酸的制备。

$$C_6H_5CHO+(CH_3CO)_2O \xrightarrow[K_2CO_3]{CH_3CO_2K 或} \xrightarrow{H^+} C_6H_5CH=CHCO_2H+CH_3CO_2H$$

反应历程：

碱的作用是促使酸酐的烯醇化，生成乙酸酐碳负离子，接着碳负离子与芳醛发生亲核加成，然后中间产物的氧酰基交换产生更稳定的 β-酰氧基丙酸负离子，最后经 β-消去产生肉桂酸盐。用碳酸钾代替乙酸钾，反应周期可明显缩短。

虽然理论上肉桂酸存在顺反异构体，但 Perkin 反应只得到反式肉桂酸（熔点为 133℃），顺式异构体（熔点为 68℃）不稳定，在较高的反应温度下很容易转变为热力学更稳定的反式异构体。

三、仪器与试剂
仪器：圆底烧瓶、球形冷凝管、直形冷凝管、锥形瓶、石棉网、蒸发皿、布氏漏斗。

试剂：新蒸苯甲醛、新蒸乙酸酐、无水乙酸钾、碳酸钠、浓盐酸。

四、实验装置
实验装置见图 1。

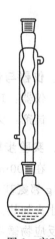

图 1　实验装置

五、实验步骤
在 100mL 圆底烧瓶中，混合 1.8g 无水乙酸钾、4.5mL 乙酸酐和 3mL 苯甲醛，在石棉网上用小火加热回流 1~1.5h。

反应完毕后，加入 40mL 水和约 3g 固体碳酸钠，使溶液呈微碱性，进行水蒸气蒸馏（蒸去什么）至馏出液无油珠为止。

残留液加入少量活性炭，煮沸数分钟趁热过滤。在搅拌下往热滤液中小心加入浓盐酸至呈酸性。冷却，待结晶全部析出后，抽滤收集，以少量冷水洗涤，干燥，产量约2.5g。可在热水或3∶1的稀乙醇中进行重结晶，熔点为131.5~132℃。

纯粹肉桂酸（反式）为白色片状结晶，熔点为133℃。

本实验约需6~7h。

六、实验注意事项

无水乙酸钾需新鲜熔焙。将含水乙酸钾放入蒸发皿中加热，则盐先在所含的结晶水中溶解，水分挥发后又结成固体。强热使固体熔化，并不断搅拌，待水分散发后，趁热倒在金属板上，冷后用研钵研碎，放入干燥器中待用。

七、思考题

1. 用无水乙酸钾作缩合剂，反应结束后加入碳酸钠使溶液呈碱性，此时溶液中有几种化合物，各以什么形式存在？
2. 水蒸气蒸馏前能否用氢氧化钠溶液代替碳酸钠？为什么？

实验22 8-羟基喹啉的制备

一、实验目的

1. 掌握用Skraup反应合成喹啉及其衍生物的原理和方法。
2. 进一步巩固回流操作及浓硫酸的使用。

二、实验原理

$$\text{邻氨基苯酚} + \text{CHOH(CH}_2\text{OH)}_2 \xrightarrow{H_2SO_4, \text{邻硝基苯酚}} \text{8-羟基喹啉}$$

三、仪器与试剂

仪器：球形冷凝管、圆底烧瓶、石棉网、布氏漏斗。

试剂：无水甘油、邻氨基苯酚、邻硝基苯酚、浓硫酸、氢氧化钠、乙醇。

四、实验步骤

在100mL圆底烧瓶中称取5g（4mL，0.05mol）无水甘油，并加入0.9g邻硝基苯酚和1.4g邻氨基苯酚，使混合均匀。然后缓缓加入3mL浓硫酸。装上回流冷凝管，在石棉网上用小火加热。当溶液微沸时，立即移去火源。反应大量放热，待作用缓和后，继续加热，保持反应物微沸1~1.5h。

稍冷后，进行水蒸气蒸馏，除去未作用的邻硝基苯酚。瓶内液体冷却后，加入3g氢氧化钠溶于3mL水的溶液。再小心滴入饱和碳酸钠溶液，使呈中性。再进行水蒸气蒸馏，蒸出8-羟基喹啉。馏出液充分冷却后，抽滤收集析出物，洗涤干燥后得粗产物2.5g左右。

粗产物用4∶1乙醇-水混合溶剂重结晶，得8-羟基喹啉约1~1.5g。取0.5g上述产物进行升华操作，可得美丽的针状结晶，熔点为76℃。纯粹8-羟基喹啉的熔点为75~76℃。

本实验约需 7~8h。

五、实验注意事项

1. 所用甘油的含水量不应超过 0.5%。如果甘油中含水量较大时，则产量不好。可将普通甘油在通风橱内置于瓷蒸发皿中加热至 180℃，冷至 100℃左右，放入盛有硫酸的干燥器中备用。

2. 此反应为放热反应，溶液呈微沸，表示反应已经开始。如继续加热，则反应过于激烈，会使溶液冲出容器。

3. 8-羟基喹啉既可溶于酸成盐又可溶于碱而成盐，成盐后不被水蒸气蒸馏蒸出，故必须小心中和，控制 pH 值在 7~8 之间。中和恰当时，瓶内析出沉淀最多。

4. 为确保产物蒸出，在水蒸气蒸馏后，对残液 pH 值再进行一次检查，必要时再行水蒸气蒸馏。

5. 产率以邻氨基苯酚计算，不考虑邻硝基苯酚部分转化后参与反应的量。

六、思考题

1. 第一次水蒸气蒸馏是在什么条件下进行的，为什么？第二次水蒸气蒸馏又是在什么条件下进行的，为什么？

2. 为什么在第二次水蒸气蒸馏前，一定要很好地控制 pH 范围？碱性过强时有何不利？若已发现碱性过强时，应如何补救？

3. 被提纯的固体有机物，需具备什么特性才能用升华法进行提纯？

实验 23 二亚苄基丙酮的合成

一、实验目的

1. 学习利用羟醛缩合反应增长碳链的原理和方法。
2. 学习利用反应物的投料比控制反应产物。

二、实验原理

两分子具有 α-活泼氢的醛酮在稀酸或稀碱催化下发生分子间缩合反应生成 β-羟基醛酮即羟醛酮；若提高反应温度则进一步失水生成 α,β-不饱和醛酮，这种反应叫羟醛缩合反应。这是合成 α,β-不饱和羰基化合物的重要方法，也是有机合成中增长碳链的重要方法。

羟醛缩合分为自身缩合和交叉羟醛缩合两种。如没有 α-活泼氢的芳醛可与有 α-活泼氢的醛酮发生羟醛缩合，得到 α,β-不饱和醛酮，这种交叉的羟醛缩合称为 Claisen-Schmidt 反应。这是合成侧链上含两种官能团的芳香族化合物及含几个苯环的脂肪族体系中间体的重要方法。

在苯甲醛和丙酮的交叉羟醛缩合反应中，通过改变反应物的投料比可得到两种不同产物：

$$2 \text{C}_6\text{H}_5\text{—CHO} + \text{CH}_3\text{COCH}_3 \xrightarrow[-\text{H}_2\text{O}]{\text{OH}^-} \text{C}_6\text{H}_5\text{—C=CH—C(=O)—CH=CH—C}_6\text{H}_5$$

$$\text{C}_6\text{H}_5\text{—CHO} + \text{CH}_3\text{COCH}_3 \xrightarrow[-\text{H}_2\text{O}]{\text{OH}^-} \text{C}_6\text{H}_5\text{—}\underset{\text{H}}{\text{C}}\text{=}\underset{\text{H}}{\text{C}}\text{—}\overset{\text{O}}{\underset{\|}{\text{C}}}\text{—CH}_3$$

三、仪器与试剂

仪器：烧杯、玻璃棒、布氏漏斗、磁力搅拌器、锥形瓶、水浴装置、抽滤瓶。

试剂：苯甲醛、丙酮、乙醇、10%氢氧化钠。

四、实验步骤

将苯甲醛的乙醇（$1.0\text{mol}\cdot\text{L}^{-1}$）溶液 40mL（约 0.04mol）和 10%氢氧化钠溶液 40mL 置于 250mL 烧杯中，在磁力搅拌下，加入丙酮 1.4mL（约 0.02mol），放置 20min（放置过程中应不时搅拌），将有沉淀析出。抽滤后取晶体于 100mL 锥形瓶中，加入 18mL 乙醇，水浴微热（30~40℃）溶解。

粗产品溶完后，用冰水冷至 0℃，抽滤、干燥、称重、测定熔点。纯二亚苄基丙酮为淡黄色片状晶体，熔点为 110~111℃（113℃分解）。

五、实验注意事项

1. 放置过程中应不时搅拌，使之充分反应。
2. 苯甲醛及丙酮的量应准确量取。

六、思考题

1. 丙酮为什么不能过量？
2. 副产物有哪些？

第5章 物理化学实验

实验1 燃烧热的测定（用氧弹量热计测定萘的燃烧热）

一、实验目的
1. 掌握氧弹量热计的使用，并用其测定萘的燃烧热。
2. 明确燃烧热的定义，了解等压燃烧热与等容燃烧热的差别。
3. 学会应用雷诺图解法校正温度改变值。

二、实验原理
1摩尔物质完全氧化时的反应热称作燃烧热，"完全氧化"是指C→CO_2，H→H_2O，N→N_2，S→SO_2，Cl→HCl。物质的燃烧热可以在等容或等压下测定，由热力学第一定律可以知道，等容燃烧热（Q_V）与等压燃烧热（Q_p）的关系为：

$$Q_p = Q_V + \Delta nRT \tag{1}$$

式中，Δn 为反应产物中气体物质的总物质的量与反应物中气体物质总物质的量之差；R 为气体常数；T 为反应的热力学温度。测得某物质等容燃烧热或等压燃烧热中的任何一个，就可以根据式(1)计算另一个值。化学反应的热效应（包括燃烧热）通常用等压热效应（ΔH）来表示。

本实验采用氧弹量热计（图1）测定等容燃烧热，其测量原理是能量守恒定律，当待测样品完全燃烧，其放出的能量使量热计本身及周围定量的介质（本实验为水）的温度升高，在氧弹量热计与环境没有热交换的情况下，测量物质完全燃烧前后温度的变化值，就可以计算出等容燃烧热。

$$-\frac{m}{M_r}Q_V = W_卡 \Delta T + Q_{点火丝} m_{点火丝} \tag{2}$$

式中，m 为待测物质的质量，g；M_r 为待测物质的摩尔质量；Q_V 为待测物质的摩尔燃烧热；$Q_{点火丝}$ 为点火丝的燃烧热（如果点火丝用铁丝，则 $Q_{点火丝} = -6.694\ kJ \cdot mol^{-1}$）；$m_{点火丝}$ 为点火丝质量；ΔT 为样品燃烧前后量热计温度的变化值；$W_卡$ 为量热计（包括量热计内的水）的热容，它表示量热计（包括水）每升高1℃所需要吸收的热量，量热计的热容可以通过已知燃烧热的标准物（如苯甲酸，其等容燃烧热 $Q_V = -3231.3\ kJ \cdot mol^{-1}$）来标定。求出量热计的热容后，就可利用该量热计和式(2)测定其他物质的燃烧热。

氧弹（图2）是一个特制的不锈钢容器。为了保证样品完全燃烧，氧弹中必须充高压氧气，粉末状样品必须压成片状，为了使体系不与外界或少与外界发生热交换，氧弹放在一个恒温的水桶中（水桶中装有介质水），量热计与水桶中间为空气隔热层，另外，量热计内壁和水桶壁均为高度抛光壁，使热辐射也大为降低。尽管做了这些处理，热交换还是不能彻底避免，因此，燃烧前后温度变化的测量值必须经过作图法（雷诺图解法）校正，校正的方法如下：将燃烧前后历次观测到的温度读数对时间作图，连成 $abcd$ 线（图3）。图3中 b 点相当于开始燃烧之点，c 点为观测到的最高温度读数点，由于量热计和外界的热量交换，曲线 ab 及 cd 常常发生倾斜。取 b 点所对应的温度 T_1，c 点对应的温度 T_2，其平均温度 $(T_1+T_2)/2$ 为 T，经过 T 点作横坐标的平行线 TO，与折线 $abcd$ 相交于 O 点，然后过 O 点作垂直线 AB，此线与 ab 线和 cd 线的延长线交于 E、F 两点，则 E 点和 F 点所表示的温度差即为欲求温度的升高值 ΔT。如图3所示，EE' 表示环境辐射进来的热量所造成量热计温度的升高，这部分是必须扣除的；而 FF' 表示量热计向环境辐射出热量而造成量热计温度的降低，因此这部分是必须加入的。经过这样校正后的温度差表示了由于样品燃烧使量热计温度升高的数值。

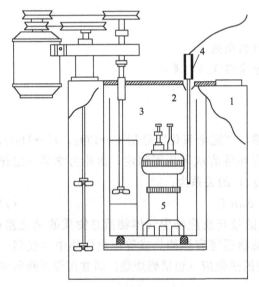

图1　氧弹量热计示意图

1—恒温夹套；2—挡板；3—盛水桶；
4—精密温差测量仪；5—氧弹

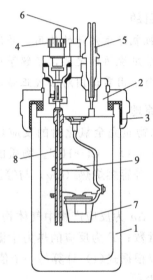

图2　氧弹的构造

1—厚壁圆筒；2—弹盖；3—螺母；4—进气孔；
5—排气孔；6—电极；7—燃烧皿；8—电极
（同时也是进气管）；9—火焰遮板

当量热计的绝热情况良好，热量散失少，而搅拌器的功率又比较大时，会不断引进少量热量，使得燃烧后的温度最高点不明显出现，这时 ΔT 仍然可按照上述方法进行校正（图4）。

应用雷诺图解法进行校正时，量热计的温度和外界环境的温度不宜相差太大（最好不超过2~3℃），否则会引进误差。燃烧热的测定中，主要误差来自温度差的测量，必须准确地测量，本实验采用精密电子温差测量仪测量温度差。

三、仪器与试剂

仪器：氧弹量热计、精密温差测量仪、压片机、万用电表、台称、氧气钢瓶及减压阀、活动扳手、温度计、镊子、小烧杯、洗瓶、点火丝、干净的棉花、分析天平、容量瓶。

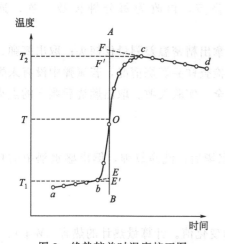
图3 绝热较差时温度校正图

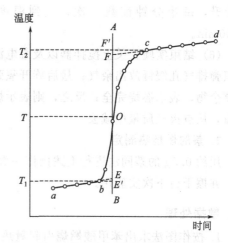
图4 绝热良好时的温度校正图

试剂：萘、苯甲酸、无水乙醇。

四、实验步骤

1. 量热计的热容（$W_卡$）测定

（1）用分析天平准确称取 15cm 长的点火丝。

（2）样品压片：用台秤称取约 0.6g 苯甲酸，将钢模底板连同点火丝装进模子中，从上面倒入已称好的苯甲酸样品，徐徐旋紧压片机的螺杆，直到将样品压成片状为止。抽去模底的托板，再继续向下压，使模底和样品一起脱落。将此样品表面的碎屑除去，在分析天平上准确称量后即可供燃烧热测定用。

（3）装置氧弹：拧开氧弹盖，氧弹盖放在托架上，将氧弹内壁、电极下端的不锈钢接线柱擦干净。小心地将点火丝两端分别紧绕在电极的下端。旋紧氧弹盖，用万用电表检查两电极是否通路。若通路，则旋紧氧弹出气口后就可以充氧气。

（4）充氧：按图5连接氧气钢瓶和氧气表，并将高压铜线管与氧弹进气孔连接。逆时针旋松氧气表的减压阀，打开氧气钢瓶上端氧气出口阀，此时表1所指示压力即为氧气瓶中的氧气压力。然后顺时针略微旋紧减压阀（即打开减压阀出口），此时氧弹中约充有 1.5MPa 的氧气。

（5）燃烧和测量温度：将充好氧气的氧弹用万用电表检查两电极间是否通路，若通路则可将氧弹放入量热计的盛水桶内。用容量瓶准确量取自来水 3000mL（水温应比环境温度低 0.5~1℃），倒入盛水桶内。将点火导线接于氧弹的两个电极上端，安装好搅拌器，盖上两片盖子，放入精密温差测量仪的探头，记下室温。然后开动搅拌，待体系温度基本稳定后，每分钟读精密温差测量仪上显示的温度一次，连续读10min。读数完毕，迅速合上点火开关通电点火，点火器上指示灯亮后熄掉，表示氧弹内样品已燃烧（点火后立即将开关扳向"振动"），这时温度迅

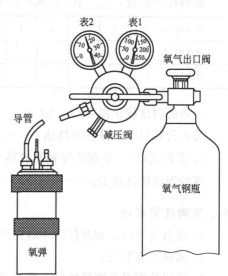
图5 氧弹充气示意图

速上升，每半分钟读数一次，直到温度达到最高点，再改为每分钟读数一次，连续读10min。

（6）结束实验：关上搅拌器以及总电源开关；拿出精密温差测量仪探头；取出氧弹，打开氧弹排气孔缓慢放出余气；最后旋开氧弹盖子，检查样品燃烧情况，若氧弹中没有未燃尽的剩余物，表示燃烧完全；反之，则表示燃烧不完全，实验失败。取出燃烧后剩下的点火丝称重，从点火丝质量中减去。

2. 萘的燃烧热测定

用约0.5g的萘同法进行上述操作一次。实验完毕后，洗净氧弹，倒出盛水桶中的自来水，并擦干待下次实验用。

五、数据处理

1. 按作图法求出苯甲酸燃烧引起量热计温度的变化值。计算量热计的热容（$W_{卡}$）。

苯甲酸的质量：____ g；点火丝质量：____ g。

温度变化数值如下：

	1	2	3	4	5	6	7	8	9	10	11	12	13	14
点火前/℃														
点火中/℃														
点火后/℃														

代入等容燃烧热的计算公式得：$W_{卡}$ = ____ kJ·K^{-1}。

2. 按作图法求出萘燃烧引起的量热计温度变化值。计算萘的等容燃烧热（Q_V）。

萘的样品质量：____ g；点火丝的质量：____ g。

	1	2	3	4	5	6	7	8	9	10	11	12	13	14
点火前/℃														
点火中/℃														
点火后/℃														

由萘的温度校正图可知：ΔT = ____。

代入公式得萘的等容燃烧热 Q_V = ____ kJ·mol^{-1}。

3. 根据式(1)，由萘的等容燃烧热（Q_V）计算萘的等压燃烧热（Q_p）。

萘的等压燃烧热 Q_p = −____ kJ·mol^{-1}。

六、实验注意事项

1. 放点火丝时，切勿使两个电极相碰短路，点火丝也勿与氧弹壁接触。
2. 氧弹不能漏气。
3. 使用精密温差测量仪时，要轻拿轻放，以免损坏。
4. 点火后如果温度变化无明显增大，则可能点火不成功。

七、思考题

1. 说明等容热效应与等压热效应的差别和相互联系？
2. 为什么实验测量得到的温度差值要经过作图法校正？
3. 使用气体钢瓶有哪些注意事项？

实验 2　液体饱和蒸气压的测定

一、实验目的

1. 明确饱和蒸气压的定义，了解纯液体的饱和蒸气压与温度的关系、克劳修斯-克拉贝龙方程式的意义。
2. 掌握静态法测定液体饱和蒸气压的原理及操作方法。
3. 了解真空泵、恒温槽及气压计的使用及注意事项。
4. 学会由图解法求液体的平均摩尔汽化热和正常沸点。

二、实验原理

通常温度下（距离临界温度较远时），密闭真空容器中的纯液体与其蒸气达平衡时的蒸气压称为该温度下液体的饱和蒸气压，简称为蒸气压。恒压条件下蒸发 1mol 液体所吸收的热量称为该温度下液体的摩尔汽化热。液体的蒸气压随温度而变化，温度升高时，蒸气压增大；温度降低时，蒸气压降低，这主要与分子的动能有关。当蒸气压等于外界压力时，液体便沸腾，此时的温度称为沸点，外压不同时，液体沸点将相应改变，当外压为 101.325kPa 时，液体的沸点称为该液体的正常沸点。

液体的饱和蒸气压与温度的关系用克劳修斯-克拉贝龙方程式表示：

$$\frac{\mathrm{d}\ln p}{\mathrm{d}T} = \frac{\Delta_{\mathrm{vap}} H_{\mathrm{m}}}{RT^2} \tag{1}$$

式中，R 为摩尔气体常数；T 为热力学温度；$\Delta_{\mathrm{vap}} H_{\mathrm{m}}$ 为在温度 T 时纯液体的摩尔汽化热。

假定 $\Delta_{\mathrm{vap}} H_{\mathrm{m}}$ 与温度无关，或因温度范围较小，$\Delta_{\mathrm{vap}} H_{\mathrm{m}}$ 可以近似作为常数，即当作平均摩尔汽化热，将上式积分，得：

$$\lg p = \frac{-\Delta_{\mathrm{vap}} \overline{H_{\mathrm{m}}}}{2.303RT} + A \tag{2}$$

式中，A 为积分常数，与压力 p 的单位有关。由此式可以看出，在一定温度范围内，测定不同温度下的饱和蒸气压，以 $\ln p$ 对 $1/T$ 作图，应为一直线，而由直线的斜率可求出实验温度范围的液体平均摩尔汽化热 $\Delta_{\mathrm{vap}} \overline{H_{\mathrm{m}}}$。

测定饱和蒸气压的方法：

(1) 饱和气流法：在一定温度和压力下，用干燥气体缓慢地通过被测纯液体，使气流为该液体的蒸气所饱和。然后用某种物质将气流中该液体的蒸气吸收，已知一定体积的气流中蒸气的质量，便可计算出蒸气分压，这个分压即为该温度下被测纯液体的饱和蒸气压。该法适用于蒸气压较小的液体。

(2) 动态法：测量沸点随施加的外压力而变化的一种方法。在不同外压下，测定液体的沸点。

(3) 静态法：将待测液体放在一个封闭体系中，在不同温度下，直接测量饱和蒸气压。此法准确性较高，一般适用于具有较大蒸气压的液体。本实验采用静态法测定乙醇在不同温度下的饱和蒸气压。

静态法测量不同温度下纯液体饱和蒸气压,有升温法和降温法两种。本次实验采用升温法测定不同温度下纯液体的饱和蒸气压,所用仪器是纯液体饱和蒸气压测定装置,如图1所示。

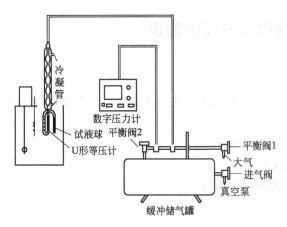

图1 静态法测蒸气压装置示意图

三、仪器与试剂

仪器:精密数字压力计、玻璃U形等压计、不锈钢稳压包、真空泵、玻璃水浴装置。

试剂:乙醇。

四、仪器的安装及调试

1. 安装仪器

按图1连接实验装置。

2. 精密数字压力计的使用

(1) 预热:按下开关,通电预热至少10min后方可进行实验,否则将影响实验精度。

(2) 调零:连通系统和大气,调节零点读数为"0.00",重复2~3次。则压力计显示读数为系统压力和大气压的差值。

(3) 单位选择:按下"单位"按钮,选择压力计显示数值单位为"kPa"。

3. 缓冲储气罐的使用

(1) 进气阀连接真空泵和压力罐,开启即可改变压力罐内压力。平衡阀2(系统调压阀)连接压力罐和系统,压力计上显示数值为系统压力。平衡阀1(微调阀)连接系统和大气,缓慢调节可对系统微小增压。

(2) 首次使用或长期未用,应先做密封性试验。将进气阀、平衡阀2打开,平衡阀1关闭,启动真空泵加压或抽气,压力计上显示数字即为压力罐内的压力值,停止真空泵工作,关闭平衡阀2,观察压力计,显示数值每分钟下降小于0.1kPa即为正常,说明气密性良好。否则需要进行压力罐、阀门和连接口的检查。

五、实验步骤

(1) 装样:从加样口注入乙醇,关闭平衡阀1,打开进气阀和平衡阀2使真空泵与系统相通,启动真空泵,抽至气泡成串上窜,关闭平衡阀2,打开平衡阀1,漏入空气,使乙醇充满试样球体积的三分之二和U形管双臂的大部分。

(2) 检漏:接通冷凝水,关闭平衡阀1,开启进气阀和平衡阀2,使真空泵与系统相通,启动真空泵抽气,使压力表读数为-50kPa左右,关闭平衡阀2,停止抽气,检查有无漏气,若无漏气即可进行测定。

(3) 测定:调节恒温槽温度为295.2K,开启真空泵和进气阀,调节平衡阀2缓慢抽气,使试样与U形管间的空气呈气泡状通过U形管中的液体而逸出。如发现气泡成串上窜,可关闭平衡阀2,慢慢打开平衡阀1漏入空气使沸腾缓和。如此慢沸3~4min,待压力计中的空气排除后,关闭平衡阀2,小心开启平衡阀1缓缓漏入空气,直至U形管两臂的液面等高为止,在压力表上读出压力值,重复操作两次,压力表上读数相差应不大于±0.07kPa。此时认为试样球上部空间完全被乙醇蒸气充满,取平均值即为此温度下乙醇的饱和蒸气压与大气压的差值。同法测定298.2K、303.2K、308.2K、313.2K、318.2K及323.2K时乙醇的蒸气压。测定过程中如不慎使空气倒流,需要重新将空气排除后方可继续测定,升温过程中,如果 U 形管内的液体发生暴沸,可通过平衡阀 1 缓慢漏入少量空气加压,以防止管内液体大量挥发而影响实验进行。实验结束后,关闭真空泵,慢慢打开平衡阀 2 和平衡阀 1,使真空泵与大气相通,压力计恢复零位。用虹吸法放掉恒温槽内的热水,关闭冷却水。拔去所有电源插头。

六、数据处理

1. 读取大气压值读数 $p_{大气}$。
2. 将实验数据填入表中。

温度		$\dfrac{1}{T}$/K^{-1}	数字压力计读数/kPa			饱和蒸气压 $(p_{大气}-p_{表})$/kPa	$\ln(p_{大气}-p_{表})$
t/℃	T/K		1	2	平均值 $p_{表}$		

3. 将 $\ln(p_{大气}-p_{表})$ 对 $1/T$ 作图,斜率即为 $-\Delta_{vap}H_m/R$,可求得汽化焓。由文献数据,293.2~323.2K 之间乙醇的平均摩尔汽化焓为 41.9kJ·mol^{-1},求实验相对误差。

七、实验注意事项

1. 先开启冷却水,然后才能抽气。
2. 实验系统必须密闭,一定要仔细检漏。
3. 必需让等压计 U 形管中的液体缓慢沸腾 3~4min 后方可进行测定。
4. 平衡阀 1 漏气加压时必需缓慢,否则 U 形管中液体将冲入试样球中,空气倒灌。
5. 开、停真空泵必须严格按操作规程进行,且要缓慢,以防止因压力骤变而损坏真空泵。

八、思考题

1. 静态法能否用于测定溶液的蒸气压?为什么?
2. 在实验过程中为何要防止空气倒灌?如果在等压计两侧间有空气,对实验有何影响?如何判断空气已经全部排出?
3. 测定液体饱和蒸气压装置中有一缓冲瓶(本实验为缓冲储气罐),其作用是什么?

实验 3　异丙醇-环己烷双液系相图

一、实验目的

1. 用沸点仪测定标准压力下环己烷-异丙醇双液系的气液平衡相图。绘制温度-组成图,并找出恒沸混合物的组成及恒沸点的温度。

2. 了解用沸点仪测量液体沸点的方法。

3. 了解阿贝折射仪的测量原理和使用方法。

二、实验原理

两种液体物质混合而成的两组分体系称为双液系。根据两组分间溶解度的不同，可分为完全互溶、部分互溶和完全不互溶三种情况。两种挥发性液体混合形成完全互溶体系时，如果该两组分的蒸气压不同，则混合物的组成与平衡时气相的组成不同。当压力保持一定，混合物沸点与两组分的相对含量有关。恒定压力下，真实的完全互溶双液系的气-液平衡相图（T-x），根据体系对拉乌尔定律的偏差情况，可分为3类：

(1) 一般偏差：混合物的沸点介于两种纯组分之间，如甲苯-苯体系，如图1(a) 所示。

(2) 最大负偏差：存在一个最小蒸气压值，比两个纯液体的蒸气压都小，混合物存在着最高沸点，如盐酸-水体系，如图1(b) 所示。

(3) 最大正偏差：存在一个最大蒸气压值，比两个纯液体的蒸气压都大，混合物存在着最低沸点如图1(c) 所示。

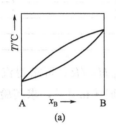 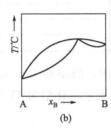 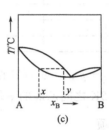

图 1 完全互溶双液系的相图

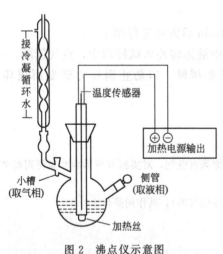

图 2 沸点仪示意图

本实验是测定具有最低恒沸点的环己烷-异丙醇双液系的 T-x 图，方法是用沸点仪（图2）直接测定一系列不同组成溶液的气液平衡温度（即沸点），并收集少量馏出液（即气相冷凝液）及吸取少量溶液（即液相），分别用阿贝折射仪测定其折射率。为了求出相应的组成，必须先测定已知组成的溶液的折射率，作出折射率对组成的工作曲线，在此曲线上即可查得对应于样品折射率的组成。

三、仪器与试剂

仪器：阿贝折射仪、超级恒温器、沸点仪、电吹风、试剂瓶、样品瓶、蒸馏瓶滴管、移液管（5mL）。

试剂：环己烷（分析纯）、异丙醇（分析纯）、乙醇。

四、实验步骤

1. 工作曲线的绘制

分别配制异丙醇含量（摩尔分数）为 0%，20%，40%，60%，80%，100% 的环己烷-异丙醇标准溶液，其中摩尔分数为 20%，40%，60%，80% 的标准溶液中，异丙醇体积为

0.75mL，1.60mL，2.58mL，3.69mL，环己烷体积为 4.25mL，3.40mL，2.42mL，1.31mL。将阿贝折射仪与超级恒温槽相连，使温度控制在（25.0±0.1）℃，测定标准溶液的折射率。

2. 配制待测溶液（此步骤学生可不做）

配制含异丙醇（质量分数）约 0.5%、1.0%、5.0%、15.0%、40.0%、60.0%、80.0%、90.0%的环己烷溶液共八份，盛于试剂瓶中待用。

3. 测定环己烷、异丙醇的沸点

将干燥的沸点仪安装好。量取 20mL 环己烷从侧管加入蒸馏瓶内，并使传感器和加热丝浸入溶液内。打开电源开关，调节"加热电源调节"旋钮，（电压为 12V 即可）。将液体加热至缓慢沸腾，液体沸腾后，待温度计的读数稳定后应再维持 2～3min 以使体系达到平衡。记下温度读数，即为环己烷的沸点，同时记录大气压力。同法测定异丙醇的沸点。

量取 25mL 待测液从侧管加入蒸馏瓶内，同上法加热，使溶液沸腾。因最初在冷凝管下端小槽内的液体不能代表平衡时气相的组成，为加速达到平衡，故须连同支架一起倾斜蒸馏瓶，使小槽中气相冷凝液倾回蒸馏瓶内，重复三次（注意：加热时间不宜太长，以免物质挥发）待温度稳定后，记下温度读数，停止加热。将干燥吸液管从上口小槽吸取冷凝液，测其折射率（平行测定 3 次，取平均值）。用另一支干燥取液管从加料口插入，吸取液相溶液测其折射率（平行测定 3 次，取平均值）。测定时动作要迅速，以防止由于蒸发而改变组成。实验完毕，将沸点仪中溶液倒回原瓶。同法对所有待测溶液进行实验，各次实验后的溶液均倒回原瓶中。

五、实验注意事项

1. 加热电阻丝一定要被欲测液体浸没，否则通电加热时可能会引起有机液体燃烧；所加电压不能太大，加热丝上有小气泡逸出即可。

2. 温度传感器不要直接碰到加热丝。

3. 一定要使体系达到平衡，即温度读数稳定后再取样；取样时，先停止通电再取样。

4. 阿贝折射仪的棱镜不能用硬物触及（如滴管），擦拭棱镜需用擦镜纸或直接用吸耳球吹干。

5. 阿贝折射计的使用

（a）将超级恒温槽调到测定所需温度（25℃），并将此恒温水通入阿贝折射仪的两棱镜恒温夹套中，检查棱镜上的温度计的读数。如被测样品浑浊或较浓的颜色时，视野较暗，可打开基础棱镜上的圆窗进行测量。

（b）阿贝折射仪置于光亮处，但应避免阳光直接照射，调节反射镜，使白光射入棱镜。

（c）打开棱镜，滴 1～2 滴无水乙醇（或乙醚）在镜面上，用擦镜纸轻轻擦干镜面，再将棱镜轻轻合上。

（d）测量时，用滴管取待测试样，由位于两棱镜上方的加液孔将此被测液体加入两棱镜间的缝隙间，旋紧锁钮，勿使被测物体均匀覆盖于两棱镜间镜面上，不可有气泡存在，否则重新取样进行操作。

（e）转棱镜使目镜中能看到半明半暗现象，让明暗界线落在目镜里交叉法线交点上，如有色散现象，可调节消色补偿器，使色散消失，得到清晰的明暗界限。

（f）测完后用擦镜纸擦干棱镜面。

六、数据处理

1. 列表记录标准溶液的组成-折射率数据，并作出组成-折射率工作曲线。
2. 根据待测溶液气、液相折射率，从工作曲线中查出对应的浓度（摩尔分数）。
3. 对所测得的沸点值按下式进行压力校正。

$$t_{正常} = t_{真} + \frac{273 + t_{真}}{10} \times \frac{101325 - p}{101325}$$

式中，$t_{正常}$为在标准大气压（$p=100\text{kPa}$）下的沸点，即正常沸点。

4. 将实验数据填入表中

室温：_____℃   大气压：_____Pa

项目	$t_{真}$	$t_{正常}$	气相折射率	气相组成	液相折射率	液相组成
环己烷						
异丙醇						
1						
2						
3						
4						
5						
6						
7						
8						

5. 用上表的数据作出环己烷-异丙醇体系的沸点-组成图，从图中求出其恒沸温度和恒沸组成。

七、思考题

1. 测定溶液的沸点和气、液两相组成时，是否要把沸点仪每次都要烘干？为什么？
2. 每次加入沸点仪中的溶液是否需要精确称量？
3. 如何判断气液相已达平衡状态？
4. 收集气相冷凝液的袋状部的大小对实验结果有无影响？
5. 折射率的测定为什么要在恒温下进行？

实验4　络合物的组成及其不稳定常数的测定

一、实验目的

1. 学会用等摩尔系列法测定络合物的组成、不稳定常数的基本原理和实验方法。
2. 计算络合反应的标准自由能变化。
3. 熟练掌握测定溶液pH值和吸光度的操作技术。

二、实验原理

络合物 MX_n 在水溶液中的络合与解离反应式为：

$$MX_n = M + nX$$

达到平衡时：

$$K_{\text{不稳}} = \frac{[M][X]^n}{[MX_n]}$$

式中，$K_{\text{不稳}}$ 为络合物的不稳定常数；[M]、[X] 和 $[MX_n]$ 分别为络合平衡时金属离子、配位体和络合物的浓度，n 为络合物的配位数。

在络和反应中，常伴有颜色的明显变化，因此研究这些络合物的吸收光谱可以测定它们的组成和不稳定常数。测定的方法较多，本实验采用应用最广的等摩尔系列法测定 Cu(Ⅱ)-磺基水杨酸络合物的组成和不稳定常数。

1. 络合物组成的测定

在维持金属离子 M 和配位体 X 总浓度不变的条件下，取相同浓度的 M 溶液和 X 溶液配成一系列 $\frac{c_M}{c_M + c_X}$ 不同的溶液，这一系列溶液称为等摩尔系列溶液。当所生成的络合物 MX_n 的浓度最大时，络合物的配位数 n 可按下述简单关系直接由溶液的组成求得：$n = \frac{c_X}{c_M}$

显然，通过测定某一随络合物含量发生相应变化的物理量，例如吸光度 A 的变化，绘制组成-性质图，从曲线的极大点便可直接得到络合物的组成。

络合物的浓度和吸光度的关系符合 Lambert-Beer 定律：

$$A = \lg \frac{I_0}{I} = acl$$

式中，A 为吸光度；I_0 为入射光强度；I 为透过光强度；a 为摩尔吸光系数；c 为溶液浓度；l 为比色皿光径长度。

利用分光光度计测定溶液吸光度 A 与浓度 c 的关系，即可求得络合物的组成。不同络合物的组成-吸光度图具有不同的形式。

(1) 稳定络合物：络合物的解离度很小时，曲线表现有明显的极大点（图1）。由极大点所对应的 c_M 和 c_X 的比值即可确定该络合物的组成。溶液太稀时，极大点不明显，但络合物组成不变。

(2) 不稳定络合物：络合物容易解离时，得到的曲线极大点较不明显。金属离子和配位体总浓度越小时，解离度越大，曲线极大点越不明显（图2）。如果在 X 和 M 点作曲线的切线 XO 和 MO（以虚线表示），两线交于 O 点，O 点与曲线极大点的组成相同。由 O 点对应的摩尔分数值可求得络合物的组成。

虚线代表络合物未解离的吸光度变化的情形。在极大点的左半部分配位体过剩，右半部分金属离子过剩，在这两部分络合物的解离度较小，因此曲线与虚线偏差较小。接近极大点时，络合物解离度变大，与虚线偏差较大，因而吸光度-组成图为一圆滑曲线。

倘若金属离子 M 及配位体 X 与络合物在同一波长均有一定程度的吸收，此时所观察到的吸光度 A 并不仅由络合物吸收引起的，必须加以校正，校正方法如下：在吸光度-组成图上，连接配位体浓度为零和金属离子浓度为零的两点的直线，该直线代表的不同组成溶液的

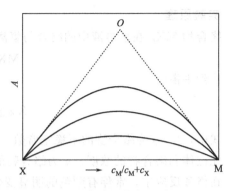

图1 曲线极大点　　　　图2 曲线极大点不明显

吸光度值可以认为是由金属离子 M 和配位体 X 吸收所引起的，因此把实验所观察到的吸光度值 A 减去对应组成上该直线读得的吸光度值 A'，所得的差值 $\Delta A = A - A'$ 就是该溶液中络合物的吸光度值。然后作 $\Delta A - \dfrac{c_M}{c_M + c_X}$ 图，从极大点可求得络合物的组成。

欲得到较好的结果，应选择被测溶液最适宜的波长。其方法是通过测定不同波长时该溶液的吸光度，作波长-吸光度曲线，从中选择络合物吸收度较大而其他离子吸收度较小的波长。本实验选择 700nm。

络合物的组成与溶液的 pH 值有关，例如 Cu(Ⅱ)-磺基水杨酸络合物，pH 值在 3.0～5.5 时形成 MX 型，pH 值在 8.5 以上时形成 MX_2 型，而 pH 值在 5.5～8.5 时则由 MX 型向 MX_2 型转化。

磺基水杨酸的结构如下：

$$\text{HO}_3\text{S}-\text{C}_6\text{H}_3(\text{OH})(\text{COOH})$$

—SO_3H 中的 H 在水溶液中易解离；—COOH 中的 H 在水溶液中较易解离；—OH 中的 H 在水溶液中较难解离。

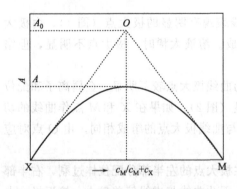

图3 用等摩尔法得到的曲线

2. 不稳定常数的测定

在络合物明显解离的情形下，用等摩尔系列法得到图 3 中的曲线，并作切线交于 O 点。设在 O 点的吸光度为 A_0，曲线极大点的吸光度为 A，则络合物的解离度 α 为：

$$a = \frac{A_0 - A}{A_0}$$

对于 MX 型络合物 $K_{\text{不稳}}^{\ominus} = \dfrac{c_0 a^2}{1 - a}$，故将该络合物浓度 c 及上面求出的 α 代入此式即可算出不稳定常数。通常，络合物溶液的吸光度与温度有关。不过 Cu(Ⅱ)-磺基水杨酸络合物溶液的吸光度在 20～30℃ 随温度变化很小，在实验误差范围之内。

三、仪器与试剂

仪器：722 型分光光度计、容量瓶（50mL）、移液管（25mL）、酸度计、烧杯（50mL）。

试剂：磺基水杨酸溶液（0.1mol·L^{-1}）、硫酸铜溶液（0.1mol·L^{-1}）、H$_2$SO$_4$溶液（0.5mol·L^{-1}）、H$_2$SO$_4$溶液（0.25mol·L^{-1}）、H$_2$SO$_4$溶液（pH＝4.50）、NaOH溶液（0.5mol·L^{-1}）、NaOH溶液（1.0mol·L^{-1}）。

四、实验步骤

1. 等摩尔系列溶液的配制

（1）当溶液的总浓度（c_M+c_A）均为0.038mol·L^{-1}时，其中$\dfrac{c_M}{c_M+c_X}$分别为0、0.1、0.2、0.3、0.4、0.5、0.6、0.7、0.8、0.9及1.0。分别计算每个溶液中所需的硫酸铜溶液和磺基水杨酸溶液的用量。

（2）分别用移液管量取一定量的硫酸铜溶液和磺基水杨酸溶液于50mL烧杯中，在酸度计监测的条件下，用NaOH溶液或H$_2$SO$_4$溶液调整上述溶液的pH＝4.50（先用较浓溶液粗调，当pH值接近4.50时，再用较稀溶液细调）。然后将被测溶液移入对应的50mL容量瓶中。用少量pH＝4.50的硫酸冲洗电极及烧杯，将冲洗液移入容量瓶中，最后用pH＝4.50的硫酸溶液稀释至刻度。

2. 等摩尔系列溶液吸光度的测定

用分光光度计检测溶液的吸光度。测试条件为：比色皿的光路长度为10mm，pH＝4.50的硫酸溶液为标准液，测定波长为700nm。注意：分光光度计在使用前进行校正。

五、数据处理

1. 络合物组成的计算

$\dfrac{c_M}{c_M+c_X}$	0	0.1	0.2	0.3	0.4	0.5	0.6	0.7	0.8	0.9	1.0
$V_{硫酸铜}$/mL											
$V_{磺基水杨酸}$/mL											
O点吸光度A											
直线上对应的吸光度A'											
吸光度差值ΔA											

（1）作A-$\dfrac{c_M}{c_M+c_X}$曲线图，连接$\dfrac{c_M}{c_M+c_X}$为0和1.0时两点的吸光度得到一条直线，求得不同组成溶液中由于金属离子M和配位体X吸收所产生的吸光度A'，进而求得相应各溶液的ΔA（即$A-A'$）。

（2）作ΔA-$\dfrac{c_M}{c_M+c_X}$曲线图，通过$\dfrac{c_M}{c_M+c_X}$为0和1.0处分别作切线，两切线交于一点O（吸光度A_0），由O点作垂直线与曲线交于一点Y（吸光度A，曲线的极大点）。根据此时的c_M和c_A值，由$n=\dfrac{c_X}{c_M}$确定络合物的组成n值。

2. 络合物不稳定常数的计算

根据ΔA-$\dfrac{c_M}{c_M+c_X}$曲线图中的A_0和A，计算解离度α：

$$a = \frac{A_0 - A}{A_0}$$

3. 络合物的不稳定常数计算

$$K^{\ominus}_{\text{不稳}} = \frac{c_0 a^2}{1-a}$$

4. 络合反应的标准自由能变化值的计算

$$\Delta_r G_m^{\ominus} = -RT \ln \frac{1}{K^{\ominus}_{\text{不稳}}}$$

六、实验注意事项

1. 为了保证所配溶液为澄清溶液，在调整溶液的 pH 值时，滴加硫酸或氢氧化钠的速度不能过快。当出现混浊时，先用硫酸将沉淀溶解，再重新用较低浓度的氢氧化钠调节溶液的 pH 值。
2. 电极上残留的溶液一定要冲洗干净，冲洗液并入容量瓶中。
3. 比色皿中的溶液量要适中，外壁要干燥。

七、思考题

1. 如果电极上的残留溶液未并入容量瓶中，对测试结果有什么影响？
2. 如果实验过程中出现混浊，是由于什么原因造成的？反应方程式是什么？如何避免出现混浊？

实验5 Pb-Sn 的二元金属相图

一、实验目的

1. 用热分析法测绘 Pb-Sn 二组分金属相图。
2. 了解热分析法的测量技术与热电偶的使用。

二、实验原理

金属的熔点-组成图可根据不同组成的合金的冷却曲线求得，将一种金属或合金熔融后，使之逐渐冷却，每隔一定时间（半分钟）记录一次温度，表示温度（T）与时间（t）的关系曲线称为冷却曲线或步冷曲线。图1是二组分金属体系的一种常见类型的步冷曲线。当熔融体系均匀冷却时，如果体系不发生相变，则体系的温度随时间的变化将是均匀的，冷却也较快（如图1中 ab 线段）。若在冷却过程中发生了相变，由于在相变过程中伴随着热效应，所以体系温度随时间的变化速度将发生改变，体系的冷却速度减慢，步冷曲线就出现转折（如图1中的 b 点）。当溶液继续冷却到某一点时（图中 c 点），由于此时熔液的组成已达到最低共熔混合物的组成，故有最低共熔混合物析出，在

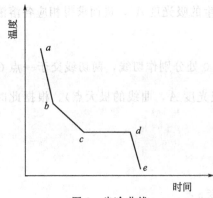

图1 步冷曲线

最低共熔混合物完全凝固以前，体系温度将保持不变，因此步冷曲线出现平台（如图 1 中 cd 线段）。当熔液完全凝固后，温度才迅速下降（图 1 中 de 线段）。

由此可知，对组成一定的二组分低共熔混合物体系来说，可以根据它的步冷曲线，判断有固体析出时的温度和最低共熔点的温度。如果作出一系列组成不同的体系的步冷曲线，从中找出各转折点，即能画出二组分体系最简单的相图（温度-组成图）。不同组成熔液的步冷曲线与对应相图的关系可从图 2 中看出。

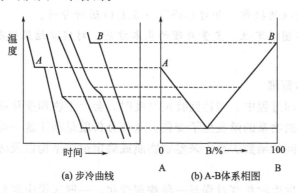

(a) 步冷曲线　　(b) A-B 体系相图

图 2　步冷曲线与相图

应当指出，用热分析法测绘相图时，被测体系必须时时处于或接近相平衡状态。因此，体系的冷却速度必须足够慢，才能得到较好的结果。

三、仪器与试剂

仪器：JXL-2 型金属相图实验炉、微电脑温度控制器。

试剂：装好的样品管（Sn：20％、40％、61.9％、80％）。

四、实验步骤

将已装好的样品管（Sn：20％、40％、61.9％、80％）分别放在金属相图实验炉中加热熔化，熔化后再继续升高 50℃。然后放在炉内降温，每隔半分钟测一次温度，直到步冷曲线出现水平部分后才能停止。

五、数据处理

1. 绘制步冷曲线（T-t 图）。
2. 从步冷曲线中，找出各不同体系的相变温度 T。
3. 绘制 Pb-Sn 二元金属相图（T-x 图）。
4. 以相变温度 T 为纵坐标，相应各体系的组分 x 为横坐标，即可得 Pb-Sn 二组分体系的相图。

六、实验注意事项

1. 冷却速度应保持在 5～7℃·min^{-1} 为好。
2. 合金应加热到超过熔点 50℃ 以上。

七、思考题

1. 何为热分析法？用热分析法测绘相图时应注意些什么？
2. 用相律分析在各条步冷曲线上出现平台的原因。
3. 为什么在不同组分熔液的步冷曲线上，最低共熔点的水平线段长度不同？

实验6 差热分析

一、实验目的

1. 掌握差热分析原理。
2. 学会差热分析仪的操作，并对 $CuSO_4 \cdot 5H_2O$ 进行分析。
3. 了解差热分析图谱定性、定量处理的基本方法，对实验结果做解释处理。

二、实验原理

1. 差热分析基本原理

物质在加热或冷却过程中，当达到特定温度时，会产生物理变化或化学变化，伴随着有吸热和放热现象，反映物系的焓发生了变化。差热分析就是利用这一特点，通过测定样品与参比物的温度差对时间的函数关系，来鉴别物质或确定组成结构以及转化温度、热效应等物理化学性质。

在升温或降温时发生的相变过程是一种物理变化，一般来说由固相转变为液相或气相的过程是吸热过程，而其相反的相变过程则为放热过程。在各种化学变化中，失水、还原、分解等反应一般为吸热过程，而水化、氧化和化合等反应则为放热过程。

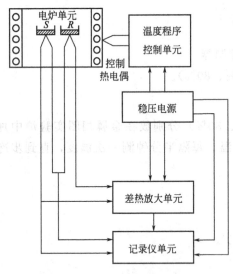

图 1 差热分析仪原理图

差热分析时，试样与参比物（$\alpha\text{-}Al_2O_3$）分别放在坩埚中，然后置入电炉中加热升温，如图 1 所示。

在升温过程中试样如没有热效应，则试样与参比物之间的温度差 ΔT 为零；而试样在某温度下有放热（吸热）效应时，试样温度上升速度加快（减慢），就产生温度差 ΔT。把 ΔT 转变成电信号放大后记录下来，可以得到如图 2 所示的峰形曲线。

分析差热图谱可根据差热峰的数目、位置、方向、高度、宽度、对称性以及峰的面积等，峰的数目表示在测定范围内，待测样品发生变化的次数；峰的位置表示发生转化的温度范围；峰的方向指示过程是吸热还是放热；峰的面积反映热效应大小（在相同测定条件下）。峰高、峰宽及对称性除与测定条件有关外，往往还与样品变化过程的动力学因素有关。这样从差热图谱中的峰的方向和面积可以测得变化过程的热效应（吸热或放热以及热量的数值）。

除了测定热效应外，由差热图谱的特征还可用以鉴别样品的种类，计算某些反应的活化能和反应级数等。

2. 影响差热分析的几个主要因素

影响差热分析结果的因素很多，有仪器与操作两方面的因素，这里只把几个主要的因素简单讨论一下。

(1) 升温速率的选择：升温速率对测定结果影响较大。一般说来速率低时，基线漂移小，可以分辨靠得近的差热峰，因而分辨力高，但测定时间长。速率高时，基线漂移较显著，分辨力下降，测定时间较短。一般选择每分钟 2~20℃。

(2) 气氛及压力的选择：许多测定受炉中气氛及压力的影响很大。例如 NH_4ClO_4 在 N_2 气氛及真空时测得的差热曲线差别很大，而 N_2 压力不同也有影响（如图 3 所示）。有些物质在空气中易被氧化，所以选择适当的气氛及压力也是使测定得到好的结果的一个方面。

(3) 参比物的选择：作为参比物的材料必须具备的条件是在测定温度范围内，保持热稳定性，一般用 $\alpha\text{-}Al_2O_3$、MgO（煅烧过的）、SiO_2 及金属镍等。选择时应尽量采用与待测物比热容、热导率及颗粒度相一致的物质，以提高正确性。

(4) 样品处理：样品粒度大约 200 目左右，颗粒小可以改善导热条件，但太细可能破坏晶格或分解。样品用量与热效应大小及峰间距有关，一般为几毫克。

样品可用参比物稀释，稀释剂的种类及稀释比也影响测定结果，同时样品装填状态（稀密）对某些测定有很大的关系。

(5) 降温：一般把温度降到 50℃ 以下，再做下一个样品。

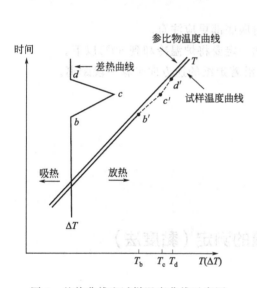

图 2　差热曲线和试样温度曲线示意图

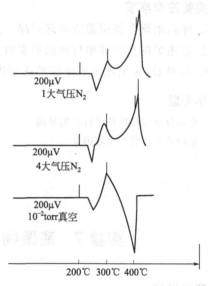

图 3　气氛及压力对 50% NH_4ClO_4（50% $\alpha\text{-}Al_2O_3$）分解的影响

三、仪器与试剂

仪器：差热分析仪、小镊子。

试剂：$\alpha\text{-}Al_2O_3$（粉）、$CuSO_4 \cdot 5H_2O$、苯甲酸。

四、实验步骤

(1) 开启电源及水源，整机预热 30min。

(2) 双手轻抬起炉子，以左手为中心，右手逆时针轻轻旋转炉子。左手轻轻扶着炉子上，用左手拇指扶着右手拇指，防止右手抖动。用右手把参比物放在左边的托盘上，把测量物放在右边的托盘上。轻轻放下炉体（操作时轻拿轻放）。

(3) 启动热分析软件。点击新采集，自动弹出"新采集——参数设置"对话框。左半栏目里填写试样名称、序号、试样质量、操作人员名字。在右边栏里进行温度设定。设置步骤如下：
①点击增加按钮，弹出"阶梯升温——参数设置"对话框，填写升温速率、终止温度、保留时间，设置完毕点击确认按钮。
②继续点击增加按钮，进行上面设置。采集过程将根据每次设置的参数进行阶梯升温。
③用户可以修改每个阶梯设置的参数值，光标放到要修改的参数上。单击左键，参数行变蓝色，左键点击修改按钮，弹出阶梯升温参数。修改完毕，点击确定按钮，进入采集状态。
④数据分析：数据采集结束后，点击数据"数据分析"菜单，选择下拉菜单中的选项，进行对应分析，分析过程：首先用鼠标选取分析起始点，双击鼠标左键；接着选取分析结束点，双击鼠标左键，此时自动弹出分析结果。
⑤差热图谱复制：点击菜单栏的复制按钮。

五、实验数据处理

定性说明所得苯甲酸、锡粒、$CuSO_4 \cdot 5H_2O$ 等的差热图谱。

六、实验注意事项

1. 样品坩埚在使用前应处理干净，尤其是坩埚底部更应注意。
2. 差热炉的升温速率与初始炉温有关，因此一定要将炉温冷却到50℃以下。
3. 在测 DTA 曲线上各个波峰的温度时，应沿着走纸的逆方向平移一段距离。

七、思考题

1. 差热分析与简单热分析有何异同？
2. 影响差热分析的主要因素？

实验7 高聚物分子量的测定（黏度法）

一、实验目的

1. 测定聚乙二醇的分子量的平均值。
2. 掌握用伍氏黏度计测定黏度的方法。

二、实验原理

在高聚物的研究中，分子量是一个不可缺少的重要数据。因为它不仅反映了高聚物分子的大小，并且直接关系到高聚物的物理性能。但与一般的无机物或低分子的有机物不同，高聚物多是分子量不等的混合物，因此通常测得的分子量是一个平均值。高聚物分子量的测定方法很多，比较起来，黏度法设备简单，操作方便，并有很好的实验精度，是常用的方法之一。

高聚物在稀溶液中的黏度是它在流动过程所存在的内摩擦的反映，这种流动过程中的内摩擦主要有：溶剂分子之间的内摩擦；高聚物分子与溶剂分子间的内摩擦；高聚物分子间的内摩擦。其中溶剂分子之间的内摩擦又称为纯溶剂的黏度，以 η_0 表示。三种内摩擦的总和称为高聚物溶液的黏度,以 η 表示。实践证明,在同一温度下高聚物溶液的黏度一般要比纯溶剂的黏度大些,即有 $\eta > \eta_0$。为了比较这两种黏度,引入增比黏度的概念,以 η_{sp} 表示:

$$\eta_{sp} = \frac{\eta - \eta_0}{\eta_0} = \frac{\eta}{\eta_0} - 1 = \eta_r - 1 \tag{1}$$

式中,η_r 为相对黏度,它是溶液黏度与溶剂黏度的比值,反映的仍是整个溶液黏度的行为。η_{sp} 则反映出扣除了溶剂分子间的内摩擦以后仅仅是纯溶剂与高聚物分子间以及高聚物分子之间的内摩擦。显而易见,高聚物溶液的浓度变化,将会直接影响到 η_{sp} 的大小,浓度越大,黏度也越大。为此,常常取单位浓度下呈现的黏度来进行比较,从而引入比浓黏度的概念,以 η_r/c 表示。又将 $\ln\eta_r/c$ 定义为比浓对数黏度。因为 η_r 和 η_{sp} 是无量纲量,η_{sp}/c 和 $\ln\eta_r/c$ 的单位是由浓度 c 的单位而定,通常采用 $g \cdot mL^{-1}$。为了进一步消除高聚物分子间内摩擦的作用,必须将溶液无限稀释,当浓度 c 趋近零时,比浓黏度趋近于一个极限值,即:

$$\lim_{c \to 0} \frac{\eta_{sp}}{c} = [\eta] \tag{2}$$

式中,$[\eta]$ 为高聚物溶液的特性黏度,主要反映了高聚物分子与溶剂分子之间的内摩擦作用。其数值可通过实验求得。因为根据实验,在足够稀的溶液中有:

$$\frac{\eta_{sp}}{c} = [\eta] + k[\eta]^2 c \tag{3}$$

$$\frac{\ln \eta_r}{c} = [\eta] - \beta[\eta]^2 c \tag{4}$$

这样以 $\frac{\eta_{sp}}{c}$ 及 $\frac{\ln \eta_r}{c}$ 对 c 作图得两条直线,这两根直线在纵坐标轴上相交于同一点(如图 1 所示),可求出 $[\eta]$ 的数值。为了绘图方便,引入相对浓度 c',即 $c' = c/c_1$。式中,c 表示浓度的真实浓度;c_1 表示溶液的起始浓度。由图 1 可知:

$$[\eta] = \frac{A}{c_1}$$

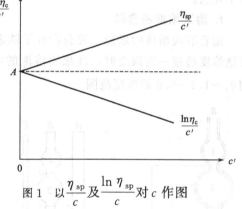

图 1 以 $\frac{\eta_{sp}}{c}$ 及 $\frac{\ln \eta_{sp}}{c}$ 对 c 作图

式中,A 为截距。

由溶液的特性黏度 $[\eta]$ 还无法直接获得高聚物分子量的数据,目前常用半经验的麦克(H. Mark)非线性方程来求得。即:

$$[\eta] = KM^\alpha \tag{5}$$

式中,M 为高聚物分子量的平均值,K、α 为常数,与温度、高聚物性质、溶剂等因素有关,可通过其他方法求得。实验证明,α 值一般在 0.5~1 之间。聚乙二醇的水溶液在 25℃时,$\alpha = 0.50$,$K = 0.156 \text{kg}^{-1} \cdot \text{dm}^{-3}$;在 30℃时,$\alpha = 0.78$,$K = 0.0126 \text{kg}^{-1} \cdot \text{dm}^{-3}$。

式(1)适用于非支化的、聚合度不太低的高聚物。

由上述可以看出高聚物分子量的测定最后归结为溶液特征黏度 $[\eta]$ 的测定。而黏度的测定可以按照液体流经毛细管的速度来进行,根据泊塞勒(Poiseuille)公式计算:

$$\eta = \frac{\pi r^4 thg\rho}{8lV} \tag{6}$$

式中，V 为流经毛细管液体的体积；r 为毛细管半径；ρ 为液体密度；l 为毛细管长度；t 为流出时间；h 为作用于毛细管中溶液上的平均液柱高度，$h=1/2(h_1+h_2)$；g 为重力加速度。

液体在毛细管内靠液柱的重力流动，它所具有的位能，除了消耗于克服分子内摩擦的阻力外，同时使液体本身获得了动能，使实际测得的液体黏度偏低。如果液体的流速较大时，动能消耗的能量可达 20%。因此，必须对泊塞勒公式进行修正。当液体流动较慢时，动能消耗很小，可以忽略。这时，对于同一黏度计来说 h、r、l、V 是常数，则式(6)可变为：

$$\eta = K'\rho t \tag{7}$$

考虑到通常测定是在高聚物的稀溶液下进行，溶液的密度 ρ 与纯溶剂的密度 ρ_0 可视为相等，则溶液的相对黏度就可表示为：

$$\eta_r = \frac{\eta}{\eta_0} = \frac{K'\rho t}{K'\rho_0 t_0} \approx \frac{t}{t_0} \tag{8}$$

由此可见，由黏度法测高聚物的分子量，最基础的测定是 t_0、t、c，实验的成败和准确度取决于测量液体所流经的时间的准确度、配制溶液浓度的准确度和恒温槽的恒温程度、安装黏度计的垂直位置的程度以及外界的震动等因素。黏度法测定高聚物分子量时，要注意的以下几点。

1. 溶液浓度的选择

随着溶液浓度的增加，聚合物分子链之间的距离逐渐缩短，因而分子间作用力增大。当溶液浓度超过一定限度时，高聚物溶液的 η_{sp}/c 或 $\ln(\eta_r/c)$ 与 c 的关系不成线性。通常选用 $\eta_r = 1.2 \sim 2.0$ 的浓度范围。

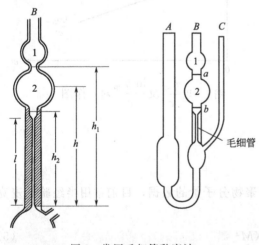

图2 常用毛细管黏度计

2. 溶剂的选择

高聚物的溶剂有良溶剂和不良溶剂两种。在良溶剂中，高分子线团伸展，链的末端距增大，链段密度减少，溶液的 $[\eta]$ 值较大。在不良溶剂中则相反，溶解很困难。在选择溶剂时，要注意考虑溶解度、价格、来源、沸点、毒性、分解性和回收等方面的因素。

3. 毛细管黏度计的选择

常用毛细管黏度计有乌氏和奥式两种，如图2所示，测分子量选用乌氏黏度计。对球2体积为5mL的黏度计，一般要求溶剂流经时间为 $t_0 = 100 \sim 130$s 之间。

4. 恒温槽

温度波动直接影响溶液黏度的测定，国家规定用黏度法测定分子量的恒温槽的温度波动为 ± 0.05℃。

5. 黏度测定中异常现象的近似处理

在特性黏度测定过程中，有时并非操作不慎，出现如图3所示的异常现象。在式(3)中的 k' 的值与 η_{sp}/c 和高聚物结构和形态有关，而式(4)其物理意义不太明确。因此出现异常现象时，以 $\eta_{sp}/c\text{-}c$ 曲线求 $[\eta]$ 值。

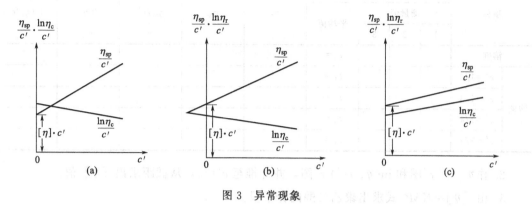

图 3　异常现象

三、仪器与试剂

仪器：恒温槽、容量瓶（100mL）、吸球、烧杯（100mL）、移液管（10mL）、乌氏黏度计、停表。

试剂：聚乙二醇。

四、实验步骤

（1）高聚物溶液的配制：精确称取聚乙二醇配制成 $c_0=8\%$ 的水溶液。

（2）安装黏度计：所用黏度计必须洁净，有时微量的灰尘、油污等会产生局部的堵塞现象，影响溶液在毛细管中的流速，而导致较大的误差。所以做实验之前，应该彻底洗净，放在烘箱中干燥。然后在侧管 C 上端套一软胶管，并用夹子夹紧使之不漏气。调节恒温槽至 25℃。把黏度计垂直放入恒温槽中，使球 1 完全浸没在水中，放置位置要合适，便于观察液体的流动情况。恒温槽的搅拌速度应调节合适，不致产生剧烈震动，影响测定的结果。

（3）溶剂流出时间 t_0 的测定：用移液管取 5mL 蒸馏水由 A 注入黏度计中。待恒温后，利用吸球由 B 处将溶剂经毛细管吸入球 2 和球 1 中（注意：液体不准吸到吸球内），然后除去吸球使管 B 与大气相通并打开侧管 C 的夹子，让溶剂依靠重力自由流下。当液面达到刻度线 a 时，立刻按停表开始计时，当液面下降到刻度线 b 时，再按停表，记录溶剂流经毛细管的时间 t_0。重复三次，每次相差不应超过 0.2s，取其平均值。如果相差过大，则应检查毛细管有无堵塞现象；察看恒温槽温度是否符合。

（4）溶液流出时间的测定：待 t_0 测完后，取 5mL 配制好的聚乙二醇溶液加入黏度计中，用吸球将溶液反复抽吸至球 1 内几次，使混合均匀（聚乙二醇是一种起泡剂，搅拌抽吸混合时，容易起泡，不易混合均匀，溶液中分散的微小气泡好像杂质微粒，容易局部堵塞毛细管，所以应注意抽吸的速度）。测定 $c'=1/2$ 的流出时间 t_1，然后再依次加入 5mL 蒸馏水，稀释成浓度为 1/3、1/4、1/5 的溶液，并分别测定流出时间 t_2、t_3、t_4（每个数据重复三次，取平均值）。

实验完毕，黏度计应洗净，然后用洁净的蒸馏水浸泡或倒置使其晾干。为除掉灰尘的影响，所使用的试剂瓶、黏度计应扣在钟罩内，移液管也应用塑料薄膜覆盖（切勿用纤维材料）。

五、数据处理

1. 将实验数据记录于表中。

项目		流出时间				η_r	η_{sp}	η_{sp}/c'	$\ln\eta_r$	$\ln(\eta_r/c')$
		测量值			平均值					
		1	2	3						
溶剂					$t_0=$					
溶液	$c'=1/2$				$t_1=$					
	$c'=1/3$				$t_2=$					
	$c'=1/4$				$t_3=$					
	$c'=1/5$				$t_4=$					

2. 作 η_{sp}/c'-c' 图和 $\ln(\eta_{sp}/c')$-c' 图，并外推至 $c'=0$，从截距求出 [η] 值。

3. 由 [η]=KM^α 式求出聚乙二醇的分子量。

六、实验注意事项

1. 黏度计的安装要竖直。
2. 黏度计必须洁净。
3. 恒温槽的温度要恒定。
4. 溶液混合要均匀。
5. 实验结束后，需要注入纯溶剂浸泡，以免残存的高聚物在毛细管壁上结聚。

七、思考题

1. 特性黏度 [η] 是怎样测定的？
2. 为什么 $\lim_{c\to 0}\dfrac{\eta_{sp}}{c}=\lim_{c\to 0}\dfrac{\ln\eta_r}{c}$？

实验 8 三氯甲烷-乙酸-水三元相图的绘制——溶解度法

一、实验目的

1. 掌握等边三角形坐标表示法。
2. 掌握用溶解度法绘制相图的基本原理。
3. 学会用溶解度法绘制具有一对共轭溶液的三元相图。

二、实验原理

在萃取时，具有一对共轭溶液的三元相图能够确定合理的萃取条件。因此，如何作出三元系统的相图具有重要的实际意义。

三组系统 $C=3$，如系统处于恒温、恒压下，按照相律系统的条件自由度 $f^*=3-\Phi$。当系统均为单相时，$\Phi=1$，$f^*=2$，因此恒温、恒压时三组分系统其浓度独立变数最多只有两个，此时可以用平面图形来表示系统的状态和组成的关系，即等边三角形作图法（图1）。三个顶点分别表示三种纯物质 A、B、C。AB、BC、CA 三边分别表示 A 和 B，B 和 C，C 和 A 所组成的二组分系统的组成。三角形内任一点则表示三组分系统的组成。

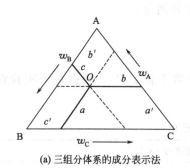 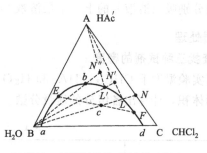

(a) 三组分体系的成分表示法　　　(b) 具有一对共轭溶液的三组分体系相图

图1　等边三角形作图法

本实验研究具有一对共轭溶液的三组分系统，即溶液 A 和 B 以及 A 和 C 完全互溶，而另一对 B 和 C 则不溶或部分互溶的三元相图。曲线 abd 为溶解度曲线，曲线外是单相区，曲线内是二相平衡区。物系点落在二相区内，即分成两相，如 c 点分成组成为 E 和 F 两相，EF 线称为连接线。

绘制溶解度曲线的方法较多，本实验采用先在完全互溶的两个组分（如 A 和 C）以一定的比例混合，在混合液中（图2上的 N 点）加入 B 组分，物系点沿 NB 线移动，直至溶液变浑浊，即为 L 点。然后加入一定量 A 组分，物系点沿 LA 升至 N' 点而变清，如再加入 B 组分，则物系点又沿 $N'B$ 线由 N' 点移至 L' 点再次变浑浊，再滴加 A 组分使之变清，⋯，如此重复，最后连接 $L，L'，L''，⋯$，即可绘制出溶解度曲线。

三、仪器与试剂

仪器：酸式滴定管（50mL）、碱式滴定管（50mL）、有塞磨口锥形瓶（100mL）、锥形瓶（100mL）、移液管（2mL，5mL，10mL）、分液漏斗（60mL）、分液漏斗架、洗瓶、吸耳球。

试剂：氯仿（$CHCl_3$、A.R）；冰乙酸（HAc、A.R）；$0.5 mol \cdot L^{-1}$ 标准 NaOH 溶液。

四、实验步骤

（1）在酸式滴定管内中装去离子水，在碱式滴定管内装标准 NaOH 溶液。注意液面调零和赶走气泡。

（2）移取 6mL $CHCl_3$ 及 1mL HAc 于 100mL 磨口锥形瓶中，然后慢慢滴入去离子水，且不停地摇动，至溶液由澄清变浑浊即为滴定终点，记录水的体积。依次向此瓶中加入 2mL、3.5mL、6.5mL HAc，分别慢慢滴入去离子水不断摇动至溶液由澄清变浑浊为止，分别记录每次去离子水的用量。最后加入 40mL 去离子水，加塞摇动 30min（每隔 5min 摇 1 次）后将此液作为测量连接线用（溶液Ⅰ）。

（3）另取一支 100mL 磨口锥形瓶，用移液管移入 1mL $CHCl_3$ 和 3mL HAc，用去离子水滴至浑浊为终点。依次再加入 2mL、2mL、2mL HAc，分别用去离子水滴定至终点并记录去离子水的用量。最后再加入 7mL $CHCl_3$ 和 7mL HAc，慢慢滴入去离子水不断摇动至溶液由澄清变浑浊为止。同前法每隔 5min 摇一次，30min 后作为测量另一根连线用（溶液Ⅱ）。

（4）把溶液Ⅰ和Ⅱ迅速转移到 60mL 分液漏斗中，静置 0.5h 待两层液体分层。用移液管分别吸取溶液Ⅰ上层液 2mL，下层液 2mL 于已称重的 25mL 有塞锥形瓶中，再称其质量。以酚酞为指示剂，用 $0.5 mol \cdot L^{-1}$ NaOH 标准溶液滴定两层中所含的 HAc 含量。

同法分别吸取溶液Ⅱ的上、下层溶液 2mL，称重并滴定。

五、数据处理

1. 查找三种试剂的密度

查出实验温度下 $CHCl_3$、HAc 和 H_2O 的密度（填于表 1 中），根据每个实验点三者所用的实际体积，计算出各组分的质量分数。

表 1　三种试剂的密度

室温/℃	密度/g·mL^{-1}		
	$CHCl_3$	HAc	H_2O

2. 绘制溶解度曲线

将表中组成数据在三角形坐标纸上作图，即得溶解度曲线。实验数据填入表 2 中。

表 2　实验数据记录表

编号		HAc		$CHCl_3$		H_2O		质量/g	质量分数/%		
		体积	质量/g	体积	质量/g	体积	质量/g		HAc	$CHCl_3$	H_2O
Ⅰ	1	1.00		6.00							
	2	3.00		6.00							
	3	6.50		6.00							
	4	13.00		6.00							
	5	13.00		6.00		再加 40					
Ⅱ	6	2.00		1.00							
	7	4.00		1.00							
	8	6.00		1.00							
	9	8.00		1.00							
	10	15.00		8.00							
	11										
	12										

3. 标出物系点和画连结线

（1）按两锥形瓶中最后 HAc、$CHCl_3$、H_2O 的质量分数，在三角形坐标纸上标出系统的组成（即物系点）。

（2）列算出两锥形瓶中的各相 HAc 的质量分数，将点标在溶解度曲线上，下层 HAc 含量标在含 $CHCl_3$ 多的一边，上层 HAc 含量标在含 H_2O 多的一边，连结这两点即为连结线。各相中乙酸的含量填入表 3 中。

表 3　各相中冰醋酸的含量

溶液		m(溶液)/g	V(NaOH)/mL	w(HAc)/%
Ⅰ	上			
	下			
Ⅱ	上			
	下			

六、实验注意事项

1. 所用仪器必须清洁、干燥。
2. 室温低于16℃时,可将冰醋酸加热恒温后取用。
3. 吸取二相平衡的下层溶液时,可鼓泡插入移液管,以免被上层溶液污染。
4. 在滴加去离子水的过程中,必须逐滴加入,且要不断摇动,待出现浑浊2~3min内不消失,即为终点。特别在接近终点时要增加摇动时间(溶液接近饱和,溶解平衡需较长时间)。
5. 假如用去离子水滴定超过终点,则可滴加几滴HAc至刚由浑浊变清作为终点,记下各溶液实际用量。
6. 所得图形良好,且连线应通过物系点。
7. 氯仿在水中的溶解度和水在氯仿中的溶解度见表4。

表4 氯仿在水中的溶解度和水在氯仿中的溶解度

温度/K	273.2	283.2	293.2	303.2	
$w(CHCl_3)/\%$	1.052	0.888	0.825	0.770	
温度/K	276.2	284.2	290.2	295.2	304.2
$w(H_2O)/\%$	0.019	0.043	0.061	0.065	0.109

实验9 强电解质极限摩尔电导率的测定(电导法)

一、实验目的

1. 理解溶液的电导、电导率和摩尔电导率的概念。
2. 掌握由强电解质稀溶液的电导率测定极限摩尔电导率的方法。

二、实验原理

在电场中电解质溶液的离子能够定向移动形成电流,电流的大小同离子的本性有关。为了比较同一电解质在不同浓度以及不同电解质之间导电能力的差别,引入了摩尔电导率 Λ_m($S \cdot m^2 \cdot mol^{-1}$)的概念,即把含有1.0mol电解质的溶液置于单位距离(1.0m)的两个平行电极之间时其所具有的电导称为摩尔电导率。电解质溶液的电导率 κ 和摩尔电导率 Λ_m 的关系为:$\Lambda_m = \kappa/c$。

科尔劳乌施(Kohlrausch)在研究强电解质稀溶液(浓度小于0.01mol·L^{-1})时,发现其摩尔电导率同浓度之间有如下关系:

$$\Lambda_m = \Lambda_{m,\infty}(1-\beta\sqrt{c})$$

即以 Λ_m 对 $\sqrt{c}$ 作图应得一直线,$\Lambda_{m,\infty}$ 相当于溶液浓度趋于零时的摩尔电导率,定义为电解质溶液的极限摩尔电导率。通过实验测出一系列强电解质稀溶液的电导率,换算成摩尔电导率 Λ_m 后,以 Λ_m 对 $\sqrt{c}$ 作图应得一直线,将直线外推至 $c=0$,在纵坐标上的截距就是该电解质溶液的极限摩尔电导率 $\Lambda_{m,\infty}$。

本实验就是根据这个原理，测定 KCl 极限摩尔电导率。

溶液的电导率的测定值 κ 是电解质的电导率 κ_{KCl} 同溶剂的电导率 $\kappa_{水}$ 的总和，所以可用下式计算电解质的电导率：

$$\kappa_{溶液} = \kappa_{KCl} + \kappa_{水}$$

实验室测量溶液电导率及电解质电导率的方法，主要有惠斯登交流电桥法，也可以用电导仪或电导率仪直接测定。

三、仪器与试剂

仪器：电导率仪、超级恒温槽、容量瓶（25mL）、移液管（1mL，5mL，10mL）。

试剂：KCl 溶液电导水（$\kappa < 1 \times 10^{-4} \text{S} \cdot \text{m}^{-1}$）。

四、实验步骤

（1）用 1.0×10^{-4} mol·L^{-1} KCl 溶液和电导水，在 25mL 容量瓶中，分别配制 2.0×10^{-5} mol·L^{-1}，4.0×10^{-5} mol·L^{-1}，6.0×10^{-5} mol·L^{-1}，8.0×10^{-5} mol·L^{-1} KCl 溶液。

（2）调节超级恒温槽的温度为 25℃，将装有 1×10^{-4} mol·L^{-1} 上述配制的 2×10^{-5} mol·L^{-1}，4×10^{-5} mol·L^{-1}，6×10^{-5} mol·L^{-1}，8×10^{-5} mol·L^{-1} KCl 溶液以及电导水的共 6 个容量瓶置于恒温槽中恒温 20min。

（3）从手册中查得 5.0×10^{-4} mol·L^{-1} KCl 溶液在实验温度下的电导率值，通过测量其电导率值对电导率仪进行校正（或依据电导电极上的电极常数值，对电导率仪进行校正）。

（4）用室温电导水冲洗电导电极到测得的电导水的电导率值恒定为止，然后测量 25℃ 恒温槽中电导水的电导率值 $\kappa_{水}$。

（5）分别自低浓度至高浓度测定上述五个溶液及电导水的电导率。每次测定前都应该用电导水清洗电导电极，直到电导率值稳定为止，每个溶液测量三次，取平均值。

（6）测定结束后，冲洗电导电极，关闭恒温槽及电导率仪电源。

五、数据处理

1. 实验数据记录

室温_____ $\kappa_{水}$_____

序号	c /mol·m^{-3}	$\sqrt{c}$	κ 溶液(测) /μS·cm^{-1}	κ 溶液(平) /μS·cm^{-1}	κ 溶液(平) /S·m^{-1}	κ_{KCl} /S·m^{-1}	Λ_m /S·m^2·mol^{-1}

2. 依据 $\Lambda_m = \Lambda_{m,\infty}(1 - \beta\sqrt{c})$，以 Λ_m 对 $\sqrt{c}$ 作图，求 $\Lambda_{m,\infty}$。

六、实验注意事项

1. 配制溶液要准确。
2. 每个溶液测量三次，三次数据要接近。
3. 处理数据时，注意电导率单位的换算（电导率仪上单位为 μS·cm^{-1}，计算过程需要换算为 S·m^{-1}）。

七、思考题

1. 本实验应该注意的事项是什么？
2. 弱电解质能否如此测定？

实验 10　气泡法测定溶液的表面张力

一、实验目的

1. 掌握气泡法测定溶液表面张力的原理和技术。
2. 通过对不同浓度乙醇溶液表面张力的测定,加深对表面张力、表面自由能、表面张力和吸附量关系的理解。

二、实验原理

液体内部任何分子所受的吸引力是平衡的,然而液体表面层的分子却不相同。表面层的分子,一方面受到液体内层的邻近分子的吸引,另一方面受到液面外部气体分子的吸引,而且前者的作用要比后者大。因此在液体表面层中,每个分子都受到垂直于液面并指向液体内部的不平衡力(图1)。这种吸引力使表面上的分子向内挤,促成液体的最小面积。要使液体的表面积增大,就必须要反抗分子的内向力而做功,增加分子的位能。即分子在表面层比在液体内部有较大的位能,这位能就是表面自由能。

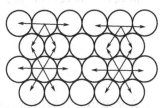

图 1　分子间吸引示意图

通常把增大 $1m^2$ 表面所需的最大功 W,或增大 $1m^2$ 表面所引起的表面自由能的变化 ΔG,称为单位表面的表面能,其单位为 $J \cdot m^{-2}$。在两相界面上,处处存在着一种张力,它垂直与表面的边界,指向液体方向并与表面相切。把作用于单位边界线上的这种力称为表面张力,其单位为 $N \cdot m^{-1}$。液体单位表面的表面能和它的表面张力在数值上是相等的。

如欲使液体表面积增加 ΔS 时,所消耗的可逆功 W 为:

$$W = \Delta G = \gamma \Delta S \tag{1}$$

液体的表面张力与温度有关,温度愈高,表面张力愈小。到达临界温度时,液体表面张力趋近于零。

本实验中,表面张力的测定采用气泡法完成(图2)。

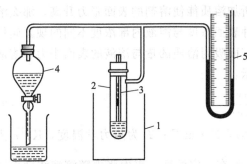

图 2　表面张力测定装置
1—滴液漏斗;2—支管试管;3—毛细管;
4—恒温槽;5—酒精压力计

将液体装于支管试管2中,使毛细管3的端面与液面相切,液面即沿着毛细管自动上升一定距离。打开滴液漏斗4的活塞进行缓慢抽气,此时由于毛细管内液面上所受的压力($p_{大气}$)大于支管试管中液面上的压力($p_{系统}$),故毛细管内的液面逐渐下降,并从毛细管管端缓慢逸出气泡。在气泡形成过程中,由于表面张力的作用,凹液面产生了一个指向液面外的附加压力 p_s。

$$p_{大气} = p_{系统} + p_s \quad 或者 \quad p_s = p_{大气} - p_{系统} \tag{2}$$

附加压力 p_s 和溶液的表面张力 γ 成正比,与气泡的曲率半径 R 成反比,其关系式为:

$$p_s = \frac{2\gamma}{R} \tag{3}$$

若毛细管管径较小，则形成的气泡可视为是球形的。气泡刚形成时，由于表面几乎是平的，所以曲率半径 R 极大；当气泡形成半球形时，曲率半径 R 等于毛细管管径 r，此时 R 值最小；随着气泡的进一步增大，又趋增大，直至逸出液面。

根据式(4) 可知，当 $R=r$ 时，附加压力最大，为：

$$p_s = \frac{2\gamma}{r} \tag{4}$$

最大附加压力可由 U 形压力计 5 读出。

若以 Δh_m 表示 U 形压力计上两边读数的最大差值，ρ 为压力计内工作介质的密度，g 为重力加速度，则：

$$p_s = \rho g \Delta h_m \tag{5}$$

由式(4) 和式(5)，得：

$$\frac{2\gamma}{r} = \rho g \Delta h_m$$

$$\gamma = \frac{1}{2} \rho g r \Delta h_m \tag{6}$$

在实验中，若使用同一支毛细管和压力计，则 $\frac{1}{2}\rho g r$ 是一个常数，称作仪器常数，用 K 表示，所以：

$$\gamma = K \Delta h_m \tag{7}$$

如果将已知表面张力的液体作为标准，由实验测得其 Δh_m 后，就可求出仪器常数 K 的值。然后只要用这一仪器测定其他液体的 Δh_m 值，通过式(7) 计算，即可求得各种液体的表面张力 γ。

对纯溶剂而言，其表面层与内部的组成是相同的，但对溶液来说却不然。当加入溶质后，溶剂的表面张力要发生变化。根据能量最低原理，若溶质能降低溶剂的表面张力，则表面层中溶质的浓度应比溶液内部的浓度大，如果所加溶质能使溶剂的表面张力升高，那么溶质在表面层中的浓度应比溶液内部的浓度低。这种表面浓度与溶液内部浓度不同的现象叫作溶液的表面吸附。在一定的温度和压力下，溶液表面吸附溶质的量与溶液的表面张力和溶液的浓度有关，它们之间的关系可用吉布斯公式表示：

$$\Gamma = -\frac{c}{RT} \left(\frac{\partial \gamma}{\partial c} \right)_T \tag{8}$$

式中，Γ 为吸附量，$mol \cdot m^{-2}$；γ 为表面张力，$N \cdot m^{-1}$；T 为热力学温度，K；c 为溶液浓度，$mol \cdot L^{-1}$；R 为气体常数。$\left(\frac{\partial \gamma}{\partial c} \right)_T$ 表示在一定温度，表面张力随溶液浓度而改变的变化率。

如果 γ 随浓度的增加而减小，也即 $\left(\frac{\partial \gamma}{\partial c} \right)_T < 0$，则 $\Gamma > 0$，此时溶液表面层的浓度大于溶液内部的浓度，称为正吸附作用。如果 γ 随浓度的增加而增加，即 $\left(\frac{\partial \gamma}{\partial c} \right)_T > 0$，则 $\Gamma < 0$，此时溶液表面层的浓度小于溶液本身的浓度，称为负吸附作用。从式(8) 可以看出，只要测定溶液 c 的浓度和表面张力 γ，就可以求得各种不同浓度下溶液的吸附量 Γ。本实验中，溶液浓度的测定应用浓度与折射率的对应关系。

三、仪器与试剂

仪器：阿贝折射仪、超级数显恒温器、滴液漏斗、表面张力仪、水浴装置、支管试管、酒精压力计、烧杯、胶头滴管、洗耳球、洗瓶、移液管、容量瓶。

试剂：无水乙醇（A.R）、待测乙醇水溶液样品。

四、实验步骤

1. 待测乙醇水溶液的配制

用 50mL 容量瓶配制 8 个标准乙醇水溶液，体积分数分别为 5%、10%、15%、20%、25%、30%、40%和 50%。

2. 待测乙醇溶液浓度的测定

(1) 调节超级数显恒温器，使水温恒定在 25℃。

(2) 用阿贝折射仪测定 8 份标准乙醇水溶液的折射率，作出折射率-浓度的标准曲线。

(3) 用阿贝折射仪测定 5 份待测乙醇水溶液的折射率，并从标准曲线上找出相应的浓度值。

3. 仪器常数的测定

(1) 调节玻璃水浴恒温槽，使水温恒在 25℃。

(2) 加入适量蒸馏水于表面张力仪中，调节液面的高度，使其与毛细管端面相切，然后把表面张力仪垂直浸入恒温槽中恒温 10min。

(3) 打开滴液漏斗活塞进行缓慢抽气，调节气泡逸出的速度不超过每分钟 20 个时，读出压力计两边最高和最低读数各三次，求平均值。

4. 待测乙醇水溶液表面张力的测定

(1) 将表面张力仪中的蒸馏水依次（按 1 号→5 号的顺序）换成 5 个待测的乙醇水溶液，并且每换一种溶液时，用洗耳球将毛细管中上次的残留液吹掉。

(2) 按仪器常数测定时的操作步骤，分别求出高度差的平均值，代入式(7)即可算出相应的 γ。

五、数据处理

1. 绘制标准乙醇溶液折射率-浓度曲线图。

测量物质	标准乙醇水溶液							
体积分数	5%	10%	15%	20%	25%	30%	40%	50%
折射率								

2. 确定待测乙醇水溶液的浓度。

测量物质	待测乙醇水溶液				
	1号	2号	3号	4号	5号
折射率					
体积分数					
摩尔浓度/c					

3. 记录 U 形压力计两边液面最大高度差。

测量物质 蒸馏水	第一次			第二次			第三次			高度差 平均值
	$h_{\min}$	$h_{\max}$	高度差	$h_{\min}$	$h_{\max}$	高度差	$h_{\min}$	$h_{\max}$	高度差	
1号										
2号										
3号										
4号										
5号										

4. 求仪器常数 K。
5. 求待测溶液表面张力大小。
6. 绘制表面张力-浓度曲线图，求出表面吸附量。
7. 绘制表面吸附量-浓度曲线图。

六、实验注意事项

1. 仪器不能漏气。
2. 气泡逸出的速度应适中，否则会影响读数。
3. 毛细管端面要和溶液相切。
4. 温度要恒定。

七、思考题

1. 如果毛细管端面不和溶液相切，对结果有怎样的影响？
2. 压力计中采用的介质是酒精，而不采用水银的主要原因是什么？

实验 11　活性炭固体比表面积的测定

一、实验目的

1. 测定活性炭在乙酸水溶液中对乙酸的吸附作用。
2. 推算活性炭的比表面积。

二、实验原理

活性炭是用途广泛的吸附剂，除了用于吸附气体外，也用于溶液中的吸附，通常以每克吸附剂吸附溶质的物质的量来表示吸附量。在恒定温度下，吸附量与溶剂中吸附质的平衡浓度有关。朗缪尔吸附方程式是基于吸附过程的理论考虑，认为吸附量是单分子层吸附，即吸附剂一旦被吸附质占据之后，就不能再吸附；在吸附平衡时吸附和脱附达成平衡。设 Γ_∞ 是饱和吸附量，即表面被吸附质铺满单分子层的吸附量，在平衡浓度为 c 时的吸附量 Γ 可用下式表示：

$$\theta = \frac{\Gamma}{\Gamma_\infty} = \frac{Kc}{1+Kc} \tag{1}$$

重新整理可得：
$$\frac{c}{\Gamma} = \frac{1}{\Gamma_\infty K} + \frac{1}{\Gamma_\infty} c \tag{2}$$

作 c/Γ-c 的图，得一直线，由这一直线的斜率可求得 Γ_∞，再结合截距可求得吸附平衡常数 K。

根据 Γ_∞ 的数值，按照朗缪尔单分子层吸附的模型，并假定吸附质分子在吸附剂表面上是直立的，每个乙酸分子所占的面积以 $2.43 \times 10^{-1} \mathrm{m}^2$ 计算，则吸附剂的比表面积 S_0 为：
$$S_0 = \Gamma_\infty L S_{单个醋酸} = \Gamma_\infty \times 6.02 \times 10^{23} \times 2.43 \times 10^{-1} \tag{3}$$

根据上式所得的比表面积，往往要比实际数值小一些，原因有二：一是忽略了界面上被溶剂占据的部分；二是吸附剂表面有小孔，乙酸不能钻进去。故这一方法所得的比表面一般偏小。不过这一方法测定简便，又不要特殊仪器，故是了解固体吸附剂性能的一种简便方法。

三、仪器与试剂

仪器：带塞锥形瓶（250mL）、碱式滴定管（50mL）、锥形瓶（100mL）、烧杯（800mL）、移液管（50mL）、刻度移夜管（25mL，20mL）、吸耳球、铁架台、恒温水浴振荡器。

试剂：HAc（约 $0.1\mathrm{mol} \cdot \mathrm{L}^{-1}$）、NaOH 标准溶液（$0.1\mathrm{mol} \cdot \mathrm{L}^{-1}$）、酚酞、活性炭。

四、实验步骤

（1）分别称取 6 份约 0.50g 干燥的活性炭，加入到于 6 个干燥且已编号的 250mL 带塞锥形瓶中。

（2）按记录表格所规定的浓度配制 100mL HAc 溶液，注意随时盖好瓶塞，防止 HAc 挥发。

（3）用振荡器对以上 6 份 HAc 溶液分别振荡 0.5h。

（4）用 $0.1\mathrm{mol} \cdot \mathrm{L}^{-1}$ NaOH 标准溶液标定原始 HAc 的浓度 c_0'，计算 6 份 HAc 溶液的初始浓度 c_0。

（5）将振荡后的 HAc 溶液静置 2min，用移液管分别吸取上层清液，用 $0.1\mathrm{mol} \cdot \mathrm{L}^{-1}$ NaOH 标准溶液分别滴定吸附后 HAc 溶液的平衡浓度 c。由于吸附前后 HAc 溶液的浓度不同，所取体积也应不同：1、2 份溶液取 10.0mL；3、4 份溶液取 20.0mL；5、6 份溶液取 40.0mL。

五、数据处理

1. HAc 原始溶液的标定。

约 $0.1\mathrm{mol} \cdot \mathrm{L}^{-1}$ HAc/mL	10.0
$0.10\mathrm{mol} \cdot \mathrm{L}^{-1}$ NaOH 标准溶液/mL	

2. 活性炭对 HAc 溶液的吸附过程。

编号	1	2	3	4	5	6
约 $0.1\mathrm{mol} \cdot \mathrm{L}^{-1}$ HAc/mL	75.0	50.0	25.0	20.0	10.0	5.0
去离子水/mL	25.0	50.0	75.0	80.0	90.0	95.0
活性炭的质量 m/g						

编号	1	2	3	4	5	6
吸附前 HAc 溶液的初始浓度 c_0/mol·L^{-1}						
吸附后滴定用 HAc 溶液的取样量/mL	10.0	10.0	20.0	20.0	40.0	40.0
滴定耗碱量/mL						
吸附后 HAc 的平衡浓度 c/mol·L^{-1}						
活性炭的吸附量 $\left[\Gamma=\dfrac{x}{m}=\dfrac{(c_0-c)V}{m}\right]$/mol·g^{-1}						
c/Γ/g·L^{-1}						

3. 作 Γ-c 图。
4. 作 c/Γ-c 图，用斜率求得 Γ_∞。
5. 根据公式计算活性炭的比表面积。

六、实验注意事项

1. 防止 HAc 溶液的挥发，造成浓度测定不准确。
2. 防止碱式滴定管中出现气泡。
3. 溶液在振荡过程中，振荡速度要合适，避免活性炭与 HAc 溶液的不完全接触，造成吸附达不到平衡。
4. 用移液管取吸附后 HAc 溶液的上清液，不能将活性炭也吸入。
5. 带塞锥形瓶要干燥。

七、思考题

1. 固体吸附剂吸附气体与从溶液中吸附溶质的区别是什么？
2. 你所了解的测定比表面积的精确方法是什么？其优势在什么地方？

实验 12 电极制备及电池电动势的测定

一、实验目的

1. 学会铜电极、锌电极和甘汞电极的制备和处理方法。
2. 掌握电势差计的测量原理和测定电池电动势的方法。
3. 加深对原电池、电极电势等概念的理解。

二、实验原理

电池由正、负两个电极组成，电池的电动势等于两个电极电势的差值。

$$E=\varphi_+ -\varphi_-$$

式中，φ_+ 是正极的电极电势；φ_- 是负极的电极电势。
以 Cu—Zn 电池为例：
电池符号：

$$Zn|ZnSO_4(a_1)\|CuSO_4(a_2)|Cu$$

负极反应： $Zn \longrightarrow Zn^{2+} + 2e^-$

正极反应： $Cu^{2+} + 2e^- \longrightarrow Cu$

电池中总的反应为： $Zn + Cu^{2+} \rightleftharpoons Cu + Zn^{2+}$

Zn 电极的电极电势： $\varphi_{Zn^{2+}/Zn} = \varphi^{\ominus}_{Zn^{2+}/Zn} - \dfrac{RT}{2F} \ln \dfrac{a_{Zn}}{a_{Zn^{2+}}}$

Cu 电极的电极电势： $\varphi_{Cu^{2+}/Cu} = \varphi^{\ominus}_{Cu^{2+}/Cu} - \dfrac{RT}{2F} \ln \dfrac{a_{Cu}}{a_{Cu^{2+}}}$

Cu-Zn 电池的电池电动势为：
$$E = \varphi_{Cu^{2+}/Cu} - \varphi_{Zn^{2+}/Zn}$$
$$= \varphi^{\ominus}_{Cu^{2+}/Cu} - \varphi^{\ominus}_{Zn^{2+}/Zn} - \dfrac{RT}{2F} \ln \dfrac{a_{Cu} a_{Zn^{2+}}}{a_{Cu^{2+}} a_{Zn}}$$
$$= E^{\ominus} - \dfrac{RT}{2F} \ln \dfrac{a_{Cu} a_{Zn^{2+}}}{a_{Cu^{2+}} a_{Zn}}$$

纯固体的活度为 1：
$$a_{Cu} = a_{Zn} = 1$$
$$E = E^{\ominus} - \dfrac{RT}{2F} \ln \dfrac{a_{Zn^{2+}}}{a_{Cu^{2+}}}$$

在一定温度下，电极电势的大小取决于电极的性质和溶液中有关离子的活度。由于电极电势的绝对值不能测量，在电化学中，通常将标准氢电极的电极电势定为零，其他电极的电极电势值是与标准氢电极比较而得到的，即假设标准氢电极与待测电极组成一个电池，并以标准氢电极为负极，待测电极为正极，这样测得的电池电动势数值就作为该电极的电极电势。由于使用标准氢电极条件要求苛刻，难于实现，故常用一些制备简单、电势稳定的可逆电极作为参考电极来代替，如甘汞电极、银-氯化银电极等。这些电极与标准氢电极比较而得到的电势值已精确测出，在物理化学手册中可以查到。

电池电动势不能用伏特计直接测量。因为当把伏特计与电池接通后，由于电池放电，不断发生化学变化，电池中溶液的浓度将不断改变，因而电动势值会发生变化。另一方面，电池本身存在内电阻，所以伏特计所测量的只是两极上的电势降，而不是电池的电动势，只有在没有电流通过时的电势降才是电池真正的电动势。电位差计是可以利用对消法原理测量电势差的仪器，即能在电池无电流（或极小电流）通过时测得其两极的电势差，这时的电势差就是电池的电动势。

另外，当两种电极的不同电解质溶液接触时，在溶液的界面上总有液体接界电势存在。在测量电动势时，常应用盐桥使原来产生显著液体接界电势的种种溶液彼此不直接接界。降低液体接界电势到毫伏数量级以下。用得较多的盐桥有 KCl（$3 mol \cdot L^{-1}$ 或饱和）、KNO_3、NH_4NO_3 等的溶液。

三、仪器与试剂

仪器：电位差计、检流计、标准电池、低压直流电源、砂纸、滑线电阻（2000Ω）、电流表（$0 \sim 50 mA$）、电线、铜电极、锌电极、铜片、电极管、洗耳球、烧杯（50mL）、饱和甘汞电极。

试剂：氯化钾溶液、硫酸锌溶液、硫酸铜溶液、纯汞、稀硫酸、稀硝酸、镀铜溶液、$CuSO_4 \cdot 5H_2O$、H_2SO_4、C_2H_5OH。

四、实验步骤

1. 电极制备

（1）锌电极：先用稀硫酸（约 3mol·L^{-1}）洗净锌电极表面的氧化物，再用蒸馏水淋洗，然后浸入汞中 3～5s，用滤纸轻轻擦拭电极，使锌电极表面上有一层均匀的汞齐，再用蒸馏水冲洗干净（用过的滤纸不要随便乱丢，应投入指定的有盖广口瓶内，以便统一处理）。把处理好的电极插入清洁的电极管内并塞紧，将电极管的虹吸管口浸入盛有 0.10mol·L^{-1} ZnSO$_4$ 溶液的小烧杯内，用洗耳球自支管抽气，将溶液吸入电极管直至浸没电极略高一点，停止抽气，旋紧螺旋夹。电极装好后，虹吸管内（包括管口）不能有气泡，也不能有漏液现象。

（2）铜电极：先用稀硝酸（约 6mol·L^{-1}）洗净铜电极表面的氧化物，再用蒸馏水淋洗，然后把它作为阴极，另取一块纯铜片作为阳极，在镀铜溶液内进行电镀，其装置如图 1 所示。

电镀的条件是：电流密度为 25mA·cm^{-2} 左右，电镀时间为 20～30min，电镀铜溶液的配方见仪器与试剂部分。

电镀后应使铜电极表面有一紧密的镀层，取出铜电极，用蒸馏水冲洗，插入电极管，按上法吸入浓度为 0.1000mol·L^{-1} 的 CuSO$_4$ 溶液。

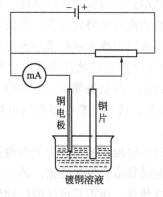

图 1　电镀装置

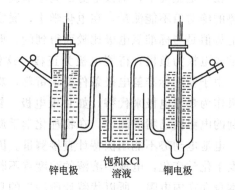

图 2　电池装置

2. 电池电动势的测量

（1）按规定接好电势差计，测量电池电动势。

（2）以饱和 KCl 溶液为盐桥，按图 2 分别将上面制备好的电极组成电池，并接入电势差计的测量端，测量其电动势。这些电池有 Cu-Zn 电池组合：

　　a. Zn│ZnSO$_4$(0.1000mol·L^{-1})‖KCl(饱和)│Hg$_2$Cl$_2$│Hg。

　　b. Hg│Hg$_2$Cl$_2$│KCl(饱和)‖CuSO$_4$(0.1000mol·L^{-1})│Cu

　　c. Zn│ZnSO$_4$(0.1000mol·L^{-1})‖CuSO$_4$(0.1000mol·L^{-1})│Cu

五、数据处理

1. 记录上列三组电池的电动势测定值。

2. 根据物理化学数据手册上的饱和甘汞电极的电极电势数据，以及 a、b 两组电池的电动势测定值，计算铜电极和锌电极的电极电势。

3. 已知在 25℃时 0.1000mol·L^{-1} CuSO$_4$ 溶液中铜离子的平均离子活度系数为 0.16，

0.1000mol·L^{-1} ZnSO$_4$ 溶液中锌离子的平均离子活度系数为 0.15，根据上面所得的铜电极和锌电极的电极电势计算铜电极和锌电极的标准电极电势，并与物理化学数据手册上所列的标准电极电势数据进行比较。

六、实验注意事项

1. 铜电极电镀前应认真处理表面，将其用金相砂纸磨光，做到光亮平整；电镀好的电极不宜在空气中暴露过长时间，防止镀层氧化，应尽快洗净并置于电极管内的溶液中，放置半小时，待其建立平衡，再进行测量。
2. 组成电池的电极管的虹吸管部位不能有气泡。
3. 标准电池不能接反、不能倒置。

七、思考题

1. 为什么不能用伏特计测量电池电动势？
2. 对消法测量电池电动势的主要原理是什么？
3. 应用 UJ-25 型电势差计测量电动势过程中，若检流计光点总往一个方向偏转，可能是什么原因？

实验 13 碳钢极化曲线的测定（恒电位法）

一、实验目的

1. 掌握恒电位法测定极化曲线的方法，了解恒电位仪的基本性能并学会使用。
2. 测定碳钢在碳酸铵溶液中的钝化曲线，求出钝化电位及钝化区电位，加深对钝化过程及其应用的理解。

二、实验原理

当电极上无电流通过时，电极处于平衡状态，与之相对应的电位称为平衡电位$\varphi_{平}$，随着电极上电流密度的增加，电极的不可逆程度愈来愈大，其电位值对平衡电位值的偏离也愈来愈大。通常将这类描述电流密度与电极电位之间关系的曲线称为极化曲线。金属阳极极化曲线见图1。

金属的阳极过程是指金属作为阳极氧化为离子发生溶解的过程，即 $M = M^{z+} + ze^-$。在研究金属的阳极溶解及钝化过程中，由于控制电位法能得到完整的阳极极化曲线，比控制电流法更能反映电极的实际过程。为此，本实验采用恒电位法测定碳钢在碳酸铵溶液中的极化曲线。

对于大多数金属来说，用控制电位法测得的阳极极化曲线，大都具有图1的形式。

此阳极极化曲线可分为四个区域：

（1）AB 段为活性溶解区，此时金属进行正常的阳极溶解，处于活化状态，阳极电流随着电位的正移而不断增大。

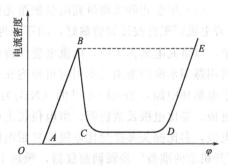

图1 金属阳极极化曲线

(2) BC 段为过渡钝化区（负坡度区），是由活化态到钝化态的转变过程。随着电极电位变正达到 B 点之后，此时金属开始发生钝化，随着电位的正移，金属溶解速度不断降低，并过渡到钝化状态。对应于 B 点的电极电位称为临界钝化电位$\varphi_{钝化}$（或称致钝电位），对应的电流密度叫临界钝化电流密度 $i_{钝化}$（或称致钝电流密度）。

(3) CD 段为稳定钝化区，所谓钝化，是由于金属表面状态的变化使阳极溶解过程的超电位升高，金属的溶解速度急剧下降，降低到最小数值，并且基本上不随电位的变化而改变，此时的电流密度称为钝态金属的稳定溶解电流密度。

(4) DE 段为超钝化区，此时阳极电流又重新随电位的正移而增大，电流增大的原因可能是高价金属离子的产生，也可能是 O_2 的析出，还可能是两者同时出现。

控制电位法测量极化曲线时，一般采用恒电位仪，它能将研究电极的电位恒定在所需值，然后测量对应于该电位下的电流。由于电极表面状态在未建立稳定状态之前，电流会随时间而改变，故一般测出的曲线为"暂态"极化曲线。在实际测量中，常采用的控制电位测量方法有下列两种。

(1) 静态法　将电极电位较长时间地维持在某一恒定值，同时测量电流随时间的变化，直到电流值基本上达到某一稳定值。如此逐点地测量各个电极电位（例如每隔 20mL，50mL 或 100mV）下的稳定电流密度值，以得到整个极化曲线。

(2) 动态法　控制电极电位以较慢的速度连续地改变（扫描），并测量对应电位下的瞬时电流密度，并以瞬时电流密度值与对应的电位作图就得到整个极化曲线。所采用的扫描速度（即电位变化的速度）需要根据研究体系的性质选定。一般说来，电极表面建立稳态的速度越慢，则扫描也应越慢，这样才能使所测得的极化曲线与采用静态法测得的结果接近。

上述两种方法均已获得广泛应用。从测量结果的比较可以看出，静态法测量的结果虽较接近稳定值，但测量时间太长。本实验采用动态法。

三、仪器与试剂

仪器：HDY-Ⅰ型恒电位仪、碳钢电极（普通碳钢片，面积为 $1cm^2$）、饱和甘汞电极、砂纸、铂电极、直流稳压电源、小烧杯（50mL）、导线若干。

试剂：KCl 盐桥、$(NH_4)_2CO_3$ 溶液（$c=2mol \cdot L^{-1}$）、丙酮、石蜡、H_2SO_4 溶液（$c=0.5mol \cdot L^{-1}$）、饱和 KCl 溶液。

四、实验步骤

(1) 用金相砂纸将研究电极擦至光亮如镜，放在丙酮中除去油污，用石蜡涂抹多余面积（若电极面积已按计划剪裁好，则不必再用石蜡涂抹）。然后置于 $0.5mol \cdot L^{-1}$ H_2SO_4 溶液中，以研究电极作阴极，电流密度保持在 $5mA \cdot cm^{-2}$ 以下，电解 10min 以除去氧化膜。最后用蒸馏水洗净备用［不用时可浸泡在有机溶剂（如无水乙醇或丙酮）中保存］。洗净器皿，于电解杯中加入 $2mol \cdot L^{-1}$ 的 $(NH_4)_2CO_3$ 溶液，按装置图 2 安装好测定阳极极化曲线的电极、参比电极及盐桥等。恒电位仪上电解池连接线中红色夹接辅助铂电极，黑色夹接研究电极，参比探头夹接参比电极即甘汞电极。检查 220V 电源是否正常，打开电源开关，按照"开机前的准备"步骤调整仪器，预热 15min。

(2) 通过工作/方式按键选择"参比"工作方式；负载选择为电解池，通/断置于"通"，此时仪器电压显示的值为自然电位（应在 0.85V 左右，否则应重新处理电极）。

(3) 按通/断置于"断"工作方式选择为"恒电位"，负载选择为模拟，接通负载，再将通/断置于"通",调节内给定使电压显示为自然电压。

（4）阴极极化曲线的测定：将负载选择为电解池，每间隔 20mV 调节内给定电压直至约 1.8V，记录相应的恒电位和电流值。

（5）阳极极化曲线的测定：重复步骤（2）、（3）后，将负载选择为电解池，间隔 20mV 调往小的方向调节内给定，记录相应的恒电位和电流值。当调到零时，微调内给定，使得有少许电压值显示，按＋/－使显示为"－"值，再以 20mV 为间隔调节内给定直到约－1.2V 为止，记录相应的电流值。

（6）将内给定左旋到底，关闭电源，将电极取出用水洗净。

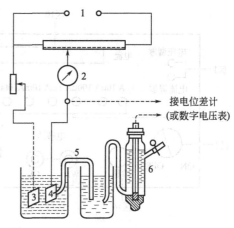

图 2　仪器装置图
1—电源及滑线电阻；2—电流计；
3—辅助电极；4—研究电极；
5—盐桥；6—参比电极（饱和甘汞电极）

五、数据处理

1. 记录实验时的室温和大气压。
2. 以电流密度为纵坐标，电极电位为横坐标，绘出碳钢阳极极化曲线。
3. 求出测定条件下碳钢的钝化电位。

六、实验注意事项

1. 电极必须按要求进行预处理。
2. 碳钢在 $2\,\text{mol}\cdot\text{L}^{-1}$ 的 $(NH_4)_2CO_3$ 溶液中相对于饱和甘汞电极的电位值为 -0.85V 左右，如处理后的电位值与该值不一致时应重新处理电极。

七、思考题

1. 通过碳钢极化曲线的测定，对其应用有何进一步的理解？
2. 如要对某系统进行阳极保护，首先必须明确哪些参数？

八、附录（HDY-Ⅰ恒电位仪使用说明）

1. 恒电位仪前面板功能说明

恒电位仪前面板如图 3 所示，以作用划分为 14 个区。

（1）区 1 用于仪器系统调零，有电压调零和电流调零。

（2）区 2 为电源开关。

（3）区 3 是仪器功能控制按键区，有五个功能键：

① 工作方式键：该按键为仪器工作方式选择键，由该键可顺序循环选择"平衡""恒电位""参比"或"恒电流"等工作方式，与该按键配合，区 4 的四个指示灯用于指示相应的工作方式。

② ＋/－键：该按键用于选择内给定的正负极性。

③ 负载选择键：该按键用于负载选择，与该按键配合，区 5 的两个指示灯用于指示所选择的负载状态，"模拟"状态时，选择仪器内部阻值约为 $10\text{k}\Omega$ 电阻作为模拟负载，"电解池"状态时，选择仪器外部的电解池作为负载。

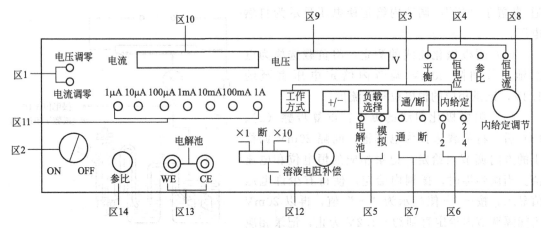

图 3　前面板示意图

④ 通/断键：该按键用于仪器与负载的通断控制，与该按键配合，区 7 的两个指示灯用于指示负载工作状况的通断，"通"时仪器与负载接通，"断"时仪器与负载断开。

⑤ 内给定选择键：该按键用于仪器内给定范围的选择，"恒电位"工作方式时，通过该按键可选择 0~1.9999V 或 2~4V 内给定恒电位范围；"恒电流"工作方式时，只能选择 0~1.9999V 的内给定恒电流范围。与该按键配合，区 6 的两个指示灯用于指示所选择的内给定范围。

(4) 区 8 为内给定调节电位器旋钮。

(5) 区 9 为电压值显示区，"恒电位"工作方式时，显示恒电位值；"恒电流"工作方式时，显示槽电压值。

(6) 区 10 为电流值显示区，"恒电位"工作方式时，可通过区 11 的电流量程选择键来选择合适的显示单位，若某一电流量程下出现显示溢出，数码管各位将全零"0.0000"闪烁显示，以示警示，此时可在区 11 顺次向右选择较大的电流量程挡；"恒电流"工作方式时，区 10 的显示值为仪器提供的恒电流值，该方式下，在区 11 选择的电流量程越大，仪器提供的极化电流也越大，若过大的极化电流造成区 9 电压显示溢出（数码管各位全零"0.0000"闪烁显示），可在区 11 顺次向左选择较小的电流量程挡。

(7) 区 11 为电流量程选择区，由七挡按键开关组成，分别为"1μA""10μA""100μA""1mA""10mA""100mA"和"1A"。实际电流值为区 10 数据乘以所选择挡位的量程值。

(8) 区 12 为溶液电阻补偿区，由控制开关和电位器（10kΩ）组成，控制开关分"×1""断"和"×10"三挡。"×10"挡时补偿溶液电阻是"×1"挡的十倍，"断"则溶液反应，回路中无补偿电阻。

(9) 区 13 为电解池电极引线插座，"WE"插孔接研究电极引线，"CE"插孔接辅助电极引线。

(10) 区 14 为参比输入端。

交流电源插座用于连接 220V 交流电压，保险丝座内接 3A 保险丝管。

2. 开机前的准备

(1) 区 8 的调节旋钮左旋到底。

(2) 区 11 电流量程选择"1mA"按键按下。

(3) 区 12 溶液电阻补偿控制开关置于"断"。

(4) 仪器参比探头和电解池电极引线按图 4 所示连接。

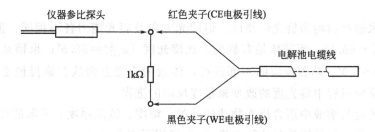

图 4 1kΩ 电阻为外接电解池时的连接图

(5) 后面板选择开关置于"内给定"。
(6) 确认供电电网电压无误后,将随机提供的电源连线插入后面板的电源插座中。

3. 开机后的初始状态

接通前面板的电源开关,仪器进入初始状态,前面板显示如下:
(1) 区 4 的"恒电位"工作方式指示灯亮。
(2) 区 5 "模拟"负载指示灯亮。
(3) 区 6 "0—2"指示灯亮。
(4) 区 7 负载工作状况的"断"指示灯亮。

实验 14 蔗糖水解反应速率常数的测定

一、实验目的

1. 了解蔗糖水解反应的旋光特征,测定其反应速率常数。
2. 掌握旋光仪的基本原理及使用方法。

二、实验原理

蔗糖在水中水解成葡萄糖与果糖的反应为:

$$C_{12}H_{22}O_{11} + H_2O \xrightarrow{H^+} C_6H_{12}O_6 + C_6H_{12}O_6$$
$$\text{蔗糖} \qquad\qquad\qquad \text{葡萄糖} \quad\;\; \text{果糖}$$

该反应是在酸性介质中进行的。在反应过程中虽有部分水分子参加反应,但在整个反应中浓度基本没有改变,故此反应可视为一级反应,其动力学方程式为:

$$-\frac{dc}{dt} = kc \tag{1}$$

或

$$k = \frac{2.303}{t} \lg \frac{c_0}{c} \tag{2}$$

式中,c_0 为反应开始时蔗糖的浓度;c 为时间 t 时蔗糖的浓度。
当 $c = 1/2 c_0$ 时,t 可用 $t_{1/2}$ 表示,即为反应的半衰期。

$$t_{1/2} = \frac{\ln 2}{R} \tag{3}$$

上式说明一级反应的半衰期只取决于反应速率常数 k,而与起始浓度无关,这是一级反应的一个特点。

蔗糖及其水解产物均为旋光性物质，但旋光方向及旋光能力各不相同，蔗糖是右旋的，比旋光度 $[\alpha]_D^{20}=66.6°$；葡萄糖是右旋的，比旋光度 $[\alpha]_D^{20}=52.5°$；果糖是左旋的，比旋光度 $[\alpha]_D^{20}=-91.9°$。随着反应的不断进行，体系的旋光方向从右旋慢慢变为左旋。因此可利用体系在反应过程中旋光度的改变来量度反应的进程。

溶液的旋光度与溶液中所含旋光物质的种类、浓度、液层厚度、光源的波长以及反应时的温度等因素有关。各种物质的比旋光度 $[\alpha]$ 可用下式表示：

$$[\alpha]_D^t = \frac{a}{lc} \tag{4}$$

式中，t 为实验时的温度；D 为所用光源的波长；α 为旋光度；l 为液层厚度（常以 10cm 为单位）；c 为浓度（常用 100mL 溶液中溶有 mg 物质来表示）。式(4) 可写成：

$$[\alpha]_D^t = \frac{\alpha}{lm/100} \tag{5}$$

$$或 \quad \alpha = [\alpha]_D^t lc \tag{6}$$

由式(6) 可以看出，当其他条件不变时，旋光度与反应物浓度成正比，即：

$$\alpha = K'c \tag{7}$$

式中，K' 是与物质的旋光能力、溶液层厚度、溶剂性质、光源的波长、反应时的温度等有关系的常数。

由于溶液的旋光度与浓度成正比，且溶液的旋光度为各组成旋光度之和（加合性）。若反应时间为 0、∞ 时溶液的旋光度各为 α_0、α_∞，则由式(7) 即可导出：体系最初的旋光度为：$\alpha_0 = K_反 c_0$；体系最终的旋光度：$\alpha_\infty = K_生 c_0$。式中，$K_反$、$K_生$ 分别为反应物和生成物的比例常数。当蔗糖反应时间为 t 时，蔗糖的浓度为 c，旋光度为 α_t。则：

$$\alpha_t = K_反 c + K_生 (c_0 - c)$$

综合可得关系式：

$$c_0 = (\alpha_0 - \alpha_\infty)/(K_反 - K_生) = K(\alpha_0 - \alpha_\infty) \tag{8}$$

$$c = (\alpha_t - \alpha_\infty)/(K_反 - K_生) = K(\alpha_0 - \alpha_\infty) \tag{9}$$

将式(8)、式(9) 代入式(2) 中可得：

$$k = \frac{2.303}{t} \lg \frac{\alpha_0 - \alpha_\infty}{\alpha_t - \alpha_\infty} \tag{10}$$

将上式改写成：

$$\lg(\alpha_t - \alpha_\infty) = -\frac{k}{2.303} t + \lg(\alpha_0 - \alpha_\infty) \tag{11}$$

由式(11) 可以看出，如以 $\lg(\alpha_0 - \alpha_\infty)$ 对 t 作图可得一直线，由直线的斜率即可求得反应速率常数 k。本实验就是用旋光仪测定 α_0、α_∞ 值，通过作图由截距可得到 α_0。

如果测出两个不同温度时的 k 值，利用 Arrhenius 公式求出反应在该温度范围内的平均活化能。

$$\lg \frac{k(T_2)}{k(T_1)} = -\frac{E_a}{R} \left(\frac{1}{T_2} - \frac{1}{T_1} \right) \tag{12}$$

三、仪器与试剂

仪器：旋光仪 1 台、停表 1 块、旋光管（带有恒温水外套）、超级恒温槽 1 套、恒温槽

1套、容量瓶（50mL）、电子天平（或台秤）1台、锥形瓶（100mL）、移液管（25mL）、烧杯（100mL、500mL）各1个。

试剂：2mol·L^{-1} HCl溶液、蔗糖（分析纯）。

四、实验步骤

1. 实验准备

（1）将超级恒温槽调节到25℃恒温，然后将旋光管的外套接上恒温水（图1）。配制蔗糖溶液。

用天平称取10g蔗糖放入烧杯内，加少量蒸馏水溶解后转移到50mL容量瓶中，稀释至刻度。

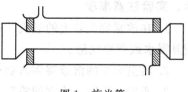

图1 旋光管

（2）旋光仪零点的校正

打开旋光仪电源开关，预热2min。依次按下光源、测量开关，按下测量开关，机器处于自动平衡状态，按复测一到两次，再按清零按钮清零。洗净旋光管各部分零件，将旋光管一端的盖子旋紧，向管内注入蒸馏水，取玻璃盖片沿管口轻轻推入，盖好后再旋紧套盖（操作时不要用力过猛，以免压碎玻璃片），勿使其漏水或有气泡产生。放入箱盖，待小数稳定后，按清零按钮归零。

2. 蔗糖水解过程中 α_t 的测定

用移液管取25mL蔗糖溶液和25mL 2mol·L^{-1} HCl溶液分别注入两个100mL干燥的锥形瓶中，并将两个锥形瓶同时置于恒温槽中恒温10min。待恒温后将HCl溶液加到蔗糖溶液的锥形瓶中混合，并在HCl溶液加入一半时开动停表作为反应的开始时刻，不断振荡摇动，迅速取少量混合液清洗旋光管两次，然后将此混合液注满旋光管，盖好玻璃片旋紧套盖（检查是否漏气和是否有气泡），擦净旋光管两端玻璃片，立刻置于旋光仪暗箱，测量 $t=3$min、6min、9min、12min、15min、20min、25min、30min、35min、40min时溶液的旋光度 α_t。

3. α_∞ 的测定

将上一步骤中剩余的混合液置于60℃左右的水浴中温热30min，以加速水解反应，然后冷却至实验温度。按上述操作，测其旋光度，此值即可认为是 α_∞。

4. 重复测定

调恒温水浴温度至35℃，重复上列步骤2～3，测量另一温度下的反应数据。实验结束时应立刻将旋光管洗净擦干，防止酸对旋光管腐蚀。

五、数据处理

1. 将实验数据记录于表中。

反应温度/℃		$\alpha_\infty=$	
反应时间/min	α_t	$\alpha_t-\alpha_\infty$	$\lg(\alpha_t-\alpha_\infty)$

2. 以 lg($\alpha_t - \alpha_\infty$) 对 t 作图, 得到一条直线, 求直线的斜率, 并根据式(11)求出反应速率常数 k。

3. 计算蔗糖水解反应的半衰期 $t_{1/2}$ 值。

4. 计算此反应的活化能。

六、实验注意事项

1. 在放置旋光管上的玻璃片时, 将玻璃盖片沿管口轻轻推上盖好, 再旋紧套盖, 不要使其漏水或产生气泡。

2. 测量完毕的溶液要倒入烧杯中, 以防丢失样品管的玻璃盖片。

3. 实验结束时, 应立即将旋光管洗净擦干, 防止酸对旋光箱的腐蚀。

七、思考题

1. 若旋光管中有气泡, 对实验有什么影响?

2. 零点校正对旋光度的精确测量有什么影响? 若不进行校正对结果是否有影响?

3. 为什么配制蔗糖溶液可用台秤称量?

实验 15 电导法测定乙酸乙酯皂化反应的速率常数

一、实验目的

1. 测定皂化反应中电导的变化, 计算反应速率常数。

2. 了解二级反应的特点, 学会用图解法求二级反应的速率常数。

3. 熟悉电导率仪的使用。

二、实验原理

乙酸乙酯皂化是一个二级反应, 其反应式为:

$$CH_3COOC_2H_5 + Na^+ + OH^- \longrightarrow CH_3COO^- + C_2H_5OH + Na^+$$

$t=0$	a			0	0
$t=t$	$a-x$		$b-x$	x	x

反应速率方程为:

$$\frac{dx}{dt} = k(a-x)(b-x) \tag{1}$$

式中, a, b 分别为两反应物的初始浓度; x 表示经过时间 t 后消耗的反应物浓度; k 表示反应速率常数。为了数据处理方便, 设计实验使两种反应物的起始浓度相同, 即 $a=b$, 此时式(1)可以写成:

$$\frac{dx}{dt} = k(a-x)^2 \tag{2}$$

积分得:

$$k = \frac{1}{ta} \times \frac{x}{a-x} \tag{3}$$

由式(2)可知, 只要测得 t 时刻某一组分的浓度就可求得反应速率常数。测定该反应体系组分浓度的方法很多, 本实验使用电导率仪测量皂化反应进程中体系电导随时间的变化,在整个反应系统中可近似认为乙酸乙酯和乙醇是不导电的,反应过程中溶液电导率的变化完全是由反应物 OH^- 不断被产物 CH_3COO^- 所取代而引起的。而 OH^- 的电导率比 CH_3COO^- 的电导率大得多,所以,随着反应的进行,OH^- 的浓度不断减小,溶液电导率不断降低。另外,在稀溶液中,每种强电解质的电导率与其浓度成正比,而且溶液的总电导率等于组成溶液的电解质的电导率之和。

基于上述假设,反应开始时溶液电导率 κ_0 完全取决于 NaOH 浓度,反应结束后的溶液电导率 κ_∞ 完全取决于 CH_3COONa 浓度。

对于稀溶液,令 κ_0、κ_t 和 κ_∞ 分别表示反应起始时、反应开始后 t 时刻和反应终了时溶液的电导率。显然,κ_0 是浓度为 a 的 NaOH 溶液的电导率,κ_∞ 是浓度为 a 的 CH_3COONa 溶液的电导率,κ_t 是浓度为 $(a-x)$ 的 NaOH 与浓度为 x 的 CH_3COONa 溶液的电导率之和。由此可得到下列关系式:

$$\kappa_t = \kappa_0 \frac{a-x}{a} + \kappa_\infty \frac{x}{a} \tag{4}$$

由式(4) 可得:

$$x = a \frac{k_0 - k_t}{k_0 - k_\infty} \tag{5}$$

将式(5) 代入式(3),得:

$$k = \frac{1}{ta} \times \frac{\kappa_0 - \kappa_t}{\kappa_t - \kappa_\infty} \tag{6}$$

或:

$$\kappa_t = \frac{1}{ak} g \frac{\kappa_0 - \kappa_t}{t} + \kappa_\infty \tag{7}$$

由式(6)、式(7) 可以看出,以 $\frac{\kappa_0 - \kappa_t}{\kappa_t - \kappa_\infty}$ 对 t 作图,或以 κ_t 对 $\frac{\kappa_0 - \kappa_t}{t}$ 作图均可得一条直线,由直线斜率可求得速率常数,后者无需测得 κ_∞ 值。

若在不同温度下测得反应速率常数,根据 Arrhenius 公式:

$$\lg \frac{k'}{k} = \frac{E_a}{2.303R} \left(\frac{1}{T} - \frac{1}{T'} \right) \tag{8}$$

可求得反应的活化能 E_a。

三、仪器与试剂

仪器:恒温槽 1 套、电导仪 1 台、秒表、移液管(20mL) 4 支、双叉管 2 支。

试剂:$0.02 mol \cdot L^{-1}$ CH_3COONa 溶液、$0.02 mol \cdot L^{-1}$ NaOH 溶液、$0.01 mol \cdot L^{-1}$ CH_3COONa 溶液、$0.01 mol \cdot L^{-1}$ NaOH 溶液。

四、实验步骤

1. 温度设置

调节恒温槽温度为 $(25 \pm 0.05)℃$。

2. κ_0 和 κ_∞ 测定

(1) 按电导率仪说明书校正仪器。

(2) 取适量 $0.01 mol \cdot L^{-1}$ NaOH 溶液放入干净的双叉管中,将电极插入其中,置于恒温水浴槽中,恒温 10min 左右测定其电导率,直至稳定不变为止,即为 25℃时的 κ_0。取 $0.01 mol \cdot L^{-1}$ CH_3COONa 溶液同法测 κ_∞。

(3) κ_t 测定：取 10mL 0.02mol·L^{-1} 乙酸乙酯溶液和 10mL 0.02mol·L^{-1} NaOH 溶液分别注入电导池的直管和支管。将电极插入直管，置于恒温槽恒温约 10min，充分混合双管中两种溶液，保证直管中的溶液完全浸没电导电极的铂片。同时打开秒表计时，作为反应起始时间。按反应进行 5min、10min、15min、20min、25min、30min、40min 测其电导率。

(4) 测另一温度下的数据：调节恒温槽温度为 (35.00±0.01)℃，重复上述步骤测 κ_0、κ_t 和 κ_∞。

五、数据处理

(1) 将实验数据记录表中。

室温：_____ 大气压：_____

κ_0（25℃）：_____ κ_∞（25℃）：_____

κ_0（35℃）：_____ κ_∞（35℃）：_____

	25℃			35℃		
t/min	κ_t/ms·cm^{-1}	$(\kappa_0-\kappa_t)/t$ (ms·cm^{-1}·min^{-1})	t/min	κ_t/ms·cm^{-1}	$(\kappa_0-\kappa_t)/t$ (ms·cm^{-1}·min^{-1})	

(2) 以 κ_t 对 $(\kappa_0-\kappa_t)/t$ 作图，由直线斜率求得速率常数值。

(3) 求此反应在 25℃ 和 35℃ 时的半衰期 $t_{1/2}$ 值。

(4) 计算此反应的活化能 E_a。

六、实验注意事项

1. 实验混合溶液要混合三到四次，使其充分混合均匀。

2. 电导率仪要注意温度补偿并进行多次校正。

3. 空气中的 CO_2 会溶入蒸馏水和配制的 NaOH 溶液而使溶液浓度发生改变。$CH_3COOC_2H_5$ 溶液久置会缓慢水解，而水解产物之一，CH_3COOH 会部分消耗 NaOH，所以，本实验所用蒸馏水应是新煮沸的，所配制溶液应是新鲜配制的。

4. 电极不使用时应浸泡在蒸馏水中，使用时用滤纸轻轻沾干水分，不可用纸擦拭电极上的铂黑。

七、思考题

1. 为何本实验要在恒温条件进行，而 $CH_3COOC_2H_5$ 和 NaOH 溶液在混合前还要预先恒温？

2. 为什么 $CH_3COOC_2H_5$ 和 NaOH 起始浓度必须相同，如果不同，试问怎样计算 k 值？如何从实验结果来验证乙酸乙酯反应为二级反应？

实验 16 磁化率的测定

一、实验目的
1. 用古埃法测定物质的磁化率,求算其顺磁性原子(离子)的未成对电子数。
2. 掌握古埃法测定磁化率的实验原理和技术。

二、实验原理
在外磁场作用下物质会发生磁化,除铁磁性物质外磁化强度 I 正比于外磁场强度 H。
$$I = \kappa H \tag{1}$$
式中,常数 κ 称为物质的体积磁化率。化学上常用单位质量磁化率 x 和摩尔磁化率 x_M,它们的定义分别是:
$$x = \kappa/d$$
$$x_M = \frac{\kappa}{d} M$$

式中,d、M 分别为物质的密度和分子量。

物质的磁性一般可分为反磁性、顺磁性和铁磁性三种。其中反磁性是普遍存在的,因为在外磁场作用下,电子的拉摩进动产生了一个与外磁场方向相反的诱导磁矩,$x<0$,摩尔反磁磁化率 x_D 可表示为:
$$x_D = -\frac{N_A \mu e^2}{6mc^2} \sum_i r_i^2 \tag{2}$$

式中,m 为电子质量;e 为电子电荷;c 为 i 电子离核的距离;N_A 为阿佛加德罗常数。

在外磁场作用下原子、离子或分子的固有磁矩顺着磁场方向转向产生物质的顺磁性,顺磁性是指磁化方向和外磁场方向相同时所产生的磁效应,$x>0$。摩尔顺磁性 x_P 可表示为:
$$x_P = \frac{N_A \mu_m^2 \mu_0}{3kT} \tag{3}$$

式中,μ_m 为分子磁矩;k 为玻兹曼常数;T 为热力学温度;μ_0 为真空磁导率。

物质的摩尔磁化率为顺磁磁化率 x_P 和反磁磁化率 x_D 之和,即:
$$x_M = x_P + x_D \tag{4}$$

因为 $|x_P| \gg |x_D|$,可近似认为 $x_M = x_P$,则:
$$x_M = \frac{N_A \mu_m^2 \mu_0}{3kT} \tag{5}$$

分子磁矩 μ_m 可由下式确定:
$$\mu_m = 2\sqrt{S(S+1)} \mu_B \tag{6}$$

式中,S 为总自旋量子数;μ_B 为玻尔磁子。由于单个电子的自旋量子数为 $1/2$,如有 n 个未成对的电子,则其总的自旋量子数 $S = n/2$,代入式(6),得到分子磁矩和未成对电子数的关系式:
$$\mu_m = \sqrt{n(n+2)} \mu_B \tag{7}$$

本实验用古埃磁天平法测定物质的磁化率,此法通过测定物质在不均匀磁场中受到的力,从而求出物质的磁化率。实验装置如图 1 所示。

把样品装于圆形样品管中悬于两磁极中间,一端位于磁极间磁场强度最大区域 H,而另一端位于磁场强度很弱的区域 H_0,则样品在沿样品管方向所受的力 F 可用下式表示:

$$F = xmH \frac{\partial H}{\partial Z} \tag{8}$$

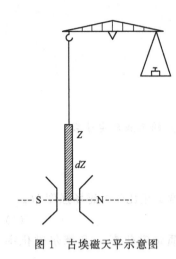

图 1　古埃磁天平示意图

式中,x 为质量磁化率;m 为样品质量;H 为磁场强度;$\frac{\partial H}{\partial Z}$ 为沿样品管方向的磁场梯度。设样品管高度为 l 时,把式(8)移项积分得整个样品所受的力为:

$$F = \frac{xm(H^2 - H_0)^2}{2l} \tag{9}$$

如果 H_0 忽略不计,则上式可简化为:

$$F = \frac{xmH^2}{2l} \tag{10}$$

用磁天平测出样品加磁场前后的质量变化 ΔW,显然:

$$F = \Delta W g = \frac{xmH^2}{2l} \tag{11}$$

式中,g 为重力加速度。上式整理后得:

$$x = \frac{2\Delta W g l}{mH^2} \tag{12}$$

$$x_M = \frac{2\Delta W g l}{mH^2} M \tag{13}$$

等式右边各项都可以由实验直接测得,由此可以求出物质的摩尔磁化率。

外磁场强度可用高斯计直接测量或用已知磁化率的标准物质进行标定。常用的标准物质有 $(NH_4)_2SO_4 \cdot FeSO_4 \cdot 6H_2O$、$CuSO_4 \cdot 5H_2O$、$HgCo(SCN)_4$、$NaCl$、$H_2O$、苯等。本实验用摩尔盐 $(NH_4)_2SO_4 \cdot FeSO_4 \cdot 6H_2O$ 标定外磁场强度,测定 $CuSO_4 \cdot 5H_2O$、$K_4[Fe(CN)_6] \cdot 3H_2O$、$FeSO_4 \cdot 7H_2O$ 的磁化率,求金属离子的磁矩并考察其电子的配对状况。

三、仪器与试剂

仪器:古埃磁天平、软质玻璃样品管、装样品工具。

试剂:$K_4[Fe(CN)_6] \cdot 3H_2O$、$(NH_4)_2SO_4 \cdot FeSO_4 \cdot 6H_2O$、$CuSO_4 \cdot 5H_2O$、$FeSO_4 \cdot 7H_2O$。

四、实验步骤

(1) 根据仪器使用说明及注意事项开动古埃磁天平。用已知磁化率的摩尔盐标定某一固定励磁电流时的磁场强度。

(2) 把样品管悬于磁极的中心位置,测定空管在加励磁电流前后磁场中的重量;求出空管在加磁场前后的质量变化 $\Delta W_{管}$,重复测定三次,取平均值。

(3) 把已经研细的摩尔盐通过小漏斗装入样品管,样品高度约为 15cm (使样品另一端位于磁场强度为 0 处),用直尺准确测量样品的高度 l。要注意装样均匀和防止混入铁磁性杂质。测定摩尔盐在加励磁电流前后磁场中的质量,求出在加磁场前后的质量变化

$\Delta W_{样品+管}$,重复三次,取平均值。

如果数据重现性不好,需检查样品管悬挂的位置是否合适及励磁电流是否稳定,另外测量装置的振动和空气的流动也会造成实验误差。

(4) 测定样品的摩尔磁化率 把待测样品 $CuSO_4 \cdot 5H_2O$、$K_4[Fe(CN)_6] \cdot 3H_2O$、$FeSO_4 \cdot 7H_2O$ 分别装在样品管中,按照上述步骤分别测定在加磁场前后的重量,求出重量变化,重复三次,取平均值。

五、数据处理

求某一固定励磁电流时的磁场强度,已知摩尔盐的摩尔磁化率 x_M 与热力学温度 T 的关系式为:

$$x_M = \frac{9500}{T+1} \times 4\pi \times 10^{-9} \, \text{m}^3 \cdot \text{kg}^{-1}$$

摩尔盐在加磁场前后的质量变化为:

$$\Delta W_{样品} = \Delta W_{管+样品} - \Delta W_{管}$$

由摩尔盐的质量、摩尔盐在磁场前后的重量变化以及样品高度 l 代入式(13),求出在某一固定励磁电流时的磁场强度。由式(13)求出样品的摩尔磁化率,由式(5)求出样品的磁矩,由式(7)求出样品中金属离子的未配对电子数。

六、实验注意事项

1. 通电和断电前,务必将电源旋钮调到最小或励磁电流为零,励磁电流的升降应平稳、缓慢。
2. 装样时应使样品均匀填实,测量样品的装填高度应一致。
3. 样品管需干燥洁净,样品应先研细烘干,置于干燥器中。
4. 样品管应悬于两磁极之间,底部与磁极中心线齐平。

七、思考题

1. 简述用古埃法测定物质磁化率的原理。
2. 分析各种因素对 x_M 相对误差的影响。

实验17 偶极矩的测定

一、实验目的

1. 用溶液法测定丙酮的偶极矩。
2. 了解介电常数法测定偶极矩的原理。
3. 掌握测定液体介电常数的实验技术。

二、实验原理

相隔一定距离的两片平行金属极板带有正、负电荷时,两极板间将产生垂直于极板方向的电场,电场强度与两极板间存在的物质有关。设两极板间为真空时的电场强度为 E_0,当充有某种绝缘物质(电介质)时,由于极化作用电场强度将被减弱到 E,E_0 与 E 的比值称为介质的介电常数，用 ε 表示，即：

$$\varepsilon = \frac{E_0}{E} \tag{1}$$

ε 是反映物质电性质的一个重要物理常数，显然它是与物质在电场中极化程度相关的量。ε 为实验可测量，通过 ε 的测定可获得物质分子微观电性质的有关信息。

从宏观上看，极化作用相当于在极板产生了一个与电场方向对抗的电偶极，其偶极矩的大小即可作为极化程度的量度，所以我们把相距 1cm、面积为 1cm² 的平行电极间极化产生的偶极矩 P 称为极化度。从微观上看，P 应等于 1cm³ 体积的介质中所含分子偶极矩矢量（包括电场作用下诱导产生的偶极矩和极性分子固有的永久偶极矩）在电场轴向投影的总和。设 1cm³ 体积中分子数为 v，各分子偶极矩向量在轴向投影的平均值为 $\bar{\mu}$，则：

$$P = v\bar{\mu} \tag{2}$$

$\bar{\mu}$ 的大小与实际作用与偶极子的电场强度 F 成正比：

$$\bar{\mu} = \alpha F \tag{3}$$

比例常数 α 称为极化率，它是从微观考虑得出反映介质极化行为的量，与介电常数 ε 必然有着内在的联系。α 与 ε 的关系已由克劳修斯 (Clausius)-莫索第 (Mosotti) 方程联系起来：

$$\frac{\varepsilon-1}{\varepsilon+2} \times \frac{M}{d} = \frac{4}{3}\pi N_A \alpha \tag{4}$$

式中，M、d 和 N 依次代表分子量、密度和阿伏加德罗常数。等式左端为摩尔极化度，用 P_m 表示，即：

$$P_m \equiv \frac{\varepsilon-1}{\varepsilon+2} \times \frac{M}{d} = \frac{4}{3}\pi N_A \alpha \tag{5}$$

摩尔极化度可以通过测定介电常数 ε 和 d 来计算，从而可求得极化率 α。

非极性分子在电场中的极化，包括电子极化（电子云变形）和原子极化（原子核骨架变形）两部分，二者之和称为诱导极化（或变形极化）。极性分子除诱导极化外，还包括其永久偶极在电场取向而产生的极化，称为定向极化。故摩尔极化度可写为：

$$P_m = P_e + P_a + P_\mu$$
$$= \frac{4\pi}{3}N_A \alpha_e + \frac{4\pi}{3}N_A \alpha_a + \frac{4\pi}{3}N_A \alpha_\mu \tag{6}$$

下角 e、a 和 μ 依次指电子极化、原子极化和定向极化。对于非极性分子，右端第三项等于零。

电子极化率 α_e 和原子极化率 α_a 与温度无关，定向极化率 α_μ 则与温度和分子永久偶极矩有关，德拜 (Debye) 导出 α_μ 与永久偶极矩 μ 的平方成正比，与热力学温度 T 成反比：

$$\alpha_\mu = \frac{\mu^2}{3kT} \tag{7}$$

式中，k 为波尔兹曼常数。由此可见，若能测得 P_μ，则可计算出永久偶极矩 μ 来：

$$\mu = \sqrt{\frac{9kTP_\mu}{4\pi N_A}} \tag{8}$$

这就是本实验测定偶极矩的理论基础。

如何从测定的摩尔极化度 P_m 中分别出 P_μ 的贡献呢？介电常数实际上是在 10⁷Hz 以下

的频率测定的，测得的极化度为 P_e、P_a 和 P_μ 总和。若把频率提高到红外线范围（约 $10^{11} \sim 10^{14}$ Hz），偶极子已来不及转向，故减去在红外线频率范围测得的极化度，就等于 P_μ，但这在实验上有困难。若再把频率提高到可见光范围，原子极化也停止，只剩下 P_e 了。由于 P_a 比之于 P_e 和 P_μ 是很小的，故可省略，则：

$$P_\mu \approx P_m - P_e \tag{9}$$

P_e 很容易根据折射率求得，因为根麦克斯韦（Maxwell）理论，在同一频率下：

$$\varepsilon = n^2 \tag{10}$$

式中，n 是物质的折射率。故 P_e 实际上正是物质的摩尔折射率 R：

$$P_e = R = \frac{n^2 - 1}{n^2 + 2} \frac{M}{d} \tag{11}$$

于是式(8)可写成

$$\mu = \sqrt{\frac{9kT}{4\pi N_A} \frac{P_m - R}{}} \tag{12}$$

将有关常数代入，得：

$$\mu = 0.0128\sqrt{(P_m - R)T} \text{（单位为德拜）} \tag{13}$$

上式只适用于稀薄气体，对密度较大的物质，如液体是不适用的。对于极稀溶液中的溶质，如果溶剂与溶质间无特殊相互作用，上式亦可近似应用，这就是本实验采用的溶液法测定偶极矩的根据。

极化度具有加和性，根据混合定律可得：

$$P_{12} = x_1 P_1 + x_2 P_2 \tag{14}$$

下角 1、2 和 12 依次指溶剂、溶质和溶液。x 是摩尔分数，以后 P 均指摩尔极化度，略去其下角 m。将上式中的各 P 用相应的 ε、d 和 M 表达，并进行重排，得：

$$P_2 = \left(\frac{\varepsilon_{12} - 1}{\varepsilon_{12} + 2} \times \frac{M_1 x_1 + M_2 x_2}{d_{12}} - \frac{\varepsilon_1 - 1}{\varepsilon_1 + 2} \times \frac{M_1 x_1}{d_1}\right) \frac{1}{x_2} \tag{15}$$

这就是说，测定出已知浓度溶液和纯溶剂的介电常数和密度，就可以计算溶质极化度 P_2。但实际上只有当溶液无限稀释时，求得的 P_2（表示为 $P_{2,\infty}$）才比较接近于纯溶质的极化度。溶液过稀引入实验误差很大，所以通常是对一系列不太稀的溶液进行测定，然后通过作图或计算外推到 $x_2 = 0$ 以求得 $P_{2,\infty}$。下面介绍计算的方法。

海得斯特兰（Hedestrand）曾指出，如果 ε_{12} 和 d_{12} 随浓度 x_2 变化的函数关系为已知时，即可计算出 $P_{2,\infty}$。实际上 ε_{12} 和 d_{12} 都与 x_2 近似呈直线关系：

$$\varepsilon_{12} = \varepsilon_1(1 + \alpha x_2) \tag{16}$$

$$d_{12} = d_1(1 + \beta x_2) \tag{17}$$

将上两式代入式(15)，然后求 $x_2 \to 0$ 的极限，即可的 $P_{2,\infty}$：

$$P_{2,\infty} = \lim_{x_2 \to 0} P_2 = \frac{3\alpha\varepsilon_1}{(\varepsilon_1 + 2)^2} \times \frac{M_1}{d_1} + \frac{\varepsilon_1 - 1}{\varepsilon_1 + 2} \times \frac{M_2 - \beta M_1}{d_1} \tag{18}$$

因折射率 n_{12} 与 x_2 也有直线关系：

$$n_{12} = n_1(1 + \gamma x_2) \tag{19}$$

得：

$$R_{2,\infty} = \lim_{x_2 \to 0} R_2 = \frac{n_1^2 - 1}{n_1^2 + 2} \times \frac{M_2 - \beta M_1}{d_1} + \frac{6n_1^2 M_1 \gamma}{(n_1^2 + 2)^2 d_1} \tag{20}$$

以上 α、β、γ 分别根据 $\varepsilon_{12} - x_2$、$d_{12} - x_2$ 和 $n_{12} - x_2$ 作图求出。于是根据式(13)：

$$\mu = 0.0128\sqrt{(P_{2,\infty} - R_{2,\infty})T} \text{（单位为德拜）} \tag{21}$$

偶极矩是根据介电常数 ε、密度 d 和折射率 n 三种数据计算的；关于 d 和 n 的测定请参阅其他实验，下面介绍介电常数测定原理。

介电常数是通过测定电容后经计算得到的，因为两个极板和其间的介质即构成一个电容器，电容的大小与介质的介电常数有关：

$$\varepsilon = \frac{c}{c_0} \tag{22}$$

式中，c_0 是以真空为介质的电容，c 是充以介电常数为 ε 的介质时的电容。实验中通常以空气为介质时的电容为 c_0，因为空气相对于真空的介电常数为 1.0006，与真空作介质的情况相差甚微。

实验室测定介电常数常用的方法有电桥法、谐振法和频拍法。电桥法应用惠斯登电桥原理进行测定；谐振法和频拍法的共同特点是把电容器作为谐振电路的一个组件，当电路其他参数固定时，振荡频率就只是电容的函数。先用一个可变标准电容 c_s 从 c_1 减到 c_2 时频率恢复到 f_s，则接入电容池增加的电容 c'_x 即等于 c_1 与 c_2 之差：

$$c'_x = c_1 - c_2 \tag{23}$$

谐振法和频拍法不同之处仅在于检测频率恢复的方法不同而已。这里用 c'_x 表示是因为它还不是两极板与介质组成的电容器的电容 c_x，其中还包括不可避免的由导线和仪器结构等因素产生的分布电容 c_d，即：

$$c'_x = c_x + c_d \tag{24}$$

对于同一台仪器和同一电容池，在相同的实验条件下，c_d 基本上是定值，故可用一已知介电常数的标准物质（如环己烷）进行校正，以求得 c_d。供其他测定计算用。用电桥法测定同样要进行这种校正，校正方法和计算如下：

第一步：电容池盛空气，测定出 $c_空$：

$$c_空 = c'_空 + c_d \tag{25}$$

第二步：电容池加入标准物质，测定出 $c'_标$：

$$c'_标 = c_标 + c_d \tag{26}$$

因 $c_空$ 与 $c_标$ 间有如下关系（近似将 $c_空 = c_0$）：

$$\varepsilon_标 = \frac{c_标}{c_空} \tag{27}$$

将式(25)、式(26) 和式(27) 联立求解，可得：

$$c_d = \frac{\varepsilon_标 \, c'_空 - c'_标}{\varepsilon_标 - 1} \tag{28}$$

三、仪器与试剂

仪器：阿贝折射仪、干燥器、超级恒温槽、密度瓶、容量瓶（25mL）、移液管（5mL，2mL，1mL，0.5mL，0.25mL）、数字小电容测试仪、电吹风。

试剂：环己烷（A.R）、丙酮（A.R）。

四、实验步骤

1. 溶液配制

配制丙酮的环己烷溶液各 25mL，分别于 4 个小容量瓶中，其浓度分别为 0.200mol·

L^{-1}、$0.400 mol \cdot L^{-1}$、$0.800 mol \cdot L^{-1}$、$1.000 mol \cdot L^{-1}$，操作时注意防止溶质、溶剂的挥发和吸收水气。溶液配好后迅速盖上瓶塞，并置于干燥器中。

2. 折射率的测定

用阿贝折射仪测定纯环己烷及配制的四种浓度溶液的折射率。

3. 液体密度的测定

将密度瓶仔细干燥后称重得 W_0。然后取下磨口小帽，先称取一密度瓶水的质量 W_1，再用密度瓶分别称取上述配制溶液的质量 W_2，根据体积相等，可下面函数关系：

$$d_t = d_{t,H_2O}(W_2-W_0)/(W_1-W_0) \tag{29}$$

4. 介电常数的测定

实验具体操作如下：

(1) 电容 $c'_空$ 和 c_d 的测定 本实验采用环己烷作为标准物质，其介电常数的温度公式为：

$$\varepsilon_标(t) = 2.203 - 1.60 \times 10^{-3}(t-20) \tag{30}$$

式中，t 为室温，℃。

将数字小电容测试仪的电源插入电源插座内，打开仪器电源开关，预热 5min，待显示稳定后，按一下采零键，以消除系统的零位漂移，显示器显示"00.00"。用洗耳球（必要时用电吹风）将电容池样品室吹干，并将电容池与电容测量仪连线接上，盖好电容池样品室盖，待数显稳定后，这时仪表指示的读数便为以空气为介质时的电容值。重复一次，将两次读数进行平均，即得 $c'_空$。

用移液管量取 5mL 环己烷注入电容池样品室，然后用滴管逐滴加入样品，使之浸没内、外电极，盖好样品室盖，带数显稳定后记下 $c'_标$。然后打开电容池样品室盖倒去室内环己烷（放入回收瓶中），用洗耳球将样品室吹干，至显示的数字与 $c'_空$ 的值相差无几（小于0.02pF），再重新加入环己烷（每次加入的样品量必须严格相同）测量 $c'_标$。代入公式可求出 c_0 和 c_d。

(2) 溶液的电容测定 测定方法与测定纯环己烷标准物质的方法相同。重复测定时，一定要注意，不但要完全倾出（或吸出）电极间的空隙吹干。加入新样品时，要确保每次加入的量必须严格相同。每次加入样品前，都应先复测一下 $c'_空$ 值。而后加入待测样品溶液，测其电容值。两次重复测定的数值之差应小于 0.05pF，否则要继续复测。所测电容读数取平均值，后减去 c_d，即为溶液电容值 c_{12}。

由于所测溶液易挥发，浓度极易因此而改变，故加样品时动作要尽量迅速。加样品后容量瓶应即加塞密封。

五、数据处理

1. 将测定结果列于表中。

温度：_____

样品号	0	1	2	3	4
丙酮摩尔分数(x_2)					
密度(d)					
折射率(n)					
介电常数(ε)					

2. 作 $d_{12}-x_2$ 图，由直线斜率求 β 值。
3. 作 $n_{12}-x_2$ 图，由直线斜率求 γ 值。
4. 作 $\varepsilon_{12}-x_2$ 图，由直线斜率求 α 值。
5. 将 d_1、ε_1、α、β 值代入式(18) 计算 $P_{2,\infty}$。
6. d_1、n_1、β、γ 值代入式(20) 计算 $R_{2,\infty}$。
7. 将 $P_{2,\infty}$、$R_{2,\infty}$ 值代入式(21) 计算丙酮的永久偶极矩 μ。

六、实验注意事项

1. 操作时注意防止溶液的挥发及吸收极性较大的水泡，故操作要迅速、熟练，试剂和溶液随时盖紧。
2. 每次测定溶液的电容前，必须把电容池吹干并反复测 $c_空$，前后两次测定之差值应小于 0.05pF。
3. 电容池的恒温介质不能用水，应用介电常数较小的矿物油。
4. 电容池各部件连接时应注意绝缘。

七、思考题

1. 本实验所依据的主要理论是什么？
2. 试分析实验中的主要误差来源，如何进行改进？
3. 使用电容测量仪的技术关键是什么？为什么每组资料中都要复测？

实验 18 丙酮碘化反应速率常数及活化能的测定

一、实验目的

1. 加深对复杂反应特征的理解，掌握用孤立法确定反应级数。
2. 掌握用分光光度计测定酸催化丙酮碘化反应的速率常数和活化能的实验方法。

二、实验原理

丙酮碘化反应方程为：$CH_3COCH_3 + I_2 \longrightarrow CH_3COCH_2I + H^+ + I^-$

H^+ 是反应的催化剂，由于丙酮碘化反应本身生成 H^+，所以这是一个自动催化反应。实验证明丙酮碘化反应是一个复杂反应，一般可分为两步进行，即：

丙酮的烯醇化反应　　$CH_3COCH_3 + H^+ \longrightarrow CH_3COH=CH_2$ 　　　　　（Ⅰ）
烯醇的碘化反应　$CH_3COH=CH_2 + I_2 \longrightarrow CH_3COCH_2I + H^+ + I^-$ 　　　（Ⅱ）

反应（Ⅰ）是丙酮的烯醇化反应，反应可逆且进行得很慢。反应（Ⅱ）是烯醇的碘化反应，反应快速且能进行到底。因此，丙酮碘化反应的总反应速率可认为是由反应（Ⅰ）所决定，其反应速率方程可表示为：

$$-\frac{dc_{I_2}}{dt} = kc_A c_{H^+} \tag{1}$$

式中，c_{I_2}、c_A、c_{H^+} 分别为碘、丙酮、酸的浓度；k 为反应速率常数。如果反应物碘是少量的，而丙酮和酸对碘是过量的，则认为在反应过程中丙酮和酸的浓度基本保持不变。实验又证明，在酸的浓度不太大的情况下，丙酮碘化反应对碘是零级反应，进而对式(1)积分，得：

$$-c_{I_2} = kc_A c_{H^+} t + B \quad (2)$$

式中，B 是积分常数。由 c_{I_2} 对时间 t 作图，可求得反应速率常数 k 值。

因为碘溶液在可见光区有宽的吸收带，而在此吸收带中，盐酸、丙酮、碘化丙酮和碘化钾溶液则没有明显的吸收，所以可以采用分光光度法直接测量碘浓度的变化。

根据朗伯-比尔定律：

$$A = \varepsilon L c_{I_2} \quad (3)$$

将式(2)代入式(3)，得：

$$A = -k\varepsilon L c_A c_{H^+} t - B \quad (4)$$

式(4)中，εL 可通过测定一已知浓度碘溶液的吸光度 A，代入式(3)而求得。当 c_A 和 c_{H^+} 浓度已知时，只要测出不同时刻反应物的吸光度 A，作 A-t 图，由直线的斜率可求出丙酮碘化反应速率常数 k 值。由两个或两个以上温度下的速率常数，根据阿仑尼乌斯公式，可以估算反应的活化能 E_a 的值。

三、仪器与试剂

仪器：721型分光光度计、超级恒温槽、停表、25mL 容量瓶 2 只、比色皿、50mL 容量瓶、5mL 移液管 3 支。

试剂：0.050mol·L^{-1} 碘溶液（含 4% KI）、2.00mol·L^{-1} HCl 标准溶液、2.00mol·L^{-1} 丙酮溶液。

四、实验步骤

1. 测定 εL 值

调整分光光度计的光路，测量波长定为 590nm，在恒温比色皿中注入蒸馏水，调节吸光度零点，用水配制 0.0040mol·L^{-1} 的碘溶液，将其注入恒温比色皿中，测其吸光度，平行测量三次。

2. 测定反应速率常数

(1) 分别移取 5.00mL 0.040mol·L^{-1} 碘溶液和 5.00mL 2.00mol·L^{-1} HCl 标准溶液于 25mL 容量瓶中，加入少量水，再移取 5.00mL 2.00mol·L^{-1} 的丙酮溶液于 50mL 容量瓶中，加适量水。混合前两个容量瓶中溶液的总体积不得超过 50mL，然后在另一 25mL 容量瓶中注入 25mL 蒸馏水，三个容量瓶一同放入 25℃ 恒温槽中恒温 10min。恒温后，小心将碘酸混合溶液倾入丙酮溶液中，迅速摇动，加温水至刻度，然后注入比色皿中，按下停表开始计时，每 2min 读一次吸光度 A_t 值，直到 A_t 值小于 0.05 为止（测量中随时用蒸馏水校正吸光度 A 的零点）。

(2) 升温到 35℃，按上述步骤，重新测定反应 t 时刻的 A_t 值，每 1min 测一次 A_t 值。

五、数据处理

(1) 由已知碘溶液的浓度和测得的吸光度值，计算 εL 值。

(2) 由不同 t 时的 A_t 值，绘制 A_t-t 图，求出直线斜率；由直线斜率计算反应速率常数 k 值。

(3) 将 25℃、35℃ 的反应速率常数值带入阿仑尼乌斯公式中，计算该反应总活化能

E_a 值。

六、实验注意事项

1. 温度影响反应速率常数，实验时体系始终要恒温。
2. 实验所需溶液均要准确配制。
3. 混合反应溶液时要在恒温槽中进行，操作必须迅速准确。
4. 每次用蒸馏水调吸光度零点后，方可测其吸光度值。

七、思考题

1. 本实验中，丙酮碘化反应按几级反应处理，为什么？
2. 若想使反应安一级反应规律处理，在反应液配制时应采用什么手段？写出实验方案。
3. 影响本实验结果精确度的主要因素有哪些？

实验 19　分光光度法测定蔗糖酶的米氏常数

一、实验目的

1. 用分光光度法测定蔗糖酶的米氏常数 K_M 和最大反应速率 v_{max}。
2. 了解底物浓度与酶反应速率之间的关系。
3. 掌握分光光度计的使用方法。

二、基本原理

酶是由生物体内产生的具有催化活性的一类蛋白质。这类蛋白质表现出特异的催化功能，因此把酶叫作生物催化剂。它和一般催化剂一样，在相对浓度较低的情况下，仅能影响化学反应速率，而不改变反应平衡点，并在反应前后本身不发生变化，但酶的催化效率比一般催化剂要高 $10^7 \sim 10^{13}$ 倍，且具有高度的选择性，一种酶只能对某一种或某一类特定的物质起作用。又由于酶是一类蛋白质，所以催化反应一般在常温、常压和接近中性的溶液条件下进行。

酶反应速率与底物浓度、酶浓度、温度及 pH 值等因素有关，因此在实验中必须严格控制这些条件。

在酶催化反应中，底物浓度远远超过酶的浓度，在指定实验条件下，酶的浓度一定时，总的反应速率随底物浓度的增加而增加，直至底物过剩，此时底物浓度的进一步增加就不再影响反应速率了，此时的反应速率最大，以 r_{max} 表示，如图 1 所示。图中 r 为反应速率，[S] 为底物浓度。在反应达到最大速率 r_{max} 之前的速率，一般称为反应初始速率。

米切利斯（Michaelis）应用酶反应过程中形成中间络合物的学说，导出了著名的米氏方程，这个方程给出了酶反应速率和底物浓度的关系，即：

$$r_P = \frac{r_{max}[S]}{K_M + [S]} \tag{1}$$

如果将式（1）重排后可得：

$$\frac{1}{r_P} = \frac{K_M + [S]}{r_{max}[S]} = \frac{K_M}{r_{max}[S]} + \frac{1}{r_{max}} \tag{2}$$

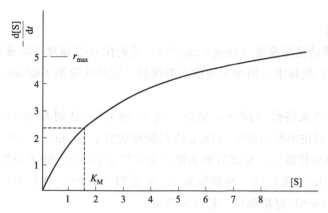

图 1 典型的酶催化反应曲线（图中 [S] 代表底物浓度）

若以 $\dfrac{1}{r_\mathrm{P}}$ 为纵坐标，以 $\dfrac{1}{[\mathrm{S}]}$ 为横坐标绘图，可以得出一条斜率为 $\dfrac{K_\mathrm{M}}{r_\mathrm{max}}$、截距为 $\dfrac{1}{r_\mathrm{max}}$ 的直线，与横坐标的交点为 $-\dfrac{1}{K_\mathrm{M}}$。二者联立可以解出 K_M 和 r_max。式中，K_M 为米氏常数，在指定条件下，对每一种酶反应都有它的特定的 K_M 值，与酶的浓度无关，它对研究酶反应动力学有很大的实际意义。

本实验用的蔗糖酶是一种水解酶，它能使蔗糖水解成葡萄糖和果糖，反应式如下：

$$\mathrm{C_{12}H_{22}O_{11} + H_2O \longrightarrow C_6H_{12}O_6(葡萄糖) + C_6H_{12}O_6(果糖)}$$

该反应的速率可以用单位时间内葡萄糖（产物）浓度的增加来表示，葡萄糖是一种还原糖，它与 3,5-二硝基水杨酸共热（100℃）后被还原成棕红色的氨基化合物，在一定浓度范围内，还原糖（葡萄糖）的量和棕红色物质颜色的深浅程度成一定比例关系，因此可以用分光光度法来测定反应在单位时间内生成葡萄糖的量，从而计算出反应的速率。所以测量不同底物（蔗糖）浓度 c_S 的相应反应速率，就可以利用式(2)，以 $1/r_\mathrm{P}$ 为纵坐标，以 $1/[\mathrm{S}]$ 为横坐标绘图，从而计算出米氏常数 K_M。

三、仪器与试剂

仪器：高速离心机一台、分光光度计一台、恒温水浴一套、停表、锥形瓶、烧杯、容量瓶（50mL）、移液管（1mL）、比色管（25mL）、试管（1.0cm×10cm）。

试剂：$1.00\mathrm{mol\cdot dm^{-3}}$ NaOH、蔗糖（分析纯）、葡萄糖（分析纯）、蔗糖酶溶液（2～5 单位·mL^{-1}）、3,5-二硝基水杨酸试剂（即 DNS）、$0.1\mathrm{mol\cdot dm^{-3}}$ 乙酸缓冲液、乙酸、氢氧化钠、酒石酸钾钠、酚、亚硫酸钠。

注：20℃时，使质量分数为 2.5% 的蔗糖溶液在 3min 内释放出 1mg 还原糖的酶量，即定为一个 [活力] 单位。粗制酶液经精制后依此法测定，再稀释至所需浓度。

四、实验步骤

1. 蔗糖酶的制取

在 50mL 的锥形瓶中加入鲜酵母 10g，加入 0.8g 乙酸钠，搅拌 15～20min 后使团块溶化，加 1.5mL 甲苯，用软木塞将瓶口塞住，摇动 10min，放入 37℃ 的恒温箱保温 60h。取出后加入 1.6mL $4.0\mathrm{mol\cdot dm^{-3}}$ 的乙酸和 5mL 水，使 pH 值为 4.5 左右。混合物以每分钟 3000 转左右的离心速度离心半小时，离心后的混合物分为三层，将中层移出注入试管中，即为粗制酶液。

2. 溶液的配制

(1) 0.1%的葡萄糖标准液 (1mg·mL^{-1}) 预先在90℃温度下将葡萄糖烘1h，然后准确称取1g于100mL烧杯中，用少量蒸馏水溶解后，定量转移至1000mL容量瓶中，稀释至刻度。

(2) 3,5-二硝基水杨酸 (DNS) 试剂 将6.3g DNS试剂和262mL的2mol·dm^{-3} NaOH加到酒石酸钾钠的热溶液中（182g酒石酸钾钠溶于500mL水中），再加5g重蒸酚和5g亚硫酸钠，微热搅拌溶解，冷却后加蒸馏水定容到1000mL，储于棕色瓶中备用。

(3) 0.1mol·dm^{-3}蔗糖液 准确称取34.2g蔗糖于100mL烧杯中，加少量蒸馏水溶解后，定量转移到1000mL容量瓶中，稀释至刻度。

3. 葡萄糖标准曲线的制作

在9个50mL容量瓶中，按表1加入0.1%葡萄糖标准液及蒸馏水，得到一系列不同浓度的葡萄糖溶液。

分别吸取上述不同浓度的葡萄糖液1.0mL注入9支试管内，另取一支试管加入1.0mL蒸馏水，然后在每支试管中加入1.5mL DNS试剂，混合均匀，在沸水浴中加热5min后，取出用冷水冷却，每支试管内再注入蒸馏水2.5mL，摇匀。在分光光度计上测量其光密度A值，测量时用540nm进行比色测定。根据测量结果作出标准曲线。

表1 不同浓度葡萄糖溶液的配制

序号	葡萄糖标准液/mL	蒸馏水/mL	浓度/μg·mL^{-1}
1	5.0	45.0	100
2	10.0	40.0	200
3	15.0	35.0	300
4	20.0	30.0	400
5	25.0	25.0	500
6	30.0	20.0	600
7	35.0	15.0	700
8	40.0	10.0	800
9	45.0	5.0	900

4. 蔗糖酶米氏常数 K_M 的测定

按表2的数据在9支试管中分别加入0.1mol·dm^{-3}蔗糖液、0.1mol·dm^{-3}乙酸缓冲溶液 (pH=4.6)，总体积达2mL，置于35℃水浴中预热，另取预先制备的酶液在35℃的水浴中保温10min，依次向试管中加入稀释过的酶液各2.0mL，准确作用5min（用停表记时）后，再按次序加入0.5mL 2mol·dm^{-3} NaOH溶液，摇匀，令酶反应中止，测定时，从每支试管中各吸取0.5mL酶反应液加入盛有1.5mL DNS试剂的25mL比色管中，并加入1.5mL蒸馏水，在沸水浴中加热5min后用冷水冷却，再用蒸馏水稀释至刻度，摇匀。然后用分光光度计逐一进行比色测定光密度值，波长采用540nm。

表2 反应物溶液的配制数据

序号	1	2	3	4	5	6	7	8	9
V(蔗糖标准溶液①)	0	0.20	0.25	0.30	0.35	0.40	0.50	0.60	0.80
V(缓冲溶液②)	2.00	1.80	1.75	1.70	1.65	1.60	1.50	1.40	1.20

① 蔗糖标准溶液浓度为 $0.1 mol \cdot dm^{-3}$。
② 缓冲溶液 pH 值为 4.6。

五、数据处理

根据上述各反应液测得的光密度值,在葡萄糖标准曲线上查出对应的葡萄糖浓度,结合反应时间计算其反应速率 r,并将对应的底物(蔗糖)浓度 [S] 一起用表格的形式列出,将 $1/r$ 对 $1/[S]$ 作图。然后以直线斜率和截距求出 K_M 和 $1/r_{max}$ 值。某些酶的 K_M 值见表3。

表3 某些酶的 K_M 值

酶	底物	K_M/mol·dm^{-3}	酶	底物	K_M/mol·dm^{-3}
麦芽糖酶	麦芽糖	0.21	乳酸脱氢酶	丙酮酸	3.5×10^{-5}
蔗糖酶	蔗糖	0.028	琥珀酸脱氢酶	琥珀酸	5.0×10^{-7}
磷酸酯酶	磷酸甘油	$< 3.0 \times 10^{-3}$			

六、思考题

1. 为什么测定酶的米氏常数要采用初始速度法?
2. 试讨论本实验对米氏常数的测定结果与底物浓度、反应温度和酸度的关系。

七、附注(测 K_M 的实验原理与意义)

米氏常数 K_M 是酶的一种特征常数。测定 K_M 值不仅对研究酶的特性具有重要意义,而且通过 K_M 可以了解酶催化动力学反应的有关性质。

在生物体内进行的各种复杂反应,如蛋白质、脂肪、糖类化合物的合成、分解等等基本上都是酶催化反应,所有已知的酶基本上也是一种蛋白质,其质点的直径范围在 10nm 左右,因此,酶催化反应可以看成是介于均相和非均相之间,既可以看成是反应物(在讨论酶催化作用时,常将反应物称为底物)与酶形成了中间化合物,也可以看成是在酶的表面首先吸附了底物,然后再进行反应。1913年,L. Michaelis 和 L. Menten 提出酶催化反应机理,酶(E)首先和底物(S)形成中间络合物(ES),而后中间络合物进一步分解为产物(P),并释放出酶。

$$S + E \underset{k_{-1}}{\overset{k_1}{\rightleftharpoons}} ES \overset{k_2}{\longrightarrow} E + P \tag{1}$$

中间络合物分解为产物的速度很慢,是酶催化反应的控制步骤,可采用稳态近似法处理。

$$\frac{d[ES]}{dt} = k_1 [S][E] - k_{-1}[ES] - k_2[ES] = 0 \tag{2}$$

$$[ES] = \frac{k_1 [E][S]}{k_{-1} + k_2} = \frac{[E][S]}{K_M} \tag{3}$$

式中,K_M 称为米氏常数 $K_M = \dfrac{k_{-1} + k_2}{k_1}$。这个公式也叫米氏公式。

实际上，从式(3) 可以看到，米氏常数可以看成是络合反应 $[E]+[S] \rightleftharpoons [ES]$ 的不稳定常数。因为以反应产物 (P) 表示的反应速率为：

$$r_P = \frac{d[P]}{dt} = k_2[ES] \tag{4}$$

将式(3) 代入式(4) 可得：

$$r_P = \frac{d[P]}{dt} = k_2[ES] = \frac{k_2[E][S]}{K_M} \tag{5}$$

从而得到：$K_M = \frac{k_2[E][S]}{k_2[ES]} = \frac{[E][S]}{[ES]}$

若以 $[E_0]$ 表示酶的原始总浓度，反应达到稳定态后，一部分变为中间络合物 $[ES]$，另一部分仍处于游离状态，即：$[E_0]=[E]+[ES]$

代入式(3) 可得：$[ES] = \frac{[E_0][S]}{K_M+[S]}$，再代入式(5)，得：

$$r_P = \frac{d[P]}{dt} = k_2[ES] = \frac{k_2[E_0][S]}{K_M+[S]} \tag{6}$$

式(6) 称为米氏公式。

当 $[S]$ 很大时，$K_M \ll [S]$，$r_P = k_2[E_0]$，即反应速率与酶的总浓度成正比而与反应物的浓度 $[S]$ 无关，对 S 来说是零级反应。

当 $[S]$ 很小时，$K_M+[S] \approx K_M$，$r_P = \frac{d[P]}{dt} = k_2[ES] = \frac{k_2}{K_M}[E_0][S]$，反应对 S 来说是一级反应。

这一结论与实验事实是一致的。

当 $r \to \infty$ 时，速率趋于极大（r_{max}），由式(6) 可知，$r_{max} \approx k_2[E_0]$，代入式(6) 可得：

$$\frac{r_P}{r_{max}} = \frac{[S]}{K_M+[S]} \tag{7}$$

当 $r_P = \frac{r_{max}}{2}$ 时，$K_M = [S]$，就是说，反应速率达到最大速率的一半时，底物的浓度就等于米氏常数。

如果将式(7) 重排后可得：$\frac{1}{r_P} = \frac{K_M+[S]}{r_{max}[S]} = \frac{K_M}{r_{max}[S]} + \frac{1}{r_{max}}$

若以 $\frac{1}{r_P}$ 为纵坐标，以 $\frac{1}{[S]}$ 为横坐标绘图，可以得出一条斜率为 $\frac{K_M}{r_{max}}$，截距为 $\frac{1}{r_{max}}$ 的直线。二者联立可以解出 K_M 和 r_{max}。

第6章 化工原理实验

实验1 流体流动形态及临界雷诺数的测定

一、实验目的

1. 熟悉流体流动过程中存在两种不同流型：层流和湍流。
2. 掌握雷诺数的物理意义。
3. 熟悉雷诺实验装置，能在实验中明确观察流动时的流型转变，并测定转变时的临界雷诺数。

二、实验原理

流体流动过程中有两种不同的流动形态：层流和湍流。流体在管内做层流流动时，其质点做直线运动，且质点之间互相平行、互不混杂、互不碰撞。湍流时质点紊乱地向各个方向做不规则运动，但流体的主体仍向某一方向流动。

影响流体流动形态的因素，除代表惯性力的流速和密度及代表黏性力的黏度外，还与管型、管径等有关。经实验归纳得知流体流动形态可由雷诺数 Re 来判别：

$$Re = \frac{du\rho}{\mu} \tag{1}$$

式中，d 为导管直径，m；u 为流体流速，$m \cdot s^{-1}$；ρ 为流体密度，$kg \cdot m^{-3}$；μ 为流体黏度，$Pa \cdot s$。

雷诺数是判断流体流动类型的准数，一般认为，$Re \leqslant 2000$ 为层流；$Re \geqslant 4000$ 为湍流；$2000 < Re < 4000$ 为不稳定的过渡区。对于一定温度的液体，在特定的圆管内流动，雷诺数仅与流速有关。本实验是以水为介质，改变水在圆管内的流速，观察在不同雷诺数下流体流动类型的变化。实验装置流程图如图1所示。

三、仪器与试剂

仪器：雷诺实验仪、温度计、秒表、2000mL 大量筒、洗耳球。

试剂：红墨水。

四、实验步骤

(1) 首先关闭各排水阀门和流量调节阀门（管道出水阀），向循环水槽注水。

(2) 循环水槽水达到 2/3 后，连接电源开关，开泵向实验高位水箱供水。

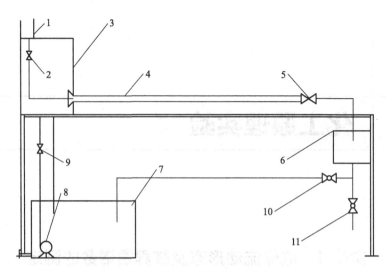

图 1 雷诺实验装置流程图

1—试剂盒；2—试剂调节阀；3—高位水箱；4—雷诺管；5—水量调节阀；
6—计量水箱；7—循环水槽；8—HQ-2500 潜水泵；9—进水阀；10、11—排水阀

（3）待实验水箱溢流口有水溢流出来之后，排去实验管内的空气。

（4）测量水温。

（5）调节水流量调节阀，以便观察稳定的层流流型，再打开示踪剂（红墨水）调节阀（使示踪剂的注入速度与水的流速相近，一般略低于水的流速为宜），至能观察到一条平直的红色细流为止。

（6）缓慢增大水流量调节阀的开度，使流速平稳地增大，直至红色细流开始发生波动时，通过秒表和量筒来确定此时的流量，重复五次，以计算 Re 的下临界值。

（7）继续缓慢增大水流量调节阀开度，使水流量平稳地增加，这时流体流型逐步由层流向湍流过渡。当流量增大到某一数值后，示踪剂一进入导管就立即被分散成烟雾状，这时表明流型已进入湍流区域，记下此时的流量，重复五次，以计算 Re 的上临界值。

（8）实验结束，关掉水电，将各水箱中液体排尽，试剂盒中指示剂排尽后需用清水洗涤，防止残液将尖嘴堵死。

五、数据处理

1. 基本数据

水的黏度：____ Pa·s；水的密度：____ kg·m^{-3}；水的温度：____ ℃；实验管内径：15mm。

2. 实验数据记录

序号	流量 q_V/m³·s^{-1}	流速 u/m·s^{-1}	雷诺数 Re	流动状态		备注
				由 Re 判断	实验现象	
1						
2						
3						
4						
5						

续表

序号	流量 $q_V/\text{m}^3 \cdot \text{s}^{-1}$	流速 $u/\text{m} \cdot \text{s}^{-1}$	雷诺数 Re	流动状态		备注
				由 Re 判断	实验现象	
6						
7						
8						
9						
10						

六、实验注意事项

1. 实验过程中，应始终有微小溢流水量。
2. 示踪剂出口处（针头）的位置应位于实验导管的轴线上。
3. 在测定层流现象时，指示液的流速必须小于或等于观察管内的流速。若大于观察管内的流速则无法看到一条直线，而是出现和湍流一样的浑浊现象。
4. 注意在实验台周围不得有外加的干扰。实验者调节好后手应该不接触设备，避免出现不正常的实验现象。

七、思考题

1. 稳压溢流水位下降，会对实验结果产生什么影响？为什么？
2. 雷诺数的物理意义是什么？

实验 2　管路流体阻力的测定

一、实验目的

1. 掌握流体流经直管和阀门时的阻力损失和测定方法，通过实验了解流体流动中能量损失的变化规律。
2. 测定直管摩擦系数 λ 与雷诺数 Re 的关系。
3. 测定流体流经闸阀时的局部阻力系数 ζ。

二、实验原理

1. 直管阻力与局部阻力实验

流体阻力产生的根源是流体具有黏性，流动时存在内摩擦力，而壁面的形状会促使流动的流体内部发生相对运动，为流动阻力的产生提供了条件。流动阻力的大小与流体本身的物理性质、流动状况及壁面的形状等因素有关，流动阻力可分为直管阻力和局部阻力。

流体在流动过程中要消耗能量以克服流动阻力，因此，流动阻力的测定颇为重要。当不可压缩流体在圆形导管中流动时，在管路系统内任意两个界面之间列出机械能衡算方程为：

$$H_1 + \frac{p_1}{\rho g} + \frac{u_1^2}{2g} = H_2 + \frac{p_2}{\rho g} + \frac{u_2^2}{2g} + \sum H_f \tag{1}$$

式中　H——流体的位压头，m 液柱；

p——流体的压强，Pa；

u——流体的平均流速，m·s^{-1}；

$\sum H_f$——单位质量流体因流体阻力所造成的总的能量损失，即所谓的压头损失，m液柱。

式(1)中符号下标 1 和 2 分别表示进出口管截面上的数值。

本实验中有下面三个假设：水作为实验物系，则水可视为不可压缩流体；实验导管是水平装置的，则 $H_1=H_2$；实验导管的上下游截面上的横截面积相同，则 $u_1=u_2$。

因此，式(1)可简化为：

$$\sum H_f = \frac{p_1 - p_2}{\rho g} \tag{2}$$

由此可见，因阻力造成的压头损失，可由管路系统的两截面之间压强差来测定。

2. 直管阻力摩擦系数 λ 的测定

直管阻力是流体流经直管时，由于流体的内摩擦而产生的阻力损失 h_f。对于等直径水平直管段根据两测压点间的柏努利方程有：

$$\sum h_f = \frac{\Delta p}{\rho g} = \lambda \frac{l}{d} \times \frac{u^2}{2g} \tag{3}$$

$$\lambda = \frac{2d\Delta p}{\rho l u^2} \tag{4}$$

式中，λ 为摩擦系数；l 为直管长度，m；d 为管内径，m；Δp 为流体流经直管的压强降，Pa；u 为流体截面平均流速，m·s^{-1}；ρ 为流体密度，kg·m^{-3}。

由式(4)可知，欲测定 λ，需知道 l、d、(p_1-p_2)、u、ρ 等。若测得流体温度，则可查得流体的 ρ 值。若测得流量，则由管径可计算流速 u。两测压点间的压降 Δp，可由仪表直接读数。

3. 局部阻力系数 ζ 的测定

局部阻力主要是由流体流经管路中管件、阀门局部位置时所引起的阻力损失，在局部阻力件左右两侧的测压点间列柏努利方程有：

$$H'_f = \zeta \frac{u^2}{2g} \tag{5}$$

式中，ζ 为局部阻力系数，无量纲。

即：$\zeta = \dfrac{2\Delta p}{\rho u^2}$

式中，Δp 为局部阻力压强降，Pa；式(5)中 ρ、u、Δp 等的测定同直管阻力测定方法。

管路流体阻力实验装置流程见图1。

三、仪器与试剂

仪器：管道流体阻力实验仪、温度计、洗耳球。

试剂：水。

四、实验步骤

(1) 泵启动：首先对水箱进行灌水，然后关闭出口阀，打开总电源开关，打开仪表电源开关，启动离心泵。

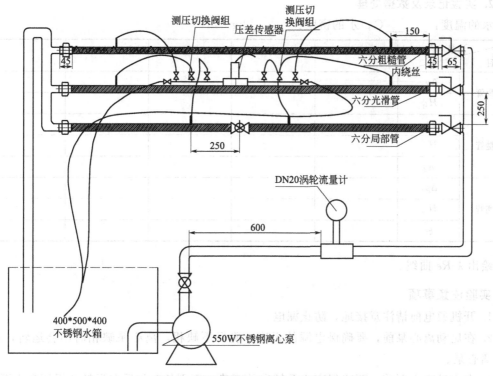

图 1 管路流体阻力实验装置流程

（2）选择对应的实验管：对应的进口阀打开，出口阀开度调到最大，保持流动 5～10min。

（3）排气：将实验管路和测压管中的空气排尽，再进行阻力测定。用压差传感器排气阀排气（切换不同实验管路都要排气）。

（4）流量调节：用管路出口阀调节流量，让流量在 2～5$m^3 \cdot h^{-1}$ 范围内变化（3～4$m^3 \cdot h^{-1}$ 较好，每次变化 0.5$m^3 \cdot h^{-1}$），每次改变流量，待流量稳定后记下对应的压差值。

（5）计算：装置确定时，根据 Δp 和 u 的实验测定值，可计算 λ 和 ζ；在等温条件下，$Re = \dfrac{du\rho}{\mu} = Au$，$A$ 为常数，因此只要调节管路流量，即可得到一系列 $\lambda\text{-}Re$ 实验点，绘出 $\lambda\text{-}Re$ 曲线。

（6）实验结束：关闭出口阀，关闭水泵和仪表电源。关泵时，应注意泵的出口阀门必须关闭，再停泵。最后再把各个阀门打开，把管路内的水放出。

（7）须定期清洗水箱，以免污垢过多。

五、数据处理

1. 装置参数

名称	材质	管内径/mm		测量段长度/cm
		管路号	管内径	
光滑管	不锈钢管	1	20.0	158
粗糙管	不锈钢管	2	20.0	158
局部阻力	闸阀、不锈钢管	3	20.0	50

2. 实验记录及数据处理

水的温度：_____℃；水的密度：_____ kg·m^{-3}

项目	流量/m³·h^{-1}						
光滑管	Δp_1						
	H_{f_1}						
	λ_1						
粗糙管	Δp_2						
	H_{f_2}						
	λ_2						
旋塞管	Δp_3						
	H_{f_3}						
	ξ_3						

绘出 λ-Re 曲线。

六、实验注意事项

1. 开机通电前请注意接地，防止漏电。
2. 在启动离心泵前，要确保电源的正确，确保不缺相，离心泵缺相时不会运转，且会烧毁离心泵。
3. 在启动离心泵前，要确保离心泵转向的正确，否则长时间反向运转会损坏离心泵。
4. 在做流体阻力实验时，要排尽管路里的气泡，用压差传感器排气阀排气。
5. 在开、关各阀门时，须缓开慢关。

七、思考题

1. 讨论阻力产生的原因。
2. 根据实验结果讨论流体流动过程中产生能量损耗的主要原因及影响情况。

实验3 离心泵性能实验

一、实验目的

1. 了解离心泵的构造，安装流程和正常操作过程。
2. 掌握离心泵的主要特性及相互关系，加深对离心泵性能和操作原理的理解。
3. 测定泵的特性曲线。

二、实验原理

1. 离心泵的特性曲线

离心泵是化工生产中应用最广的一种流体输送设备。它的主要特性参数包括：流量 q、扬程 H、功率 P 和效率 η。这些特性参数之间是相互联系的，在一定转速下，H、P、η 都随着输液量 q 变化而变化；离心泵的压头 H、轴功率 P、效率 η 与流量 q 之间的对应关系，

若以曲线 H-q、P-q、η-q 表示,则称为离心泵的特性曲线,可由实验测定。特性曲线是确定泵的适宜操作条件和选用离心泵的重要依据。

离心泵在出厂前均由制造厂提供该泵的特性曲线,供用户选用。泵的生产部门所提供的离心泵的特性曲线一般都是在一定转速和常压下,以常温的清水为介质测定的。在实际生产中,所输送的液体多种多样,其性质(如密度、黏度等)各异,泵的性能亦将发生变化,厂家提供的特性曲线将不再适用,如泵的轴功率随液体密度变化,随黏度变化,随泵的压头、效率、轴功率等均发生变化。此外,改变泵的转速或叶轮直径,泵的性能也会发生变化。因此,用户在使用时要根据介质的不同,重新校正其特性曲线后选用。

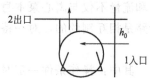

图1 泵的简图

泵特性曲线的具体测定方法如下:

(1) 泵的压头(扬程)H 的测定与计算 泵的简图见图1。

在泵的吸入口1和压出口2之间列柏努利方程:

$$z_入+\frac{p_入}{\rho g}+\frac{u_入^2}{2g}+H=z_出+\frac{p_出}{\rho g}+\frac{u_出^2}{2g}+\sum H_{f入-出} \tag{1}$$

得:

$$H=(z_出-z_入)+\frac{p_出-p_入}{\rho g}+\frac{u_出^2-u_入^2}{2g}+\sum H_{f入-出} \tag{1a}$$

上式中 $\sum H_{f入-出}$ 是泵的吸入口和压出口之间管路内的流体流动阻力(不包括泵体内部的流动阻力所引起的压头损失),若所选的两截面很接近泵体时,即管路很短时,则 $\sum H_{f入-出}$ 可忽略。于是上式变为:

$$H=(z_出-z_入)+\frac{p_出-p_入}{\rho g}+\frac{u_出^2-u_入^2}{2g} \tag{2}$$

式中,$p_出$、$p_入$ 分别为压力表和真空表(负值)测得的读数,Pa;$z_出-z_入$ 为压力表与真空表测压口之间的垂直高度之差,$z_出-z_入=h_0$,m;$u_入$、$u_出$ 分别为泵进、出口管内的流速,m·s^{-1};ρ 为输送液体的密度,kg·m^{-3}(20℃水,998.2 kg·m^{-3})。

两截面动压头 $\frac{u_出^2-u_入^2}{2g}$ 很小,与压头损失 $\sum H_{f入-出}$ 均可忽略不计:

$$H=h_0+\frac{p_出-p_入}{\rho g} \tag{3}$$

(2) 流量 q_V 的测定 转速一定,用泵出口阀调节流量,管路中流过的液体流量通过涡轮流量计来确定,单位为 m^3·s^{-1}。

(3) 泵的轴功率 P 的测定与计算 功率表测得的功率为电动机的输入功率。由于泵由电动机直接带动,传动效率可视为1.0,所以电动机的输出功率等于泵的轴功率。即泵的轴功率 P=电动机的输出功率;又因为电动机的输出功率=电动机的输入功率(功率表的读数)×电动机的效率。所以:

泵的轴功率 P=三相功率表的读数×电动机效率(60%)

(4) 泵的效率 η 的测定与计算:

$$\eta=\frac{P_e}{P}\times 100\% \tag{4}$$

$$P_e=\frac{H_e q_V \rho g}{1000}=\frac{H_e q_V \rho}{102}$$

式中，η 为泵的效率，%；P 为泵的轴功率，kW；P_e 为泵的有效功率，kW；H_e 为泵的压头，m；q_V 为泵的流量，$m^3 \cdot s^{-1}$；ρ 为水的密度，$kg \cdot m^{-3}$；小型泵的效率一般为 0.6~0.85，大型泵为 0.90。

2. 离心泵的工作点与调节

（1）管路特性曲线与泵的工作点　　当离心泵安装在特定的管路系统中时，实际的工作压头和流量不仅与离心泵本身的性能有关，还与管路特性有关，即在输送液体的过程中，泵和管路是相互制约的，对一特定的管路系统，可得出：

$$H_e = K + Bq_e^2$$

其中：操作条件一定时，K 为常数。由上式看出，在固定管路中输送流体时，管路所输送的流体的压头 H_e 随被输送流体的流量 q_e 的平方而变（湍流状态），该关系标在相应坐标纸上，即为管路特性曲线，该线的形状取决于系数 K、B，即取决于操作条件和管路的几何条件，与泵的性能无关。

将离心泵的特性曲线 H-q 与其所在管路的特性曲线绘于同一坐标图上，两线交点 M 称为泵在该管路上的工作点，该点所对应的流量和压头既能满足管路系统的要求，又为离心泵所能提供。

（2）离心泵的流量调节　　离心泵在指定的管路上工作时，当生产任务发生变化，或已选好的泵在特定管路中运转所提供的流量不符合要求的，都需要对离心泵进行流量调节，实质上是改变泵的工作点，因此，改变两种特性曲线之一均可达到调节流量的目的。调节流量最直接的方法是：改变离心泵出口管路上调节阀门的开度，阀门开大，管路局部阻力减小，管路特性曲线变得平坦，工作点流量加大，扬程减小，反之亦然。调节流量的另一方法是：改变泵的转速以改变泵的特性曲线，以达到调节流量的目的。

离心泵将水槽内的液体输送到实验系统，流体经涡轮流量计计量。用流量调节阀调节流量，流体回到储水槽。同时测量离心泵进出口压强、离心泵电机输入功率并记录。

实验装置（图 2）主要是由不锈钢离心泵、不锈钢水箱、压力传感器、涡轮流量计、功率表、三相变频器、不锈钢框架等组成。

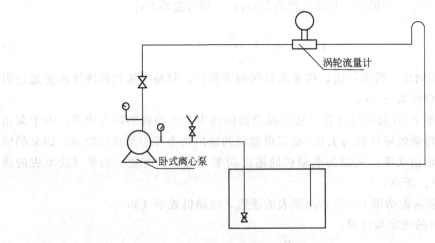

图 2　离心泵实验仪装置图

三、仪器与试剂

仪器：离心泵实验仪、温度计、秒表、1000mL 量筒。

试剂：水。

四、实验步骤

(1) 准备：检查水槽内的水是否保持在一定的液位，水不能太少，应在水箱 2/3 的位置。

(2) 注水：泵启动前，泵壳内应注满被输送的液体（本实验为水，上有带漏斗的灌泵阀）；并且泵的出口阀需关闭，避免泵刚启动时的空载运转。若泵无法输送液体，则说明泵未灌满或者其内有空气，气体排尽后必然可以输送液体。具体步骤如下：

① 打开流量调节阀和注水阀。

② 注水。

③ 等没有气泡鼓出且注水槽液面维持恒定时，关闭注水阀和流量调节阀。

(3) 启动泵，待泵的出口有一定的压力后再开启流量调节阀。按下变频器上"HAND"按键，预热 2min 后，再顺时针调节变频器至 50Hz 左右。

(4) 测量

① 记录调节阀关闭（流量为 0）时的压力、流量、功率、频率等各表的数值。

② 改变流量调节阀，待稳定后，记录泵在一定转速下的压力、流量、功率、频率等于原始记录表格中。

③ 重复上一步操作，一直测得流量的最大值为止。

④ 改变变频器，稳定后记录下泵在一定转速下的压力、流量、功率、频率等于原始记录表格中。

(5) 关泵

① 应注意先把变频器旋钮调到 0，再按下变频器上"OFF"键关闭变频器。

② 先关闭泵的出口阀门，再关闭泵按钮和电源按钮。

(6) 须定期清洗水箱，以免污垢过多。

五、数据处理

1. 离心泵基本参数

离心泵的流量 q_V	3.6m³·h⁻¹	额定扬程 H_e	25m
额定功率	0.75kW	转速 n	285min
吸入管内径	0.038m	压出管内径 d_2	0.028m
A、B 两截面间垂直距离 H_0	0.22m		

2. 实验数据记录与计算

室温：_____ 水温：_____ 水的密度：_____

	1	2	3	4	5	6	7	8	9	10
涡轮流量计/m³·h⁻¹										
涡轮流量计/m³·s⁻¹										
压力表/MPa										
真空表/MPa										
频率/Hz										
功率表/W										

续表

	1	2	3	4	5	6	7	8	9	10
扬程/m										
轴功率/W										
有效功率/W										
效率 η										

根据实验结果，标绘出离心泵的特性曲线（H-q，P-q，η-q）。

六、实验注意事项

1. 离心泵启动前泵内要注满水，否则将发生"气缚"现象。
2. 注意保护电机，当电压调到最大仍无法启动离心泵时，应速将电压调回"0"，以防电流太大，烧坏电机。
3. 防止循环水槽中水量不足。

七、思考题

1. 本实验离心泵效率较低，试分析原因。
2. 根据实验结果讨论流量与离心泵扬程、功率、效率间的关系。

实验4 裸管和绝热管传热实验

一、实验目的

1. 加深对传热过程基本原理的理解。
2. 掌握解决机理复杂的传热过程的实验研究方法和数据处理方法。

二、实验原理

1. 裸蒸汽管

如图1所示，当蒸汽管外壁温度 T_w 高于周转空间温度 T_a 时，管外壁将以对流和辐射两种方式向周转空间传递热量。

管外壁向周转空间因自然对流和辐射两种方式传递的总给热速率为：

$$Q = Q_C + Q_R \tag{1}$$

$$Q = (\alpha_C + \alpha_R) A_w (T_w - T_a) \tag{2}$$

式中，A_w 为裸蒸汽管外壁总给热面积，m^2；α_C 为管外壁向周转空间自然对流时的给热系数，$W \cdot m^{-2} \cdot K^{-1}$；$\alpha_R$ 为管外壁向周转空间辐射的给热系数，$W \cdot m^{-2} \cdot K^{-1}$。

令 $\alpha = \alpha_C + \alpha_R$，则裸蒸汽管向周转空间散热时的总给热速率方程可简化表达为：

$$Q = \alpha A_w (T_w - T_a) \tag{3}$$

式中，α 称为壁面向周围空间散热时的总给热系数，$W \cdot m^{-2} \cdot K^{-1}$。它表征在定常给热过程中，当推动力 $T_w - T_a = 1K$ 时，单位壁面积上给热速率的大小。α 值可根据式(3)直接由实验测定。

由自然对流给热实验数据整理得出的各种准数关联式,文献中已有不少记载。常用的关联式为:

$$Nu = C(PrGr)^n \quad (4)$$

该式采用 $T_m = (T_w + T_a)/2$ 为定性温度,管外径为定性尺寸,式中:

努塞尔数:

$$Nu = \frac{\alpha d}{\lambda}$$

普兰特数

$$Pr = \frac{C_p \mu}{\lambda}$$

格拉斯霍夫数

$$Gr = \frac{d^3 \rho^2 \beta g (T_w - T_a)}{\mu^2}$$

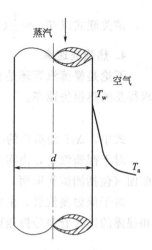

图1 裸蒸汽管外壁向空间给热时的温度分布

上列各准数中 λ、ρ、μ、C_p 和 β 分别为在定性温度下的空气热导率、密度、黏度、定压比热容和体积膨胀系数。

对于竖直圆管,式(4)中的 C 和 n 值:当 $PrGr = 1 \times 10^{-3} \sim 5 \times 10^2$ 时,$C = 1.18$,$n = 1/8$;当 $PrGr = 5 \times 10^2 \sim 2 \times 10^7$ 时,$C = 0.54$,$n = 1/4$;当 $PrGr = 2 \times 10^7 \sim 1 \times 10^{23}$ 时,$C = 0.135$,$n = 1/3$。

2. 固体材料保温管

单位时间内通过该绝热材料层的热量,即蒸汽管加以固体材料保温后的热损失速率为:

$$Q = 2\pi L \lambda \frac{T_w - T'_w}{Ln(d'/d)} \Rightarrow \lambda = \frac{Q}{2\pi L(T_w - T'_w)} Ln \frac{d'}{d} \quad (5)$$

3. 空气夹层保温管

在工业和实验设备上,除了采用绝热材料进行保温外,也常采用空气零部件层或真空夹层进行保温。由于两壁面靠得很近,空气在密闭的夹层内自然对流时,冷热壁面的热边界层相互干扰,因而空气对流流动受壁面相对位置和空间形状及其大小的影响,情况比较复杂。同时,它又是一种同时存在导热、对流和辐射三种方式的复杂传热过程。因此,工程上采用等效热导率的概念,将这种复杂传热过程虚拟为一种单纯的导热过程。用一个与夹层厚度相同的固体层的导热作用等效于空气夹层的传热总效果。因此,通过空气夹层的传热速率则可按导热速率方程来表达,即:

$$Q = \frac{\lambda_f}{\delta} A_w (T_w - T'_w) \quad (6)$$

式中,λ_f 为等效热导率;δ 为夹层的厚度。

$$\lambda_f = \frac{Q}{2\pi L(T_w - T'_w)} Ln \frac{d'}{d} \quad (7)$$

真空夹层保温管也可采用上述类同的概念和方法,测得等效热导率的实验值。

对于通过空气夹层的热量传递,将实验结果整理成各种准数关联式:

$$\lambda_f / \lambda = C(PrGr)^n \quad (8)$$

当 $10^3 < (PrGr) < 10^6$ 时,$C = 0.015$,$n = 0.3$;当 $10^6 < (PrGr) < 10^{10}$ 时,$C = 0.40$,$n = 0.3$。

该关联式以 $T_m = \frac{1}{2}(T_w + T'_w)$ 为定性温度,夹层厚度 δ 为定性尺寸。

4. 热损失速率

不论是裸蒸汽管还是有保温层的蒸汽管,均可由实验测得的冷凝液流量 m_s($kg \cdot s^{-1}$)求得总的热损失速率:

$$Q_t = m_s \Delta H \tag{9}$$

式中,ΔH 为蒸汽的冷凝热,$J \cdot kg^{-1}$。

对于裸蒸汽管,由实测冷凝液流量按上式计算得到的总热损失率 Φ_t,即为裸管全部外壁面(包括测试管壁面、分液瓶和连接管的表面积之和)散热时的给热速率 Φ,即 $\Phi = \Phi_t$。

对于保温蒸汽管,由实测冷凝液流量按上式计算得到的总热损失率 Φ_t,由保温测试段和裸露的连接管与分液瓶两部分造成。因此,保温测试段的实际给热速率 Φ 按下式计算:

$$\Phi = \Phi_t - \Phi_0 \tag{10}$$

式中,Φ_0 为测试管下端裸露部分所造成的热损失速率,可按下式计算:

$$\Phi_0 = \alpha A_{w,0}(T_w - T_a) \tag{11}$$

式中,$A_{w,0}$ 为测试管下端裸露部分(连接管和分液瓶)的外表面积,m^2;α、T_w 和 T_a 都是由裸蒸汽管实验测得。

三、实验装置

裸管和绝热管传热实验仪的装置流程见图 2。

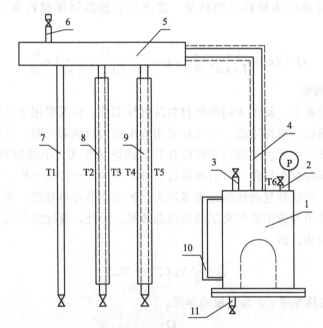

图 2 裸管和绝热管传热实验仪的装置流程

1—蒸汽发生器;2—排气阀;3—加水阀;4—升汽管;5—蒸汽包;6—放空阀;
7—裸管;8—固体材料保温管;9—空气夹层保温管;10—液位计;11—排水阀

四、实验步骤

(1) 将仪器安放在平稳的台面上,并使各测试管保持垂直。

(2) 首先将蒸汽包上方放空阀打开,关闭蒸汽出口阀。并将软水由注水漏斗加入蒸汽发生器内,加入量约为蒸汽发生器上部汽化室总高度的60%左右,发生器内液面应高于液位计2/3处。液面高度可通过液位计观察。

(3) 然后,将蒸汽包上方放空阀调到微开,同时根据需要将温度设定好(一般在110~120℃之间)。最后,接通电源,启动电源开关后按下加热开关,即可加热,将调压器电流调到8~10A左右。

(4) 待蒸汽压力和各点温度维持不变,即达到稳定状态后,再开始各项测试操作。在一定时间间隔内,用量筒量取蒸汽冷凝量,同时分别测量室温、蒸汽压强和测试管上的各点温度等有关数据。

(5) 重复进行实验3次,实验结果取其平均值。

(6) 在实验过程中,应特别注意保持状态的稳定。尽量避免测试管周转空气的扰动,例如门随意开关和人的走动都会对实验数据的稳定性产生影响。实验过程中,还应随时监视蒸汽发生器的液位计,以防液位过低而烧毁加热器。

(7) 实验结束,在停止加热前应将全部放空阀打开,以防倒吸。

五、数据处理

1. 基本参数

项目	裸蒸汽管	固体材料保温管	空气夹层管
裸蒸汽管外径 d/mm	12	12	12
保温层外径 d^1/mm	—	38	38
保温层长度 L/mm	600	600	600
保温层材质	—	保温棉	—
连接管和分液器外表面积 $A_{w,o}$/m²	0.0098	0.0098	0.0098

2. 数据记录与处理

水蒸气压强:_____;水蒸气温度:_____;水蒸气冷凝热:_____

序号	1	2	3	平均	1	2	3	平均	1	2	3	平均
室温 T_a/℃												
冷凝液体积 V/mL												
冷凝液温度 T/℃												
冷凝液密度 ρ_1/kg·m⁻³												
受液时间 t/s												
管内壁温度 T_w/℃												
管外壁温度 T_w'/℃												

(1) 裸蒸汽管

冷凝液流率	总传热速率	总给热面积	给热推动力	总给热系数
m_s/kg·s⁻¹	Φ/W	A_w/m²	ΔT/K	α(实测值)/W·m⁻²·K⁻¹
[1]	[2]	[3]	[4]	[5]
公式 $m_s=$	$\Phi=$	$A_w=$	$\Delta T=$	
结果				

续表

定性温度 T_m/K	定性尺寸 d/m	空气密度 ρ/kg·m^{-3}	空气黏度 μ/Pa·s	定压比热容 C_p/J·kg^{-1}·K^{-1}	空气热导率 λ/W·m^{-1}·K^{-1}	空气体积膨胀系数 β/K^{-1}
[6]	[7]	[8]	[9]	[10]	[11]	[12]
公式						
结果						

普兰特数 Pr	格拉斯霍夫数 Gr	$PrGr$	C	n	给热系数 α(计算值)/(W·m^{-2}·K^{-1})
[13]	[14]	[15]	[16]	[17]	[18]
公式					
结果					

（2）固体材料保温管

冷凝液流率 m_s/kg·s^{-1}	热损失速率 Φ/W	推动力 ΔT/K	热导率 λ/W·m^{-1}·K^{-1}
[1]	[2]	[3]	[4]
公式			
结果			

（3）空气夹层保温管

冷凝液流率 m_s/kg·s^{-1}	热损失速率 Φ/W	推动力 ΔT/K	等效热导率 λ/W·m^{-1}·K^{-1}
[1]	[2]	[3]	[4]
公式			
结果			

定性温度 T_m/K	定性尺寸 d/m	空气密度 ρ/kg·m^{-3}	空气黏度 μ/Pa·s	定压比热容 C_p/J·kg^{-1}·K^{-1}	空气热导率 λ/W·m^{-1}·K^{-1}	空气体积膨胀系数 β/K^{-1}
[5]	[6]	[7]	[8]	[9]	[10]	[11]
公式						
结果						

普兰特数 Pr	格拉斯霍夫数 Gr	$PrGr$	C	n	给热系数 λ_f(计算值)/W·m^{-1}·K^{-1}
[12]	[13]	[14]	[15]	[16]	[17]
公式					
结果					

3. 分析、比较实验结果

项目	裸蒸汽管	固体材料保温管	空气夹层保温管
热损失速率			
裸管向周围空间散热的总散热系数	$\alpha_{测}=$ （$\alpha_{计}=$）		
保温棉保温层热导率		$\lambda_{测}=$	
空气保温层的等效热导率			$\lambda_{测}=$ （$\lambda_{计}=$）

六、实验注意事项

蒸汽发生器加水一般加到液位计的 2/3 即可，假若水位超过了此高度，那么不管再加多少水液位计的指示都不会改变。液位最少时也不能低于蒸汽发生器的 1/2，否则电热管极易烧坏。实验操作时应注意安全，不能开蒸汽发生器上的灌水阀门，防止热气冲出烫伤。

七、思考题

1. 根据实验结果讨论不同管路的传热情况。
2. 蒸汽发生器中加自来水会有什么后果？

实验 5　板式塔精馏实验

一、实验目的

1. 观察板式塔汽、液两相流动状态。
2. 了解回流比对精馏操作的影响。
3. 测定板式塔总板效率与空塔汽速的关系。
4. 了解精馏流程安排及操作。

二、基本原理

塔板是板式精馏塔的主要构件，是汽液两相接触传热、传质的媒介。通过塔底的再沸器对塔釜液体加热使之沸腾汽化，上升的蒸汽穿过塔板上的孔道和板上的液体接触进行传质。塔顶的蒸汽经冷凝器冷凝后，一部分作为塔顶产品流出，其余则作为回流液返回塔内。来自塔顶的液体自上而下经过降液管流至下层塔板口，再横向流过整个塔板，经另一侧降液管流下。气、液两相在塔内整体呈逆流，板上呈错流，这是板式塔内气、液两相的流动特征。汽液两相在塔板上进行相际传质，使液相中易挥发组分进入汽相、汽相中难挥发组分转入液相。

精馏塔所以能使液体混合物得到较完全的分离，关键在于回流的运用。从塔顶回流入塔的液体量与塔顶产品量之比称为回流比，它是精馏操作的一个重要控制参数，回流比数值的大小影响着精馏操作的分离效果与能耗。回流比可分为全回流、最小回流比和实际操作时采用的适宜回流比。

全回流是一种极限情况，它不加料也不出产品。塔顶冷凝量全部从塔顶回到塔内，这在生产上没有意义。但是这种操作容易达到稳定，故在装置开工和科学研究中常常采用。全回流时由于回流比为无穷大，当分离要求相同时比其他回流比所需理论板要少，故称全回流时所需理论板为最少理论板数。通常计算最少理论板用芬斯克方程。对于一定的分离要求，减少回流比，所需的理论板数增加，当减到某一回流比时，需要无穷多个理论板才能达到分离要求，这一回流比称为最小回流比 R_m。最小回流比是操作另一极限，因为实际上精馏塔不可能安装无限块板，因此亦就不能选择 R_m 来操作。实际选用的回流比 R 应为 R_m 的一个倍数，这个倍数根据经验取 1.2～2。当体系的分离要求、进料组成和状态确定后，可以根据平衡线的形状由作图法求出最小回流比。在精馏塔正常操作时，如果回流装置出现问题，中断了回流，此时操作情况会发生明显变化。塔顶易挥发物组下降，塔釜易挥发物组随之上升，分离情况变坏。

板效率是反映塔板及操作好坏的重要指标，影响板效率的因素很多，当板型、体系决定以后，塔板上的汽、液流量是板效率的主要影响因素，当塔的上升蒸汽量不够，塔板上建立不了液层；若上升蒸汽量太大，又会产生严重夹带甚至于液泛，这时塔的分离效果大大下降。表示板效率的方法常用的有两种：

(1) 总板效率 E

$$E = \frac{N}{N_e}$$

式中，E 为总板效率；N 为理论板数；N_e 为实际板数。

(2) 单板效率 E_{ml}

式中：E_{ml} 为以液相浓度表示的单板效率；x_n，x_{n-1} 为第 n 块板和第 $n-1$ 块板液相浓度；x_n^* 为与离开第 n 块板的汽相平衡的液相浓度。

总板效率的数值在设计中应用很广泛，它常由实验测定。单板效率是评价塔板好坏的重要数据，针对不同板型，在实验时保持相同的体系和操作条件，对比它们的单板效率就可以确定其优劣，因此在科研中常常运用。

在一定回流比下，连续精馏塔的理论塔板数可采用逐板计算法（Lewis-Matheson 法）或图解计算法（McCabe-Thiele 法）。逐板计算法或图解计算法的依据，都是汽液平衡关系式和操作方程，后者只是采用绘图方法代替前者的逐板解析计算，但对于相对挥发度小的物系，采用逐板计算法更为精确，采用计算机进行程序计算尤为快速、简便。

精馏段的理论塔板数可按汽液平衡关系式和精馏段操作方程进行逐板计算：

$$y_n = \frac{\alpha x_n}{1 + (\alpha - 1)x_n}, \quad y_{n+1} = \frac{R}{R+1}x_n + \frac{x_d}{R+1}$$

蒸汽的空塔速度可按下式计算：

$$u_0 = \frac{4(L_1 + L_d)\rho_1}{\pi d^2 \rho_V}$$

式中，L_1 和 L_d 分别为回流液和馏出液的流量，$m^3 \cdot S^{-1}$；ρ_1 和 ρ_V 分别为回流液和柱顶蒸汽的密度，$kg \cdot m^{-3}$；d 为精馏柱的内径，m。

回流液和蒸汽的密度可分别按下列公式计算：

$$\rho_1 = \frac{1}{\dfrac{w_A}{\rho_A} + \dfrac{w_B}{\rho_B}} = \frac{M_A x_A + M_B(1 - x_A)}{\dfrac{M_A x_A}{\rho_A} + \dfrac{M_B(1 - x_A)}{\rho_B}}$$

$$\rho_V = \frac{p\overline{M}}{RT} = \frac{p[M_A x_A + M_B(1 - x_A)]}{RT}$$

式中，w_A，w_B 分别为回流液中易挥发组分 A 和难挥发组分 B 的质量分率；ρ_A、ρ_B 分别为 A 和 B 组分在回流温度下的密度，$kg \cdot m^{-3}$；M_A、M_B 分别为 A 和 B 组分的摩尔质量，$kg \cdot mol^{-1}$；x_A 和 x_B 分别为回流液（或馏出液）中 A 和 B 组分的摩尔分数；p 为操作压强，Pa；T 为塔内蒸汽的平均温度，K；$\overline{M}$ 为蒸汽和平均摩尔质量，$kg \cdot mol^{-1}$；R 为气体常数，$8.314 J \cdot mol^{-1} \cdot K$。

三、实验装置

实验装置如图1所示，包括精馏塔、冷凝器、再沸器和控制屏等部分。其中精馏塔体和塔板均采用不锈钢制作，塔内径为 $\varphi 50mm$，塔板数13块，板间距 $100mm$，孔径为 $\varphi 2mm$，开孔率为6%。塔体设置了两节玻璃塔节以便观察塔板上汽液流动现象。精馏塔设置了两处进料口，同时在再沸器上也设置了进料口，以便于开车时直接向再沸器加料。本精馏塔的回流比通过回流控制阀和馏出液控制阀可以任意调节。

四、实验步骤

(1) 熟悉实验装置及流程，弄清各部件的作用及加热电路。

(2) 打开塔顶冷却水阀门，接通电源开关。

(3) 将配制好的体积比为3∶7的乙醇-水溶液加入料液槽（约18L），开启料液泵将料液加入再沸器中。

(4) 将加热电流逆时针旋转至最大后开启加热装置，然后调节加热电流至5A，待回流温度及回流流量稳定后（约40min），观察塔板上汽液接触状态，并从塔顶取样口取出少量样品。取样时注意先放出管道内的滞流量，以确保取样组成正确。

(5) 同时从塔釜中取少量样品（方法同上）。

(6) 用阿贝折射仪分析样品的组成。

(7) 调节加热电流至3～7A，重复操作(4)～(6)。

(8) 实验结束，关闭电加热开关。待塔釜温度降至80℃以下，停塔顶冷却水。

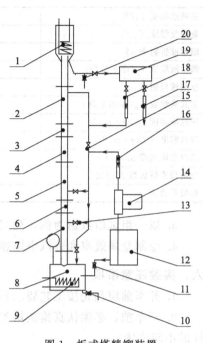

图1　板式塔精馏装置

1—冷凝器；2、4、5、7—塔接；
3、6—玻璃塔接；8—再沸器；
9—电加热管；10—排液阀；11—加料阀；
12—料液槽；13、15—料液阀；
14—微型泵；16—加料流量计；
17—产品流量计；18—回流流量计；
19—馏出液槽；20—取样阀

五、数据处理

1. 设备基本参数：

塔的内径	50mm	筛孔直径	2mm
塔板数	13	筛板开孔率 Φ	6%
板间距	100mm		

2. 数据记录与处理：

实验序号	1	2	3
釜内压强 p/Pa			
馏出液流量 L_d/mL·min^{-1}			
回流液流量 L_l/mL·min^{-1}			
回流比 R			
加热电流/A			
柱顶蒸汽温度 T_v/℃			
馏出液温度 T_d/℃			

续表

进料液温度 T_f/℃			
釜残液温度 T_w/℃			
馏出液折射率 n_d^{25}			
馏出液组成 x_d(摩尔分数)			
釜残液折射率,n_w^{25}			
釜残液组成 x_w(摩尔分数)			
回流液密度 ρ_l/kg·m^{-3}			
蒸汽密度 ρ_v/kg·m^{-3}			
蒸汽空塔速度 μ_0/m·s^{-1}			
全塔理论塔板数 N_T/块			
总板系数 E			

3. 以一组试验数据为例,列式计算板式塔的蒸汽空塔速度和全塔效率。

4. 绘制全塔效率和蒸汽空塔速度的关系图。

六、实验注意事项

1. 开车前应预先按工艺要求检查(或配制)料液的组成与数量。

2. 开车前,必须认真检查塔釜的液位,看是否有足够的料液(最低控制液位应在液位计的中间位置)。

3. 预热开始后,要及时开启冷却水阀和塔顶放空阀,利用上升蒸汽将不凝气排出塔外;当釜液加热至沸腾后,需严格控制加热量。

4. 开车时必须在全回流下操作,稳定后再转入部分回流,以减少开车时间。

5. 进入部分回流操作时,要预先选择好回流比和加料口位置。注意必须在全回流操作状况完全稳定以后,才能转入部分回流操作。

6. 操作中应保证物料的基本平衡,塔釜内的液面应维持基本不变。

7. 操作时必须严格注意塔釜压强和灵敏板温度的变化,在保证塔板上正常鼓泡层的前提下,严格控制塔板上的泡沫层高度不超过板间距的1/3,并及时进行调节控制,以确保精馏过程的稳定正常操作。

8. 取样必须在稳定操作时才能进行,塔顶、塔釜最好能同时取样,取样量应以满足分析的需要为度,取样过多会影响塔内的稳定操作。分析用过的样品应倒回料液槽内。

9. 停车时,应先停进、出料,再停加热系统,过4~6min后再停冷却水,使塔内余气尽可被完全冷凝下来。

10. 严格控制塔釜电加热器的输入功率,必须确保塔釜内的料液液面不低于液位计的2/3(塔釜加热管以上),以免烧坏电加热器。

11. 开启转子流量计的控制阀时不要开得过快,以免冲坏或顶死转子。

七、思考题

1. 回流比对塔顶产品的纯度有何影响?

2. 加料的热状态对产品纯度有何影响?

3. 随着塔釜加热功率的增大,精馏塔顶轻组分浓度将如何变化?解释原因。

八、附注

常压下乙醇-水溶液的 x-y 相图见图2。乙醇与水物质组成与折射率的关系见表1。常压下乙醇-水溶液的 x-y 关系见表2。

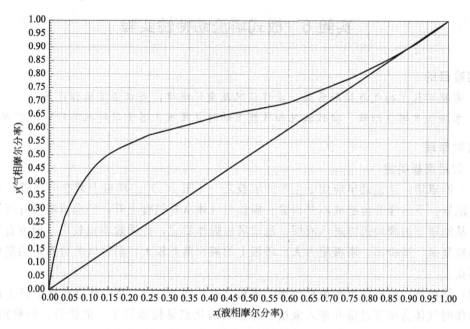

图2　常压下乙醇-水溶液的 x-y 相图

表1　乙醇-水物系组成与折射率的关系（15.6℃）

乙醇(质量分数)/%	折射率	乙醇(质量分数)/%	折射率	乙醇(质量分数)/%	折射率
0.00	1.33336	26.06	1.35162	59.35	1.36471
6.00	1.33721	26.80	1.35250	63.01	1.36535
11.33	1.34105	29.87	1.35443	68.32	1.36591
17.56	1.34581	33.82	1.35654	72.50	1.36630
20.35	1.34787	39.98	1.35883	83.63	1.36651
22.11	1.34919	46.00	1.36152	91.09	1.36574
24.21	1.35075	56.09	1.36408	100.00	1.36316

表2　常压下乙醇-水溶液的 x-y 关系

液相中乙醇的摩尔分数	汽相中乙醇的摩尔分数	液相中乙醇的摩尔分数	汽相中乙醇的摩尔分数
0	0	0.45	0.657
0.01	0.11	0.55	0.678
0.02	0.17	0.6	0.698
0.04	0.27	0.65	0.725
0.06	0.34	0.7	0.755
0.08	0.392	0.75	0.785
0.1	0.43	0.8	0.82
0.14	0.513	0.85	0.855
0.18	0.525	0.894	0.894
0.25	0.575	0.9	0.898
0.3	0.595	0.95	0.942
0.35	0.614	1	1
0.4	0.635		

实验6　板式塔流动特性实验

一、实验目的
1. 考察塔板上的气液接触方式、操作状况及变化规律，寻求适宜操作范围。
2. 掌握板式塔在结构、操作状况和性能上的特点及板式塔流动特性实验的研究方法。

二、实验原理

1. 常用塔板类型

(1) 泡罩塔：这是最早应用于生产的塔板之一［图1(a)］。塔板上装有升气管，其上覆盖一只泡罩，下边缘开齿缝或不开齿缝。操作时气体从升气管上升，经泡罩塔与升气管间的环隙后从泡罩下边缘经齿缝进入液层。泡罩塔板操作稳定，传质效率也较高。但也有不少缺点：结构复杂、造价高、塔板阻力大。塔板上的液面落差较大，易使气流分布不均造成气液接触不良。

(2) 筛板塔：筛板塔也是最早出现的塔板之一［图1(b)］。筛板就是在板上打上许多筛孔，操作时气体直接穿过筛孔进入液层。筛板塔的优点是构造简单、造价低、能稳定操作、板效率也较高，缺点是小孔易堵，操作弹性和板效率比浮阀塔板略差。

(3) 浮阀塔：这种塔板［图1(c)］，是在20世纪40~50年代发展起来的，其特点是当气流在较大范围内波动时均能稳定地操作，弹性大、效率好、适应性强。其结构特点是将浮阀装在塔板上的孔中并能自由地上下浮动，随气速的不同，浮阀打开的程度也不同。

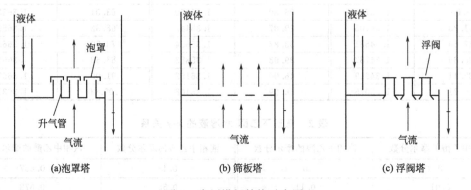

图1　常用塔板结构示意图

2. 塔板的组成

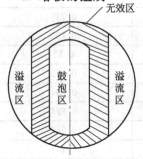

图2　塔板板面区域分布图

各种塔板板面大致可分为三个区域，即溢流区、鼓泡区和无效区。降液管所占的部分称为溢流区。塔板开孔部分称为鼓泡区，即气液两相传质的场所，也是区别各种不同塔板的依据。图2中环形区域为无效区。在液体进口处易自板上孔中漏下，故设一不开孔区，称为进口安定区。而在出口处，由于进降液管的泡沫较多，因此设定不开孔区来破除一部分泡沫，又称破沫区。

3. 板式塔原理

气体通过塔板时，因阻力造成 Δp 的压力降，Δp 应为气体通

过干塔板的压力降 Δp_d 与气体通过塔板上液层的压力降 Δp_l 之和：

$$\Delta p = \Delta p_\mathrm{l} + \Delta p_\mathrm{d} \tag{1}$$

其中，气体通过干板的压力降与气体通过筛孔的速度 u_a 之间的关系为：

$$\Delta p_\mathrm{d} = \zeta \frac{\rho_\mathrm{g} u_\mathrm{a}^2}{2} \tag{2}$$

或者：

$$\Delta h = \frac{\Delta p_\mathrm{d}}{\rho_\mathrm{l} g} = \zeta \frac{\rho_\mathrm{g} u_\mathrm{a}^2}{2 \rho_\mathrm{l} g} \tag{3}$$

对上式两边取对数，可得：

$$\ln \Delta h = \ln \left(\zeta \frac{\rho_\mathrm{g}}{2 \rho_\mathrm{l} g} \right) + 2 \ln u_\mathrm{a} \tag{4}$$

式中，u_a 为气体通过筛孔的速度，$\mathrm{m \cdot s^{-1}}$；ρ_g 和 ρ_l 为气体和液体的密度，$\mathrm{kg \cdot m^{-3}}$；ζ 为干板阻力系数。

所以，以 $\ln \Delta h$ 为纵坐标，$\ln u_\mathrm{a}$ 为横坐标，可以得出一条斜率为 2 的直线，从直线与纵坐标的交点可以求出干板阻力系数 ζ。对筛孔塔板，可由实验直接测定干板压降 Δh 与筛孔速度 u_a 的变化关系，在双对数坐标上给出一条直线，如图 3 所示。由此线可以拟合得出干板阻力系数 ζ 值。

气体通过塔板上液层的压力降 Δp_l 主要是由克服液体的表面张力和液层重力所造成的。液层压力降 Δp_l 可简单地表示为：

$$\Delta p_\mathrm{l} = \Delta p - \Delta p_\mathrm{d} = \varepsilon h_\mathrm{f} \rho_\mathrm{l} g$$

式中，h_f 为板上充气液层高度，m；ε 称为充气系数或发泡系数。

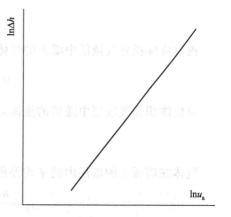

图 3　干板压降与孔气速的关系

气体通过湿塔板的总压力降 Δp 和塔板上液层的状况，将随着气流速度的变化而发生如下阶段性的变化（如图 4 所示）。

（1）当气流速度较小时塔板上未能形成液层，液体全部由筛孔漏下在这个阶段，塔板的压力降随气速增大而增大。

（2）当气流速度增大到某一数值时气体开始拦截液体，使塔板上开始积存液体而形成液层。该转折点称为拦液点，如图中的 A 点，这时气体的空塔速度称为拦液速度。

（3）当气流速度略为增加时，塔板上液层将很快上升到溢流堰的高度，塔板压力降也随之急剧增大。当液体开始由溢流堰溢出时为另一个转折点，称为溢流点，如图 4 中的 B 点。这时，仍有部分液体从筛孔中泄漏下去。自该转折点之后，随着气流速度增大，液体的泄漏量不断减少，而塔板的压力降却变化不大。

（4）当气流速度继续增大到某一数值时，液体基本上停止泄漏，则称该转折点为泄漏点，如图 4 中的 C 点。自 C 点以后，塔板的压力降随气速的增加而增大。

（5）当气速高达某一极限值时，塔板上方的雾沫挟带将会十分严重，或者发生液泛，自该转折点（如图 4 中 D 点）之后，塔板压降会随气速迅速增大。

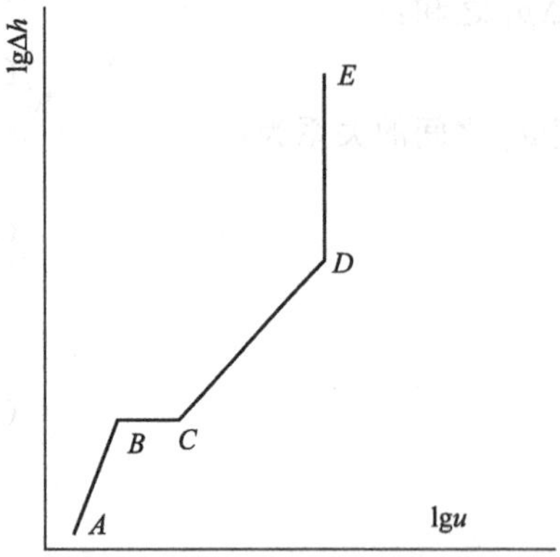

图 4　塔板压力降与空塔气速的关系

塔板上形成稳定液层后，塔板上气液两相的接触和混合状态也将随着气速的改变而发生变化。当气速较小时，气体以鼓泡方式通过液层，随着气速增大，鼓泡层逐渐转化为泡沫层，最终转化为液泛状态。

对传质效率有着重要作用的因素是充气液层的高度及其结构。充气液层的结构通常用其平均密度大小来表示。如果充气液层内的气体质量相对于液体质量可略而不计，则：

$$\rho_f h_f = \rho_1 h_1$$

式中，ρ_f 和 ρ_1 分别表示充气液层与静液层的密度。$kg \cdot m^{-3}$；h_f 和 h_1 分别表示充气液层与静液层的高度，m。

若将充气液层的平均密度与静液层密度之比定义为充气液层的相对密度，即：

$$\phi = \frac{\rho_f}{\rho_1} = \frac{h_1}{h_f}$$

则单位体积充气液层中滞留的气体量，即持气量可按下式计算：

$$V_g = \frac{h_f - h_1}{h_f} = 1 - \phi$$

单位体积充气液层中滞留的液体量，即持液量又可按下式计算：

$$V_1 = \frac{h_1}{h_f} = \phi$$

气体在塔板上的液层内的平均停留时间为：

$$t_g = \frac{h_f S(1-\phi)}{q_V(g)} = \frac{h_1(1-\phi)}{u_0 \phi}$$

液体在塔板上的平均停留时间为：

$$t_1 = \frac{h_f S \phi}{q_V(1)} = \frac{h_1 S}{q_V(1)} = \frac{h_1}{w}$$

式中，S 为空塔横截面积，m^2；$q_V(1)$ 为液体体积流量，$m^3 \cdot s^{-1}$；$q_V(g)$ 气体体积流量，$m^3 \cdot s^{-1}$；u_0 为气体的空塔速度，$m^2 \cdot s^{-1}$；w 为液体的喷淋密度，$m \cdot s^{-1}$。

塔板的压力降和气液两相的接触与混合状态不仅与气流的空塔速度有关，还与液体的喷淋密度、两相流体的物理化学性质和塔板的形式与结构（如开孔率和溢流堰高度）等因素有关。这些复杂关系只能通过实验进行测定，才能掌握其变化规律。对于确定形式和结构的塔板，则可通过实验测定来寻求其适宜操作区域。

三、实验装置

板式塔实验装置如图 5 所示，水由增压泵经过转子流量计，从塔顶流入塔内，并从塔底流入储水槽。由空气泵来的压缩空气通过流量调节阀和转子流量计进入塔底，经过塔板后从塔顶排出。气体流经筛孔板和浮阀板过程中的压力降由 U 形压差计显示。

四、实验步骤

（1）实验前，确保空气泵的放空阀打开，气泵工作期间严禁同时关闭流量调节阀和放

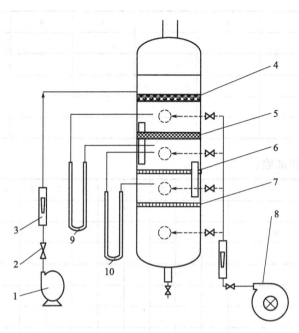

图 5　板式塔流动特性试验装置

1—增压水泵；2—调节阀；3—流量计；4—无降液管筛孔板；5—浮阀板；6—带降液管筛孔板；
7—泡罩板；8—空气泵；9—浮阀板水柱压差计；10—筛孔板水柱压差计

空阀。

（2）干板试验：在空气泵的放空阀打开的条件下，打开气泵的电源，联合调节流量调节阀和旁路放空阀，逐渐增大气体流量，记录流量计的读数和干板压降，测取 6 组数据。

（3）流动试验：打开增压水泵，缓慢打开流量调节阀，调节水的喷淋密度，固定喷淋密度不变，调节空气流量，记录不同空气流量下筛孔板总压降、塔板上净液层和充气液层高度。在全部量程范围内，测取 16 组数据，尤其是在各转折点附近，空塔速度变化的间隔应小一些为宜，实验过程中应仔细观察并记录塔板上气液接触和混合状态的发展变化过程，特别要注意各阶段的转折点。

（4）实验结束时，先关闭增压水泵电源和进水阀门，然后完全打开气泵的放空阀，再将空气流量调节阀关严，最后关闭气泵的电源。

五、数据处理

1. 基本参数

（1）设备结构参数（筛板塔规格）：

塔的内径 d	200mm	筛孔直径 d_o	4.2mm
筛孔数目 n	90		

（2）操作参数：

室温		空气密度		水温	
水的密度		操作气压		塔板形式	

2. 数据记录和处理

（1）干板试验：

实验序号	1	2	3	4	5	6
空气流量 $q_V/m^3 \cdot s^{-1}$						
空塔气速 $u_0/m \cdot s^{-1}$						
孔气速 $u_a/m \cdot s^{-1}$						
干板压降 $\Delta h_d/mmH_2O$						
干板压降 $\Delta p/Pa$						

(2) 塔板流动特性试验:

实验序号	1	2	3	4	5	6	7	8	9	10	11	12	13
水的流量 $L_{H_2O}/m^3 \cdot h^{-1}$													
喷淋密度 $\times 10^{-3} W/m^3 \cdot s^{-1} \cdot m^{-2}$													
空气流量 $\times 10^{-3} q_V/m^3 \cdot s^{-1}$													
空塔速度 $\times 10^{-3} u_0/m \cdot s^{-1}$													
单板压降 $\Delta h_d/mmH_2O$													
单板压降 $\Delta p/Pa$													
静液层高度 h_1/mm													
充气液层高度 h_f/mm													
充气系数 ε													
持气量 $V_g/m^3 \cdot m^{-3}$													
持液量 $V_l/m^3 \cdot m^{-3}$													
气体平均停留时间 t_g/s													
液体平均停留时间 t_c/s													
塔板状况(泄漏、稳定溢流、液泛)													

(3) 在坐标纸上标绘出 $\ln\Delta h$ 与 $\ln u_a$ 之间的关系曲线,并通过曲线拟合建立回归方程。然后由直线与纵坐标的交点求出干板阻力系数 ζ。

(4) 在坐标纸上标绘出在某一喷淋密度下塔板压降与空塔气速之间的关系曲线,并标出各转折点的气流速度及适宜操作区域。

六、实验注意事项

1. 没有过载保护的空气泵,切不可在所有出口全部关闭的情况下启动和运行,以防烧坏电机。空气泵的启动和空气流量的调节,必须严格按规程操作,用旁路阀和空气流量调节阀联合进行调节。一定要在熟悉阀门的使用方法之后才能启动电机。

2. 在每一个转折点处,实验现象不一定很明显,注意解释原因。

七、思考题

1. 气体通过干板的压力降与气体通过筛孔的速度 u_a 之间的关系严格说来,应该满足下式:$\Delta p_d = \zeta \dfrac{\rho_g u_a^n}{2}$。如果使用该式,数据处理过程如何进行?

2. 本实验对于工业生产过程有什么意义?

实验 7　伯努利实验

一、实验目的

1. 熟悉流体流动过程中位能、压强能、动能和压头损失的概念及相互转化关系，加深对伯努利方程式的理解。
2. 观察各项能量（或压头）随流速的变化规律，验证机械能衡算方程（伯努利方程）。

二、实验原理

根据能量守恒定律，不可压缩流体在管内做稳定流动时，由于管路条件（如位置高低、管径大小等）的变化，会引起流动过程中三种形式的机械能（位能、动能、静压能）的相应改变及相互转换。对于没有能量损失且无外加功的理想流体，在系统内任一截面处，虽然三种能量不一定相等，但能量总和是守恒的（机械能守恒定律）：

$$gz_1 + \frac{u_1^2}{2} + \frac{p_1}{\rho} = gz_2 + \frac{u_2^2}{2} + \frac{p_2}{\rho}$$

式中，z_1、z_2 为各截面间距基准面的距离，m；u_1、u_2 为各截面中心点处的平均速度，m·s^{-1}；p_1、p_2 为各截面中心点处的静压力，Pa。

对公式变形，得：

$$z_1 + \frac{u_1^2}{2g} + \frac{p_1}{\rho g} = z_2 + \frac{u_2^2}{2g} + \frac{p_2}{\rho g}$$

以上三种形式的机械能分别称为位压头、动压头、静压头。

实际流体在管内由于摩擦和碰撞等原因，在流动过程中存在能量损失，并且当两个计算截面之间存在流体机械做功时，流动过程中的能量转换关系可以用下式表示：

$$gz_1 + \frac{u_1^2}{2} + \frac{p_1}{\rho} + W_e = gz_2 + \frac{u_2^2}{2} + \frac{p_2}{\rho} + \sum h_f$$

式中，W_e 为流体输送机械对流体所做的有效功，J·kg^{-1}；$\sum h_f$ 为两个计算截面之间总能量损失。

测出通过管路的流量，即可计算出截面平均流速 u 及该截面所在位置的动压头 $\dfrac{u^2}{2g}$。

任意两截面间位压头、静压头、动压头总和的差值为损失压头。

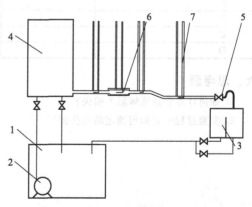

图 1　实验装置
1—低位水箱；2—潜水泵；3—计量水箱；4—高位水箱；
5—流量控制阀；6—异径管；7—测压管

三、实验装置

本实验装置（图 1）主要由蓄水箱、水泵、高位水箱、流量测量水箱、异径管、四对测压管所组成。实验采用微型静音潜水泵，额定流量为 10L·min^{-1}，扬程为 8m，输入功率为 80W。实验管内径 15mm，扩大管内径 30mm，弯头高差 80mm。材质为透明有机玻璃。

四、实验步骤

(1) 熟悉实验设备，明确各测压管的作用。

(2) 检查设备，确保低位水箱内充满水。

(3) 关闭高位水箱的排水阀和测量管出口阀门，打开高位水箱进水阀和桌面电源开关，向高位水箱注水。待高位水箱溢流平稳后，检查所有测压管水面是否相平，若不平则需进行排气调平（开关几次测量管出口阀门或者用吸球从测量管上部吸气）。

(4) 打开出水闸阀，观察各测压点动压头、静压头的变化情况以及当流量增加或减少时测压管水柱高度的变化情况。

(5) 将流量控制阀（管道出水阀）开到一定大小，记录各测压点的水柱高度，（每个测压点需要记录两个数据，左侧水柱高度反映静压头，右侧水柱高度为动压头加上静压头）。

(6) 实验完毕停泵，将原始数据整理，填好表格，再交给实验老师；清理实验现场。

(7) 水箱应定期清洗，避免污物及水垢过多。

五、数据处理

实验时，测量每个测压管的液面离实验台面的高度，以及异径管中心位置离水平台面的高度，即可求出每个测点的静压头及动压头。

项目	测点 A/mm		测点 B/mm		测点 C/mm		测点 D/mm		流量 /m³·s⁻¹
	左	右	左	右	左	右	左	右	
阀门 3/8 开度									
阀门 1/2 开度									
阀门 5/8 开度									
阀门 3/4 开度									
阀门 7/8 开度									
阀门全开									

实验结束后，选择两个流量，整理数据填入表中。

项目	位压头 Z	静压头 $\dfrac{p}{\rho g}$	动压头 $\dfrac{u^2}{2g}$	损失压头 $\sum h_f$	总压头
A					
B					
C					
D					

六、思考题

1. 如何计算管路流体阻力损失？
2. 实验过程中是如何确定动压头的？

实验 8　固体流态化的流动特性实验

一、实验目的

1. 掌握测定颗粒静态床层时的静床堆积密度 ρ_b 和空隙率 ε 的方法。

2. 测定流体通过颗粒床层时的压降 Δp_m 与空塔气速 u 的曲线和临界流化速 u_mf。

二、实验原理

1. 固定床

(1) 基本概念　当流体以较低的空速 u 通过颗粒床层时床层仍处于静止状态，称这种固体颗粒床层为固定床。床层的静态特性是研究床层动态特性和规律的基础，其主要的特征有静床堆积密度 ρ_b 和空隙率 ε 两个，它们的定义分别如下：

① 静床堆积密度　它由静止床层中的固体颗粒的质量 M 除以静止床层的体积 V 计算而得：$\rho_\mathrm{b}=M/V$。ρ_b 数值的大小与床层中颗粒的堆积松紧程度有关，因此 ρ_b 在流体通过颗粒床层时不是一个定值，如颗粒床层在最紧与最松两种极限状态时，ρ_b 就有两种数值，它们的大小在床层最紧与最松时分别测量出相应的床层高度就可以计算得到。

② 静床空隙率 ε　它是由颗粒的静床堆积密度 ρ_b 和固体颗粒密度 ρ_s 计算而得：$\varepsilon=1-(\rho_\mathrm{b}/\rho_\mathrm{s})$。

(2) 固定床阶段压降 Δp_m 与空速 u 的关系　当流体流经固定床内固体颗粒之间的空隙时，随着流速的增大，流态与固体颗粒之间所产生阻力也随之增大，床层的压强降则不断升高。为表达流体流经固定床时的压强降与流速的函数关系，曾提出过多种经验公式。现将一种较为常用的公式介绍如下：流体流经固定床的压降，可以仿照流体流经空管时的压降公式（Moody 公式）列出。即

$$\Delta p = \lambda_\mathrm{m} \frac{H_\mathrm{m}}{d_\mathrm{p}} \times \frac{\rho u_0^2}{2} \tag{1}$$

式中，H_m 为固定床层的高度，m；d_p 为固体颗粒的直径，m；u_0 为流体的空管速度，$\mathrm{m \cdot s^{-1}}$；ρ 为流体的密度，$\mathrm{kg \cdot m^{-3}}$；λ_m 为固定床的摩擦系数。

固定床的摩擦系数 λ_m 可以直接由实验测定，根据实验结果，厄贡（Ergun）提出如下经验公式：

$$\lambda_\mathrm{m} = 2\left(\frac{1-\varepsilon_\mathrm{m}}{\varepsilon_\mathrm{m}^3}\right)\left(\frac{150}{Re_\mathrm{m}}+1.75\right) \tag{2}$$

式中，ε_m 为固定床的空隙率；Re_m 为修正雷诺数。Re_m 可由颗粒直径 d_p、床层空隙率 ε_m、流体密度 ρ、流体黏度 μ 和空管速度 u_0 计算得到：

$$Re_\mathrm{m} = \frac{d_\mathrm{p} \rho u_0}{\mu} \frac{1}{1-\varepsilon_\mathrm{m}} \tag{3}$$

厄贡（Ergun）提出的另一个经验公式：

$$\frac{\Delta p_\mathrm{m}}{uL} = K_1 \frac{(1-\varepsilon)^2}{\varepsilon^3} \frac{\mu}{(\Psi d_\mathrm{m})^2} + K_2 \frac{(1-\varepsilon)}{\varepsilon^3} \frac{\rho u}{\Psi d_\mathrm{m}} \tag{4}$$

式(4)中，以实验数据的空速 u 为横坐标，以 $\Delta p_\mathrm{m}/(uL)$ 为纵坐标画图得一直线，从直线的斜率中求出欧根系数 K_2，从直线的截距中计算出欧根系数 K_1。

由固定床向流化床转变式的临界速度 u_mf 也可由实验直径测定。实验测定不同流速下的床层压降，再将实验数据标绘在双对数坐标上，由作图法即可求得临界流化速度，如图1所示。

2. 流化床

(1) 基本概念　当流体空速趋近某一临界速度 u_mf 时，颗粒开始松动，床层略有膨胀，

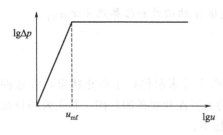

图1 流体流经固定床和流化床时的压力降

床层高度有所增加；当空速继续加大，此时固体颗粒悬浮在流体中做上下、自转、摇摆等随机运动，好像沸腾的液体在翻腾，此时的颗粒床层称为流化床或沸腾床，临界速度 u_{mf} 称为起始流化速度。

流化床现象在一定的流体空速内出现，在此流速范围内，随着流速的加大，流化床高度不断增加，床层空隙率相应增大。流化床根据流体性质不同，可分为以下两种类型。

a. 散式流化 若流化床中固体颗粒均匀地分散于流体中，床层中各处空隙率大致相等，床层有稳定的上界面，这种流化形式称为散式流化。当流体与固体的密度相差较小时会发生散式流化，如液-固体系。

b. 聚式流化 对气固体系，因流化床中气体与固体的密度相差较大，气体对固体的浮力很小，气体对颗粒的支撑主要靠曳力，此时气体通过床层主要以大气泡的形式出现，气泡上升到一定高度处会自动破裂，造成床层上界面有较大的波动，这种气固体系的流态化称为聚式流化。

(2) 流化床阶段压降 Δp_m 与空速 u 的关系

a. 流化床层的压降 Δp_m 对散式流化，流化阶段床层修正压强降 Δp_m 等于单位截面积床层固体颗粒的净重，即：

$$\Delta p_m = m(\rho_s - \rho)g/(A\rho_s) = L(1-\varepsilon)(\rho_s - \rho)g \tag{5}$$

式(5)表明，散式流化过程床层压降不随流体空速的变化而变化。对于聚式流化，由于气泡的形成与破裂，流化床层的压降会有波动，流化床层的压降曲线形状与散式流化压降曲线形状有一定的差异。

b. 起始流化速度 u_{mf} 为计算临界流化速度，研究者们也曾提出过各种计算公式，下面介绍的为一种半理论半经验的公式：当流态化时，流体流动对固体颗粒产生的向上作用力，应等于颗粒在流体中的净重力。

$$\Delta p S = H_f S(1-\varepsilon_f)(\rho_s - \rho)g \tag{6}$$

式中，S 为床层的横截面积，m^2；H_f 为床层的高度，m；ε_f 为床层的空隙率；ρ_s 为固体颗粒的密度，$kg \cdot m^{-3}$，ρ 为流体的密度，$kg \cdot m^{-3}$，由此可得出流化床压降的计算公式：

$$\Delta p = H_f(1-\varepsilon_f)(\rho_s - \rho)g \tag{7}$$

当床层处于由固定床向流化床转变的临界点时，固定床压降的计算式与流化床的计算式应同时适用。这时，$H_f = H_{mf}$，$\varepsilon_f = \varepsilon_{mf}$，$u_0 = u_{mf}$，因此联立式(1)和式(5)即可得临界流化速度的计算式：

$$u_{m,f} = \left[\frac{1}{\lambda_m} \times \frac{2dp(1-\varepsilon_{m,f})(\rho_s - \rho)}{\rho}\right]^{1/2} \tag{8}$$

若式中固定床的摩擦系数 λ_m 按式(2)计算，则联立式(2)和式(6)即可计算得到临界流化速度。

起始流化速度 u_{mf} 可由固定床与流化床两阶段的压降-空速曲线的交点求出。另外，若起始流化时的雷诺数 $R_{mf} < 1.0$，则可用白井-李伐公式计算起始流化速度：

$$u_{m,f} = 8.024 \times 10^{-3} \frac{[\rho(\rho_s - \rho)]^{0.94}}{\rho \mu^{0.88}} d_m^{1.82} \tag{9}$$

最后，尚需进一步指出，由实验数据关联得出的固定床压降和临界流化速度的计算公式，除以上介绍的算式之外，文献中报导的至今已达数十种之多。但大都形式过于复杂，或是应用局限性和误差较大。一般用实验方法直接测量最为可靠，而这种实验方法又较为简单可行。流化床的特性参数，除上述外，还有密相流化与稀相流化临界点的带出速度 u_t、床层的膨胀比 R 和流化数 K 等，这些都是设计流化床设备时的重要参数。流化床的床高 H_f 与静床层的高度 H_0 之比，称为膨胀比，即：

$$R = H_f / H_0 \tag{10}$$

流化床实际采用的流化速度 u_f 与临界流化速度 $u_{m,f}$ 之比称为流化数，即：$K = u_f/u_{m,f}$。若 $R_{mf} > 10$，则由式(8)计算得到的 $u_{m,f}$ 还须乘以校正系数。

三、实验装置

固体流态化装置流程图见图2。

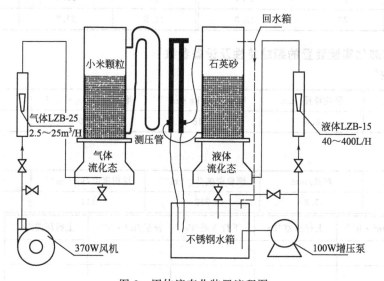

图2 固体流态化装置流程图

对空气～小米体系，流动的空气由鼓风机提供，依次经过气体流量计气体流量调节阀及气体分布板后，穿过小米组成的床层，最后从床层顶部排出。空气通过床层的压降由U形压差计测量读出，床层高度的变化由标尺杆测出。

对水-石英砂体系，其实验装置流程与空气-石英砂体系大体相似。

四、实验步骤

（1）用木棒轻轻敲打床层，使床层高度均匀一致，并测量出首次静床高度。
（2）打开电源，启动风机。
（3）调节气体（液体）流量从最小刻度开始，然后流量每次增加 $1.0\text{m}^3 \cdot \text{h}^{-1}$（液体 $50\text{L} \cdot \text{h}^{-1}$），同时记录下相应的流量、温度、床层压降等上行原始数据。最大气体（液体）流量以不把床内固体颗粒带出床层为准。
（4）调节气体（液体）量从上行的最大流量开始，每次减少 $1.0\text{m}^3 \cdot \text{h}^{-1}$（液体 $50\text{L} \cdot \text{h}^{-1}$），直至最小流量，记录相应的下行原始实验数据。

(5) 测量结束后，关闭电源，再次测量经过流化后的静床高度。比较两次静床高度的变化。

五、数据处理
1. 原始数据

实验温度：_____℃

流量$V/m^3 \cdot h^{-1}$	上行压差/mmH₂O	下行压差/mmH₂O	流量$V/m^3 \cdot h^{-1}$	上行压差/mmH₂O	下行压差/mmH₂O
2.5	6.7	6.8	6.5	18.8	20.0
3.0	8.2	8.1	7.0	21.6	20.7
3.5	9.9	9.8	7.5	21.7	21.4
4.0	11.3	11.1	8.0	21.8	21.6
4.5	13.4	12.8	9	21.8	21.9
5.0	15.3	15.9	9.5	22	21.9
5.5	17.1	17.7	10	22.1	22
6.0	20.5	19.0	10.5	21.9	22

2. 固体流态化实验装置的颗粒特性及设备参数

（1）石英砂

床体尺寸/mm	平均粒径/mm	颗粒密度/kg·m⁻³	堆积密度/kg·m⁻³	空隙率
208×20	0.8	1748	1060	0.405

（2）西米

床体尺寸/mm	粒径/mm	颗粒密度/kg·m⁻³	堆积密度/kg·m⁻³	空隙率
208×20	1.2	732	414	0.431

序号	流量/m³·h⁻¹	上行压差/Pa	下行压差/Pa	流量/m³·h⁻¹	上行压差/Pa	下行压差/Pa

实验 9　脂肪酸的分子蒸馏与分离实验

一、实验目的
1. 了解分子蒸馏的原理、装置及基本流程和操作方法。
2. 研究进料量、真空度、刮膜速度以及冷却水温度对分离效率的影响。

二、实验原理

分子蒸馏是一种高新分离技术,广泛应用于食品行业、日用化工行业、制药行业以及石油化工行业。分子蒸馏原理示意图见图1。对于分子量大的物质的分离、提纯以及传统方法无法进行分离的挥发性小的高沸点、高黏度的热敏性物质的分离具有很好的效果。分子蒸馏是一种不同于一般常规的蒸馏,它是没有达到气-液相平衡的蒸馏,分子蒸馏的分离是建立在不同物质挥发度不同的基础上,分离操作在低于物料正常沸点下进行,首先物料先进行加热,液面的分子受热后接收足够的能量时,就会从液面逸出而成为气体分子。逸出的气体分子在气相中会

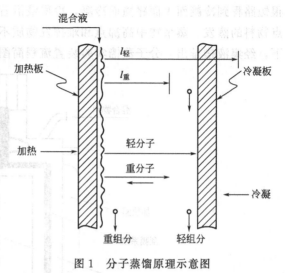

图1 分子蒸馏原理示意图

发生碰撞,碰撞结果是有一部分气体分子返回液面,在外界温度保持恒定的情况下,最终达到动态平衡。气相中分子相邻两次碰撞之间所走的路线,称为分子运动自由程,任一个分子在运动过程中其自由程都在不断变化,在某时间间隔内自由程的平均值称为平均自由程。对于不同的物质分子,运动平均自由程大,其挥发度也大,分子运动平均自由程可用以下函数表示:

$$l_m = \frac{k}{\sqrt{2}\pi d^2} \times \frac{T}{p} \tag{1}$$

式中,k 为玻尔兹曼常数,$k=1.381\times10^{-23}$ J·K^{-1};d 为分子的有效直径,m;T 为运动分子所处的空间温度,K;p 为运动分子所处的空间压强,Pa。

分子蒸馏就是指物料分子在蒸发液面挥发出来,直接在冷凝面冷凝下来所走过的行程小于其分子运动平均自由程的单元操作。一般蒸发面与冷凝面的距离可在 1~20cm 之间,最常见的是 1~5cm。在进行蒸馏操作时,要求蒸发面的真空度低于 100Pa。分子蒸馏的速度完全由物质分子自蒸发面的挥发速度决定,同气-液相平衡无关。Langmuir-Kundsen 从理想气体动力学理论推导出一个描述物质分子理想蒸馏速度:

$$G = 15p\sqrt{\frac{M}{T}} \tag{2}$$

式中,G 为蒸馏速度,kg·m^{-2}·h^{-1};p 为蒸气压,Pa;M 为分子量;T 为蒸馏温度,K。

式(2) 是在不受其他分子阻碍的情况下导出的,然而,某些蒸发出来的分子在到达冷凝面之前,难免要与残余气体的分子碰撞,式(2) 所给出的 G 值通常是达不到的,在实际过程中需乘以一个校正因子 α,残余气体压力愈低,α 值愈接近于 1。在现代工业装置中,其值可达到 0.9。

三、实验装置

分子蒸馏蒸发器结构示意图如图2所示。在蒸馏中,物料从筒体上部连续流入旋转着的液体分布盘,在离心力作用下,料液甩向筒壁,在向下流动过程中,在旋转刮板作用下,把料液沿着加热筒体内壁刮成一层均匀薄膜,边蒸发边向下流淌,蒸发物料分子从蒸发面经过

很短路程到冷凝面表面碰撞而冷凝,冷凝液沿着竖直管壁流下,经底部出口流出。随着低沸点物料的蒸发,蒸余物中高沸点和难挥发物质不断浓缩,最后蒸馏残留物由加热筒壁底端流下,经集液槽排出。分子蒸馏实验装置流程简图见图3。

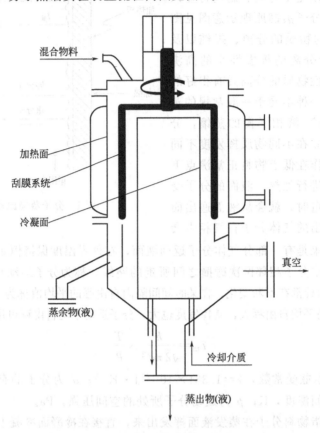

图2 分子蒸馏蒸发器结构示意图

四、实验步骤

1. 分子蒸馏实验方案

首先将100g羊毛醇减压蒸馏脱气,脱除水等极轻组分。然后将一次脱气得到的物料重新加入进料器,尝试在不同的蒸馏温度、进料速率、刮膜转子转速、预热温度以及蒸馏级数下进行蒸馏分离,并对每次得到的轻重馏分取样进行分析。

脱气条件:预热温度120℃,进料速率50g·min^{-1},系统压力70Pa,蒸馏温度180℃。

蒸馏条件:加料前压力0.5Pa,蒸馏温度200～240℃,冷凝温度30～50℃,进料速率40g·min^{-1}。

2. 实验步骤

(1) 预热:称取2kg羊毛醇原料放入不锈钢容器中,然后放入烘箱,烘箱温度为120℃,隔夜。

(2) 开机:打开主机,开启电加热带,主机加热,冷却水加热,达到恒温后保持2h,开启真空泵。

(3) 加料:当达到30Pa后,关闭平衡阀和下料阀,打开进料阀,轻微开启平衡阀,开始进料。进料完成后关闭进料阀,完全打开平衡阀。

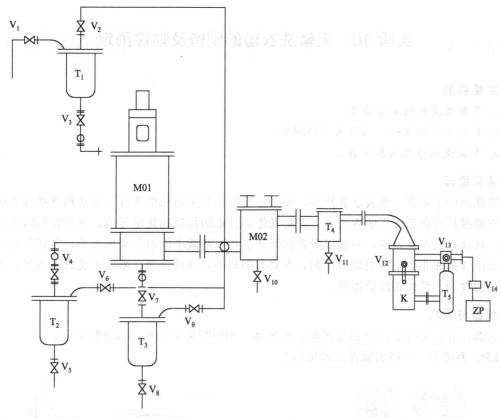

图 3 分子蒸馏实验装置流程简图

T_1—原料罐；T_2—蒸余物罐；T_3—蒸出物罐；M01—分子蒸馏器；M02—外冷凝器；
T_4—冷阱；T_5—真空缓冲罐；K—扩散泵；ZP—旋片泵

(4) 脱气：当真空度达到 70Pa 后，开启刮膜电机，开启下料阀，快速进料，进行脱气。当从放料镜中观察到无物料流下时，脱气完成。关闭刮膜电机，关闭真空泵，待无真空度后，连通大气，放出轻重组分。

(5) 蒸馏：开启真空泵，达到 30Pa 后，将脱气后的轻重组分混合后进料，关闭进料阀。开启扩散泵，开启刮膜电机，当真空度达到 0.5Pa 时，开始下料，在视镜观察下料情况，调节下料阀，直到有一个连续稳定的小流量为止。当从放料镜中观察到无物料流下时，蒸馏完成，关闭刮膜电机。

(6) 停机：关闭扩散泵，15min 后，关闭旋片真空泵，待无真空度后，连通大气，放出轻重组分。关闭主机加热、电加热带、冷却水加热，关闭冷却水总阀门。

五、数据处理

考察对蒸发效率主要影响因素有：蒸馏温度、进料速率、刮膜转子转速、预热温度以及蒸馏级数。

六、思考题

1. 原料为什么要脱轻？
2. 原料为什么要除水？
3. 蒸馏温度、预热温度、转子转速对轻重组分的分离效果有何影响？

实验 10　无磷洗衣粉的制备及物性测定

一、实验目的

1. 了解洗涤剂的制备原理。
2. 熟悉洗衣粉水分、振实密度的测定。
3. 掌握洗衣粉的制备方法。

二、实验原理

洗涤剂的主要成分是表面活性剂，表面活性剂是分子结构中含有亲水基和疏水基的化合物，它能排列在洗涤体系的界面上，并对其施加特殊的物理和化学作用，改变界面间的能量关系，从而达到洗涤目的。一般根据表面活性剂在水溶液中能否分解为离子，将其分为离子型表面活性剂和非离子型表面活性剂，主要有阴离子表面活性剂、阳离子表面活性剂、非离子表面活性剂、两性表面活性剂。

三、仪器与原料

仪器：30L 反应釜、80 目过滤器、胶体磨、小型喷雾干燥机、水分测定仪。

LPG 型喷雾干燥机实物及原理见图 1。

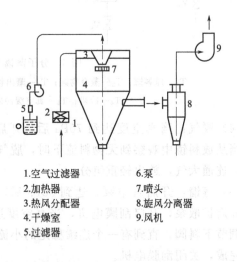

1. 空气过滤器　　　6. 泵
2. 加热器　　　　　7. 喷头
3. 热风分配器　　　8. 旋风分离器
4. 干燥室　　　　　9. 风机
5. 过滤器

图 1　LPG 型喷雾干燥机实物及原理

无磷洗衣粉：配方

	（一）	（二）
脂肪醇聚氧乙烯醚	0.25kg	10g
醇醚硫酸盐	—	5g
烷基苯磺酸钠	0.75kg	150g
硅酸钠	0.5kg	5g
碳酸氢钠	0.5kg	50g
碳酸钠	1.0kg	200g

羧甲基纤维素钠	0.1kg	5g
硫酸钠	1.15kg	—
水	2.0kg	1000g

这种洗衣粉不加磷酸盐，泡沫适中，去污力强，以纯非离子表活性剂或阳离子表面活性剂复配成有效活性物。

四、实验步骤

先将配方中未列出的荧光增白粉、着色剂等加至表面活性剂中，搅拌均匀，再混合碳酸钠。然后，每加一种其他原料应搅拌均匀，混合后先用胶体磨研磨，配成含固量约为30%的料浆，料浆用80目的筛子过筛，再喷雾干燥，产品过10目筛，最后加入香料，包装即为成品。

质量要求：洁白色或着色颗粒，具有（芳）香气味；1%溶液pH值为10.6左右；含水量不大于6%，去污力应大于指标洗衣粉。使用方法与一般洗衣粉相同，可用于手工也可用于洗衣机洗涤。

五、物性测定

1. 用水分测定仪测定新制洗衣粉的水分含量。
2. 用振实密度仪测定新制洗衣粉的密度。

六、实验注意事项

1. 务必将物料混匀、过筛，防止堵塞喷雾干燥机的喷雾头。
2. 实验结束后，将所用设备逐一清洗干净。

七、思考题

1. 脂肪醇聚氧乙烯醚、烷基苯磺酸钠在洗衣粉中分别起到什么作用？
2. 喷雾干燥机雾化器的转速对结果有何影响？
3. 喷雾干燥机进、出口温度的高低对洗衣粉的质量有何影响？

实验11 催化剂载体——活性氧化铝的制备

一、实验目的

1. 通过铝盐与碱性沉淀剂的沉淀反应，掌握氧化铝催化剂和催化剂载体的制备过程。
2. 了解制备氧化铝水合物的技术和原理。
3. 掌握活性氧化铝的成型方法。

二、实验原理

催化剂或催化剂载体用的氧化铝在物性和结构方面都有一定要求。最基本的是比表面积、孔结构、晶体结构等。例如，重整催化剂是将贵重金属铂、铼载在$\gamma\text{-}Al_2O_3$或$\eta\text{-}Al_2O_3$上。氧化铝的结构对反应活性影响极大，载于其他形态的氧化铝上，其活性是很低的，如烃类脱氢催化剂，若将Cr-K载在$\gamma\text{-}Al_2O_3$或$\eta\text{-}Al_2O_3$上，活性较好，而载在其他形态氧化铝上，活性很差。这说明它不仅起载体作用，而且也起到了活性组分的作用，因此，也称这种氧化铝为活性氧化铝。α-Al_2O_3 在反应中是惰性物质，只能作载体使用。制备活性氧化铝的方法不同，得到的产品结构亦不相同，其活性的差异颇大，因此制备中应严格掌握每一步骤的条件，不应混入杂质。尽管制备方法和路线很多，但无论哪种路线都必须制成氧化铝水合物（氢氧化铝），再经高温脱水生成氧化铝。自然界存在的氧化铝或氢氧化铝脱水生成的氧化铝，不能作载体或催化剂使用，这不仅因为杂质多，主要是难以得到所要求的结构和催化活性。为此，必须经过重新处理，可见制备氧化铝水合物是制活性 Al_2O_3 的基础。

氧化铝水合物经 X 射线分析，可知有多种形态，通常分为结晶态和非结晶态。结晶态中有一水和三水化物两类形体；非结晶态则含有无定形和结晶度很低的水化物两种形体，它们都是凝胶态，可总括为下述表达形式：

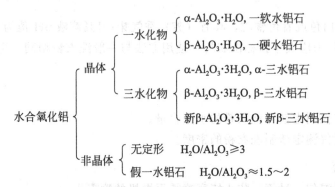

无定形水合氧化铝，尤其假一水铝石，在制备中能通过控制溶液 pH 值或温度向一水氧化铝转变。经老化后大部分变成 α-Al_2O_3·H_2O，而这种形态是生成 γ-Al_2O_3 的唯一路线。上述 α-Al_2O_3·H_2O 凝胶是针状聚集体，难以洗涤过滤。β-Al_2O_3·$3H_2O$ 是球形颗粒，紧密排列，易于洗涤过滤。

氧化铝水合物是非稳定态，加热会脱水，随着脱水气氛和脱水温度的不同可生成各种晶形的氧化铝。当受热到 1200℃ 时，各种晶形的氧化铝都将变成 α-Al_2O_3（亦称刚玉）。α-Al_2O_3 具有最小的表面积和孔容积。水合物受热后晶形变化情况如下：

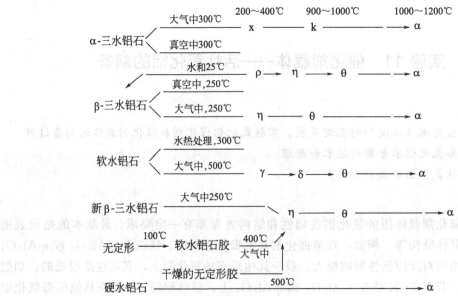

可见不论获得何种晶形的氧化铝都要首先制成氢氧化铝。氢氧化铝也是制陶瓷和无机阻燃剂及阻燃添加剂的重要原料。

制备水合氧化铝的方法很多,其中以铝盐、偏铝酸钠、烷基铝、金属铝、拜耳氢氧化铝等为原料,并控制温度、pH 值、反应时间、反应浓度等操作条件,得到均一的相态和不同的物性。通常有以下几种方法:

(1) 以铝盐为原料 用 $AlCl_3 \cdot 6H_2O$,$Al_2(SO_4)_3 \cdot 18H_2O$,$Al(NO_3)_3Cl_3 \cdot 9H_2O$,$KAl(SO_4)_4 \cdot 24H_2O$ 等的水溶液与沉淀剂氨水、NaOH、Na_2CO_3 等溶液作用生成氧化铝水合物。

$$AlCl_3 + 3NH_4OH \longrightarrow Al(OH)_3 \downarrow + 3NH_4Cl$$

球状活性氧化铝以三氯化铝为原料有较好的成型性能。实验多使用该法制备水合氧化铝。

(2) 以偏铝酸钠为原料 偏铝酸钠可在酸性溶液作用下分解沉淀析出氢氧化铝。此原料在工业生产上较经济,是常用的生产活性氧化铝的路线,但常因混有不易脱除的 Na^+,故常用通入 CO_2 的方法制各种晶形的 $Al(OH)_3$。

$$2NaAlO_2 + CO_2 + H_2O \longrightarrow Na_2CO_3 + 2Al(OH)_3 \downarrow$$

$$NaAlO_2 + HNO_3 + H_2O \longrightarrow NaNO_3 + Al(OH)_3$$

制备过程中有 Al^{3+} 和 OH^- 存在是必要的,其他离子可经水洗被除掉。另外还有许多方法,它们都是为制取特殊要求的催化剂或载体而采用的。制备催化剂或载体时,都要求除去 S、P、As、Cl 等有害杂质,否则催化活性较差。

本实验采用铝盐与氨水沉淀法将沉淀物在 pH=8～9 范围内老化一定时间,使之变成 α-水铝石,再洗涤至无氯离子。将滤饼用酸胶溶成流动性能较好的溶胶,用滴加法滴入油氨柱内,在油中受表面张力作用收缩成球,再进入氨水中,经中和和老化后形成较硬的凝胶球状物(直径在 1～3mm 之间),经水洗油氨后进行干燥。也可将酸化的溶胶喷雾到干燥机内,生成 40～80μm 的微球氢氧化铝。上述过程可用图 1 表示。

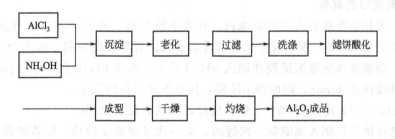

图 1 铝盐与氨水沉淀法

沉淀是制成一定活性和物性产物的关键,对滤饼洗涤难易有直接影响。其操作条件决定了颗粒大小、粒子排列和结晶完整程度。加料顺序、浓度和速度也有影响,沉淀中 pH 值不同,得到的水化物则不同。例如:

$$Al^{3+} + OH^- \begin{cases} pH<7 \longrightarrow \text{无定形胶体} \\ pH=9 \longrightarrow \alpha\text{-}Al_2O_3 \cdot H_2O \quad \text{胶体} \\ pH>10 \longrightarrow \beta\text{-}Al_2O_3 \cdot H_2O \quad \text{结晶} \end{cases}$$

当 Al^{3+} 倾倒于碱液中时，pH 值由 >10 向 <7 转变。产物有各种形态水化物，不易得到均一形体。如果反向投料，若 pH 值不超过 10，只有两种形体，经老化也会趋于一种形体。为此，并流接触并维持稳定 pH 值，可得到均一的形体。

老化是使沉淀形成不再发生可逆结晶变化的过程，同时使一次粒子再结晶、纯化和生长，另外也使胶粒之间进一步黏结，胶体粒子得以增大。这一过程随温度升高而加快，常常在较高温度下进行。

洗涤是为了除去杂质。若杂质以相反离子形式吸附在胶粒周围而不易进入水中时，则需用水在搅拌情况下把滤饼打散形成浆状物再过滤，多次反复操作才能洗净。若有 SO_4^{2-} 存在则难以完全洗净。当 pH 值近于 7 时，$Al(OH)_3$ 会随水流失，一般应维持 pH>7。

酸化胶溶是为成型需要设置的。这个过程是在胶溶剂存在下，使凝胶这种暂时凝集起来的分散相重新变成溶胶。当向 $Al(OH)_3$ 中加入少量 HNO_3 时发生如下反应：

$$Al(OH)_3 + 3HNO_3 \longrightarrow Al(NO_3)_3 + 3H_2O$$

生成的 Al^{3+} 在水中电离并吸附在 $Al(OH)_3$ 表面上，NO_3^- 为反离子，从而形成胶团的双电层，仅有少量 HNO_3 就足以使凝胶态的滤饼全部发生胶溶，以致变成流动性很好的溶胶体。当 Cl^-、Na^+ 或其他离子存在时，溶胶的流动性和稳定性变差。应尽可能避免杂质存在，否则会影响催化剂的活性。利用溶胶在适当 pH 和适当介质中能溶胶化的原理，可把溶胶以小滴形式滴入油层，这是由于表面张力而形成球滴，球滴下降中遇碱性介质形成凝胶化小球，以制备 Al_2O_3 小球催化剂。

三、实验步骤

1. 溶液配制

取 285mL 蒸馏水放入 50mL 烧杯内，在天平上称量 15g 无水三氯化铝（要求快速称量，否则因吸湿而不准确），分次投入水中，搅拌后澄清。如果有不溶物或颗粒杂质，可用漏斗过滤，最终配成 5% $AlCl_3$ 溶液。

取浓氨水（25%）50mL，用水稀释一倍待用。

2. 水合氧化铝的制备

（1）将三氯化铝溶液放入三口烧瓶内，并装上搅拌器，升温至 40℃，在搅拌下快速倒入氨水（按理论量 80%），观察搅拌桨叶的转动情况。若溶液变黏稠，再加少许氨水，沉淀的胶体变稀，用玻璃棒沾取沉淀胶体滴入 pH 试纸上，测定 pH 值在 8~9 之间则合格，停止加氨水，继续搅拌 30min，随时测 pH 值，如有下降再补加氨水。

（2）30min 后把温度升至 70℃，停止搅拌，将其静置老化 1h。

（3）将老化的凝胶倒入抽滤漏斗内过滤。第一次过滤速度较快，随着洗涤次数的增加，过滤速度逐渐减慢。

（4）取出过滤抽干的滤饼，此操作称为打浆。全部变成浆状物后，再次过滤，通常至少洗涤 5 次，最后用硝酸银溶液滴定滤液，若不产生白色沉淀即为无氯离子。取少量凝胶在显微镜下观察。

（5）将洗好的滤饼放在 500mL 烧杯内，称重，待酸化使用。

3. 成型操作

（1）将干燥的氢氧化铝与 2% 的乙酸和田菁粉混合均匀。

（2）将上述混合物挤压成型，然后放于烘干箱中于 120℃ 干燥 3h。

(3) 将上述样品在马弗炉中于 550℃焙烧 3h，得到 γ-Al_2O_3。

四、数据处理

1. 计算 $Al(OH)_3$ 和 Al_2O_3 的实际收率并解释与理论收率相差较大的原因。
2. 测定最后成型的外观形状和尺寸。
3. 画出制备流程。

实验 12　化工传热综合实验

一、实验目的

1. 了解换热器的基本构造与操作原理。
2. 掌握热量衡算与传热系数 K 及对流传热膜系数 $α$ 的测定方法。
3. 了解强化传热的途径及措施。

二、实验原理

传热实验是在实验室条件下的教学实验，用仪表考察冷热流体在套管式换热器中的传热过程，其理论基础是传热基本方程、牛顿冷却定律及热量平衡关系。

由传热基本方程得：
$$Q = KA\Delta t_m$$

式中，K 为传热系数，$W·m^{-2}$；A 为换热器的传热面积，m^2；Δt_m 为平均温度差，K；Q 为传热量，W。

由上式可得 $K = Q/(A\Delta t_m)$，由实验测定 Q、A、Δt_m 即可求得 K 值。

由传热系数 K 亦可确定换热面内外两侧的对流传热膜系数。

对薄壁圆管（d_o/d_i 小于 2），传热系数 K 与传热膜系数之间有如下关系：

$$\frac{1}{K} = \frac{1}{\alpha_o} + \frac{1}{\alpha_i} + \frac{\delta}{\lambda} + R_{do} + R_{di}$$

式中，K 为传热系数，$W·m^{-2}$；α_o 为加热管外壁面的对流传热膜系数，$W·m^{-2}$；α_i 为加热管内壁面的对流传热膜系数，$W·m^{-2}$；δ 为加热管壁厚，m；λ 为加热管的热导率，$W·m^{-1}$；R_{do} 为加热管外壁面的污垢热阻，$m^2·K·W^{-1}$；R_{di} 为加热管内壁面的污垢热阻，$m^2·K·W^{-1}$。

实验室条件下可忽略污垢热阻，则：

$$K = \frac{1}{\frac{1}{\alpha_o} + \frac{1}{\alpha_i}}$$

若 $\alpha_i \gg \alpha_o$，则有 $K \approx \alpha_o$。

实验中冷流体采用空气，热流体采用水蒸气。通过测取冷热流体在换热器进出口的流量及温度变化来进行总传热系数 K、对流传热膜系数 $α$ 与相关准数关系的测定。

化工传热实验流程图见图 1。

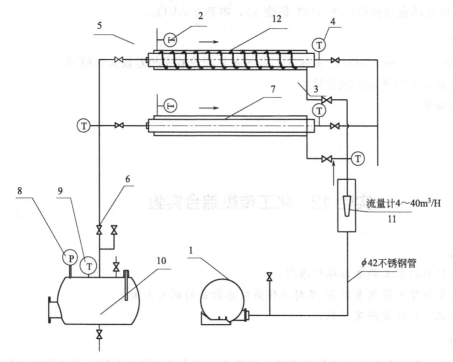

图 1　化工传热实验流程图

1—550W 旋涡风机；2—冷流体出口温度；3—冷流体入口温度；
4—热流体出口温度；5—热流体入口温度；6—调节阀；
7—普通套管换热器；8—压力表；9—蒸汽温度；
10—蒸汽发生器；11—转子流量计；12—强化套管换热器

三、实验步骤

1. 实验前的准备、检查工作

(1) 向电加热釜加水至液位计 2/3 处。

(2) 检查普通管支路各控制阀是否已打开。保证蒸汽和空气管线的畅通。

(3) 接通电源总闸，设定加热电压，启动电加热器开关，开始加热。

2. 实验开始

(1) 一段时间后水沸腾，水蒸气自行充入普通套管换热器外管，观察蒸汽排出口有恒量蒸汽排出，标志着实验可以开始。

(2) 约加热 10min 后，可提前启动鼓风机，保证实验开始时空气入口温度 t（℃）比较稳定。

(3) 调节空气流量旁路阀的开度，使压差计的读数为所需的空气流量值（当旁路阀全开时，通过传热管的空气流量为所需的最小值，全关时为最大值）。

(4) 稳定 5~8min 左右可转动各仪表选择开关读取各数值（注意：第 1 个数据点必须稳定足够的时间）。

(5) 重复步骤（3）与（4）测定 3~5 个数值。

(6) 最小、最大流量值一定要做。

(7) 整个实验过程中，加热电压可以保持（调节）不变，也可随空气流量的变化做适当的调节。

3. 转换支路

重复步骤 2 的内容,进行强化套管换热器的实验。测定 3～5 组实验数据。

4. 实验结束

(1) 关闭加热器开关。
(2) 过 10min 后关闭鼓风机,并将旁路阀全开。
(3) 切段总电源。
(4) 若需几天后再做实验,则应将电加热釜中的水放干净。

四、实验注意事项

1. 热球风速仪在测量时才抽出探头,停止实验时则应将探头关好,一定要注意不能损坏探头内的铂丝等重要测量元件。

2. 必须检查蒸汽加热釜中的水位是否在正常范围内。特别是每个实验结束后,进行下一实验之前,如果发现水位过低,应及时补给水量。

3. 必须保证蒸汽上升管线的畅通。即在给蒸汽加热釜电压之前,两蒸汽支路控制阀之一必须全开。在转换支路时,应先开启需要的支路阀,再关闭另一侧,且开启和关闭控制阀必须缓慢,防止管线截断或蒸汽压力过大突然喷出。

4. 必须保证空气管线的畅通。即在接通风机电源之前,两个空气支路控制阀之一和旁路调节阀必须全开。在转换支路时,应先关闭风机电源,然后开启和关闭控制阀。

5. 实验操作时应注意安全,防止触电和烫伤。

6. 测量时应逐步加大气相流量,记录数据,否则实验数值误差较大。

五、设备主要技术参数

1. 传热管参数

实验装置结构参数见表 1。

表 1　实验装置结构参数

项目		数值
实验内管内径 d_i/mm		20.0
实验内管外径 d_o/mm		22.0
实验外管内径 D_i/mm		53.0
实验外管外径 D_o/mm		57.0
测量段(紫铜内管)长度 l/m		1.00
强化内管内插物(螺旋线圈)尺寸	丝径 h/mm	1
	节距 H/mm	40
加热釜	操作电压/V	≤200
	操作电流/A	≤10

2. 蒸发器为不锈钢制成,最大加热功率为 2kW。其上装有液位计,正常液位要维持在 2/3 处,最多加至液位计所能指示的范围最高处。必要时加水,以免电热管干烧(加水时需注意水位超过液位计指示时仍往蒸发器内加水,液位计将无法显示液位)。其表面也包有保温层。

3. 风机为旋涡风机,输入功率为 550W,转速为 2800r·min^{-1},风量为 95m^3·h^{-1}。

4. 温度仪表:本装置上配置一块 AI-518 温度控制仪表,一块 AI-702M 温度巡检仪和一块 AI-704M 温度巡检仪，一块 501 测量孔板流量计差压。AI-518 温度控制仪表用于控制蒸发器温度，AI-702M 和 AI-704M 温度显示仪可以直接显示所对应各点的温度。

5. 开关指示灯　按下开关指示灯，灯亮表明对应的工作正在运行，关闭时则按开关上箭头的方向旋转即可。

六、数据处理

化工传热实验数据整理填入表中。

序号	流量/$m^3 \cdot h^{-1}$	气体入口温度 $T/℃$	气体出口温度 $T/℃$	蒸汽入口温度 $T/℃$	蒸汽出口温度 $T/℃$	$\Delta t_m/℃$

第7章

应化专业实验

实验 1　聚合硫酸铁的制备

一、实验目的
1. 掌握制备聚合硫酸铁的基本操作。
2. 了解制备聚合硫酸铁的基本原理。
3. 掌握密度计、恒温槽、酸度计、黏度计、微量滴定管等仪器的使用方法。

二、实验原理
聚合硫酸铁简称聚铁，英文缩写为 PFS，又称羟基硫酸铁，通式为：

$$[Fe_2(OH)_n(SO_4)_{3-\frac{n}{2}}]_m \quad (n>2, m\leqslant 10)$$

聚合硫酸铁是一种无机高分子净水剂，有很强的絮凝和沉降能力。PFS 无毒，可作为饮用水和工业污水的净化处理剂。

以 $FeSO_4 \cdot 7H_2O$ 为原料，在适当的条件下，用 H_2O_2 作氧化剂将 Fe^{2+} 氧化为 Fe^{3+}，控制一定条件，使 Fe^{3+} 先生成水合硫酸铁，再生成碱式硫酸铁，最后经水解、聚合作用生成 PFS。基本反应如下：

$$2Fe^{2+} + 2H^+ + H_2O_2 \Longleftrightarrow 2Fe^{3+} + 2H_2O$$

$$Fe^{3+} + 6H_2O \Longleftrightarrow [Fe(H_2O)_6]^{3+}$$

$$[Fe(H_2O)_6]^{3+} \underset{}{\overset{-H^+}{\Longleftrightarrow}} [Fe(OH)(H_2O)_5]^{2+} \underset{}{\overset{-H^+}{\Longleftrightarrow}} [Fe(OH)_2(H_2O)_4]^+$$

$$\underset{}{\overset{-H^+}{\Longleftrightarrow}} \cdots \overset{-SO_4^{2-}}{\Longleftrightarrow} [Fe_2(OH)_n(SO_4)_{3-\frac{n}{2}}]_m \cdot xH_2O$$

三、仪器与试剂
仪器：三口烧瓶（250mL）、温度计套管、移液管、温度计、量筒（100mL，250mL）、pHS-2 型酸度计、电热恒温水浴锅、滴液漏斗（100mL）、电动搅拌器、搅拌棒、电热恒温干燥箱、蒸发皿、表面皿、微量酸式滴定管、锥形瓶（50mL）、电炉、密度重计、黏度计。

试剂：$FeSO_4 \cdot 7H_2O$ (s)、二苯胺磺酸钠 (0.2%)、H_3PO_4 (浓)、H_2SO_4 (浓)、H_2O_2 (15%)、$K_2Cr_2O_7$ (0.1200 mol·L^{-1})、污水。

四、实验步骤
1. 聚合硫酸铁的制备

（1）用托盘天平称取 30g 硫酸亚铁放入 250mL 三口烧瓶中，加入 50mL 蒸馏水、2 滴

浓 H_2SO_4，于 40～50℃下加热使之完全溶解，整个溶液呈绿色（瓶底有少量棕黄色不溶物，不影响操作）。

（2）用移液管移取 1mL 上述溶液于 50mL 锥形瓶中，依次加入 14mL 蒸馏水、2 滴 0.2%二苯胺磺酸钠、2mL 浓 H_3PO_4，迅速用 0.1200mol·L^{-1} $K_2Cr_2O_7$ 溶液滴定至溶液呈紫色且 30s 内不褪色，计算原溶液中 Fe^{2+} 浓度。

（3）用 pHS-2 型酸度计测定溶液 pH 值，求溶液中 H^+ 浓度。

（4）用 $FeSO_4·7H_2O$ 或浓 H_2SO_4 调整溶液中 $[H^+]/[Fe^{2+}]$ = 0.35～0.45。

（5）按图 1 连接装置。

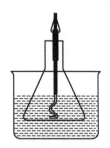

图 1 聚合硫酸铁装置图

保持反应温度为 70～80℃，在充分搅拌下慢慢加入 7.6mL 15%的 H_2O_2（15s 加一滴），滴定完毕，要在加热与搅拌下继续反应 15min，得到深红棕色液体，即为液态聚合硫酸铁。

（6）自然降温到室温，将溶液倾入蒸发皿中（沉淀弃去），加热蒸发浓缩。其间要不断搅拌，当溶液变稠时，改用小火加热，直至溶液非常黏稠搅拌困难为止。将此黏稠物连同搅拌棒一起置于恒温干燥箱中，于 105℃下烘 30min，取出。将半干的产品转移至已知质量的表面皿中，继续于 105℃下烘 45min 左右，使其完全干燥，即得灰黄色固体 PFS 产品。

取出已干燥的产品冷却后称重，计算产率。

2. PFS 产品性质实验

（1）絮凝作用 取黄豆粒大小的产品加入盛 100mL 左右的污水杯中振荡，观察其絮凝和沉降能力。若溶液有红棕色，说明 PFS 放多了。

（2）密度的测定 将若干组同学的产品合并在一起凑足 40g，用 100mL 蒸馏水溶解，转移至 100mL 量筒中测其密度。

（3）黏度的测定 用测过相对密度的溶液再测产品的黏度。

（4）PFS 中 Fe^{2+} 含量的测定 取 10mL 0.1200mol·L^{-1} $K_2Cr_2O_7$ 溶液，加水 115mL 稀释，取 10mL 刚配好的 PFS 溶液用稀释后的 $K_2Cr_2O_7$ 溶液以微量滴定管进行滴定，计算溶液中 Fe^{2+} 含量。

五、数据处理

1. 实验数据记录

产量	
产率/%	
絮凝作用	
黏度	
密度	
Fe^{2+} 含量	

2. 产品性能评价

根据产品性质评价产品的性能。

六、实验注意事项

1. 在酸性溶液中 Fe^{3+} 为黄色，对终点观察有干扰。所以要加入 H_3PO_4，由于 H_3PO_4 与 Fe^{3+} 可生成无色配合物 $Fe(HPO_4)_2$，可以消除 Fe^{3+} 的影响，同时降低 $\varphi_{Fe^{3+}/Fe^{2+}}$，使化学计量点的电位突跃增大，$Cr_2O_7^{2-}$ 与 Fe^{2+} 反应更完全，指示剂能较好地显色。

2. 实验结果表明，在反应过程中，游离 H_2SO_4 的浓度较高时，$FeSO_4 \cdot 7H_2O$ 溶解度较小，$FeSO_4$ 被氧化的速度显著下降，并且不能很好地形成 PFS；只有当酸度较低时，才有利于 $FeSO_4$ 的氧化并形成 PFS，但酸度过低，$FeSO_4$ 在被氧化前易发生水解反应生成浅绿色或白色的 $Fe(OH)_2$ 沉淀，故较合适的酸度条件为 $\dfrac{[H^+]}{[Fe^{2+}]}=0.35\sim 0.45$。

3. 20℃时每 100g 水能溶解 40g PFS，其密度大于 $1.45 g\cdot L^{-1}$；25℃时，密度约为 $1.24 g\cdot L^{-1}$。

4. 20℃时黏度为 $11\sim 13 mPa\cdot s$。

5. 溶液中 Fe^{2+} 含量应不大于 $1 g\cdot L^{-1}$。

七、思考题

1. 在滴定 Fe^{2+} 时能否多加一些二苯胺磺酸钠？
2. 在滴定 Fe^{2+} 过程中，加入浓 H_3PO_4 后为什么要迅速滴定？

实验 2　固体酒精的配制

一、实验目的

掌握固体酒精的配制原理与实验方法。

二、实验原理

酒精的学名是乙醇，易燃，燃烧时无烟无味，安全卫生。由于酒精是液体，较易挥发，携带不便，所以作为燃料使用并不普遍。针对以上缺点，把酒精制成固体状，降低了挥发性，易于包装携带，使用更加安全。

固体酒精特别适用于某些特别用途：例如用作火锅燃料、室外野炊的热源等，是酒家、旅游者、地质人员、部队及其他野外工作者的必备品。在人们日常生活中得到广泛应用。

利用硬脂酸钠受热时熔化，冷却时又重新固化的性质，将液态酒精与硬脂酸钠搅拌共热，充分混合，冷却后硬脂酸钠将酒精包含其中，成为固体产品。若在配方中加入虫胶、石蜡等物料作为黏合剂，可以得到质地更加坚硬的固体酒精。由于所用的添加剂均为可燃的有机化合物，不仅不影响酒精的燃烧性能，而且可以燃烧得更为持久并释放更多的热能。

三、仪器与试剂

仪器：电炉（0～1000W 可调）、水浴锅（500mL）、球形冷凝管、250mL 三口烧瓶，温度计（1～100℃）、燃烧盆、烧杯（100mL）、沸石。

试剂：工业酒精（酒精含量≥95%）、虫胶片（虫胶片受热软化，冷后固化，在本实验中用作黏合剂）、石蜡（在本实验中石蜡是固化剂并且可以燃烧）、氢氧化钠、硬脂酸。

四、实验步骤

1. 方法一

（1）称取 0.8g（0.02mol）氢氧化钠，迅速研碎成小颗粒，加入 250mL 的烧瓶中，再加入 1g 虫胶片，80mL 酒精和数粒小沸石，装置回流冷凝管，水浴加热回流至固体全部溶解为止。

（2）在 100mL 烧杯中加入 5g（约 0.02mol）硬脂酸和 20mL 酒精，在水浴上温热硬脂酸全部溶解，然后取下冷凝管，从烧瓶瓶口处将烧杯中的物料加入含有氢氧化钠、虫胶片和酒精的三口烧瓶中，架上冷凝管，摇动使其混合均匀，回流不同时间后移去水浴，反应混合物自然冷却，待降温到 50℃ 时倒入模具中，加盖以避免酒精挥发，冷至室温后完全固化，从模具中取出即得到成品。

（3）取不同回流时间的产品进行燃烧实验，并进行比较。

2. 方法二

向 250mL 三口烧瓶中加入 9g（约 0.035mol）硬脂酸和 2g 石蜡（约 50mL）、酒精和数粒小沸石，装置回流冷凝管，摇匀，在水浴上加热约 60℃并保温至固体全部溶解为止。然后，将 1.5g（约 0.037mol）氢氧化钠和 13.5g 水加入 100mL 烧杯中，搅拌溶解后再加入 25mL 酒精，搅匀。将碱液加进含硬脂酸、石蜡、酒精的三口烧瓶中，在水浴上加热回流 15min 使反应完全，移去水浴，待物料稍冷而停止回流时，趁热倒入模具，冷却后取出成品，进行燃烧实验。

五、实验注意事项

1. 酒精易燃，实验过程中明火使用要小心。
2. 不准将产品固体酒精带走。

六、思考题

1. 虫胶片、石蜡的作用是什么？
2. 固体酒精的配制原理是什么？

实验3 果胶的提取和应用

一、实验目的

1. 了解果胶的性质和提取原理。
2. 掌握果胶的提取工艺。
3. 了解果胶在食品工业中的用途。

二、实验原理

果胶广泛存在于水果和蔬菜中。例如苹果（以湿品计）中果胶含量为 0.7%~1.5%，蔬菜中则以南瓜中含量最多，含 7%~17%。其主要用途是用作酸性食品的胶凝剂。目前果酱、果子冻、橘子果冻仍然是世界上果胶的主要产品。但随着果胶在工业上作为胶凝剂、增调剂以及保护胶体等用途的发展，用以制果酱的果胶的用量必然减少。

果胶是一种每个分子含有几百到几千个结构单元的线性多糖，平均分子量大约在 50000～180000 之间，其基本结构是以 α-1,4 苷链结合的聚半乳糖醛酸，在聚半乳糖醛酸中，部分羧基被甲醇酯化，剩余的部分与钾、钠或铵等离子结合。高甲氧基化果胶分子的部分链节如下：

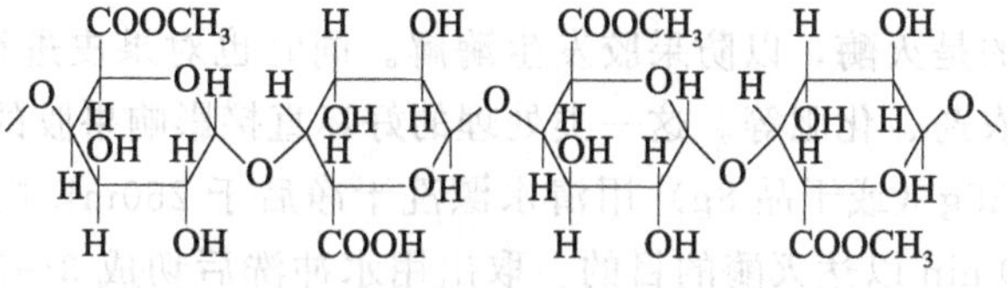

[甲氧基化度(DM)为75%]

在果蔬中果胶多数以原果胶存在。原果胶中，聚半乳糖醛酸可被甲基部分地酯化，并且以金属离子桥（特别是钙离子）与多聚半乳糖醛酸分子残基上的游离羧基相连接。其结构为：

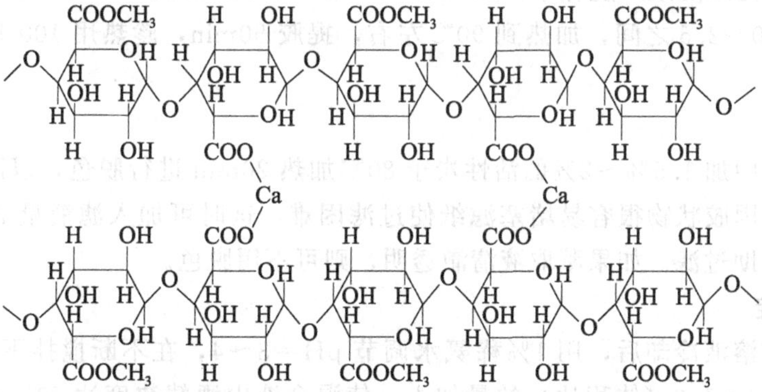

原果胶不溶于水，用酸水解时这种金属离子桥（离子键）被破坏，即得到可溶性果胶。再进行纯化和干燥即为商品果胶。

甲氧基化的半乳糖醛酸残基数与半乳糖醛酸残基总数的比值称为甲氧基比度或酯化度。果胶的胶凝强度的大小是果胶的重要质量标准之一。影响胶凝强度的主要因素是果胶的分子量及酯化度。酯化度增大，胶凝强度增大，同时胶凝速度也加快。理论上完全酯化的聚半乳糖醛酸的甲氧基含量是 16.32%，这时酯化度为 100%，但实际上能得到的甲氧基含量最高值是 12%～14%。一般规定甲氧基含量大于 7% 的为高甲氧基果胶，小于和等于 7% 的为低甲氧基果胶。从天然原料中提取的果胶最高酯化度为 75%，食品工化中常用高甲氧基果胶来制果冻、果酱和糖果等。在汁液类食品中高甲氧基果胶作增稠剂、乳化剂等，更高酯化度的果胶可通过用甲醇甲氧基化来获得。若在酸性和碱性条件下加热果胶，会使甲酯水解、苷链断裂，变成低酯化度或低分子量的果胶，从而降低果胶的胶凝强度和速度。因此，在提取果胶时要严格控制其水解温度、时间和 pH 值。

世界上柑橘年产量超过 5×10^8 t，其果皮约占 20%，为提取果胶提供了丰富的原料，也是目前我国常用的一种原料，所以本实验采用橘皮为原料，制造果胶又有不同的工艺路线，如图 1 所示。本实验采用酸法萃取、酒精沉淀这一种最简单的工艺路线来提取果胶。

三、仪器与试剂

仪器：250mL 烧杯、电炉、尼龙布或纱布、100mL 烧杯、烘箱、锥形瓶、滤纸、碱式滴定管。

试剂：0.3%盐酸、1%氨水、95%乙醇、0.1mol·L^{-1}氢氧化钠、0.5mol·L^{-1}盐酸溶液、新鲜柑橘皮、活性炭、硅藻土、异丙醇、酚酞。

四、实验步骤

1. 原材料预处理

预处理的主要目的是灭酶，以防果胶发生酶解。同时也对果皮进行清洗，以除去泥土、杂质、色素和施用的农药、化肥等。这一类处理的好坏直接影响果胶的色泽和质量。

称取新鲜柑橘皮 25g（或干品 8g）用清水漂洗干净后于 250mL 烧杯中加约 120mL 水，加热到90℃，保持10min以达灭酶的目的。取出用水冲洗后切成3~5mm大小的颗粒，在250mL 烧杯中用 50~60℃的热水漂洗，直至漂洗水为无色，果皮无异味为止。为了提高漂洗效果，每次漂洗后必须把果皮粒转移到尼龙布上挤压干后再进行下一次漂洗。

2. 酸法萃取

将洗净晒干的果皮放入烧杯中，加 0.25%~0.3%的 HCl 约 60mL（以浸没果皮为准），pH 值控制在 2.0~2.5 之间，加热到 90℃左右，提胶 50min，趁热用 100 目尼龙布四层纱布过滤。

3. 脱色

在上述滤液中加 1.5%~2%的活性炭于 80℃加热 20min 进行脱色，以除去色素和异味等，趁热抽滤。因胶状物很容易堵塞滤纸使过滤困难，这时可加入滤液量 2%~4%的硅藻土作助滤剂，帮助过滤。如果萃取液清澈透明，则可不用脱色。

4. 酒精沉淀

将脱色后的溶液冷却后，用 1%稀氨水调节 pH=3~4，在不断搅拌下加 95%的乙醇。按果胶：乙醇=1:1.3（体积比）的量加入，使混合液中酒精浓度达 50%~60%（可用酒精计测量），然后静置 10min，让果胶沉淀完全。用 100 目尼龙布滤取果胶，榨干、搓碎。再于小烧杯内用 10mL 95%的乙醇使果胶沉淀物脱水。洗涤一次，于尼龙布上挤压干待用。乙醇废液回收。

5. 干燥

称取一半产品在 105℃下烘干，计算产率，观察产品的外观质量。

6. 果胶的检验

一般果胶结构为粒状，不结块能自由流动，颗粒在 0.25mm 孔筛下不允许通过 1%，色泽为轻度奶油色或轻度黄褐色，无味，一般水分不超过 10%，灰分不超过 7%。果胶溶解度是在 70℃ 25 份水中能完全溶解和运动，在 4%水溶液中 pH=2.7~3.2。果胶的胶凝度等级为 150±5，酯化度在 50%~75%之间。低酯果胶酰胺取代物不低于 40%，高酯果胶半乳糖醛酸低于 35%，三氧化二砷不超过 $3×10^{-6}$，重金属不超过 $5×10^{-6}$，细菌总数不超过每克样品 100 个，酵母和霉菌不超过每克样品 10 个，大肠杆菌为阴性。

果胶在实际使用时，其胶凝度是粉状果胶质量的重要指标。胶凝度表示果胶产品在标准凝胶中所含胶凝糖的数量，也称为加糖率。胶凝度也指一份果胶能与多少份砂糖制成具有一定强度和质量的果冻的能力。例如，1g 果胶具有能与 150g 砂糖制成果冻的能力，则这种果胶称为 150 度的果胶。而果胶的胶凝度又取决于半乳糖醛酸链的长短和甲氧基的含量多少。所以本实验只测定其中高酯果胶的酯化度。

准确称取 0.5g 高酯果胶于烧杯中，加入一定量的由 5mL 浓盐酸与 100mL 60%异丙醇混合配成的混合试剂,搅拌 10min,移入砂芯漏斗中,用 6 份 15mL 的混合试剂冲洗,再以 60%异丙醇冲洗样品至滤液不含氯化物为止。最后用 20mL 60%异丙醇洗涤,移入 105℃烘箱中干燥 1h,冷却后称重。

称取十分之一经冷却干燥的样品,移入 250mL 锥形瓶中,用 2mL 乙醇润湿,加入 100mL 不含二氧化碳的水,用瓶塞塞紧,不断地转动,使样品全部溶解。加入 5 滴 1%的酚酞。用 0.1 摩尔/升的氢氧化钠的标准溶液进行滴定,记录所消耗的氢氧化钠的体积(V_1)。即为原始滴定度。继续加入 20mL $0.5mol \cdot L^{-1}$ 的氢氧化钠溶液,加塞后强烈振摇 15 分钟。加入 20mL $0.5mol \cdot L^{-1}$ 的盐酸溶液,振摇至粉红色消失为止。然后加入 3 滴 1%的酚酞,用 $0.1mol \cdot L^{-1}$ 的氢氧化钠溶液滴定至微红色。记录所消耗的氢氧化钠体积(单位为 mL)

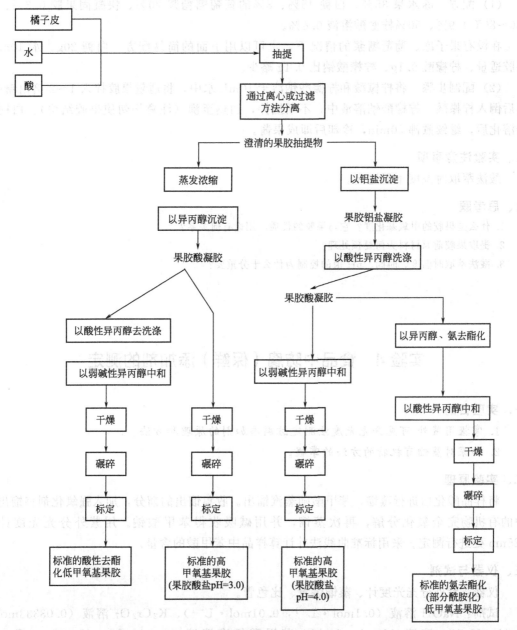

图 1　制造果胶的不同工艺路线

(V_2)，即为皂化滴定度。

$$高脂果胶的脂化度 = [V_2/(V_1+V_2)] \times 100\%$$

0.5g 未经洗涤的原始高脂果胶样品的半乳糖酸（$C_5H_9O_5COOH$）的含量（m_g）=（V_1+V_2）×19.41

7. 果胶的凝胶实验——柠檬酸果酱的制备

高脂化度的果胶在含糖 60%～65%，pH=2.0～3.5，含果胶 0.3%～0.7% 的水溶液中会形成凝胶。由于这种凝胶会释放一种非常好的香味，而且是热不可逆的，所以常用于制作面包果酱和蜜饯。低脂化度的果胶则具有热可逆性，形成凝胶的流变学性能与高酯化度的不同，所以常用于制果子冻，本实验制备果酱。

(1) 配方　冻水果 35%、白糖 45%、8% 的葡萄糖糖浆 20%、快凝固果胶 0.3%、水（60～80℃）9%、50% 柠檬酸溶液 0.4%。

在没有果子冻、葡萄糖浆的情况下，也可以用下面的简易配方：白糖 20g、水 10mL、果胶适量、柠檬酸 0.1g、柠檬酸钠比 0.1g 略少。

(2) 配制步骤　将柠檬酸和柠檬酸钠溶于 10mL 水中，将适量果胶拌入 1～2 倍白糖中，然后倒入柠檬酸、柠檬酸钠溶液中，不断搅拌，加热至沸（注意切勿使果胶结块）。白糖完全溶化后，继续煮沸 20min，冷却后即成果酱。

五、实验注意事项

酸法萃取时温度不要过高。

六、思考题

1. 什么是果胶的甲氧基化度？它与果胶的性质、用途有何关系？
2. 提取果胶前原材料为何要预处理？
3. 酸法萃取时温度、时间、pH 值的控制为什么十分重要？

实验 4　食品中防腐（保鲜）添加剂的测定

一、实验目的

1. 掌握用紫外-可见分光光度法测定防腐添加剂的原理和方法。
2. 加深对蒸馏有机物的方法的掌握。

二、实验原理

将样品酸化后进行蒸馏，苯甲酸随蒸汽馏出。收集馏出的馏分，加入强氧化剂将馏出液中的有机物完全氧化分解，再次蒸馏，并用碱吸收得苯甲酸钠。用紫外分光光度计于 225nm 处进行测定。采用标准曲线法并计算样品中苯甲酸的含量。

三、仪器与试剂

仪器：紫外分光光度计、蒸馏装置、比色管。

试剂：NaOH 溶液（$0.1 mol \cdot L^{-1}$，$0.01 mol \cdot L^{-1}$）、$K_2Cr_2O_7$ 溶液（$0.03333 mol \cdot L^{-1}$）、H_2SO_4 溶液（$2 mol \cdot L^{-1}$）、苯甲酸标准溶液（100mg/L）、Na_2SO_4（无水）、

H_3PO_4、山梨酸、硫代巴比妥酸。

四、实验步骤

1. 标准曲线的绘制

（1）移取 50.00mL 苯甲酸标准液于 250mL 蒸馏瓶中，加 H_3PO_4 1mL，无水 Na_2SO_4 20g，蒸馏水 70mL，玻璃珠（防爆沸）3～4 粒进行蒸馏。用50mL 预先加有 5mL 0.1mol·L^{-1} NaOH 的容量瓶收集馏出液。当馏出液约为 40mL 时，停止蒸馏，用少量水吹洗冷凝器，洗液并入容量瓶，最后用蒸馏水定容，摇匀。

（2）移取第一次馏出液 25.00mL 于另一个 250mL 蒸馏瓶中，加入 0.03333mol·L^{-1} $K_2Cr_2O_7$ 溶液 25mL，2mol·L^{-1} H_2SO_4 溶液 6.5mL，连接冷凝装置，在水浴上加热约 10min，冷却，加入 H_3PO_4 1mL，Na_2SO_4（无水）20g，水 40mL，玻璃珠（防爆沸）3～4 粒进行蒸馏。以下操作同步骤（1）。

（3）移取第二次馏出液 2.00mL，4.00mL，6.00mL，8.00mL，10.00mL，分别置于 50mL 容量瓶中，用 0.01mol·L^{-1} NaOH 溶液定容。以 0.01mol·L^{-1} NaOH 溶液为参比，在 225nm 处测定吸光度，绘制工作曲线。

2. 样品的测定

（1）样品溶液的制备　准确称取 8～10g 均匀的样品置于 250mL 蒸馏瓶中，以下操作按标准曲线绘制步骤中的（1）和（2）进行。

（2）准确移取 5～20mL 试样的第二次馏出液（按样品中苯甲酸含量的多少选择试样第二次蒸出液体积）于 50mL 容量瓶中，用 0.01mol·L^{-1} NaOH 溶液定容。以 0.01mol·L^{-1} NaOH 溶液为参比，在 225nm 处测定吸光度。

（3）空白试验　取与样品量同样的水，加入 1mol·L^{-1} NaOH 5mL（不加 H_3PO_4），以下操作同样品测定步骤（2），测定空白试样的吸光度。

（4）结果计算：

$$苯甲酸的含量 = (c - c_0) \times 1000 / (m \times 25.00/50 \times V/50 \times 1000)$$

式中，c 为样品溶液中苯甲酸的含量，mg；c_0 是空白溶液中苯甲酸的含量，mg；m 是样品质量，g；V 为样品溶液（第二次蒸馏液）体积，mL。

3. 橙汁中山梨酸的测定——可见光分光光度法

（1）原理：山梨酸（或其盐类）在硫酸和重铬酸钾的氧化作用下，产生丙二醛，丙二醛和硫代巴比妥酸作用产生红色化合物，其最大吸收波长在 530nm，在一定浓度范围内，其红色产物的吸光度与丙二醛的浓度成正比，可用可见光分光光度法测定。

（2）标准曲线的绘制：移取山梨酸标准工作液 0.00mL，1.00mL，2.00mL，3.00mL，4.00mL，5.00mL 分别置于 6 支 25mL 比色管中，加入水至约 5mL，再加入 2mL 重铬酸钾-硫酸混合溶液，在 100℃水浴中加热 7min，立即加入 1.50mL 硫代巴比妥酸溶液，继续在水浴中加热 10min，取出，迅速用冷水冷却，用水定容至 10mL，用 1cm 比色皿以试剂空白溶液为参比，于 530nm 处测定吸光度，绘制工作曲线。

（3）样品的测定：移取 2.00mL 橙汁饮料于 25mL 比色管中，按标准曲线绘制操作步骤，测定吸光度。

（4）结果计算：样品中山梨酸含量（mg·kg^{-1}）= 在标准曲线上查得的质量（μg）/2mL（注：我国食品卫生标准规定：山梨酸及其钾盐的允许添加量为：果酱<1g·kg^{-1}；

果汁类：$<0.6\text{g}\cdot\text{kg}^{-1}$；汽水、汽酒类$<0.2\text{g}\cdot\text{kg}^{-1}$；酱油$<1\text{g}\cdot\text{kg}^{-1}$）。

五、实验注意事项

苯甲酸的测定过程中，应根据样品中苯甲酸和有机物含量的多少适当增减第一次蒸出液的体积和重铬酸钾溶液用量。

实验5 扫描电镜实验

一、实验目的

1. 了解扫描电镜的基本结构和原理。
2. 掌握扫描电镜试样的制备方法。
3. 了解二次电子像观察记录操作的全过程及其在形貌组织结构观察中的应用。

二、实验原理

1. 扫描电镜工作原理、构造和性能

（1）基本原理 图1是扫描电镜的原理示意图。由最上边电子枪发射出来的电子束，经栅极聚焦后，在加速电压作用下，经过2～3个电磁透镜所组成的电子光学系统，电子束会聚成一个细的电子束聚焦在样品表面。在末级透镜上边装有扫描线圈，在它的作用下使电子束在样品表面扫描。由于高能电子束与样品物质的交互作用，结果产生了各种信息：二次电子、背反射电子、吸收电子、X射线、俄歇电子、阴极发光和透射电子等。这些信号被相应

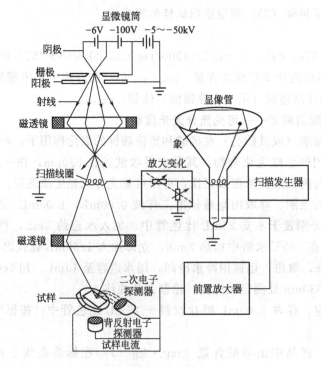

图1 扫描电镜原理示意图

的接收器接收，经放大后送到显像管的栅极上，调制显像管的亮度。由于经过扫描线圈上的电流是与显像管相应的亮度一一对应，也就是说，电子束打到样品上一点时，在显像管荧光屏上就出现一个亮点。扫描电镜就是这样采用逐点成像的方法，把样品表面不同的特征，按顺序、成比例地转换为视频信号，完成一帧图像，从而使我们在荧光屏上观察到样品表面的各种特征图像。

(2) 扫描电镜的结构　扫描电镜包括以下几部分：

电子光学系统由电子枪、电磁透镜、光阑、样品室等部件组成（图2）。它的作用与透射电镜不同，仅仅用来获得扫描电子束。显然，扫描电子束应具有较高的亮度和尽可能小的束斑直径。目前使用中的扫描电镜大多为普通热阴极电子枪，由于受到钨丝阴极发射率较低的限制，需要较图2扫描电镜光学系统示意图大的发射截面，才能获得足够的电子束强度。采用钨丝阴极发射的电子光源扫描电子束直径一般可达 $20\sim50\mu m$，六硼化镧阴极发射率比较高，有效发射截面可以达到直径为 $20\mu m$ 左右，比钨丝阴极要小得多，因此无论是亮度还是电子源直径都比钨丝阴极大。

以上两种电子枪都属于热发射电子枪，而场发射电子枪分为冷场发射和热场发射两种，一般在扫描电镜中采用冷场发射。如图3所示，它是利用靠近曲率半径很小的阴极尖端附近的强电场使阴极尖端发射电子的，所以叫作场致发射（简称场发射）。

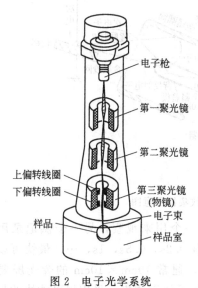

图2　电子光学系统

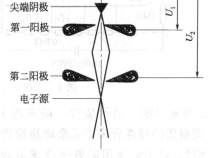

图3　场发射电子枪原理示意图

如果阴极尖端半径为 $100\sim500nm$，若在尖端与第一阳极之间加 $3\sim5kV$ 的电位差，那么在阴极尖端附近建立的强电场就足以使它发射电子。

在第二阳极几十千伏甚至几百千伏正电位作用下，阴极尖端发射的电子会聚在第二阳极孔的下方（即场发射电子枪第一交叉点位置上），电子束直径小至 $20nm$（甚至 $10nm$）。可见场发射电子枪是扫描电镜获得高分辨率、高质量图像较为理想的电子源。此外，场发射扫描电镜在低电压下仍保持高的分辨率和电子枪寿命长等优点。

在光学系统中，扫描电镜的最后一个透镜的结构有别于透射电镜，它是采用上下极靴不同、孔径不对称的磁透镜，这样可以大大减小下极靴的圆孔直径，从而减少样品表面的磁场，避免磁场对二次电子轨迹的干扰，不影响对二次电子的收集。另外，末级透镜中要有一定的空间，用来容纳扫描线圈和消像散器。扫描线圈是扫描电镜的一个十分重要的部件，它使电子作光栅扫描,与显示系统的 CRT 扫描线圈由同一锯齿波发生器控制,以保证镜筒中的电子束与显示系统 CRT 中的电子束偏转严格同步。

扫描电镜的样品室要比透射电镜复杂,它能容纳大的试样,并在三维空间进行移动、倾斜和旋转。目前的扫描电镜样品室在空间设计上都考虑了多种信号收集器安装的几何尺寸,以使用户根据自己的意愿选择不同的信息方式。

(3) 信号收集和显示系统

a. 二次电子和背反射电子收集器　图 4 是这种收集器的示意图,它是由闪烁体、光电倍增管和前置放大器组成。这是扫描电镜中最主要的信号检测器。从试样出来的电子,撞击并进入闪烁体,当金属圆筒加 +250V 电压时,能接收低能二次电子;当加 -250V 电压时,能接收背反射电子。在闪烁体表面喷涂一层 40~80nm 的铝膜作为导电层,在这导电层上加有 10~12kW 的高压。试样产生的二次电子(或背反射电子)被这高压加速,并被收集到闪烁体上。当电子打到闪烁体上,产生出光子,而光子通过光导管传送到光电倍增管的阴极上。通过光电倍增管,信号被放大为微安数量级,再送至前置放大器放大成足够功率的输出信号,送至视频放大器,而后可直接调制 CRT 的栅极电位,这样即可得到一幅供观察和照相的图像。

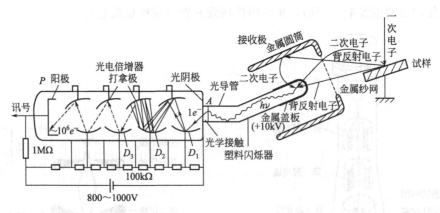

图 4　二次电子和背反射电子收集器示意图

b. 显示系统　显示装置一般有两个显示通道:一个用来观察,另一个供记录用(照相)。观察用的显像管采用长余辉显像管,扫描一帧有 0.2s、0.5s、1s、…,最快可以达到电视速度。对于记录用的管子要求有较高的分辨率,通常 10cm×10cm 的荧光屏要求有 800~1000 条线并且只能用短余辉的管子。在观察时为了便于调焦,采用尽可能快的扫描速度,而拍照时为了得到分辨率高的图像,要尽可能采用慢的扫描速度(多用 50~100s)。

c. 吸收电子检测器　试样不直接接地,而与一个试样电流放大器相接,可检出被测试样吸收的电子。它是一个高灵敏度的微电流放大器,能检测到 $10^{-12} \sim 10^{-6}$ A 这样小的电流。吸收电流信号一般在 $10^{-9} \sim 10^{-7}$ A,在较好的信噪比下,可得到所需吸收电流图像。吸收电子图像是扫描电镜分析中一个很重要的手段。

d. X 射线检测器　它是检测试样发出的元素特征 X 射线波长和光子能量,从而实现对试样微区进行成分分析。此外,扫描电镜也像透射电一样,需配备真空系统和电源系统。

(4) 扫描电镜的主要性能

a. 放大倍数　扫描电镜的放大倍数 M 定义为:在显像管中电子束在荧光屏上最大扫描距离和在镜筒中电子束针在试样上最大扫描距离的比值:

$$M = l/L$$

式中，l 为荧光屏长度；L 为电子束在试样上扫过的长度。

这个比值是通过调节扫描线圈上的电流来改变的。观察图像的荧光屏长度是固定的，如果减少扫描线圈的电流，电子束偏转的角度小，在试样上移动的距离变小，使放大倍数增大。反之，增大扫描线圈上的电流，放大倍数就要变小。可见改变扫描电镜放大倍数是十分方便的。目前大多数商品扫描电镜的放大倍数可从低倍连续调节到 20 万倍左右。

b. 景深　扫描电镜的景深比较大，成像富有立体感，所以它特别适用于粗糙样品表面的观察和分析。

c. 分辨率　分辨能力是扫描电镜的主要性能指标之一。在理想情况下，二次电子像分辨率等于电子束斑直径。正是由于这个缘故，我们总是以二次电子像的分辨率作为衡量扫描电镜性能的主要指标。目前高性能扫描电镜普通钨丝电子枪的二次成像分辨率已达 3.5nm 左右。此外，大的样品室，各种不同性能的样品台等，使得扫描电镜具有应用更广泛和更方便快捷的特点。

2. 样品制备

扫描电镜样品制备方法除了含水量较多的生物软组织样品外，其他的固体材料样品的制备方法都是非常简便的。对导电性材料来说，除了几何尺寸和质量外几乎没有任何要求，尺寸和质量对不同型号的扫描电镜的样品室也有不同的要求。对于导电性较差或绝缘的样品若采用常规扫描电镜来观察，则必须通过喷镀金、银等重金属或碳真空蒸镀等手段进行导电性处理，否则将无法观察。

显然，所有的样品均必须无油污、无腐蚀等，以免对镜筒和探测器造成污染。

三、实验步骤

实验内容：完成一个二次电子像的观察全过程，包括试样的制备、仪器的操作、图像观测和记录。

四、思考题

1. 扫描电镜在材料研究中的应用有哪些？
2. 如何进行扫描电镜的制样和操作？

实验 6　硅酸盐水泥中 SiO_2、Fe_2O_3、Al_2O_3、CaO、MgO 含量测定

一、实验目的

1. 通过对硅酸盐水泥中各种成分的分析，熟悉复杂样品的处理方法。
2. 根据试样组分相对含量，选择适当的分析方法。

二、实验原理

水泥主要由硅酸盐组成。按我国规定，分成硅酸盐水泥（熟料水泥）、普通硅酸盐水泥（普通水泥）、矿渣硅酸盐水泥（矿渣水泥）、火山灰质硅酸盐水泥（火山灰水泥）、粉煤灰硅酸盐水泥（煤灰水泥）等。熟料水泥是由生料水泥经 1400℃ 以上高温煅烧而成。硅酸盐水

泥由熟料水泥加入适量石膏而成，其成分与熟料水泥相似，可按熟料水泥化学分析法进行测定。

熟料水泥、未掺混合材料的硅酸盐水泥、碱性矿渣水泥，可采用酸分解法。不溶物含量较高的熟料水泥、酸性矿渣水泥、火山灰质水泥等酸性氧化物较高的物质，可采用碱熔融法。本实验采用的硅酸盐水泥，一般较易为酸所分解。

硅酸盐水泥的主要成分是 SiO_2，因而 SiO_2 的分析就成为水泥质量控制的首要指标。SiO_2 的测定分容量法和重量法。重量法又因使硅酸凝聚所用物质的不同分为盐酸干涸法、动物胶法、氯化铵法等，本实验采用氯化铵法。将试样与 7~8 倍的固体 NH_4Cl 混匀后，再加 HCl 溶液分解试样，HNO_3 氧化 Fe^{2+} 为 Fe^{3+}。经沉淀分离、过滤洗涤后的 $SiO_2 \cdot nH_2O$ 在瓷坩埚中于 950℃ 灼烧至恒重。本法测定结果较标准法约偏高 0.2%。若改用铂坩埚在 1100℃ 灼烧恒重、经氢氟酸处理后，测定结果与标准法结果比较，误差小于 0.1%。生产上 SiO_2 的快速分析常采用氟硅酸钾容量法。

如果不测定 SiO_2，则试样经 HCl 溶液分解及 HNO_3 氧化后，用均匀沉淀法使 Fe^{3+}、Al^{3+} 与 Ca^{2+}、Mg^{2+} 分离。以磺基水杨酸为指示剂，用 EDTA 络合滴定 Fe；以 PAN 为指示剂，用 $CuSO_4$ 标准溶液返滴定法测定 Al^{3+}。Fe，Al 含量高时，对 Ca^{2+}，Mg^{2+} 测定有干扰。用尿素分离 Fe，Al 后，Ca^{2+}，Mg^{2+} 是以 GBHA、K-B 或铬黑 T 为指示剂，用 EDTA 络合滴定法测定。若试样中含 Ti 时，则 $CuSO_4$ 回滴法所测得的实际上是 Al，Ti 含量。若要测定 TiO_2 的含量可加入苦杏仁酸解蔽剂，TiY 可成为 Ti^{4+}，再用标准 $CuSO_4$ 滴定释放的 EDTA。如 Ti 含量较低时可用比色法测定。

滤液中的 Ca^{2+}，Mg^{2+} 含量按常法可在 pH 值为 10 时用 EDTA 滴定，测得 Ca^{2+}，Mg^{2+} 含量；再在 pH 值为 12 时，用 EDTA 滴定，测得 CaO 的含量，用差减法计算得 MgO 的含量。生产上通常未经上述两次沉淀分离，而加入三乙醇胺、氟化钾等作掩蔽剂，直接用 EDTA 进行滴定。

三、仪器与试剂

仪器：分光光度计、马弗炉、瓷坩埚、干燥器、烧杯、玻璃棒、表面皿、滤纸、移液管、容量瓶、锥形瓶等。

试剂：EDTA 溶液（$0.02\ mol \cdot L^{-1}$）（标定后待用）、铜标准溶液（$0.02\ mol \cdot L^{-1}$）、溴甲酚绿（0.1% 的 20% 乙醇溶液）、磺基水杨酸钠（10%，30%）、PAN（0.3% 乙醇溶液）、GBHA（0.3% 无水乙醇溶液）、K-B 或铬黑 T、氯乙酸-乙酸铵缓冲液（pH=2）、氯乙酸-乙酸钠缓冲液（pH=3.5），NaOH 强碱缓冲液 [pH=12.6，10g NaOH 与 10g $Na_2B_4O_7 \cdot 10H_2O$（硼砂）溶于适量水后，稀释至 1L]、氨水-氯化铵缓冲液（pH=10，67g NH_4Cl 溶于适量水后，加入 520mL 浓氨水，稀释至 1L）、NH_4Cl（固体）、氨水（1+1）、20% NaOH 溶液、HCl 溶液（$6\ mol \cdot L^{-1}$，$2\ mol \cdot L^{-1}$）、尿素（50% 水溶液）、HNO_3（浓）、NH_4NO_3（1%）、$AgNO_3$ $0.1\ mol \cdot L^{-1}$。

四、实验步骤

1. SiO_2 的测定

准确称取 0.4g 试样，置于干燥的 100mL 烧杯中，加入约 3g 固体 NH_4Cl，用玻璃棒混匀，滴加浓 HCl 溶液至试样全部润湿（一般约需 2mL），并滴加 2~3 滴浓 HNO_3，搅匀。小心压碎块状物，盖上表面皿，置于沸水浴上，加热 10min，加热水约 40mL，搅拌，以溶解可溶性盐类。过滤，用热水洗涤烧杯和沉淀，直至滤液中无 Cl^- 为止（用 $AgNO_3$ 检验），弃去滤液。将沉淀连同滤纸放入已恒重的瓷坩埚中，低温干燥、炭化并灰化后，于 950℃ 灼烧 30min 取下，置于干燥器中冷却至室温，称量。再灼烧、称量，直至恒重。计算试样中 SiO_2 的质量分数。

2. Fe_2O_3，Al_2O_3，CaO，MgO 的测定

（1）EDTA 溶液的标定　用移液管准确移取 10.00mL 0.02mol·L^{-1} 铜标准溶液于 250mL 锥形瓶中，加入 5.0mL pH=3.5 的缓冲溶液和 35mL 蒸馏水，加热至 80℃ 后，加入 10 滴 PAN 指示剂，趁热用 EDTA 滴定至由红色变为茶红色或黄绿色，即为终点，记下消耗 EDTA 溶液的体积。平行测定 3 次，计算 EDTA 浓度。

（2）溶样　准确称取水泥试样（约 1g）于 250mL 烧杯中，加入 8.0g NH_4Cl，用一端平头的玻璃棒压碎块状物，仔细搅拌 20min。加入 6mL 浓 HCl 溶液，使试样全部润湿，再滴加浓 HNO_3 4~6 滴，搅匀，盖上表面皿，水浴上加热 20~30min，直至无黑色或灰色的小颗粒为止。取下烧杯，稍冷，加热水 40mL，搅拌使盐类溶解。冷却后，连同沉淀一起转移到 250mL 容量瓶中，用蒸馏水稀释至刻度，摇匀后放置 1~2h，使其澄清。然后用洁净干燥的虹吸管吸取溶液于洁净干燥的 250mL 烧杯中保存，作为测定 Fe，Al，Ca，Mg 等元素之用。

（3）Fe_2O_3 和 Al_2O_3 含量的测定　准确移取 10.00mL 试液于 250mL 锥形瓶中，加入 10 滴磺基水杨酸、10mL pH=2 的缓冲溶液，将溶液加热至 70℃，用 EDTA 标准溶液缓慢地滴定至由酒红色变为无色（终点时溶液温度应在 60℃ 左右），记下消耗的 EDTA 体积。平行测定 3 次。计算 Fe_2O_3 含量：

$$w_{Fe_2O_3} = \frac{\frac{1}{2}cV_{EDTA}M_{Fe_2O_3}}{\frac{10}{250} \times m_s}$$

式中，m_s 为实际滴定的每份试样质量。

注意：当水泥中 Fe_2O_3 含量较低时，可采用分光光度法测定 Fe_2O_3 含量。

于滴定铁后的溶液中，加入 1 滴溴甲酚绿，用 2mol·L^{-1} NaOH 调至黄绿色，然后，加入 15.00mL 过量的 EDTA 标准溶液，加热煮沸 1min，加入 10.00mL pH=3.5 的缓冲溶液，15 滴 PAN 指示剂，用铜标准溶液滴至茶红色（或黄绿色）为终点。记下消耗的铜标准溶液的体积。平行滴定 3 份。计算 Al_2O_3 含量：

$$w_{Al_2O_3} = \frac{\frac{1}{2}(cV_{EDTA} - cV_{CuSO_4}) \times M_{Al_2O_3}}{\frac{10}{250} \times m_s}$$

（4）CaO 和 MgO 含量的测定　由于 Fe^{3+}，Al^{3+} 干扰 Ca^{2+}，Mg^{2+} 的测定，须将它们预先分离。为此，取试液 100mL 于 250mL 烧杯中，滴入（1∶1）氨水至红棕色沉淀生成时，再滴入 2mol·L^{-1} HCl 溶液使沉淀刚好溶解。然后加入 25mL 尿素溶液，加热约 20min，不断搅拌，使 Fe^{3+}，Al^{3+} 完全沉淀，趁热过滤，滤液用 250mL 烧杯承接，用 1% NH_4NO_3、热水洗涤沉淀至无 Cl^- 为止（用 $AgNO_3$ 溶液检查）。滤液冷却后转移至 250mL 容量瓶中，稀释至刻度，摇匀。滤液用于测定 Ca^{2+}，Mg^{2+}。

① 方法一：用移液管移取 20.00mL 试液于 250mL 锥形瓶中，加入 pH=10 的氨性缓冲溶液 20.00mL，加入固体铬黑 T 指示剂少许，用 EDTA 标准溶液滴至由红色变为纯蓝色，即为终点。记下消耗 EDTA 标准溶液体积。平行测定 3 次。计算 CaO 与 MgO 的总含量。再用移液管移取 20.00mL 试液于 250mL 锥形瓶中，用 20% NaOH 调节 pH 值为 12～12.5（用精密 pH 试纸检验），加入铬黑 T 指示剂，用 EDTA 标准溶液滴至由红色变为纯蓝色即为终点。记下消耗 EDTA 标准溶液体积。平行测定 3 次。计算 CaO 的含量。用差减法计算 MgO 的含量。

② 方法二：用移液管移取 15.00mL 试液于 250mL 锥形瓶中，加入 2 滴 GBHA 指示剂，滴加 20%NaOH 使溶液变为微红色后，加入 10.00mL pH=12.6 的强碱缓冲液和 20mL 水，用 EDTA 标准溶液滴至由红色变为亮黄色，即为终点。记下消耗 EDTA 标准溶液的体积。平行测定 3 次。计算 CaO 的含量。在测定 CaO 后的溶液中，滴加 2mol·L^{-1} HCl 溶液至溶液黄色褪去，此时 pH 值约为 10，加入 10.00mLpH=10 的氨性缓冲液，铬黑 T 指示剂少许，用 EDTA 标准溶液滴至由红色变为纯蓝色，即为终点。记下消耗 EDTA 标准溶液的体积。平行测定 3 次。计算 MgO 的含量。

五、实验注意事项

1. 实验中滴定 Al 时采用 PAN 指示剂，由于 PAN 与 EDTA 的络合物的水溶性较差，因此 $CuSO_4$ 回滴过量 EDTA 时加 2 滴乙醇可以增大其溶解性，并应趁热滴定，如果温度降为 80℃以下时滴定，置换速度会变慢，滴定终点判断不准确，可能会出现返终点现象，因此加热至沸 1min 后趁热滴定。

2. 实验中溶样时加入浓 HNO_3 将 Fe 全部转化为 Fe^{3+}，滴定 Fe 时，必须注意温度和酸度，温度低、酸度大，Fe 络合不完全，结果偏低；温度高、酸度小，Al 易络合产生干扰，使 Fe 的结果偏高。测定 Fe 时温度应不低于 60℃，pH 值在 1.5～2.0 之间，以减小大量 Al 的干扰。

3. 磺基水杨酸与 Al 的络合稳定常数 $lgK=13.2$，而与 Fe 络合稳定常数 $lgK=14.6$，则测 Fe 时不能多加，否则将在后面测定 Al 造成结果严重偏低。对于磺基水杨酸，在加热之前，调节 pH 时加 10 滴，加热后指示剂被破坏，故滴定前再补加 2 滴，此时溶液呈紫红色，趁热滴至紫红色恰好消失，滴定终点一定要掌握好，否则影响 Fe 的测定结果。

六、思考题

1. 本实验中，用 EDTA 标准溶液滴定时，有哪些地方需要将溶液适当加热？
2. EDTA 滴定 Al^{3+} 时，为何采用反滴定法？
3. 在测定 Fe^{3+}、Al^{3+}、Ca^{2+}、Mg^{2+} 时，为什么要控制不同的 pH 值，试分别加以讨论。

第8章

材料化学基础实验

实验 1　室温固相合成纳米氧化铜

一、实验目的

1. 学习使用室温固相反应法合成纳米材料。
2. 练习固液分离操作和加热设备的使用。

二、实验原理

室温固相反应是近几年发展起来的一个新的研究领域。利用固相反应可以合成液相中不易合成的原子簇化合物、金属配合物及其顺反几何异构体，以及不能在液相中稳定存在的固相化合物等。由于固相与液相合成方法的反应机理不同，所以可能产生不同的反应产物，从而制得一些特殊的材料。与常用的气相法、液相法及固相粉碎法等方法相比，室温固相法有明显的优点：如合成工艺大大简化，减少了中间步骤，有利于产物纯度提高；原料的用量及副产物的排放量都显著减少；反应温度低，避免了粒子团聚。

固相反应一般可分为 4 个阶段：扩散→反应→成核→生长。即在热力学可行的条件下，固相反应的发生起始于两个反应物分子的扩散接触，接着发生化学作用，生成产物分子；当产物分子集积到一定大小，才能出现产物的晶核，从而完成成核过程；随着晶核的长大，达到一定的大小后便出现产物的独立晶相。

CuO 属于闪锌矿型，为单斜晶系，空间点群为 C_{2h}^6，一般 4 个 CuO 单元构成一个晶胞。纳米 CuO 是一种用途很广泛的材料，已被用作催化剂、超导材料、热电材料、传感材料，应用于催化、玻璃、陶瓷、搪瓷等领域。其常用的合成方法有水热法、液相沉淀法、气相法和微乳液法等，本实验采用室温固相法，在室温下反应合成 CuO，现象明显，反应速率快，操作简单。反应方程式如下：

$$Cu(NO_3)_2 \cdot 3H_2O + 2NaOH \longrightarrow CuO + 2NaNO_3 + 4H_2O$$

合成过程中，在充分研磨的作用下，反应物 $Cu(NO_3)_2 \cdot 3H_2O$ 中的结晶水释放出来，在反应物表面形成液膜，使部分反应物溶解，溶解的反应物在液膜中有较快的传质速度，增大了反应物分子间的扩散接触，因而能加快固相反应的进行。另外，反应物在充分研磨过程中，反应微粒间相互碰撞，迅速成核。但是，由于固相反应中离子的扩散速度相比于溶液中要慢得多，因此成核不能迅速生长。根据结晶学原理，若成核速度快而晶核生长速度慢，易生成粒径小的产物。在室温固相法合成 CuO 中引入表面活性剂，适量的表面活性剂能有效地降低小粒子表面能，抑制粒子的团聚现象。实验发现，加入适量的表面活性剂，可改善产物的分离，烘干后所得到的 CuO 粉末比较蓬松。

三、仪器与试剂

仪器：分析天平、小研钵、离心机、烘箱、离心管、烧杯等。

试剂：$Cu(NO_3)_2 \cdot 3H_2O$（AR）、NaOH（AR）、无水乙醇。

四、实验步骤

（1）按 0.5g CuO 的产量设计所需 $Cu(NO_3)_2 \cdot 3H_2O$ 和 NaOH 的量，用分析天平称量后置于小研钵中研磨 20min 左右，即生成黑色的 CuO。

（2）将产物转移到离心管中，加入去离子水离心洗涤 3 遍，即得到纯净的 CuO 沉淀。

（3）洗净的沉淀中加入无水乙醇，离心分离，将上层清液倒出后，在离心管上贴上标签，放入 105℃ 的烘箱中烘干样品，时间约为 30min。

五、数据处理

计算所得样品产率，分析原因。

六、实验注意事项

1. 在研磨的过程中要顺着一个方向（顺时针或逆时针），并用药匙不断地刮起产物，防止产物黏附在研钵上。

2. 离心管中液体的加入量不应超过离心管总体积的 2/3。

七、思考题

1. 常用的化合物半导体有哪些？它们各有什么用途？

2. 在用普通滤纸过滤分离 CuO 悬浊液时，如果发现滤瓶中得到的不是清液，则可以得到什么启示？

八、附注（离心机）

1. 离心机

离心机是利用离心力分离悬浮液或乳浊液中的液-固或液-液体系的机器，其作用原理有离心沉降和离心过滤两种。其中，离心沉降是利用悬浮液或乳浊液中的各组分密度不同，可以在离心力的作用下迅速沉降分层，从而实现液体与固体颗粒或液体与液体的分离；离心过滤是使在离心力场下产生的离心压力作用于过滤介质，使液体通过过滤介质成为滤液，而固体颗粒留在过滤介质中，从而实现液体与固体颗粒分离。离心机大量应用于科研、化工、食品、制药、石油、煤炭、水处理等领域。

离心机有一个绕本身轴线高速旋转的圆筒，称为转鼓，通常由电动机驱动。悬浮液（或乳浊液）加入到离心管，放置于转鼓后，被迅速带动与转鼓同速旋转，在离心力作用下各组分分离。通常，转鼓转速越高，分离效果越好。

2. 离心机的使用方法

（1）插上电源。

（2）将等质量的离心管对称放于转鼓中，关上离心机盖。

（3）设置转速和离心时间。

（4）按下启动，离心机开始工作。

（5）离心结束后，待转鼓停止转动后，才能打开离心机盖，取出离心管，关闭离心机。

实验2 微波辐射合成防锈涂料磷酸锌

一、实验目的
1. 了解磷酸锌的微波合成原理和方法。
2. 掌握微型吸滤的基本操作。

二、实验原理
磷酸锌 $[Zn_3(PO_4)_2 \cdot 2H_2O]$ 是一种白色无毒的防锈颜料,稳定性好、防锈力强,可以替代铅、铬等重金属防锈颜料,也可以用作环氧树脂、酚醛类等涂料的基料,利用它制备水溶性涂料。它的合成通常是用 $ZnSO_4$、$(NH_4)_2CO_3$ 和 H_3PO_4 在水浴加热条件下反应,过去反应需要 4h 才能完成。本实验在微波加热条件下进行反应,反应时间可缩短为 15~20min。反应方程式如下:

$$3ZnSO_4 + 3(NH_4)_2CO_3 + 2H_3PO_4 + 4H_2O == Zn_3(PO_4)_2 \cdot 4H_2O + 3(NH_4)_2SO_4 + 3CO_2$$

所得的四水合晶体在 110℃烘箱中脱水即得二水合晶体 $Zn_3(PO_4)_2 \cdot 2H_2O$。

三、仪器与试剂
仪器:微波炉、分析天平、微型吸滤装置、烧杯、玻璃棒、表面皿等。

试剂:$ZnSO_4 \cdot 7H_2O$、$(NH_4)_2CO_3$、H_3PO_4、$0.01mol \cdot L^{-1}$ $BaCl_2$ 溶液、无水乙醇。

四、实验步骤
(1) 称取 2.0g $ZnSO_4 \cdot 7H_2O$ 于 100mL 烧杯中,依次加入 1.0g $(NH_4)_2CO_3$、1.0mL H_3PO_4、20mL 去离子水,搅拌溶解 5min 后,将烧杯置于 250mL 烧杯中水浴,盖上表面皿,放进微波炉里。

(2) 以大火挡(约 60W)辐射 15~20min,烧杯内隆起白色沫状物,停止辐射加热后,取出烧杯。

(3) 待烧杯冷却后,用去离子水浸取,将白色沫状物转移到微型吸滤装置中,洗涤数次,直至滤液用 $BaCl_2$ 溶液检验至无沉淀为止。

(4) 将洗涤干净的产品放置于 110℃烘箱中干燥 30min 左右。

五、数据处理
计算所得样品产率,分析原因。

六、实验注意事项
1. 合成反应完成时,溶液的 pH=5~6 左右,加尿素的目的是调节反应体系的酸碱性。
2. 晶体最好洗涤至近中性再吸滤。
3. 微波辐射对人体会造成损害。市售微波炉在防止微波泄漏方面有严格的措施,使用时要遵照有关操作程序与要求进行,以免造成损害。操作要领参见附注。

七、思考题
1. 制备磷酸锌的方法还有哪些?
2. 如何对产品进行定性分析?

3. 为什么微波辐射加热能显著缩短反应时间，使用微波炉要注意哪些事项？

八、附注（微波辐射及微波炉的使用）

1. 微波辐射简介

微波属于电磁波的一种，频率范围在 0.3～30GHz，介于高频波与远红外波之间，微波同其他电磁波一样，具有电场与磁场双重性质。自从 1986 年 Gedye 发现微波可以显著加快有机化合物合成以来，微波技术在化学中的应用日益受到重视。1988 年 Baghurst 首次采用微波技术合成了 KVO_3、$BaWO_4$、$YBa_2Cu_2O_{2-x}$ 等化合物。微波辐射是通过偶极分子旋转（主要原因）和离子传导耗散微波能而实现加热目的。在微波辐射作用下，极性分子为响应磁场方向变化，通过分子偶极以每秒数十亿次的高速旋转，使分子间不断碰撞和摩擦而产生热，这种加热方式较传统的热传导和热对流加热更迅速，而且是空间辐射加热，体系受热均匀。

微波辐射有三个特点：一是在大量离子存在时能快速加热；二是快速达到反应温度；三是分子水平意义上的搅拌，从而实现了微波辐射加热的方便、高效、低能耗及省时的优点。

2. 微波炉的使用方法

（1）插上电源。
（2）将待加热样品置于微波炉中央位置，关紧炉门；
（3）将"功率"选择开关旋至所需加热的功率位置；
（4）将"时间"选择开关旋至所需加热的时间位置，微波炉即开始工作；
（5）加热结束后，才能打开炉门，取出物体，拔掉电源插头。

3. 注意事项

（1）微波对人体有危害，必须正确使用微波仪器，以防微波泄漏；
（2）微波炉内不能使用金属，以免产生火花；
（3）炉门一定要关紧后方能开始加热，以免微波能量外泄；
（4）发现炉门变形或其他故障，切勿继续使用，需由专业维修人员进行检查修理。

实验 3　纳米氧化锌的制备与表征

一、实验目的

1. 了解水热合成法的基本原理。
2. 掌握紫外-可见吸收光谱和荧光光谱的基本原理及操作。

二、实验原理

纳米 ZnO 是一种高端的高功能精细无机产品，粒径介于 1～100nm 之间，又称为超微细 ZnO，其具有很高的化学稳定性和热稳定性。纳米 ZnO 具有粗晶 ZnO 所不具备的小尺寸效应、表界面效应、宏观量子隧道效应和量子尺寸效应等，同时来源丰富、价格低廉，使得其在催化、磁学、光学、力学、电学等方面具有一般 ZnO 产品无法比拟的特殊性能，广泛应用于陶瓷、橡胶、食品、国防、纺织、油漆涂料、化妆品、半导体等领域。

ZnO 是一种宽带隙半导体材料，在室温下其禁带宽度约为 3.37eV，加之其具有无毒、廉价易得等特点，使其在治理水体污染等环境污染方面具有广阔的应用前景。目前，制备 ZnO 的方法有高温煅烧法、水热法、溶胶-凝胶法和气相沉淀法等，其中，由于水热法制得的纳米 ZnO 具有产品纯度较高、形貌尺寸可控、操作方便等优点而得到广泛关注。本实验采用水热法，以 $Zn(Ac)_2 \cdot 2H_2O$ 为锌源，以 NaOH 为沉淀剂，制备纳米 ZnO，反应式如下：

$$Zn(Ac)_2 + 2NaOH =\!=\!= Zn(OH)_2 \downarrow + 2NaAc$$

$$Zn(OH)_2 =\!=\!= ZnO + H_2O$$

利用紫外-可见分光光度计和荧光光谱仪对制得的纳米 ZnO 进行测试，获得纳米 ZnO 的紫外-可见漫反射光谱和荧光光谱。

三、仪器与试剂

仪器：托盘天平、电子天平、烧杯、量筒、玻璃棒、离心机、烘箱、反应釜、马弗炉、紫外-可见分光光度计、荧光光谱仪。

试剂：NaOH（A.R）、$Zn(Ac)_2 \cdot 2H_2O$（A.R）、无水乙醇。

四、实验步骤

(1) 以 0.5g ZnO 的产量设计所需 $Zn(Ac)_2 \cdot 2H_2O$ 和 NaOH 的量，并采用托盘天平称取 NaOH 固体，采用分析天平称取 $Zn(Ac)_2 \cdot 2H_2O$ 于 100mL 烧杯中；

(2) 在室温下，向含有 NaOH 与 $Zn(Ac)_2 \cdot 2H_2O$ 的烧杯中，分别加入 35mL 去离子水和 35mL 无水乙醇，用玻璃棒搅拌溶解至出现浑浊；

(3) 将上述溶液转移至 100mL 反应釜中，置于 160℃ 烘箱（或马弗炉中）反应 4h 后自然冷却至室温，收集白色沉淀，然后用去离子水和无水乙醇分别洗涤 3 次，以除去吸附的多余离子，之后将得到的产品放入 80℃ 烘箱中干燥 1h 后取出；

(4) 用紫外-可见分光光度计和荧光光谱仪分别测试样品的紫外-可见漫反射光谱和荧光光谱。

五、实验注意事项

1. 反应釜填充度不能超过 80%。
2. 反应釜一定要拧紧。

六、思考题

1. 水热反应的影响因素有哪些？如何影响？
2. 反应釜的填充度为什么不能超过 80%，如果超过会带来什么后果？

七、附注（紫外-可见漫反射光谱和荧光光谱）

1. 紫外-可见漫反射光谱

漫反射光谱是一种在紫外、可见和近红外区形成的反射光谱，与物质的电子结构有关，用于研究催化剂表面过渡金属离子及其配合物的结构、配位状态、氧化状态等。在光催化领域，还可用于测定光催化剂的光吸收性能等。

紫外-可见漫反射光谱产生的基本原理是：在过渡金属离子-配位体体系中，一方是电子给予体，另一方是电子接受体。在光激发下，由于固体中金属离子的电荷跃迁，发生电荷转移，电子吸收能量，光子从给予体转移到电子接受体，这种电子转移需要的能量较小，表现为在紫外光区的吸收光谱。当过渡金属离子本身吸收光子发生内部 d 轨道内的跃迁（d-d 跃迁）时，需要能量较低，会引起配位场吸收带，会在可见光区或近红外区产生吸收光谱。将这些光谱信息收集起来，即得到紫外-可见漫反射光谱。

紫外-可见漫反射光谱的测试方法为积分球法。积分球又称为光度球、光通球，是一个中空的完整球壳，其典型功能就是收集光，积分球内壁涂白色漫反射层（一般为 MgO 或 $BaSO_4$），且球内壁各点漫反射均匀。光源在球壁上任意一点上产生的光照度是由多次反射光产生的光照度叠加而成的。采用积分球的目的是收集所有的漫反射光，而通过积分球来测漫反射光谱的原理是，样品对紫外-可见光的吸收比参比物质的强，因此通过积分球收集到的漫反射光的信号要弱一些，这种信号差异可以转化为紫外-可见漫反射光谱。采用积分球可以避免光收集过程引起的漫反射的差异，还可以消除因光线的形状、入散角度及探测器上不同部位的响应度差异等因素造成的测量误差。

采用积分球法实际测定的是样品相对参比样品的相对反射率（R'_∞）。

$$R'_\infty = R_\infty(样品)/R_\infty(参比样品)$$

一般以白色标准物质为参比（假设其不吸收光，反射率为1），测定物质的相对反射率。对参比物质的要求是在 200nm～3μm 波长范围，其反射率为 100％，常用的有 MgO、$MgSO_4$、$BaSO_4$ 等，它们的反射率大约在 0.98～0.99 之间，接近 1。因 $BaSO_4$ 的力学性能较好，因此现在多用 $BaSO_4$ 作参比物质。

2. 荧光光谱

物体经过较短波长的光照，把能量储存起来，然后缓慢放出较长波长的光叫荧光。任何荧光都具有两种特征光谱：激发光谱与发射光谱。

（1）激发光谱　改变激发波长，测量在最强荧光发射波长处的强度变化，以激发波长对荧光强度作图即可得到激发光谱。激发光谱的形状和吸收光谱的相似，经校正后两者完全相同，这是因为分子吸收光能的过程就是分子的激发过程。

激发光谱反映了某一固定的发射波长下所测量的荧光强度对激发波长的依赖关系，可应用于鉴别荧光物质，在定量分析时，用于选择最适宜的激发波长。

（2）发射光谱　发射光谱即荧光光谱，一定波长的激发光辐照荧光物质，产生不同波长的强度的荧光，以荧光强度对其波长作图即可得到荧光发射光谱。荧光发射光谱反映了某一固定激发波长下所测量的荧光的波长分布。由于不同物质具有不同的特征发射峰，因而使用荧光发射光谱可用于鉴别荧光物质。在对半导体材料的分析中，荧光发射光谱还能表征半导体的光生电子和空穴的产生、分离和迁移情况。

实验 4　有机玻璃——甲基丙烯酸甲酯的本体聚合

一、实验目的

1. 了解本体聚合的特点，掌握本体聚合的实施方法。
2. 熟悉有机玻璃的制备方法和工艺。

二、实验原理

1. 本体聚合

本体聚合指单体仅在少量的引发剂存在下进行的聚合反应，或者直接在热、光和辐照作用下进行的聚合反应。这种方法组成最少，只有单体或单体加引发剂，因此聚合物的纯度高，无须后处理。但聚合规模大时，工艺上很难控制，原因是：第一，烯烃聚合是放热反应；第二，自由基聚合的连锁反应特征，使得一旦聚合开始，就有很多烯烃分子迅速反应，放出很多热量，同时立即有聚合物形成，体系黏度随之急剧增加，使大量反应热难以传递出去，导致温度失控，体系中局部地区产生过热现象，结果使聚合物性质变劣，最严重的情况是发生"爆聚"，使聚合过程彻底失败。因此控制聚合热和及时的散热是本体聚合中一个重要的、必须解决的工艺问题。

在本体聚合过程中，随着反应的进行，大分子链的移动困难，而单体分子的扩散受到的影响不大，链引发和链增长反应照常进行，而链增长自由基的终止受到限制，这样，在聚合体系中活性链总浓度就不断增加，结果使得聚合反应速率增加，聚合物分子量变大，出现所谓的自动加速效应（凝胶效应）。更高的聚合速率导致更多的热量生成，如果聚合热不能及时散去，会使局部反应"雪崩"式地加速进行而失去控制。因此，自由基本体聚合中控制聚合速率使聚合反应平稳进行是获取无瑕疵型材的关键。反应后期，单体浓度降低，体系黏度进一步增加，单体和大分子活性链的移动都很困难，因而反应速率减慢，产物的分子量也降低。由于这种原因，聚合产物的分子量不均一性（分子量分布宽）就更为突出，这是本体聚合本身的特点所造成的。

对于不同的单体来讲，由于其聚合热不同、大分子活性链在聚合体系中的状态（伸展或卷曲）的不同，凝胶效应出现的早晚不同、其程度也不同。并不是所有单体都能选用本体聚合的实施方法，对于聚合热值过大的单体，由于热量排出更为困难，就不易采用本体聚合，一般选用聚合热适中的单体，以便于生产操作的控制。

2. 聚甲基丙烯酸甲酯

聚甲基丙烯酸甲酯为无定形聚合物，具有高度的透明性，因此称为有机玻璃。聚甲基丙烯酸甲酯具有较好的耐冲击强度与良好的低温性能，是航空工业与光学仪器制造业的重要材料。有机玻璃表面光滑，在一定的曲率内光线可在其内部传导而不逸出，因此在光导纤维领域得到应用。但是，聚甲基丙烯酸甲酯耐候性差、表面易磨损，可以使甲基丙烯酸甲酯与苯乙烯等单体共聚来改善耐磨性。有机玻璃是通过甲基丙烯酸甲酯的本体聚合制备的。

甲基丙烯酸甲酯在过氧化苯甲酰引发剂存在下进行自由基聚合反应（图1）。自由基加聚的工艺方法主要有四种：本体聚合、溶液聚合、悬浮聚合及乳液聚合。本体聚合由于反应组成少，只是单体或单体加引发剂，所以产物较纯，但散热难控制；溶液聚合过程易控制，散热较快，不过产物中含溶剂（有些污染环境），后处理比较困难；悬浮聚合以水作溶剂，水无污染，散热好，易除去，但要求单体不溶于水，故在应用上受限制；乳液聚合反应机理

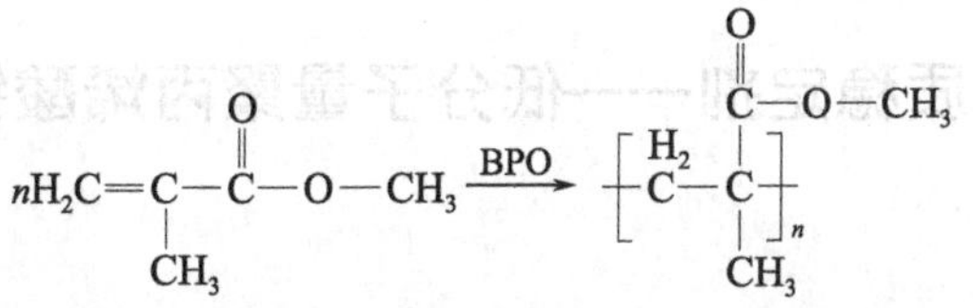

$$n H_2C=\underset{CH_3}{\overset{}{C}}-\overset{O}{\overset{\|}{C}}-O-CH_3 \xrightarrow{BPO} \left[\begin{array}{c} H_2 \\ C \end{array}-\underset{CH_3}{\overset{\overset{O}{\overset{\|}{C}}-O-CH_3}{C}}\right]_n$$

图1 甲基丙烯酸甲酯在过氧化苯甲酰引发剂存在下聚合示意图

不同，可以同时提高聚合速度和聚合度，散热好，易操作。本实验采用传统本体聚合方法制备聚甲基丙烯酸甲酯。

三、仪器与试剂

仪器：恒温水浴锅、三口烧瓶、套管温度计、成型模具（塑料试管）、球形冷凝管。

试剂：过氧化苯甲酰（BPO）、甲基丙烯酸甲酯（MMA）。

四、实验步骤

1. MMA 单体的预聚

洗净并干燥玻璃仪器，同时加热水浴锅到 80～90℃。称取 0.1g 引发剂 BPO 放入带磨口的三口烧瓶中，再加入 15mL 单体 MMA。将其充分摇匀溶解后，架上球形冷凝管和套管温度计，放在水浴锅中恒温加热，盖上塞子（不要老是摇动），密切关注瓶内温度变化并保持稳定充分搅拌。当瓶内的预聚物的黏度与甘油的黏度相近时，立即停止加热。实验装置如图 2 所示。

2. 灌模

取一干燥洁净的模具（如塑料试管，可适当地加些许装饰物），将预聚物缓慢、呈细流线状倒入模具中，注意切勿完全灌满，应预留一定空间以防胀裂。黏稠状溶液沿着模具壁呈流线状缓缓下流，直至液体高度达模具的 4/5 时停止加液体。

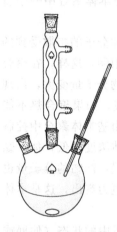

图 2　MMA 本体
聚合预聚
实验装置图

3. 聚合

采用封口膜或胶塞将模具封口，放在 40～50℃的烘箱中聚合 24h，直至合成材料硬化。最后在 100℃情况下处理 0.5～1h，使聚合反应趋于完全。

4. 脱模

待模具冷却后从烘箱中取出，在坚硬平面敲击模具（注意控制力度，防止破坏模具），使聚合物有机玻璃从模具中脱出。聚合良好的有机玻璃应该为无色透明脆性固体，若灌模速度过快或反应温度调节不当，固体中会产生一定量气泡。

五、思考题

1. 在实验过程中，为什么不同的小组水浴加热预聚的时间会不相同？
2. 在制备有机玻璃的时候，为什么需要先制成具有一定黏度的预聚物？
3. 在有机玻璃的制备实验中，为什么到了反应的后期聚合物体积收缩比较大？
4. 实验结果所得产品内不存在少量细小气泡的原因是什么？
5. 在本次实验中，为什么必须严格控制不同阶段的反应温度？

实验 5　水质稳定剂——低分子量聚丙烯酸钠盐的合成

一、实验目的

1. 掌握低分子量聚丙烯酸（钠盐）的合成方法。

2. 掌握利用端基滴定法测定聚丙烯酸分子量的方法。

二、实验原理

1. 水质稳定剂与聚丙烯酸

水质稳定剂是指一类能与水中钙、镁离子等成垢物质形成稳定的配合物，易溶于水，起良好的螯合、分散、缓蚀作用，阻止结垢并对老垢层起到疏松作用，便于清垢的物质。水质稳定剂对碳钢、不锈钢有较好的缓蚀、阻垢作用，可提高设备换热效果，延长设备使用寿命，起到节水和节能以及节约钢材的作用，广泛应用于工业循环冷却水和锅炉水的处理中。水质稳定剂目前已有百余个品种，大类主要可分为阻垢剂、缓蚀剂、杀菌灭藻剂、清洗剂、预膜剂、螯合剂、分散剂等，广泛应用于工业循环水、锅炉及采暖水、油田注水、反渗透膜等系统。

聚丙烯酸是水质稳定剂的主要原料之一，在工业中常以钠盐形式流通。固态聚丙烯酸钠为白色（或浅黄色）块状或粉末，液态产品为无色（或淡黄色）黏稠液体，溶解于冷水、温水、甘油、丙二醇等介质中，对温度变化稳定，具有固定金属离子的功能，能阻止金属离子对产品的消极作用，是一种具有多种特殊性能的表面活性剂。聚丙烯酸分子量的大小对阻垢效果有极大影响，从各项实验表明，低分子量的聚丙烯酸阻垢作用显著，作为水质稳定剂阻垢的聚丙烯酸，分子量都在一万以下，而高分子量（分子量在几万或几十万以上）的聚丙烯酸没有阻垢作用，多用于皮革工业、造纸工业等方面。

2. 丙烯酸的聚合和分子量的测定

丙烯酸单体极易聚合，可以通过本体、溶液、乳液和悬浮等聚合方法得到聚丙烯酸，聚合过程符合一般的自由基聚合反应规律。本实验采用溶液聚合方法，控制引发剂用量并应用链转移剂异丙醇，合成低分子量的聚丙烯酸。

高分子很多性质与其分子量的大小及分布有很大关系。如本次合成的聚丙烯酸的水质稳定能力就与其分子量息息相关，而分子量的大小同时也可影响材料的加工性能。故而在高分子材料的合成过程中或结束后对产物的分子量进行测定具有重要的理论和实际意义。因聚合物分子量大小及结构千差万别，所适用的分子量测量方法不尽相同，不同的测量方法在测量不同聚合物时所得到的分子量准确度也有明显差异。故而需要结合聚合物本身性质选择合适的分子量测定方法。常用的分子量的测定方法有端基分析法、沸点升高法、冰点降低法、小角X光散射法、黏度法及凝胶渗透色谱法等。各种分子量测定方法的适用范围和测定分子量意义如表1所示。

表1 几种常用分子量测定方法的测定范围和参数

方法	适用分子量范围	分子量意义	类型	备注
端基分析法	3×10^4 以下	数均 $\overline{M}_n$	绝对	聚合物结构端基和内部结构单元基团须有明显区别
沸点升高法	3×10^4 以下	数均 $\overline{M}_n$	相对	
冰点降低法	5×10^3 以下	数均 $\overline{M}_n$	相对	
小角X光散射法	$1\times10^4 \times 10^7$	重均 $\overline{M}_w$	相对	需要借助专业光散射仪
黏度法	$1\times10^4 \times 10^7$	黏均 $\overline{M}_\eta$	相对	
凝胶渗透色谱法	$1\times10^3 \times 10^7$	$\overline{M}_\eta$、$\overline{M}_w$、$\overline{M}_n$	相对	需要借助专业凝胶渗透色谱仪

本实验中所制备的聚丙烯酸每个结构单元中均含有一个羧基，而端基为链转移剂和羧酸形成的酯，故而可通过采用氢氧化钠标准溶液滴定的方法测定出一定质量所制备聚合物中羧

基的含量,再根据与理论羧基含量差值得到产物的绝对数均分子量。具体计算公式如式(1)所示:

$$\overline{M}_n = \frac{2}{\frac{1}{72} - \frac{Vc}{m}} \tag{1}$$

式中,$\overline{M}_n$ 为聚丙烯酸数均分子量;V 为滴定所需氢氧化钠标准溶液体积,L;c 为滴定所用氢氧化钠标准溶液浓度,mol·L^{-1};m 为加入聚丙烯酸试样质量,g;1/72 为 1g 合成的聚丙烯酸样品中所含羧基的理论物质的量。

三、仪器与试剂

仪器:搅拌器(带加热)、三口烧瓶、球形冷凝管、恒压滴液漏斗、套管温度计、pH 计、碱式滴定管、锥形瓶。

试剂:丙烯酸、过硫酸铵、异丙醇、氢氧化钠、氯化钠。

四、实验步骤

1. 丙烯酸的聚合

在装有搅拌器、回流冷凝管、滴液漏斗和温度计的 250mL 三口瓶中,加入 100mL 蒸馏水和 2g 过硫酸铵。待过硫酸铵溶解后,加入 10g 丙烯酸单体和 16g 异丙醇。开动搅拌器,加热使瓶内温度达到 65~70℃。将 40g 丙烯酸单体和 2.5g 过硫酸铵在 40mL 水中溶解,由滴液漏斗渐渐滴入瓶内,由于聚合过程放热,瓶内温度有所升高,反应液逐渐回流。滴完丙烯酸和过硫酸铵溶液约需 0.5h。保持 90℃继续回流 1h,得到分子量约在 500~4000 之间的聚丙烯酸。丙烯酸聚合反应装置示意图见图 1。

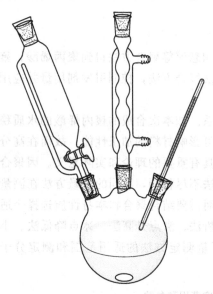

图 1 丙烯酸聚合反应装置示意图

2. 聚丙烯酸钠的制备

在制备的聚丙烯酸水溶液中,加入 30%氢氧化钠溶液边搅拌边进行中和,控制溶液的 pH 值达到 10~12 范围内即停止,即制得聚丙烯酸钠盐。

3. 端基法测定聚丙烯酸分子量

准确称量约 0.2g 未经中和的聚丙烯酸样品放入 100mL 烧杯中,加入 1.0mol·L^{-1} 的氯化钠溶液 50mL,用 0.2mol·L^{-1} 的氢氧化钠标准溶液滴定,测定其 pH 值,用消耗的氢氧化钠毫升数对 pH 值作图,滴加初期,加入的氢氧化钠与丙烯酸羧基发生中和反应,体系 pH 值缓慢升高,当所有羧基被中和,继续加入氢氧化钠会导致体系 pH 值迅速增大。找出 pH 值变化折点(即滴定终点)并记录所消耗的碱量。并根据式(1)计算得到制备的聚丙烯酸数均分子量。

五、思考题

1. 链锁聚合合成高聚物的方法有几种?本实验采用的聚合方法是什么?
2. 如何控制聚丙烯酸的低分子量?
3. 端基法测定聚丙烯酸分子量的原理是什么?

实验 6　防锈涂料磷酸锌的红外光谱测定

一、实验目的

1. 了解傅里叶变换红外光谱仪的基本结构和原理。
2. 掌握利用红外光谱仪的基本实验技术。
3. 学会磷酸锌红外光谱的测定及红外光谱的解析。

二、实验原理

磷酸盐的开发和应用已经有几十年的历史,我国磷酸锌的研制始于 20 世纪 70 年代,三聚磷酸铝在 20 世纪 80 年代后期研制成功。磷酸盐毒性低,而且防锈性能与含有重金属有毒颜料相当,成为红丹、锌铬黄等传统颜料的有效替代品。磷酸盐颜料与不同树脂的相溶性好,同时在高温下生成焦磷酸盐,在带锈底漆中的应用效果好等优点。随着磷酸锌品种的增多、性能的提高,磷酸锌在涂料工业中不断取代含重金属铅、铬的有毒颜料。本次实验主要是对磷酸锌做红外光谱的测定。

红外光谱概述:简单地说,当用一束波长连续变化的单色红外光线透射某一物质时,该物质的分子对某些波长的红外光线进行选择性的吸收,从而使各种波长的红外线对该物质具有不同的透射率,若以波长或波数为横坐标,以百分吸收率为纵坐标,这样记录下来的曲线图形,就是该物质的红外光谱。红外光谱研究始于 20 世纪初期,自 1940 年商品红外光谱仪问世以来,红外光谱在有机化学研究中得到了广泛的应用。红外光谱是检测有机化合物结构最稳定可靠的方法之一,此外它还有测试样品范围广(固体、液体、气体、无机、有机以及高分子化合物都可以检测),仪器结构简单、测试迅速、操作方便、重复性好等优点。但是由于红外光谱很复杂,只能用于化合物官能团的鉴定,一般情况下要和其他谱图相结合使用。

根据红外吸收光谱仪的结构和工作原理不同可分为:色散型红外吸收光谱仪和傅里叶变换红外吸收光谱仪(FT-IR)。傅里叶变换红外光谱仪是非色散型的,核心部分是一台双光束干涉仪,常用的是迈克耳逊干涉仪。当动镜移动时,经过干涉仪的两束相干光间的光程差就改变,探测器所测得的光强也随之变化,从而得到干涉图。经过傅里叶变换的数学运算后,就可得到入射光的光谱。

傅里叶变换红外光谱仪的主要优点是:

(1) 多通道测量使信噪比提高;
(2) 没有入射和出射狭缝限制,因而光通量高,提高了仪器的灵敏度;
(3) 以氦、氖激光波长为标准,波数值的精确度可达 0.01cm;
(4) 通过增加动镜移动距离就可使分辨本领提高;
(5) 工作波段可从可见区延伸到毫米区,使远红外光谱的测定得以进行。

傅里叶红外吸收光谱仪的基本结构见图 1:

光源:能斯特灯或硅碳棒。
吸收池:红外透光材料制作。如 NaCl、KBr 盐窗片。
单色器:由色散元件、准直镜、狭缝构成。色散元件多用复制的反射光栅。

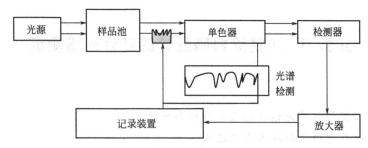

图 1 傅里叶红外吸收光谱仪

检测器：常用真空热电偶。

红外吸收光谱仪的工作原理有以下几方面内容：

1. 分子振动

振动光谱是指物质因受光的作用，引起分子或是原子基团的振动，从而产生对光的吸收。如果将透过物质的光辐射用单色器加以色散，使波长按长短依次排列，同时测量在不同波长处的辐射强度，得到的是吸收光谱。如果用的光谱是红外光波长范围，即 $0.77\sim1000\mu m$，就是红外光谱；如果用的是强单色光，如激光，产生的是激光拉曼光谱。

（1）物质对光的吸收具有选择性

a. 核外电子对光子的吸收，吸收范围为 $1\sim20eV$，使其电子由基态跃迁到激发态。

b. 分子振动对光子的吸收，吸收范围为 $0.05\sim1eV$。

c. 分子转动对光子的吸收，吸收范围为 $0.05eV$ 以下。

（2）分子振动模型

a. 伸缩振动是指沿键轴方向发生周期性变化的振动。

b. 对称伸缩振动：键长沿键轴方向的运动同时发生。

c. 反称伸缩振动：键长沿键轴方向的运动交替发生。

d. 弯曲振动是指键角发生周期性变化，而键长不变的振动，包括变形振动和变角振动。

（3）分子振动吸收条件

a. 分子振动频率与红外光谱段的某频率相等。

b. 分子在振动过程中，能引起偶极矩的变化；辐射与物质间有相互偶合作用。即分子在振动、转动过程中必须有偶极矩的净变化（偶极矩的变化 $\Delta\mu\neq0$）。

2. 红外光的区划

① 近红外区：$12500\sim4000cm^{-1}$，—OH 和 —NH 倍频吸收区。

② 中红外区：$4000\sim625cm^{-1}$，振动伴随转动光谱。

③ 远红外区：$400\sim10cm^{-1}$，纯转动光谱。

3. 红外光谱的表示

连续的红外光与分子相互作用时，若分子中原子的振动频率恰好与红外波段的某一频率相等时就会引起共振，使光的透射强度减弱。在红外光谱中，横坐标表示波数（cm^{-1}），纵坐标表示透射率或是吸光度。

4. 红外光谱带的划分

a. 特征谱带区（$4000\sim1333cm^{-1}$ 或 $2.5\sim7.5\mu m$） 特征频率区中的吸收峰基本是由基团的伸缩振动产生，数目不是很多，但具有很强的特征性，因此在基团鉴定工作上很有价值，主要用于鉴定官能团。

b. 指纹谱带区（1333～667 cm^{-1}，或 7.5～15 μm） 指纹区的情况不同，该区峰多而复杂，没有强的特征性，主要是由一些单键 C—O、C—N 和 C—X（卤素原子）等的伸缩振动及 C—H、O—H 等含氢基团的弯曲振动以及 C—C 骨架振动产生。当分子结构稍有不同时，该区的吸收就有细微的差异。这种情况就像每个人都有不同的指纹一样，因而称为指纹区。指纹区对于区别结构类似的化合物很有帮助。

5. 红外光谱吸收的特点

a. 特征性高；

b. 不受物质的物理状态的限制，液、固均可测定；

c. 所需测定的样品数量极少，只需几毫克甚至几微克；

d. 操作方便，测定速度快，重复性好；

e. 已有的标准图谱较多，便于查阅；

f. 缺点和局限性：灵敏度和精确度不够高，含量<1‰就难以测出，目前多用于定性分析。

三、仪器与试剂

仪器：FTIR Nicolet 6700 红外光谱仪、YP-2 压片机、红外干燥灯、玛瑙研钵。

试剂：磷酸锌固体、无水乙醇、溴化钾（110℃干燥 24h，存于干燥器中）。

四、实验步骤

1. 制样要求

要获得一张高质量红外光谱图，除了仪器本身的因素外还必须有合适的样品制备方法。磷酸锌的红外光谱测定使用压片法。

取预先在 110℃干燥 24h，并保存在干燥器中的 KBr 150mg 左右，置于洁净干燥的玛瑙研钵中研磨均匀，装入压片模具中，在压片机上压片，即可得到透明的 KBr 晶片，作为空白晶片，待用。

另取一份 150mg KBr 粉末于玛瑙研钵中，加入 1～2mg 磷酸锌固体试样并充分研磨，置于模具中，用油压机压成透明片，即可用于测定。

2. 红外光谱测定

将空白晶与样品晶片分别放入磁性样品架，先后置于红外光谱仪样品室中，进行红外光谱的扫描测定。

扫描结束后，取出样品架，取下样品薄片，将压片模具、试样架等擦洗干净，置于干燥器中保存好。

五、数据处理

由红外光谱可看出：在 1200～950 cm^{-1} 之间出现强的吸收峰，在此范围内的吸收峰的峰形和位置重叠性好，出现的峰尖锐并且被分裂成几个小峰，这种现象说明了 PO_4^{3-} 的振动形式存在的不止一种情况：在 1123 cm^{-1} 处出现的峰为 PO_4^{3-} 四面体的非对称伸缩振动峰；中强吸收带 1013 cm^{-1} 处的吸收峰为归属于 PO_4^{3-} 四面体的对称伸缩振动；而 953 cm^{-1} 处为强的吸收带，此处的吸收峰归属于 P—O 的弯曲振动。在产品的红外光谱中 H_2O、OH^- 的振动峰出现在 3427 cm^{-1} 和 1607 cm^{-1} 处，其位置与标准峰一致，这一现象可以说明产品中含有结晶水分子（H_2O），四水磷酸锌在 3400～3550 cm^{-1} 范围内的吸收峰较宽，而在 3538 cm^{-1} 处有一尖峰出现，说明部分 OH^- 基团是以非结合水形态出现的，与在 1607 cm^{-1}

处出现的峰的峰形比较一致,且峰的强度也较强。

六、实验注意事项
1. 对每一种样品,在制好样之后应立即进行测定。
2. 压好的溴化钾片,应放在干燥器中,以防吸潮。
3. 在制样时应尽量避免引入杂质,研钵、药匙、模具等须洁净。
4. 严格按照压片机、红外光谱仪的操作规程进行操作。
5. 在使用压片法绘制的红外吸收光谱,常出现水的吸收峰,解析图谱时应注意。

七、思考题
1. 为什么要选用 KBr 作为来承载样品的介质?
2. 红外光谱法对试样有什么要求?
3. 红外光谱法制样有哪些方法?

实验 7 氧化铜 X 射线粉末衍射法物相定性分析

一、实验目的
1. 了解 X 射线衍射仪的结构。
2. 熟悉 X 射线衍射仪的工作原理。
3. 掌握 X 射线衍射仪的基本操作。

二、实验原理
CuO 属于闪锌矿型,为单斜晶系的晶体结构,空间点群为 C_{6}^{2h},4 个 CuO 单元构成一个晶胞。晶体的 X 射线衍射图像实质上是晶体微观结构形象的一种精细复杂的变换。因此 XRD 方法是现在在微观结构的深度上对晶态物质进行观察、研究的最有力的实验方法。大多数固态物质都是晶态或准晶态,即便是大颗粒的晶体,一般也不难得到它们的粉末状样品,所以 XRD 用途广泛。

衍射(绕射):光线照射到物体边沿后通过散射继续在空间发射的现象。如果采用单色平行光,则衍射后将产生干涉(相干波在空间某处相遇后,因位相不同,相互之间产生干涉作用,引起相互加强或减弱的物理现象。)

衍射的条件:①相干波(点光源发出的波);②光栅。

衍射的结果是产生明暗相间的衍射花纹,代表着衍射方向(角度)和强度。根据衍射花纹可以反过来推测光源和光栅的情况。为了使光能产生明显的偏向,必须使"光栅间隔"具有与光的波长相同的数量级。用于可见光谱的光栅每毫米要刻有约 500 条线。

劳厄:如果晶体中的原子排列是有规则的,那么晶体可以当作是 X 射线的三维衍射光栅。X 射线波长的数量级是 10^{-10} m,这与固体中的原子间距大致相同。果然试验取得了成功,即最早的 X 射线衍射。显然,在 X 射线一定的情况下,根据衍射的花样可以分析晶体的性质。

布拉格方程: $2d_{hkl}\sin\theta_{hkl}=n\lambda$

式中，λ 为入射 X 射线波长；d_{hkl} 为衍射指标为 hlk 的衍射面间距；2θ 为对于某一个 n 的衍射角；n 为衍射级数，为 1，2，3 等整数；hlk 为晶面与坐标轴截距的倒数。

方程含义：当 X 射线以掠角 θ 入射到某一点阵平面间距为 d 的原子面上时，若符合布拉格方程，则将在反射方向上得到因叠加而加强的衍射线。布拉格方程联系了晶体的晶面间距与衍射线的方向。不同物相具有不同的晶面间距数值组 d_{hkl}；反映在衍射图上就是一套位置不同的衍射峰。

三、仪器与试剂

仪器：XRD、石英片、玛瑙研钵、玻璃板。

试剂：CuO 粉末、无水乙醇。

四、实验步骤

（1）用玛瑙研钵将样品磨细至 340 目。

（2）将铝样品板正面向下放于表面平滑的玻璃板上，样品均匀地撒入样品空框内，并略高于样品板面。用另一玻璃片自上而下轻压样品。使样品足够紧密以致表面光滑平整，附着在空框内不会脱落。

（3）将样品板插入粉末衍射仪的样品台。

（4）按操作规程启动 X 射线发生器，调节管压、管流至合适值（注意：防护系统需正常工作）。

（5）根据欲测样品，选择好扫描条件及范围，设定测试程序。

（6）开启测试程序，收集衍射图谱。

（7）数据处理

a. 计算衍射图上各衍射峰所对应的 d_{hkl} 值；

b. 计算各衍射峰的相对强度，以最强峰为 100%，其他峰均为与最强峰的比值；

c. 利用 PDF 卡鉴定出待测样品的物相。

（8）结束实验，关闭仪器，打扫实验室。

五、数据处理

根据衍射图谱，与 PDF 卡片对比可以发现，所测样品为氧化铜固体。

六、思考题

样品的晶粒尺寸及制样方法对 XRD 结果有什么影响？

实验 8 碳化氮（氮化碳）多孔材料的水热法制备

一、实验目的

1. 掌握水热法制备氮化碳多孔材料的基本操作过程和产品的处理方法。
2. 掌握光催化材料的结构和性能表征方法。
3. 掌握实验条件的一般摸索方法。

4. 掌握科研论文的一般写作方法。

二、实验原理

氮化碳（CN）是一种实验室合成而非自然界中自然存在的材料，其中石墨型氮化碳（$g\text{-}C_3N_4$）具有类似于石墨的片层堆垛结构。$g\text{-}C_3N_4$ 对于太阳光中波长小于 475nm 的波段都有吸收，具有良好的可见光响应活性，可用于光催化领域。

多孔结构是催化体系中最理想的结构之一，其较大的表面积和较多的表面活性位点为催化反应提供了更多的反应场所，其多孔结构的特点保证了反应分子的充分流动，同时可以降低催化材料的用量，有显著的经济效益。多孔结构也是其他催化剂活性分子的优良基底材料，为其他催化剂活性分子提供"着陆点"，使催化剂活性分子均匀分散，并有利于基底材料和催化剂活性分子之间发生较强的相互作用，防止催化剂活性分子的流失，并发挥基底材料和催化剂活性分子的协同催化效应。多孔纳米结构中有限的微孔、介孔空间可以防止催化剂活性分子在催化过程中的团聚现象，使催化剂材料的结构稳定，能够循环使用。CN 作为一种新型的光催化材料，对其多孔结构的研究备受人们关注。目前广泛使用的是高温热解硬模板制备方法。这种方法要去除硬模板，操作步骤较多，去除硬模板的试剂对环境不友好。本实验以水热法制备多孔氮化碳，利用葡萄糖在水热条件下的碳化，诱导三聚氰胺分子的有序排列和聚合形成具有石墨型氮化碳@氧化石墨烯（CN@GO）夹心结构的纳米片，并组装成多孔微米球结构，其形成机理如图 1 所示。

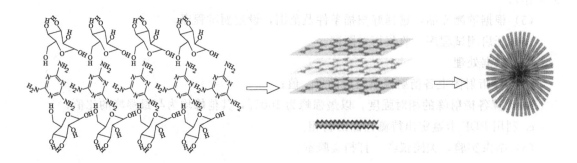

图 1　CN 多孔微米球的形成机制

三、仪器与试剂

仪器：电子天平、水热釜、搅拌器、烘箱、离心机、扫描电子显微镜、荧光光度计、紫外-可见漫反射光度计、超声波仪、烧杯、移液枪。

试剂：三聚氰胺（A.R）、十六烷基三甲基氯化铵（CTAC，A.R）、葡萄糖（A.R）、95%乙醇（A.R）、冰醋酸（A.R）、硝酸银（A.R）。

四、实验步骤

1. 多孔材料的制备

称取 0.25g 三聚氰胺，0.13g CTAC 于 100mL 小烧杯中，加入 75mL 去离子水，0.75mL 冰醋酸，加热搅拌至形成澄清透明溶液。再加入 0.35g 葡萄糖，继续搅拌使其溶解。将此混合溶液转移至 100mL 反应釜中，于 180℃反应 6h 后自然冷却至室温。

打开反应釜，离心收集棕色沉淀，然后用去离子水和无水乙醇分别洗涤 3 次，以去除 CTAC 和其他可溶性副产物。之后将得到的产品放入 80℃烘箱中干燥 1h 后取出。

2. 实验条件的摸索

(1) 葡萄糖用量的影响　分别称取 0.25g、0.5g 葡萄糖于 2 个小烧杯中，分别加入三聚氰胺 0.25g，CTAC 0.13g，水 75mL，冰醋酸 0.75mL，余下步骤同步骤 1。

(2) 三聚氰胺用量的影响　分别称取 0.15g、0.35g 三聚氰胺于 2 个小烧杯中，分别加入葡萄糖 0.25g，CTAC 0.13g，水 75mL，冰醋酸 0.75mL，余下步骤同步骤 1。

(3) 硝酸银用量的影响　分别称取 0.005g、0.01g、0.05 葡萄糖于 3 个小烧杯中，分别加入葡萄糖 0.25g，三聚氰胺 0.25g，CTAC 0.13g，水 75mL，冰醋酸 0.75mL，余下步骤同步骤 1。

3. 多孔材料的表征

用扫描电子显微镜观察产物的形貌，并测量其尺寸。用紫外-可见漫反射光谱测量其禁带宽度，用荧光光度计分析其电子空穴复合情况。

五、数据处理

1. 记录实验条件和实验现象，包括反应温度、时间、反应物浓度、产物性状等；
2. 计算产率；
3. 根据扫描电镜照片对产品的结构、形貌和尺寸进行准确的描述；
4. 根据产物的紫外-可见漫反射光谱确定产物的禁带宽度；
5. 根据产物的荧光光谱分析产物的光生电子空穴复合情况。
6. 撰写出符合要求的科研论文。

六、实验注意事项

1. 反应釜填充度不能超过 80%。
2. 反应釜一定要拧紧。
3. 反应釜要完全冷却后打开。开釜时面部要远离反应釜，防止溶液溅出。

七、思考题

1. 为什么荧光光度计能够分析材料光生电子空穴复合情况？
2. 本实验的副产物可能有哪些？

八、附注（扫描电子显微镜）

扫描式电子显微镜主要用于观察固体表面的形貌，也能与 X 射线衍射仪或电子能谱仪相结合，构成电子微探针，用于物质成分分析。

电子显微镜由镜筒、真空装置和电源柜三部分组成。

镜筒主要有电子源、电子透镜、样品架、荧光屏和探测器等部件，这些部件通常是自上而下地装配成一个柱体。真空装置用以保障显微镜内的真空状态。电源柜由高压发生器、励磁电流稳流器和各种调节控制单元组成。

电子束聚焦在样本的一小块地方，然后一行一行地扫描样本。入射的电子导致样本表面被激发出次级电子。样品旁的闪烁晶体接收这些次级电子，通过放大后调制显像管的电子束强度，从而改变显像管荧光屏上的亮度形成图像。图像为立体形象，反映了样本的表面结构。

第9章

材料化学专业实验

实验 1 聚合物动态流变性能测试

一、实验目的

1. 了解聚合物流变性能的基本原理；
2. 掌握动态流变实验的原理、优点和测试方法；
3. 熟悉流变仪的基本构造和原理；
4. 理解动态流变性能表征参数的测试分析与意义。

二、实验原理

流变学是一门研究材料流动及形变规律的科学，主要是研究材料的应力、应变以及应变速率之间的关系。聚合物材料流变学则是研究聚合物流体（聚合物熔体、溶液）在流动状态下的黏弹性能，以及这种黏弹性能与材料结构之间的关系。流变学研究方法按材料受力的方式不同，可分为稳态流变学方法和动态流变学方法。稳态流变学方法是在一定应力或应变下的剪切流方法，研究连续形变下黏度或应力或第一法向应力差与应变速率的关系。目前较多采用毛细管或转矩流变仪，用流动曲线对流变性质进行研究，在连续形变下常会造成聚合物材料结构的变化甚至破坏，因而稳态流变学方法测定难以准确地获得材料结构及大分子链段状态的准确信息。动态流变学方法是在周期应力或应变下的振荡剪切流方法，通常是在小应变条件下（线性黏弹区）进行测定，该方法在测试过程中不会对材料本身结构造成影响或破坏，实验测试过程不受聚合物材料本身结构、化学特性和样品是否透明的局限，可以进行可靠的研究，并且聚合物材料在动态流变方法测试中呈现的线性黏弹响应对材料形态结构的变化十分敏感，所以近年来发展的利用动态流变学方法对多相或者多组分聚合物材料体系形态结构和相容性方面的研究有许多独到之处。

动态流变学方法是在周期性应力或应变下进行振荡剪切测试的方法，所用仪器主要为控制应力型或控制应变型动态流变仪。下面简单地介绍一下动态流变学方法测试聚合物材料线性黏弹性的基本原理。聚合物材料是一类黏弹性材料，它的力学行为介于弹性固体和黏性液体之间，具有确定的外形和尺寸，在外力作用下发生形状和尺寸的变化，当除去外力后，又能够恢复到原来的形状和尺寸的材料是弹性固体；没有确定的形状和尺寸，在外力作用下发生的是不同于以上变化的不可逆流动的液体是黏性液体，所以说聚合物材料既不是弹性固体也不是黏性液体，而是同时具有弹性和黏性的特殊材料。理想的弹性固体服从胡克定律，即物体受应力时立即产生应变；理想的黏性液体服从牛顿流体定律，应力与应变速率呈线性关系。对于黏弹性的聚合物材料动态实验时，假设在线性范围内和控制应力实验条件，对于给定一个正弦变化的应力 $\sigma = \sigma_0 \sin(\omega t)$，接着就会得到材料的应变：

$$\varepsilon = \varepsilon_0 \sin(\omega t - \delta) = \varepsilon_0 \sin(\omega t)\cos\delta - \varepsilon_0 \cos(\omega t)\sin\delta \tag{1}$$

通过上式可以发现应变相对于应力有一个 δ 的相位差，这主要是由聚合物材料链段运动因内摩擦力跟不上应力的变化所致。另外还可以看出聚合物材料的应变显示既有弹性形变又有黏性形变的黏弹性的变化。而对于线性黏弹性的控制应变时，给定一应变 $\varepsilon = \varepsilon_0 \sin(\omega t)$ 时，得到聚合物材料的应力为：

$$\sigma = \sigma_0 \sin(\omega t + \delta) = \sigma_0 \sin(\omega t)\cos\delta + \sigma_0 \cos(\omega t)\sin\delta \tag{2}$$

式中，σ 为应力函数；σ_0 为应力常数；ε 为应变函数；ε_0 为应变常数；ω 为动态角频率；t 为试验时间；δ 为力学损耗角。

同样我们可以得到聚合物材料应变相对于应力有一个 δ 的相位差，同时显示既有弹性形变又有黏性形变的黏弹性的变化。

根据以上的动态流变学黏弹性规律，现对以下动态黏弹性公式规定如下：

弹性模量 G'： $\qquad\qquad G' = (\sigma/\gamma_0)\cos\delta \tag{3}$

黏性模量 G''： $\qquad\qquad G'' = (\sigma_0/\gamma_0)\sin\delta \tag{4}$

损耗因子： $\qquad\qquad \tan\delta = G''/G' \tag{5}$

式中，G' 称为"实数"部分模量、弹性模量或储能模量，它反映聚合物材料发生形变时弹性恢复的能力大小，即能量储存的大小；G'' 称为"虚数"部分模量、黏性模量或损耗模量，它反映聚合物材料发生形变时能量损耗的大小，与黏性有关；$\tan\delta$ 为力学损耗角的正切值，是与聚合物材料分子链段运动相关的力学松弛现象的力学损耗的大小。通过以上公式很容易发现这些与动态流变学实验相关的物理量是以弹性模量 G' 和黏性模量 G'' 为基础，且都是与测量频率（角速度）密切相关的物理量。所以在动态实验中对材料测量所采用的频率对聚合物材料的黏弹性的反映起着重要的作用，通常根据高分子材料的特性和动态实验的理论选用频率较低的条件下的测量数据比较真实的反应聚合物的黏弹性能。

$\lg G'$ 与 $\lg G''$ 的关系曲线是对以单分散和多分散均聚物的分子黏弹性理论为基础针对均聚物提出来的，所以又称为 Han 曲线。通常情况下，均相聚合物体系的 Han 曲线不存在温度依赖性（即不同温度下的曲线是可以重叠的），而多相聚合物体系的曲线却存在温度依赖性（即不同温度下曲线不重叠），并且这种温度依赖性与相行为的变化密切相关。所以，Han 曲线可以进行相行为和材料形态变化的研究。

从聚合物材料的松弛性质知道，同一个松弛过程，既可以在较高的温度下，在较短的时间内观察到，也可以在较低的温度下、较长的时间内观察到。所以可以得出结论，对于高分子聚合物材料的分子运动观察，升高温度与延长观察时间的效果是等效的。这种等效性可以借助于一个转换因子 α_T 来实现，通过这个转换因子可以将一定温度下的黏弹性实验数据转换成另一温度下的黏弹性数据，这就是时温等效原理（TTS）。利用这种黏弹性与时间、温度的关系，可以对不同温度下或者不同时间频率下的聚合物材料的黏弹性质进行比较和换算，从而可以得出一些在实际上无法从实验中直接得出的实验结果，因此时温等效原理有很大的现实意义。在实际测量绘制时温等效曲线时，可以将不同温度下的聚合物黏弹性的频率扫描曲线选准某一特定的温度条件下作为参考温度，其他温度下的频率扫描曲线按照移动因子进行移动就会得到选取的参考温度下的时温等效曲线。显然，在绘制时温等效曲线时，各条不同温度下的曲线的移动因子的移动量是不同的，据此，Williams, Landel 和 Ferry 提出了下面的经验公式 WLF 方程：

$$\lg \alpha_T = \frac{-C_1(T-T_r)}{C_2+(T-T_r)} \tag{6}$$

式中，α_T 是移动因子；C_1 和 C_2 是经验常数；T 和 T_r 分别是移动曲线的温度和选取的参考温度。根据此原理得出的时温等效曲线没有温度依赖性，即总曲线比较圆滑，那么所测条件下的聚合物材料时温等效是成立的。

PEO 是聚氧化乙烯的简称，因其具有生物的可降解性和很好的共混的相容性而引起很多的研究者的兴趣。PEO 是一种结晶性比较好的结晶的聚合物，其熔点在 67℃ 左右，玻璃化转变温度在 −55℃ 左右。

三、仪器与试剂

仪器：流变仪（哈克流变仪）、300℃ 热台、250mL 烧杯、10mL 量筒、分析天平、玻璃棒、一次性塑胶手套。

药品：聚氧化乙烯 Poly (ethylene oxide)（PEO）（$M_w=1,500$）、去离子水。

四、实验步骤

(1) 将 PEO 样品按照一定的质量比例 50:100 在烧杯中配成水溶液，在溶液中进行搅拌充分溶解，根据情况可以在热台上加热溶解，然后在室温条件下静置 30min 待用。

(2) 流变实验在 HAAKE Mars-Ⅱ 流变仪上进行操作，选取线性动态控制形变的模式。采用同轴圆筒装置，按照转子的型号要求体积，将高分子 PEO 溶液用量筒倒入同轴圆筒内。线性黏弹区范围选取形变范围 1% 以内的线性形变，动态实验角频率范围为 0.04～100rad·s^{-1} 进行频率扫描，考虑到实验的误差较小采用频率从高频率到低频率进行扫描，根据样品实验选取温度为 30℃、40℃ 和 50℃。通过系统自带的分析软件分析 Han 图和时温等效原理，时温等效分析时，水平移动因子选取参考温度为 40℃。

五、数据处理

1. 按照实验操作得出的数据作出不同温度下的 Han 图，并判断高分子溶液的 Han 曲线是否存在温度依赖性（即不同温度下的曲线是否可以重叠）。

2. 按照实验操作得出的数据作出时温等效曲线，并判断高分子溶液是在所测条件下的聚合物材料时温等效是否成立（即不同温度下的曲线是否可以重叠）。

六、思考题

1. 动态流变实验有哪些操作模式？
2. 试述流变仪的主要构造和原理。
3. 在进行动态流变实验测量时候主要注意哪些事项？

七、附注（HAAKE 流变仪操作规程）

1. 流变仪操作注意事项

(1) 流变仪由四部分组成：空气压缩机、温控系统（加热-制冷）、流变测量系统和电脑软件系统（控制-测量-数据处理）。

(2) 流变仪开机流程：先开启空气压缩机→温控系统（水浴）→主机电源（后部）→电脑软件控制系统。关机流程与此相反。

(3) 操作注意事项：

a. 空气压缩机操作注意事项：工作压力为 4bar（1bar=100kPa）左右，轴承压力为

2bar 左右，炉子压力为 1bar 左右。

  b. 温控仪操作注意事项：水浴温控工作温度为 0~100℃。

  c. 测量系统操作注意事项：主机要用水平仪调整到水平位置。更换保温套筒时，套筒两边用于固定的大小两个孔眼与测量台上的两个大小凸轴相对应，不要强行按压进去，同时保温套筒应稳定地支撑在测量台三个突起的平台上。使用转子时应轻拿轻放，防止损伤。测量台上方的转子连接部分为精密部件，不允许任何强力的动作行为。流变仪上如果显示有红灯亮，说明此时操作不正确，应停止实验查找原因以至排除。

  d. 电脑软件控制系统操作注意事项：更换测量系统（转子）时要先关闭程序软件，否则易造成程序动作不响应。

2. 温控仪操作规程

水浴温控仪的操作规程如下：

（1）注入温控仪的循环介质（蒸馏水）的体积不得低于扩展槽线。

（2）工作中温控仪的温度控制可按以下操作流程进行：开启电源后，温控仪上显示出信息，按工作键开始进入工作状态。按顺时针箭头键图标进入不同模式：S 表示显示当前温度；F_1、F_2、F_3 等设置常用实验温度。设置好温度后按回车键图标进行确认。

（3）温控仪循环管线的进出口要与流变仪的恒温系统的进出口连接相对应。

（4）恒温系统分为：锥板式用套筒、平板式用套筒和同轴圆筒体套筒。

3. 流变仪测量系统操作规程

选择安装与实验相配套的测量头系统（同轴圆筒），接入循环管线及数据线，依次开启空气压缩机→温控仪→测量系统电源（后部）→电脑软件控制系统。

调零：水平调零后打开 "Jobmanager \ Jobeditor \ manualcontrol" 窗口，在此进行自动调零（automatic）和相关的操作（lift control, temp-erature, manual measure）。

装样：在 "Lift control" 中选择分开按钮，测量台下降到一定位置，此时进行装样，根据不同样品不同测量头系统采用不同方式，样品量应适当且不能有影响实验的预先剪切。

测量：根据实验要求，将 "Elements" 界面中的一般元素、测量元素和分析元素用鼠标拖到 "Job editor" 窗口中并双击每条元素图标进行相关编辑，另外也可以载入已有的模板模式进行实验，对 "Job editor" 窗口中其他菜单编辑好后按 "Start" 即开始工作，工作时注意观察样品和 "Job controller" 窗口中的动态实验记录进行相关的处理。

数据处理：将实验保存的实验数据从 "DATA MANAGER" 中找到并运用其强大的菜单进行所需的各种编辑和输出。

清理：工作程序结束后，在 "Lift control" 中选择分开按钮，测量台上伸到一定位置清理样品，需小心注意保护好测量头系统，特殊情况时须特殊处理。

实验 2　高分子材料拉伸

一、实验目的

1. 熟悉高分子材料拉伸性能测试标准条件、测试原理及其操作；

2. 了解测试条件对测定结果的影响。

二、实验原理

将试样夹持在万能试验机夹具上，对试样施加静态拉伸负荷，通过压力传感器、形变测量装置以及计算机处理，测绘出试样在拉伸变形过程中的拉伸应力-应变曲线，计算出曲线上的特征点，如试样直至断裂为止所承受的最大拉伸应力（拉伸强度）、试样断裂时的拉伸应力（拉伸断裂应力）、在拉伸应力-应变曲线上屈服点处的应力（拉伸屈服应力）、应力-应变曲线偏离直线性达规定应变百分数（偏置）时的应力（偏置屈服应力）和试样断裂时标线间距离与初始标距之比（断裂伸长率，以百分数表示）。

(1) 拉伸强度或拉伸断裂应力或拉伸屈服应力或偏置屈服应力 σ_t 按式(1)计算：

$$\sigma_t = \frac{p}{bd} \tag{1}$$

式中，σ_t 为抗拉伸强度或拉伸断裂应力或拉伸屈服应力或偏置屈服应力，MPa；p 为最大负荷或断裂负荷或屈服负荷或偏置屈服负荷，N；b 为所测试样宽度，mm；d 为所测试样厚度，mm。

各应力值在拉伸应力-应变曲线上的位置如图1所示。

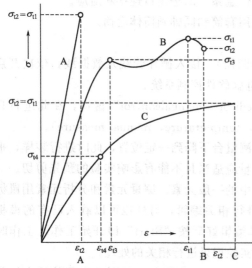

图 1　拉伸应力-应变曲线

σ_{t1}—拉伸强度；ε_{t1}—拉伸时的应变；
σ_{t2}—拉伸断裂应力；ε_{t2}—断裂时的应变；
σ_{t3}—拉伸屈服应力；ε_{t3}—屈服时的应变；
σ_{t4}—偏置屈服应力；ε_{t4}—偏置屈服时的应变（X%）；
A—脆性材料；B—具有屈服点的韧性材料；
C—无屈服点的韧性材料

(2) 断裂伸长率 ε_t 按式(2)计算：

$$\varepsilon_t = \frac{G - G_0}{G_0} \times 100\% \tag{2}$$

式中，ε_t 为施加一定应力对应的应变值或试样断裂时的断裂伸长率，%；G_0 为试样原始标距，mm；G 为试样拉伸或断裂时标线间距离，mm。

(3) 标准偏差值 S 按式(3)计算：

$$S = \sqrt{\frac{\sum(X_i - \overline{X})^2}{n-1}} \tag{3}$$

式中，S 为多次测量数据的标准偏差值；X_i 为单个测定值；$\overline{X}$ 为一组测定值的算数平均值；n 为测定次数。

(4) 计算结果以算术平均值表示，σ_t 取三位有效数值，ε_t 取二位有效数值，S 取二位有效数值。

三、仪器与试样

仪器：万能试验机。

试样：实验所需线形 HDPE 及 PP 试样由挤出制样机制备。

四、实验步骤

(1) 试验机的预热和环境调节

① 首先调节工作室的温度和湿度使之符合国家标准的要求（本实验不做要求）。

② 开启试验机的总电源，预热 10min。

③ 选择合适量程的力传感器。把选定的传感器放到主机顶部传感器座上固定，用电缆把传感与测力放大器相连，同时在传感器上装好夹具。

(2) 熟悉试验机及相关软件操作方法，精确测量待测试样中间平行部分的长度、宽度和厚度，每个试样取不同位置测量三次，取算数平均值，单位为毫米。

(3) 夹持试样　采用万能试验机上夹具夹持试样，使试样纵轴与上下夹具连线重合。需松紧适宜，以防测试过程中试样脱落或断在夹具内。

(4) 选定实验速度，开始实验。

(5) 记录屈服时负荷、断裂时负荷及标距间伸长距离。若断裂在平行部分之外，则试样作废，需重做。

(6) 选取不同材料试样并控制不同拉伸速度，进行测试。所测样品共分高速拉伸 PP 材料、高速拉伸 HDPE 材料、低速拉伸 PP 材料、低速拉伸 HDPE 材料四种。

(7) 不同条件下不同材料拉伸试验结果进行比较总结。

五、实验数据处理

1. 不同材料拉伸实验应力-应变曲线图绘制及结果比较；
2. 不同拉伸速度实验应力-应变曲线图绘制及结果比较；
3. 实验注意事项及相关内容总结。

六、思考题

1. 分析试样断裂在线外的原因。
2. 拉伸速度对测试结果有何影响？
3. 同样的材料，为什么测定的拉伸性能（强度、断裂伸长率、模量）有差异？

实验3　挤出成型实验

一、实验目的

1. 了解普通聚乙烯管挤出成型原理、挤出机和挤管辅机工作特性、挤出成型工艺参数对制品质量的影响；
2. 掌握挤出成型操作过程。

二、实验原理

挤出成型是最重要的高分子材料成型方法之一。挤出成型塑料制品产量占所有塑料制品总产量的一半以上。利用挤出成型方法生产的制品不仅包括纯塑料管材、棒材、板材、异型管、丝、网、膜、带、绳等，而且还包括由塑料与其他非塑料共同组成的复合制品，如电线电缆、铝塑复合管材及密封嵌条、增强输送带、钢丝窗型材、轻质隔墙板等。

挤出成型是连续性生产过程，由挤出机（主机）、机头（口模）和辅机协同作用完成。挤出机有单螺杆挤出机和多螺杆挤出机之分，后者是由前者发展起来的，目前两者均较常用。挤出机在成型过程中的作用是熔融塑化和输送原料。机头构成熔体流道，引导聚合物分子优先排列，形成适当的结构分布，赋予熔体一定的几何形状和密实度。辅机包括定型装置、冷却装置、牵引装置、切割装置、检测仪器和堆放装置等。定型装置和冷却装置的作用在于将熔体结构形态确定保留下来。牵引装置除了引离挤出物，维持连续性生产外，还有调节聚合物熔体分子取向作用，控制制品尺寸和物理力学性能的作用。因此，决定挤出成型制品质量的重要因素为塑料材质、设备结构和工艺控制参数。

塑料材质是指聚合物品种、分子量及其分布、大分子序列结构、支化结构、改性聚合物种类及其用量、塑性添加剂及种类和用量，以及因生产聚合物合成方法导致树脂聚集态结构的差异等。选用不同树脂或树脂牌号，或配用不同的改性塑料或塑料助剂，生产所得产品性能则相差很大。

挤出成型不同截面几何形状的制品需要配用不同结构的挤出机、机头和辅机。不同原材料的挤出成型的工艺参数不同；同一种原材料生产不同规格制品的工艺控制参数也不尽相同。这里通过高分子材料管材、型材和单丝简单制品的成型试验，加深大家对挤出成型及其相关制品生产的认识。

本实验中将高密度聚乙烯（HDPE）加入双螺杆挤出机中，经加热、剪切、混合及排气作用，HDPE塑化成均匀熔体，在螺杆挤压下，熔体通过圆环形口模成型、真空冷却定型，最终成为HDPE管材。此外，为比较组成及拉伸速度对样品拉伸性能的影响，利用挤出机分别制备条形PE及PP试样以进行拉伸实验。

挤出生产管材所用设备的结构和工艺控制质量和生产效率的影响如下：挤出机螺杆和料筒结构直接影响塑料原料的塑化效果、熔体质量和生产效率。单螺杆挤出机和双螺杆挤出机相比，其塑化能力、混合作用和生产效率相对较低，但是投资少，维修方便。使用单螺杆挤出成型HDPE，尤其是熔体流动速率很小的牌号，应选用新型螺杆；普通突变型单螺杆挤出成型适用于普通的有明显熔点的结晶性塑料，如PA。双螺杆挤出机主要用于高速挤出、高效塑化、大挤出量及复合材料管材成型。

机头典型结构分三种：直通式、直角式和偏心式机头。直通式机头适用于普通小管成型，其他两种适用于对内在质量要求较高的大中管材成型。口模和模芯是分别成型管材的外表面和内表面的部件。为了获得精确的几何尺寸和优良的外观质量，应根据塑料性质设计机头结构，对于聚烯烃而言，口模直径和芯模直径为管径的0.9～2倍；拉伸比（口模和模芯所形成空间的截面积与挤出管材截面积之比）为1～1.5。口模和模芯的定型长度相同，一般为管材外径的0.5～3倍且与熔体接触零部件表面的光洁度更高。

挤出工艺控制参数包括挤出温度（料筒、机头）、挤出速率、口模压力、冷却速率、牵引速率、拉伸比、真空度等。对于单螺杆挤出机而言，物料熔化所需的热量主要来自料筒外部加热，挤出温度应在塑料黏流温度（T_m、T_f）至热分解温度范围之内，温度设置一般从加料口至机头呈逐渐升温，最高温度较塑料热分解温度T_d低15℃以上。各段温度设置变化范围不超过60℃。挤出温度高，熔体塑化温度较高，材料微观结构均匀，制品外观质量较好，但是挤出产率较低，能源消耗量大，所有挤出温度在满足质量要求的前提下应尽可能低。挤出速率同时对塑化质量和挤出产率起决定作用，对给定的设备和制品性能来说，挤出速率可调的范围已定，过高的增加挤出速率、追求高产率，只会以牺牲制品质量为代价。挤出过程中，需冷却的部位包括料斗、螺杆、定型套、冷却冰箱等。对于PE塑料，一般不需螺杆冷却，料斗下方应通冷却水，防止PE过早熔化黏接搭桥。定型套用温水（30～50℃）较好，或空气冷却后再进行定型。为了排出管材中的余热，管材应进入冷却水箱冷却。牵引速率应与挤出速率相匹配，以达到制品尺寸精度和性能要求为准。用真空定型套定型时，适当真空度既能使管坯紧贴定型套,表面光洁又能节约能源。

总之,应根据塑料加工特性、管材大小、壁厚和使用性能指标,经反复试验后方可优化出最佳挤出工艺参数。

三、仪器与试剂

仪器:ϕ20 同向双螺杆挤出机 1 台、辅机设备 1 台、冷却水槽 1 个。

试剂:生产普通聚乙烯管材一般直接采用专用牌号的高密度聚乙烯(HDPE)作为原料。对于医用管材选用医用级树脂即可。有些管材因有耐老化、安全意识等要求,需加入色母粒、光和氧稳定剂及加工助剂。

本次试验挤出管材采用抚顺石油化工公司生产的牌号为 FHC7260 的 HDPE 作为原材料。

挤出拉伸试验用试样采用抚顺石油化工公司生产的牌号为 FHC7260 的 HDPE 以及湛江东兴石化有限公司生产的牌号为 DXPPHT03 的 PP 为原材料。

四、实验步骤

(1) 挤出机预热升温。依此接通挤出机总电源和料筒加热开关,调节加热各段温度仪表设定值至操作温度。当预热温度升至设定值后,恒温 30min 左右(以手动盘车轻快为宜)。挤出操作温度分五段控制,机身:供料段 100～180℃,压缩段 130～200℃,计量段 150～200℃;机头:机颈 130～180℃,口模 150～200℃。该温度依挤出材料不同进行调整。

(2) 启动主机并调节频率,调整过程缓慢、均匀,转速逐渐升高并注意主机电流变化。

(3) 启动辅机冷却及传动装置。

(4) 启动喂料系统 首先将喂料及调速按钮调至零点,关闭料斗下方出料闸板,把 PE 倒入料斗,启动喂料电动机,调整喂料电动机的转速,在调整过程中密切注意主电动机电流的变化,要适当控制喂料量(由喂料电机的转速决定),以避免挤出机负荷过大;随着主机转速的提高,喂料量可适当增加。

(5) 更换 PP 树脂重复以上实验,比较 PP、PE 的挤出产品尺寸、外观质量等方面的不同。

(6) 更换口模,挤出管材。将圆孔状替换为圆环状口模,进行 HDPE 管材的挤出操作。

五、数据处理

1. 挤出产品实物图片。
2. 挤出工艺条件的总结。

六、思考题

1. 影响 HDPE 管材表面光泽的工艺因素有哪些?
2. 牵引过程中应注意哪些问题?
3. PP 与 HDPE 材料在挤出过程工艺参数上有何区别?

实验 4 热台偏光显微镜观察聚合物结晶形态实验

一、实验目的

1. 了解偏光显微镜的结构及使用方法;

2. 观察聚合物的结晶形态，了解聚合物结晶的影响因素。

二、实验原理

用偏光显微镜研究聚合物的结晶形态是目前在实验室中较为简便而实用的方法。众所周知，随着结晶条件的不同，聚合物的结晶可以具有不同的形态，如单晶、树枝晶、球晶、纤维晶及伸直链晶体等，其中球晶是聚合物结晶中最常见的晶体形式。从浓溶液析出或熔体冷却结晶时，聚合物倾向于生成这种比单晶更为复杂的多晶聚集体，通常呈球形，故称为球晶。球晶可以长得很大，直径甚至可以达厘米数量级。对于几微米以上的球晶，用普通的偏光显微镜就可以进行观察；对于小于几微米的球晶，则用电子显微镜或小角光散射法进行研究。

结晶聚合物材料的实际实用性能（如光学透明性、冲击强度等）与材料内部的结晶形态、晶粒大小及完善程度有着密切的联系，因此，对于聚合物结晶形态等的研究具有重要的理论和实际意义。

球晶的基本结构单元是具有折叠链结构的片晶（晶片厚度在 10nm 左右）。许多这样的晶片从一个中心（晶核）向四面八方生长，发展成为一个球状聚集体。电子衍射实验证明了在球晶中分子链（c 轴）往往垂直于球晶的半径方向，而 b 轴总是沿着球晶半径的方向。

分子链的取向排列使球晶在光学性质上是各向异性的，即在不同的方向上有不同的折射率。在正交偏光显微镜下观察时，在分子链平行于起偏器或检偏器的方向上，将产生消光现象。因此可以看到球晶特有的黑十字消光图案（称为 Maltese 十字）。

在某些情况下，晶片会周期性的扭转，从一个中心向四周生长（如聚乙烯的球晶），这样，在偏光显微镜中就会看到由此而产生的一系列消光同心圆环。

三、偏光显微镜工作原理

1. 偏振光与自然光

光波是电磁波，因而是横波。它的传播方向与振动方向垂直，如果我们定义由光的传播和振动方向所组成的平面叫振动面，那么对于自然光，它的振动方向虽然永远垂直于光的传播方向，但振动面却时时刻刻在改变。在任意瞬间，振动方向在垂直于光的传播方向的平面内可以去所有可能的方向，没有一个方向占优势。太阳光及一般的光源发出的光都是自然光。自然光在通过尼科尔棱镜或人造偏振片以后，光线的振动被限制在某一个方向，这样的光叫作线偏振光（或平面偏振光）。

2. 起偏器与检偏器

能将自然光变成线偏振光的仪器，叫作起偏振器，简称起偏器（polarizer）。通常用得较多的是尼科尔棱镜和人造偏振片。

尼科尔棱镜是用方解石晶体按一定的工艺制成的，当自然光以一定角度入射时，由于晶体的双折射效应，入射光被分成振动方向互相垂直的两条线偏振光——e 光和 o 光，其中 o 光被全反射掉了，而 e 光出射。

人造偏振光是利用某些有机化合物（如碘化硫酸奎宁）晶体的二向色性制成的。把这种晶体的粉末沉淀在硝酸纤维薄膜上，用电磁方法使晶体的 c 轴指向一致，排成极细的晶体，只有振动方向平行于晶体的光才能通过，而成为线偏振光。

线偏振器既能够用来使自然光变成线偏振光，反过来，它又能被用来检查线偏振光，这时，它被称为检偏器或分析器（analyser）。例如，两个串联放着的尼科尔棱镜，靠近光源的一个是起偏器，另一个便是检偏器。当它们的振动方向平行时，透过的光强最大；而当它们的振动方向垂直时，没有光透过。这种情况，我们称为"正交偏振"。

3. 偏光显微镜

偏光显微镜是利用光的偏振特性对晶体、矿物、纤维等有双折射的物质进行观察研究的仪器。它的成像原理与生物显微镜相似，不同之处是在光路中加入两组偏振器——起偏器和检偏器，以及用于观察物镜后焦面产生干涉像的勃氏透镜组。

由光源发出的自然光经起偏器变为线偏振光后，照射到置于工作台上的聚合物晶体样品上，由于晶体的双折射现象，这束光被分解为振动方向互相垂直的两束线偏振光。这两束光不能完全通过检偏器，只有其中平行于检偏器振动方向的分量才能通过。通过检偏器的这两束分量具有相同的振动方向与频率而产生干涉效应。由干涉的级序可以测定晶体薄片的厚度和双折射率等参数。

四、仪器与试剂

仪器：偏光显微镜及附件、载玻片、盖玻片、电炉、热台。

试剂：聚丙烯、聚乙烯树脂颗粒料。

五、实验步骤

(1) 制备样品：将少许聚乙烯树脂颗粒料放在已于 260℃电炉上恒温的载玻片上，待树脂熔融后，加上盖玻片，加压成膜，然后迅速放入 130℃热台上，等温结晶 1h 后取下。将少量聚乙烯颗粒料同上用熔融加压法制得薄膜，然后切断电炉电源，使样品缓慢冷却到室温结晶。将少量聚丙烯料同上用熔融加压法制得薄膜，然后迅速放入 130℃热台上，等温结晶 1h 后取下。

(2) 熟悉偏光显微镜的结构及使用方法。

(3) 将制备好的样品放在载物台上，在正交偏振条件下观察球晶形态。

(4) 记录所观察到的现象，并进行讨论。

六、数据处理

1. 比较不同结晶条件下的聚合物的结晶形态。
2. 根据本实验的结晶形态，总结聚合物结晶的影响因素。

实验 5　交流阻抗法测定固体电解质的电导率

一、实验目的

1. 了解交流阻抗技术原理及应用；
2. 掌握应用交流阻抗技术测定无机纳米材料电导率的方法；
3. 掌握交流阻抗数据的处理方法及物理意义。

二、实验原理

交流阻抗法是一种以小振幅的正弦波电位（或电流）为扰动信号叠加在外加直流电压

上，并作用于电解池，通过测量系统在较宽频率范围的阻抗谱，获得研究体系相关动力学信息及电极界面结构信息的电化学测量方法。例如，可从阻抗谱中含有的时间常数个数及其大小推测影响电极过程的状态变化情况，可以从阻抗谱观察电极过程中有无传质过程的影响等。

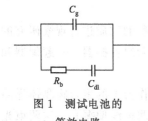

图 1 测试电池的等效电路

本实验采用交流阻抗技术测量聚合物电解质离子电导率。基本测试电池回路的等效电路见图 1。其中 C_{dl} 是双电层电容，由电极/电解质界面的相反电荷形成，C_g 是两个平行电极构成的几何电容，它的数值较双电层电容 C_{dl} 小。R_b 为电解质的本体电阻。

由图 1 等效电路计算得相应的阻抗值：

$$Z = \frac{C_{dl}^2 R_b}{(C_g + C_{dl})^2 + \omega^2 C_{dl}^2 C_g^2 R_b^2} - j \frac{C_g + C_{dl} + \omega^2 C_{dl}^2 C_g^2 R_b^2}{\omega (C_g + C_{dl})^2 + \omega^3 C_{dl}^2 C_g^2 R_b^2} \tag{1}$$

其中，实部：

$$Z' = \frac{C_{dl}^2 R_b}{(C_g + C_{dl})^2 + \omega^2 C_{dl}^2 C_g^2 R_b^2} \tag{2}$$

虚部：

$$-Z'' = \frac{C_g + C_{dl} + \omega^2 C_{dl}^2 C_g^2 R_b^2}{\omega (C_g + C_{dl})^2 + \omega^3 C_{dl}^2 C_g^2 R_b^2} \tag{3}$$

在低频区 $\omega \to 0$，式(2) 简化为：

$$Z' = \frac{C_{dl}^2 R_b}{(C_g + C_{dl})^2}$$

当 $C_{dl} \gg C_g$ 时，则 $C_g/C_{dl} \to 0$，得到：$Z' = R_b$ (4)

此时图 1 简化成纯电阻 R_b，在复平面图上是一条垂直于实轴并与实轴交于 R_1 的直线。

在高频区 $\omega \to \infty$，当 $C_{dl} \gg C_g$ 时，式(2) 简化为：

$$Z' = \frac{R_b}{1 + \omega^2 C_g^2 R_b^2} \tag{5}$$

而式(3) 简化为：

$$-Z'' = \frac{\omega C_g^2 R_b^2}{1 + \omega^2 C_g^2 R_b^2} \tag{6}$$

将式(5) 与式(6) 中的 ω 消去可得：

$$(Z' - R_b/2)^2 + (-Z'')^2 = R_b^2/4 \tag{7}$$

式(7) 表示的是一个以 $(R_b/2, 0)$ 为圆心，$R_b/2$ 为半径的圆方程。在复平面图上表现为一个半圆。

综合式(4) 和式(7)，与图 1 对应的阻抗图谱如图 2 所示。该阻抗图是一个标准的半圆（高频部分），外加一条垂直于实轴 Z' 的直线（低频部分）。

由图 2 中直线与实轴的交点，可求出本体电解质的电阻值 R_b。通过测定测试电池的电极面积 A 与聚合物电解质膜的厚度 d，即可求的该导电聚合物的电导率：$\sigma = \frac{d}{R_b A}$ (s·cm^{-1})。

在实际聚合物电解质电导率测量中，通常得到的是由压扁的半圆和倾斜的尾线组成，如图 3 所示。因此仅用电阻和电容组成的等效电路，不能很好地解释电极/电解质界面双电层。

近年来，人们采用固定相元 cpe 作为等效元件来解释阻抗数据。

所谓固定相元 cpe，可想象为一个漏电容，其性质介于电阻与电容之间，其阻抗表达式为：

$$Z_{cpe} = K(j\omega) - p = K\omega - p\{\cos(p\pi/2) - j[\sin(p\pi/2)]\}$$

其中，$0 \leqslant p \leqslant 1$，$K$ 为常数。

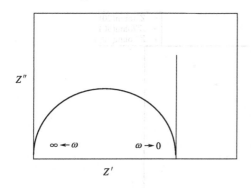 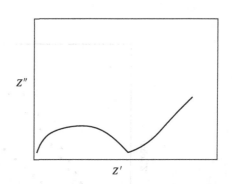

图 2　与图 1 等效电路对应的阻抗图谱　　　　图 3　固体电解质阻抗图

将固定相元 cpe 引入聚合物电解质测定的等效电路中能较好地解释图 2 与图 3 阻抗图谱的不同。具体推导过程略在低频区阻抗图上，是一条与实轴相交于 $O(R_b, 0)$ 点并与实轴呈 $p\pi/2$ 角度的一条直线，在高频区为一旋转放大的半圆。

三、仪器与试剂

仪器：交流阻抗测试仪、手动粉末压片机（液压机）、粉末压片模具（直径 10mm）、不锈钢镊子、万能表、小刷子。

药品：ZrO_2 粉末、ZnO 粉末、低温银导电胶、无水乙醇。

四、实验步骤

1. 压片

称取 1.0g 氧化锌粉末在研钵中充分研磨后，置于压片模具中，用 10～15MPa 压力在粉末压片机上压成致密的直径 1～2mm 厚度的薄片，即可用于测定。试样都应经干燥处理，研磨到粒度小于 5μm，以免影响晶粒接触。

2. 涂覆导电银浆

将所压制的薄片用细砂纸表面打磨后（思考为什么需要打磨）两面均匀涂覆低温导电银浆后，至于烘箱中 100℃下烘 30min 后取出自然冷却，用万能表测试同一面的电阻为零，两面的电阻为无穷大即可用于测试。否则，需要用砂纸打磨干净重新涂导电胶。

3. 交流阻抗谱测试

(1) 设置测量条件：将 Agilent 4294A 放到预先调整状态（presetting），依次选择扫描参数、设置扫描范围、准备列表扫描表格等参数设定。

(2) 仪器校准：Agilent 4294A 有三种校准类型，即用户校准、端口外部补偿和夹具补偿。校准需要参考每一个所连接设备的特定要求。通常只需要进行夹具补偿校准。夹具校准步骤：①确定适配器选择设置为 "4TP 1M"；② 进行夹具补偿。见以下 "夹具补偿"。

(3) 测试：将所制备的样品制样夹具中，手动操作软件即可实现数据采集过程。Cal->ADAPTER->NONE，选择分析仪工作在没有适配器的环境下（因为我们所购买的仪器中没有需要补偿的适配器，所以这里就不介绍适配器补偿的步骤了）。①初始化 Preset；②选

择要测量的参数：Meas->＊＊＊（如|Z|-D等，这里可以根据你所要测量的量来选择，选择完成后在 A、B 两个通道中就会显示这两个参量的曲线）。

（4）测试数据分析：不同材料中电子的传导能力见图 4。对比电解质材料的电阻大小，分析对电子、离子传导的影响因素。

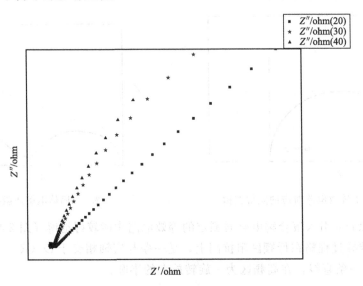

图 4　不同材料中电子的传导能力的快慢

五、实验注意事项

1. 压片不可超过制定压力上限。
2. 在电脑桌面指定文件夹内建立自己的文件目录，存储图形和数据（实验完毕必须将自己的实验数据复制回去，并删除电脑桌面上自己的实验数据文件，请勿留在实验室的电脑内或删除别人的实验数据文件以及其他文件）。

实验 6　二氧化钛去除环境水体中不同类型有机污染物

一、实验目的

1. 掌握纳米材料的基本特征和光催化原理；
2. 练习可见分光光度计的使用；
3. 了解纳米材料在环境保护中的应用；
4. 掌握反应速率常数的计算。

二、实验原理

纳米材料是指在三维空间中至少有一维处于纳米尺寸（0.1～100nm）或由它们作为基本单元构成的材料。纳米材料的基本性质：①物理性能：表面效应、小尺寸效应、量子尺寸效应和宏观量子隧道效应；②化学性能：表面活性及敏感性和催化性能。纳米材料光催化技术是指在光的照射下，纳米半导体光催化剂能将光能转化为化学能从而促使化合物的合成或分解的过程。太阳光能是取之不尽用之不竭的可再生能源,科学工作者寄希望于有效的光催化技术,利用光能解决人类所面临的各种能源短缺和环境污染问题。在环境保护和治理方面光催化技术的应用研究开始于19世纪70年代后期,Cary和Bard等发现在紫外光照射下,二氧化钛悬乳液可使难降解的有机化合物(如多氯联苯和氰化物)脱氯去毒,这一成果被认为是光催化在消除环境污染方面的首创性工作,开创了半导体光催化技术在治理环境污染领域的新篇章。与此同时,光催化技术的研究范围不断拓展,至此之后,将光催化技术应用于消除环境污染和太阳能转化的研究日益增多,目前主要集中在:废气净化、污水处理、卫生保健、重金属回收、表面自清洁去污、N_2和CO_2的还原、光解水产氢、化学合成等领域。

二氧化钛是一种白色无机颜料,具有无毒、最佳的不透明性、最佳白度和光亮度的特点,被认为是目前世界上性能最好的一种白色颜料。钛白的黏附力强,不易起化学变化,永远是雪白的,广泛应用于涂料、塑料、造纸、印刷油墨、化纤、橡胶、化妆品等工业。它的熔点很高,也被用来制造耐火玻璃、釉料、珐琅、陶土、耐高温的实验器皿等。

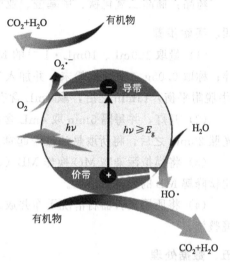

图1 半导体光催化降解有机污染物机理图

同时,二氧化钛是良好的半导体,对紫外光有强烈的光电效应,因为其禁带宽度在3.2eV左右,可以被紫外光激发产生光生载流子和活性物质——·OH和·O^{2-},如图1所示。从而在紫外光照射下,二氧化钛可以实现对有机染料的降解。甲基橙(MO,$C_{14}H_{14}N_3SO_3Na$),结构式命名是对二甲基氨基偶氮苯磺酸钠或4-((4-(二甲氨基)苯基)偶氮基)苯磺酸钠盐,负电荷(图2),溶于水而呈黄色,其水溶液最大吸收波长在464nm。主要用于印染纺织品。亚甲基蓝(MB,$C_{16}H_{18}ClN_3S$),3,7-双(二甲氨基)吩噻嗪-5-鎓氯化物,是一种吩噻嗪盐(图3)。亚甲基蓝在空气中较稳定,溶于水而呈蓝色,其水溶液最大吸收波长在664nm。亚甲基蓝广泛应用于化学指示剂、染料、生物染色剂和药物等方面。而这两种物质对于环境有危害,对水体应给予特别注意。因此MO和MB常被用作模拟污染物来考察光催化剂的光催化性能。

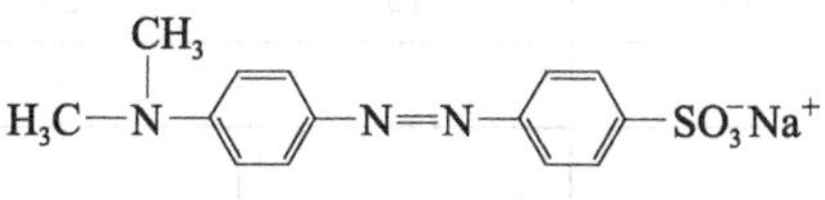

图2 MO分子结构式 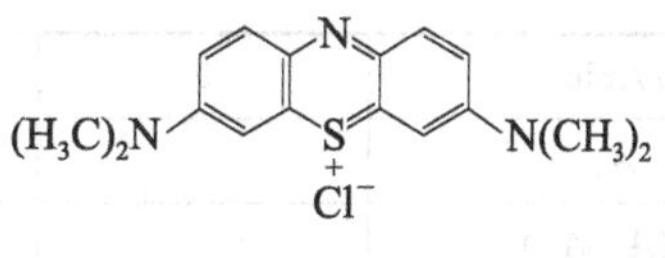   图3 MB分子结构式

有机染料的光催化降解动力学过程一般为一级反应动力学($r=-dc/dt=kc$ 式中,k为反应速度常数)。而有机染料的浓度和吸光度的关系符合朗伯-比尔定律(Beer-Lambert Law):

$$A=\lg(I_0/I)=\lg(1/T)=kcd$$

式中,I_0,I为入射光及通过样品后的透射光强度;A为吸光度(absorbance)旧称光密度(optical density);c为样品浓度;d为光程,即盛放溶液的液槽的透光厚度;k为光被吸收的比例系数;T为透射比,即透射光强度与入射光强度之比。

利用分光光度计测定溶液吸光度 A 与浓度 c 的关系，即可求出二氧化钛光催化降解 MO 或 MB 溶液的反应速率常数：

$$\ln(c_t/c_0) = -kt = \ln(A_t/A_0)$$

以 $\ln(A_t/A_0)$ 为纵坐标，t 为横坐标，作图所得斜率，即可求得反应速率常数 k。

三、仪器与试剂

仪器：光催化反应装置、分析天平、搅拌器、离心机、分光光度计、烧杯、一次性吸管、离心管、比色皿、磁子、容量瓶、洗瓶、称量纸、一次性手套、药勺、量筒等

药品：商品二氧化钛、甲基橙、亚甲基蓝

四、实验步骤

（1）量取 100mL、$10\text{mL} \cdot \text{L}^{-1}$ 的 MO 溶液于反应器中，然后将反应器置于搅拌器上搅拌；称取 0.05g 二氧化钛粉末，并加入到反应器中。在无光照条件下持续搅拌（暗反应，吸附-脱附平衡）15min 之后，取 4mL 含有二氧化钛的 MO 悬浊液于离心管中，记作 A_0。

（2）开灯，并每隔 5min 取 4mL 含有二氧化钛的 MO 悬浊液于离心管中，记作 A_t；待光照 20min 之后，将所取悬浊液一起拿去离心，之后取上清液测试其吸光度。

（3）将模拟污染物 MO 换作 MB（$10\text{mL} \cdot \text{L}^{-1}$），重复以上步骤（1）、（2），测试二氧化钛降解 MB 的光催化活性。

（4）将所用实验器材清洗干净并放入烘箱烘干备用，器材药品等放回原处，保持实验环境整洁。

五、数据处理

1. 将实验数据列于表 1、表 2 中。

室温：

表 1　二氧化钛光催化降解 MO 溶液的吸光度随光照时间的变化

t/min	0	5	10	15	20
A_t					
$\ln(A_t/A_0)$					

表 2　二氧化钛光催化降解 MB 溶液的吸光度随光照时间的变化

t/min	0	5	10	15	20
A_t					
$\ln(A_t/A_0)$					

2. 以 $\ln(A_t/A_0)$ 为纵坐标，t 为横坐标，作图，求出二氧化钛光催化降解 MO 和 MB 的反应速率常数。

六、实验注意事项

1. 暗反应（吸附脱附过程）须达到平衡。
2. 注意保护眼睛，不要长时间被光照射。
3. 在进行吸光度测试时，必须确保上清液中不含有二氧化钛颗粒。
4. 悬浊液离心时，必须要对称放置离心管，而且要确保相对应的离心管质量要相等。

七、思考题

1. 为什么要在暗反应达到吸附脱附平衡后才可以进行后面的实验？
2. 温度对反应速率常数有没有影响？
3. 如果在进行吸光度测试时，上清液中含有二氧化钛颗粒会对实验结果产生怎样的影响？

实验 7 二维石墨相氮化碳的制备和催化性能测试

一、实验目的

1. 学习球磨法制备纳米材料的原理和方法；
2. 了解材料制备工艺对材料性能的影响；
3. 熟悉催化反应动力学过程。

二、实验原理

氮化碳（C_3N_4）是一种实验室合成而非自然界中自然存在的材料，已经有了悠久的研究历史。g-C_3N_4 具有类似于石墨的片层堆垛结构，其单片层中可由 C_3N_4 环（三嗪）的结构单元构成，环与环之间通过末端的 N 原子相连并延（001）面扩展成为一个平面 [如图 1 (a) 所示]。氮化碳材料具有优异的化学和物理性质，如良好的化学稳定性、生物兼容性和光催化活性，并且密度低、耐磨性强，鉴于以上优点，氮化碳材料在磨料、耐磨涂层、光催化材料、膜材料及催化剂载体等领域都具有广阔的应用前景。理论计算和实验结果都表明，g-C_3N_4 对于光催化反应具有非常合适的半导体带边位置。如图 1 右所示，g-C_3N_4 的电子轨道能级中，Npz 轨道组成了 g-C_3N_4 的最高占据分子轨道（HOMO），其带边位置位于 +1.4V (vs NHE, pH=7)；Cpz 轨道组成 g-C_3N_4 的最低未占据分子轨道（LUMO），其带边位置位于 −1.3V，两轨道之间禁带宽度约为 2.7eV，通过光吸收阈值计算的公式 $K = 1240/E_g$ (eV) 得 g-C_3N_4 对于太阳光中波长小于 475nm 的波段都有吸收，具有良好的可见光响应。

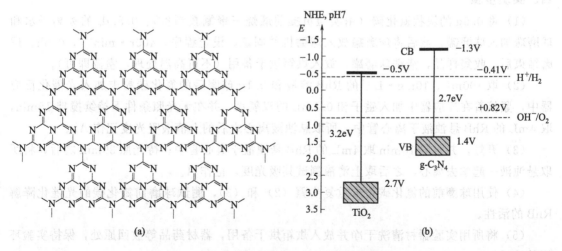

图 1 g-C_3N_4 的结构示意图（a）和能级分布图（b）

球磨法也叫机械球磨或高能机械球磨法，主要在球磨机中利用研磨介质之间的挤压力与剪切力来粉碎物料。其主要过程就是将不同成分的粉末放入球磨罐中在球磨机上进行长时间的球磨，在球磨过程中，依靠球磨介质与球磨介质之间、粉末与球磨罐壁之间发生剧烈的碰撞、挤压、摩擦，将球磨介质的机械能以不同的形式传递给粉末。粉末在球磨过程的频繁碰撞中被捕获，发生强烈的塑性变形，反复的破碎-焊合-破碎的过程，其组织不断细化，使大晶粒变为小晶粒。球磨法经过几十年的发展，已经被延伸和拓展，人们除了利用球磨技术直接制备纳米晶和纳米复合材料外，还经常将球磨粉通过高温热处理或化学处理来制备一维或二维纳米材料。因此，凡是包含球磨工艺的方法，都可统称为球磨法。科学实验和理论研究表明：磨机转速适中时，衬板的提升摩擦力赋予球磨以一定的高度，因而球磨介质具有较大的冲击动能。这种状态称为瀑布状态或抛落状态。在抛落式状态工作的磨机中，物料在圆曲线运动区受到介质的磨剥作用，在介质落下的地方，物料受到介质的冲击和强烈翻滚的磨剥作用，故可将具有 2D 结构的块体材料剥离、破碎为纳米 2D 材料（图2）。

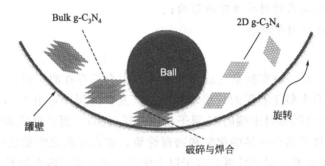

图 2　球磨过程示意图

三、仪器与试剂

仪器：球磨机、光催化反应装置、分析天平、烘箱、超声清洗器、搅拌器、离心机、分光光度计、烧杯、移液管、一次性吸管、离心管、比色皿、磁子、容量瓶、洗瓶、称量纸、一次性手套、药勺、量筒等。

药品：三聚氰胺、双氧水、罗丹明 B。

四、实验步骤

(1) 将 0.5g 的块状氮化碳（由实验员提前煅烧三聚氰胺制备）、0.5mL 的去离子水和球磨珠加入球磨罐，然后将球磨罐放入球磨机并固定，设定程序，400r·min^{-1}，0.5h。球磨结束后，收集样品，清洗球磨罐，放入烘箱烘干备用（不可高温处理，室温即可）。

(2) 取 100mL、10mg·L^{-1} 的 RhB 溶液和 0.1g 球磨后的氮化碳粉末加入光催化反应器中，紧接着在反应器中加入磁子和 0.1mL 的双氧水，并在无光照条件下持续搅拌 15min，取 4mL RhB 悬浊液于离心管中，所取悬浊液离心之后的上清液吸光度记作 A_0。

(3) 开灯，并每隔 10min 取 4mL 的 RhB 悬浊液于离心管中；待光照 30min 之后，将所取悬浊液一起拿去离心，之后取上清液测试其吸光度，记作 A_t。

(4) 使用球磨前的氮化碳粉末重复步骤 (2) 和 (3)，测试球磨前氮化碳的光催化降解 RhB 的活性。

(5) 将所用实验器材清洗干净并放入烘箱烘干备用，器材药品等放回原处，保持实验环境整洁。

五、数据处理

室温：_____；$10mg \cdot L^{-1}$ 的 RhB 水溶液在 554nm 处的吸光度_____。

1. 将球磨后氮化碳光催化降解 RhB 实验数据列于表中。

t/min	0	10	20	30
A_t				
A_t/A_0				
$1-A_t/A_0$				
$\ln(A_t/A_0)$				

2. 将球磨前氮化碳光催化降解 RhB 实验数据列于表中。

t/min	0	10	20	30
A_t				
A_t/A_0				
$1-A_t/A_0$				
$\ln(A_t/A_0)$				

3. 以 $1-A_t/A_0$ 为纵坐标，t 为横坐标，作图，求出球磨前后氮化碳在光照 30min 后 RhB 的光催化降解率，并比较。

4. 以 $\ln(A_t/A_0)$ 为纵坐标，t 为横坐标，作图，求出球磨前后氮化碳光催化降解率 RhB 的反应速率常数，并比较。

六、实验注意事项

1. 球磨罐放置时必须要对称和重量相等。
2. 球磨机运行时请勿靠近，结束后必须要等球磨罐停止转动后方可打开。
3. 在进行吸光度测试时，必须要先作基线。

七、思考题

1. 制备 2D 纳米材料还有哪些技术方法？
2. 在反应过程中加入双氧水有什么作用？
3. 根据氮化碳的能级分布图，氮化碳还有可能有哪些太阳能转化应用？

实验 8 陶瓷设计与制备实验

一、实验目的

1. 了解陶瓷粉体压制成型的基本原理和方法；
2. 了解陶瓷坯体烧结的基本原理和方法；
3. 掌握实验室常用高温实验设备的使用方法。

二、实验原理

"陶瓷"是在人类生活和生产中不可缺少的一种材料及其制品的统称。传统意义的陶瓷是指采用天然矿物原料（如黏土、石英、长石等）和少量化工原料，经粉碎、成型、烧成等工艺制备的各种制品，如日用陶瓷、建筑卫生瓷等普通陶瓷。随着近代科技的迅速发展，出现了许多新的陶瓷种类，如氧化物陶瓷、氮化物陶瓷、金属陶瓷、压电陶瓷等各种结构陶瓷和功能陶瓷。新型陶瓷在原料、工艺、性能、结构、应用等方面与传统陶瓷有很大的变化，因此，广义的陶瓷可理解为"无机非金属固体材料"。从结构上看，一般陶瓷制品是由结晶物质、玻璃态物质和气孔所组成的复杂系统，这些物质在种类、数量上的变化，赋予不同的陶瓷有不同的性质。

陶瓷试件制备的基本过程一般按照配料—混料—成型—烧成进行。

陶瓷坯料一般是由几种不同的物料配制而成的。性能不同的陶瓷产品，其所用原料的种类和配比不同，即所谓原料组成或配方不同。

陶瓷生产中普遍采用球磨机对原料进行细磨。粉碎物料时，球磨机筒体内装有物料、研磨体，依靠研磨体对物料的撞击、摩擦以及物料与筒壁的摩擦作用进行粉碎，能使原料中的各种物料混合均匀，而且颗粒细化，为后续的压制成型提供了良好的工艺性能。

陶瓷制品的成型，即是采用不同的成型方法将坯料制备成具有一定外形尺寸的制品。常用的成型方法有压制法成形、可塑法成形、注浆法成形等。在保证产品质量、产量的前提下，应尽量选择工艺可行、操作方便、设备简单、经济效益最大的成型方法。

压制成型是将含有一定水分的物料置于模具内，直接受压成为具有一定外形的成型方法。根据物料含水率的不同，可以分为干压成型（含水率＜6％）和半干压成型（含水率为6％～14％）。

压制成型过程中，随着压力的不断增加，物料颗粒发生移动、变形，逐渐靠拢，粉料中所含的气体被挤压排除，模腔内松散的物料形成致密的坯体，坯体的相对密度和强度也发生了有规律的变化。

由于自由堆积的物料颗粒表面比较粗糙，同时颗粒间具有摩擦力和机械咬合作用，使得颗粒间相互搭接，形成比颗粒大很多倍的孔隙，从而形成"拱桥效应"。拱桥效应的存在，增大了物料孔隙率，使得粉料自由堆积的孔隙率比理论计算值大很多。

对物料加压时，压坯的密度和强度发生有规律的变化，如图1、图2所示。第一阶段，施加压力后，松散的物料颗粒产生位移，填充孔隙，"拱桥效应"遭到破坏，坯体的密度迅速增加，达到最大充填密度，体积减小，但此时颗粒之间的接触面积仍然不大，坯体强度并不高。第二阶段，压力继续增大，物料颗粒间的内摩擦力阻碍了颗粒的进一步靠拢，表现为压缩阻力增大，从而坯体密度增加比较慢，曲线斜率减小；此时，物料颗粒之间的接触面积增加，分子间的相互作用出现，强度增加的幅度比较大。第三阶段，压力继续增加至超过一定值（屈服极限或强度极限）时，物料颗粒开始变形和破裂，同时继续产生位移，颗粒堆积更加致密，坯体密度随之增大，强度也有所增加。

陶瓷烧结是制备陶瓷材料最重要的工艺步骤之一。烧结是指将压制成型的坯体在低于其主要成分熔点的温度下进行加热，使坯体发生一系列物理化学变化，从而提高坯体强度和各种物理性能的工序。在烧结过程中，随着温度的升高，将发生一系列的物理化学变化，例如，原料的脱水和分解，原料之间新化合物的生成，易熔物的熔融等。随着温度的逐步升高，新生成的化合物量不断变化，液相的组成、数量及黏度也不断变化，坯体的气孔率逐渐降低，坯体逐渐致密，直至密度达到最大值，此种状态称为"烧结"。坯体在烧结时的温度称为"烧结温度"。

陶瓷材料的烧结过程将成型后的可密实化粉末转化为一种通过晶界相互联系的致密晶体结构。陶瓷生坯经过烧结后，其烧结物往往就是最终产品。陶瓷材料的质量与其原料、配方以及成型工艺、陶瓷制品的性能、烧结过程等有很大关系。

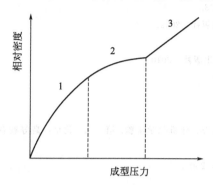

图1　坯体相对密度与成型压力的关系

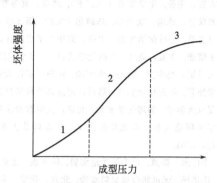

图2　坯体强度与成型压力的关系

三、仪器与试剂

仪器：小型压机、模具、高温箱式电阻炉、球磨机、天平、烘箱等。

试剂：石英粉、增塑剂等。

四、实验步骤

（1）配料：利用天平准确称取各种原料，并避免在称量过程中引入其他杂质。

（2）球磨：球磨是为了达到各种原料相互分布均匀，并使物料粉碎达到一定细度，以利于固相反应完成。

（3）成型：称取一定量的物料，倒入模具中压制成型。

（4）坯体烧成：试件压制成型后，置于电炉中烧成。

（5）将所用实验器材清洗干净并放入烘箱烘干备用，器材药品等放回原处，保持实验环境整洁。

五、思考题

1. 影响陶瓷烧结的主要因素有哪些？
2. 成型是否良好，烧结是否成功，制品质量如何？

参 考 文 献

[1] 王志坤. 基础化学实验. 北京：中国水利水电出版社，2010.
[2] 方宾，王伦. 化学实验（上、下）. 北京：高等教育出版社，2003.
[3] 刘汉兰，陈浩，文利柏. 基础化学实验. 第 2 版. 北京：科学出版社，2009.
[4] 马忠革. 分析化学实验. 北京：清华大学出版社，2011.
[5] 王清廉. 李瀛，高坤. 有机化学实验. 第 3 版. 北京：高等教育出版社，2010.
[6] 王月娟，赵雷洪. 物理化学实验. 杭州：浙江大学出版社，2008.
[7] 常照荣. 物理化学实验. 郑州：河南科学技术出版社，2009.
[8] 复旦大学等. 物理化学实验. 北京：高等教育出版社，2004.
[9] 华中师范大学，东北师范大学，华东师范大学，陕西师范大学. 分析化学实验. 第三版. 北京：高等教育出版社，2001.
[10] 李广州，陆真. 化学教学论实验. 第 2 版. 北京：科学出版社，2006.
[11] 伍洪标. 无机非金属材料实验. 北京：化学工业出版社，2002.
[12] 北京师范大学无机化学教研室. 无机化学实验. 第 3 版. 北京：高等教育出版社，2001.
[13] 焦家俊. 有机化学实验. 上海：上海交通大学出版社，2000.
[14] 徐如人，庞文琴. 无机合成与制备化学. 北京：高等教育出版社，2002.
[15] 李善忠. 材料化学实验. 北京：化学工业出版社，2011.
[16] 曲荣君. 材料化学实验. 北京：化学工业出版社，2011.
[17] 郭庆丰，彭勇. 化工基础实验. 北京：清华大学出版社，2004.
[18] 杭州大学化学系分析化学教研室. 分析化学手册（第一分册）：基础知识与安全知识. 第 2 版. 北京：化学工业出版社，1997.
[19] 北京师范大学化学系. 化学实验规范. 北京：北京师范大学出版社，1987.
[20] 王秋长，赵鸿喜，张守民，李一峻. 基础化学实验. 北京：科学出版社，2003.
[21] 吕苏琴，张春荣. 基础化学实验 I. 北京：科学出版社，2000.
[22] 扬州大学等. 新编大学化学实验. 北京：化学工业出版社，2008.
[23] 曾昭琼. 有机化学实验. 第 3 版. 北京：高等教育出版社，2010.
[24] 高占先. 有机化学实验. 第 4 版. 北京：高等教育出版社，2004.
[25] 兰州大学，复旦大学化学系有机化学教研室. 有机化学实验. 第 2 版. 北京：高等教育出版社，1994.
[26] 潘祖仁编. 高分子化学. 第 4 版. 北京：化学工业出版社，2011.
[27] L Mecaffery. Laboratory Preparation for Macromolecular Chamistry. Edward：83-87.
[28] 王久芬编. 高分子化学实验. 北京：兵器工业出版社，1998.
[29] 吉林化学工业公司设计院. 聚乙烯醇生产工艺. 北京：中国轻工业出版社，1975.